高性能Linux网络编程核心技术揭秘

朱文伟 李建英 —— 著

清华大学出版社
北 京

内 容 简 介

本书没有从基本的网络编程知识讲起，而是着眼于当前业界主流的 Linux 高性能网络编程框架，并以实战案例的形式将相关知识展现出来。本书详细讲解高性能 Linux 网络编程的常用框架，包括 Linux 网络自带的基本 I/O 模型 epoll、Intel 公司的 DPDK、高性能服务器 Nginx、高性能事件库 libevent，并配套全部示例源码。

本书共分 10 章，内容包括高性能网络编程概述、Linux 基础和网络、搭建 Linux 网络开发环境、网络服务器设计、基于 libevent 的 FTP 服务器、基于 epoll 的高并发聊天服务器、高性能服务器 Nginx 架构解析、DPDK 开发环境的搭建、DPDK 应用案例实战、基于 P2P 架构的高性能游戏服务器。

本书既适合 Linux 高性能网络编程初学者、高性能网络服务器开发人员、高并发游戏服务器开发人员等阅读，也适合作为高等院校计算机网络与通信、计算机网络技术等相关专业的教材。

本书封面贴有清华大学出版社防伪标签，无标签者不得销售。
版权所有，侵权必究。举报：010-62782989，beiqinquan@tup.tsinghua.edu.cn。

图书在版编目（CIP）数据

高性能 Linux 网络编程核心技术揭秘 / 朱文伟，李建英著. —北京：清华大学出版社，2023.7
ISBN 978-7-302-64139-1

I. ①高… II. ①朱… ②李… III. ①Linux 操作系统—程序设计 IV. ①TP316.89

中国国家版本馆 CIP 数据核字（2023）第 131409 号

责任编辑：夏毓彦
封面设计：王　翔
责任校对：闫秀华
责任印制：刘海龙

出版发行：清华大学出版社
网　　址：http://www.tup.com.cn，http://www.wqbook.com
地　　址：北京清华大学学研大厦 A 座　　**邮　　编：**100084
社 总 机：010-83470000　　**邮　　购：**010-62786544
投稿与读者服务：010-62776969，c-service@tup.tsinghua.edu.cn
质 量 反 馈：010-62772015，zhiliang@tup.tsinghua.edu.cn

印 装 者：天津安泰印刷有限公司
经　　销：全国新华书店
开　　本：190mm×260mm　　**印　　张：**26　　**字　　数：**701 千字
版　　次：2023 年 8 月第 1 版　　**印　　次：**2023 年 8 月第 1 次印刷
定　　价：109.00 元

产品编号：092063-01

前　　言

本书没有从基本的网络编程知识讲起，而是讲解当前业界主流的 Linux 高性能编程框架，并以实战案例的形式将相关知识展现出来。本书讲解的高性能框架包括 Linux 原生 epoll I/O 模型、高性能事件库 libevent、高性能 Web 服务器 Nginx 以及 Intel 公司的 DPDK，实战案例包括基于 libevent 的 FTP 服务器、基于 epoll 的高并发聊天服务器、DPDK 应用案例、基于 P2P 架构的高性能游戏服务器。

是否要买本书

为了不浪费读者的时间，首先要说清楚的是，本书不是一本网络编程零基础入门书籍，而是一本讲解稍微有点难度、一线网络开发早晚都会碰到的高级技术书籍。如果你还没接触过 TCP/IP 理论、Linux 多线程编程、Linux 套接字网络编程等知识，那么建议你合上此书，先购买清华大学出版社出版的 Linux 编程入门级教程《Linux C 与 C++一线开发实践》。该书和本书之间相当于入门和进阶的关系，《Linux C 与 C++一线开发实践》已经讲过的基础知识，本书就不再赘述，本书将聚焦网络编程的难点、痛点以及一线开发的需求点。这样做是为了给读者节省购书资金、节省时间。总之一句话，朱老师的书，只写干货！

入了门的 Linux 开发者，可以使用本书继续提高！

关于本书

在高性能网络编程领域，epoll 是最基本的 I/O 模型，这是 Linux 网络自带的。除此以外，各大公司或组织也提出了自己的高性能解决方案，比如 Intel 公司提出 DPDK，俄国人提出的 Nginx，它们都是高效且已经应用很广的解决方案，这里的 DPDK、Nginx 都是基于 C/S 应用架构的。可以这么说，如果要从事 Linux 网络开发工作，那么这些库都是绕不过去的，而且在很多公司，都是要求员工必须掌握的，因为这些公司的网络产品基本都是使用这些库来开发的。

本书对 Nginx 架构进行解析，用于指导读者学习先进服务器架构设计原理和实现代码，启发读者把先进技术吸收到自己产品中，或基于这些先进技术进行二次开发，比自己盲目实现一个粗糙的产品更加重要。

此外，本书还讲解大名鼎鼎的高性能事件库 libevent，这是高性能领域的老兵了，在 DPDK、

Nginx 这些后起之秀之前就已经在应用，大浪淘沙，能至今没有没落，说明有其独特的优势所在，因此，本书也把它引进过来。

为了让读者开阔眼界，本书最后通过一个游戏服务器来讲解 P2P 架构下的解决方案，这个架构案例在游戏服务器编程领域几乎是标配。

配套资源下载

本书配套示例源码，需要用微信扫描下边二维码获取。如果阅读中发现问题或疑问，请联系 booksaga@163.com，邮件主题写“高性能 Linux 网络编程核心技术揭秘”。

本书读者

- Linux 高性能网络编程初学者
- 高性能网络服务器开发人员
- 高并发游戏服务器开发人员
- 高等院校计算机网络与通信、计算机网络技术等相关专业的学生

笔　者

2023 年 5 月

目　　录

第1章

高性能网络编程概述

1.1 来自产品经理的压力

新人刚开始从事 Linux 编程的时候，产品经理或其他领导不会给他很大的压力，这样“快快乐乐”几年后，工作压力就来了。笔者也是这样过来的，往事不堪回首，劝诫各位新人应为工作早做准备，不断提升自己的能力。记得当年笔者是在开发一个网络监控软件，后面的故事让它自己说吧。

我是一个网络监控软件，我被开发出来的使命就是监控网络中进进出出的所有通信流量。一直以来，我工作得都非常出色，但是随着我监控的网络越来越庞大，网络中的通信流量也变得越来越多，我开始有些忙不过来了，逐渐发生丢包的现象，而且最近这一现象越发严重了。

一天晚上，程序员小哥哥（就是笔者）把我从硬盘上叫了起来。“这都几点了，你怎么还不下班啊？”我问小哥哥。

“哎，产品经理说了，让我下个月必须支持万兆网络流量的分析，我这压力可大了，没办法只好加班了。”说完小哥哥整理了一下他那日益稀疏的头发。

“万兆？10Gbps？开玩笑的吧？这是要累死我的节奏啊！”我有点惊讶地说。

“可不是吗，愁死我了。你快给我说说，工作这么久了，有没有觉得不舒服的或者觉得可以改进的地方？”小哥哥真诚地看着我。

我思考了片刻，说道：“要说不舒服的地方，还真有！就是我现在花了太多时间在复制数据包上了，把数据包从内核空间复制到用户态空间，以前数据量小还行，现在网络流量这么大，可真是要了我的老命了。”

小哥哥叹了口气，说道：“哎，这个改不了，数据包是通过操作系统的 API 获取的，操作系统又是从网卡那里读取的，而咱们是工作在用户空间的程序，必须复制一次，这没办法。你再想想还有别的吗？”

我也叹了口气，说道：“那行吧，还有一个槽点，数据包收到后能不能直接交给我，别交给系统的协议栈和 Netfilter 框架去处理了，反正我拿来后也要重新分析，每次都从它们那里过一次，它们办事效率又低，这不拖累我的工作嘛。”

笔者在这里插入一幅图，如图 1-1 所示，看一下长久以来 Linux 网络包的上传架构。

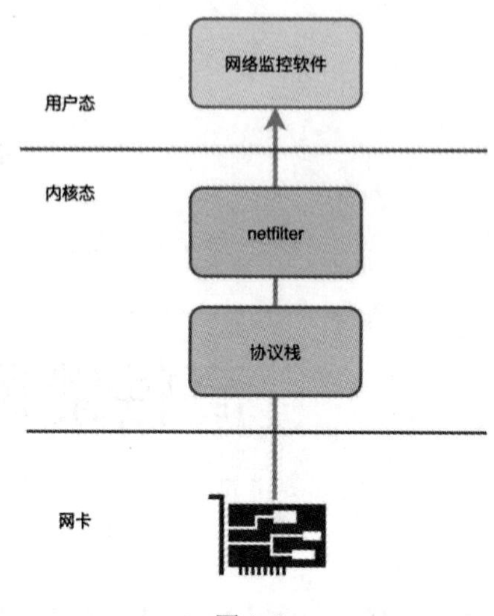

图 1-1

从图 1-1 中能清楚地看到，网卡位于最底层，第一个抓取到数据包，然后向上传输给协议栈（TCP/IP 协议栈）模块，然后再传给 Netfilter（Linux 自带的防火墙处理模块），这两个模块都位于 Linux 内核态，最后数据包才达到用户态，从而被运行在用户态的各个应用软件获取，比如网络监控软件。这个架构是 Linux 诞生以来一直如此的网络捕获流程，在以前网络数据量不是很大的时候，这样工作没问题。

小哥哥皱着眉头，眨了眨眼睛，说道：“兄弟，这个咱也改不了啊，我现在水平有限，还没有能力让你绕过操作系统直接去跟网卡打交道，要不你再说一个？嘿嘿。”

“好吧，我也就不为难你了。有个简单的问题，你可得改一下。”我说。

“什么问题？说说看。”小哥哥兴奋地说。

“就是我现在花了很多时间在线程切换上，等到再次获得调度执行后，会经常发现换了一个 CPU 核，导致之前的缓存都失效了，得重新建立缓存，这又是一个很大的浪费啊！能不能让我的工作线程独占 CPU 的核心，这样我肯定能提高不少工作效率！”我对小哥哥说。

小哥哥稍微思考了一下，说：“没问题，这个可以有！用线程亲和性就可以搞定，给你划几个核出来，不让它们参与系统的线程调度分配，专门给你用，这事就包在我身上吧！”

过了几天，程序员小哥哥对我进行了升级改造，让我的几个工作线程都能独占 CPU 核，工作效率提升了不少。不过，距离产品经理要求的万兆流量分析指标还是差了一大截。

一天晚上，程序员小哥哥又找我聊了起来。

“现在分析能力确实有所提升，不过离目标还差得远啊，你还有没有改进的建议给我啊？”小哥哥问到。

“有倒是有，但是我估计你还是会说改不了。”我翻了个白眼跟小哥哥说。

“你先说说看嘛！”小哥哥不死心地说。

“现在这个数据包是用中断的形式来通知读取的，能不能不用中断，让我自己去取啊？你是不知道，每次中断都要保存上下文，从用户态切换到内核态，那么多流量，这开销大了去了！”我激动地说。

小哥哥听完沉默了。

“看吧，我就说你改不了吧！还是趁早给产品经理说这个需求做不了，咱俩都轻松自在。”我向小哥哥提出建议。

“那不行，这个项目对我非常重要，我还指望通过你来升职加薪，走向人生巅峰呢！”小哥哥说得很坚定。

“实在不行，那就多找几台服务器，把我复制几份过去，软件不行就靠硬件堆出性能嘛！”我冲他眨了个眼睛。

“这还用你说，老板肯定不会同意的”。小哥哥说。

“那我没辙了，实话告诉你，想要我能处理万兆网络流量，非得绕开操作系统让我亲自去从网卡读取数据包不可。你好好研究一下吧，想升职加薪，怎么能怕难呢！”我给小哥哥打了打气。

小哥哥点了点头，说：“你说的对，我一定可以的，给我一点时间。”

就这样过了一个多星期，这期间程序员小哥哥一直没再来找过我，也不知道他研究得怎么样了。

又过了好几天，他终于又来了。

“快出来！我找到办法了，明天就开始改造你！”小哥哥兴奋地说。

我一听来了兴趣，问：“什么办法？你打算怎么改造我？”

“这个新方案可以解决你之前提出的所有问题，可以让你直接去跟网卡打交道，不用中断来通知读取数据包，不用再把数据包交给系统协议栈和 Netfilter 框架处理，也不用频繁地在用户态和内核态反复切换了！”小哥哥越说越激动。

“你也太厉害了吧，能把这些问题都解决了！你是怎么做到这些的，什么原理？”我好奇地问到。

小哥哥有些不好意思地说：“我哪有那本事啊，其实这是别人开发的技术，我只是拿来用而已。”

“额~那你都弄清楚它的原理了吗？”我有些不太放心地问。

“这个你放心，这个技术叫 DPDK，是 Intel（英特尔公司）开发的技术，靠谱！”小哥哥向我保证，“有了 DPDK，通过操作系统的用户态模式驱动 UIO，你就可以在用户态通过轮询的方式读取网卡的数据包，再也不用中断了。直接在用户态读取，再也不用把数据包在内核态空间和用户态空间搬来搬去，读到之后你直接就可以分析，还不用走系统协议栈和 Netfilter 浪费时间，简直完美！”

“还不止这些呢，DPDK 还支持大页内存技术”小哥哥得意地说。

“大页内存？这是什么？”我好奇地问。

“默认情况下系统以 4KB 大小来管理内存页面，这个单位太小了，咱们服务器内存会有大量的内存页面，为了管理这些页面，就会有大量的页表项。CPU 里面进行内存地址翻译的缓存 TLB 大小有限，页表项太多就会频繁失效，降低内存地址翻译的速度！”小哥哥解释道。

听到这里，我突然明白了：“我知道了，把这个单位调大，管理的内存页面就变少了，页表项数量也就变少了，TLB 就不容易失效，地址翻译就能更快，对不对？”

“没错，你猜猜看，调到多大？”小哥哥故作神秘地说。

“翻一倍，8KB？”我猜到。见小哥哥摇摇头，我又猜到：“难道是 16KB？”

“太保守了，能支持 2MB 和 1GB 两种大小呢！”小哥哥说。

“这么大，厉害了！”我也忍不住惊叹。

第二天，程序员小哥哥开始对我进行彻底的重构。

升级后的我试着运行了一下，发现了一个问题：如果数据包不是很多或者没有数据包的情况下，我的轮询基本上就挺浪费时间的，一直空转。由于我独占了一个核，这个核的占用率就一直是 100%，不少别的程序都吐槽我是占着岗位不工作。

于是，程序员小哥哥又对我进行了升级，用上了 Interrupt DPDK 模式：没有数据包处理时就进入睡眠，改为中断通知；还可以和其他线程共享 CPU 核，不再独占，但是 DPDK 线程会有更高调度优先级，一旦数据包多了起来，我就又变成轮询模式，可以灵活切换。

程序员哥哥连续加了两个星期的班，经过一番优化升级，我的数据包分析处理能力有了极大的提升。然而遗憾的是，测试了几轮，当面临 10Gbps 的流量时，我还是有点力不从心，始终差了那么一点点。

小哥哥有些灰心丧气地说："我不知道该怎么办了，你觉得还有什么哪些地方可以改进吗？"

"我现在基本满负荷工作了，应该没有什么地方可以改进了。现在唯一能喘口气的时候就是数据竞争的时候了，遇到数据被加了锁发生线程切换时才能歇一歇。"我说。

小哥哥思考了几秒钟，突然眼睛一亮，高兴地说："有了！"

我还没来得及问，他就昏了过去，毕竟加班太累了，资料又太少，书籍更是没有，只能自己辛苦摸索，可怜的小哥哥啊！不像若干年后的现在，读者可以站在小哥哥的肩膀（经验教训）上敲代码，不用从头再来。

往事叙述到这里，基本结束了。相信读者都有所了解了，可以使用英特尔公司的 DPDK（Data Plane Development Kit，数据平面开发包）技术来提升网络性能。DPDK 技术的应用已经如火如荼了，各大 Linux 网络开发的高薪职位都要求最好会使用 DPDK 技术并开发过相关项目。本书不仅仅只讲 DPDK 技术，高性能网络编程也不仅仅只有 DPDK 技术，比如还有扫地僧 ICE，这位也是武林顶尖高手，咱们让它最后一个出场。

1.2 网络高性能需求越来越大

随着 21 世纪互联网的高速发展，人们进入了以网络为核心的信息时代，互联网越来越成为人们不可缺少的生活品，慢慢渗透进了人们生活的各个方面。而近年来，随着 3G、4G、5G 和 Wifi 的无线网络的推广，互联网用户规模迅速增长。中国互联网络信息中心数据显示，截至 2022 年 12 月，我国网民规模为 10.67 亿，同比增加 3.4%，互联网普及率达 75.6%。其中，城镇网民规模为 7.59 亿，农村网民规模为 3.08 亿，50 岁及以上网民群体占比提升至 30.8%；全年移动互联网接入流量达 2618 亿吉字节。我国网民使用手机上网的比例达 99.8%，使用电视上网的比例为 25.9%，使用台式计算机、笔记本电脑、平板电脑上网的比例分别为 34.2%、32.8%和 28.5%。人们之间的沟通从传统电话和短信扩展到即时通信软件和社交娱乐兴趣分享平台，购物方式从线下购物扩展到线上再扩展到线上线下联合，同时还有手机支付的大规模发展。"互联网+"正渗透到人们的生活、生产、交易活动的各方面。医疗、教育、交通等公共服务也正在与互联网融合并发生智能化。

网络的发展包含建设、网络优化、网络流量应用等几个方面。网络基本功能的核心工作之一就是报文处理，即数据包处理。网络的高速发展要求报文处理速率要跟上网络整体速率发展的要求。网络从不同的功能定位角度可以分为三方面的内容：第一方面为网络信息的产生和最终吸收，它以终端与终端的信息交互为代表，是网络建设最根本的应用功能；第二方面为网络信息的转发，它是网络建设发展在空间、性能、可靠性上支持越来越高要求的保证；第三方面是网络监控，以网络质量控制、特性分析、趋势预测为主要目标，主要包括网络流量监测。网络的这三个方面对网络发展而言是不可或缺的，其重要程度不言而喻。

以网络流量监测为例。网络流量分析应用首先对网络流量进行数据采集，然后进行分析与应用。主要包含以下几个方面：通过网络流量监控可以实现对网络的科学规划和扩容，公平分配资源和计费，更好地运行维护，提高网络资源利用率，及时发现破坏网络秩序的行为，同时还可以进行用户行为分析、网络业务分析。网络流量监测涉及网络数据采集，其中包含网络业务数据的采集，网络流量数据是一组报文的统计汇总信息，用于获取总体流量信息。为了更全面地了解流量的特征和内容信息，就需要网络业务数据。网络业务数据涉及某个特定的报文，此报文有特定业务的封装和内容信息，通过这些信息可以知道此次访问的通信过程和通信内容，将流量信息和业务数据结合起来，就能分析出用户网络行为和流量数据。对网络服务提供方来说，了解这些数据就能从全局以及细节上把控流量，不仅可以用于识别非正常流量的方式、来源、特点，以此来提高网络的稳定性，还能基于具体业务流量信息提供高质量业务服务保障。网络流量的数据采集是数据分析的关键环节之一，同时也是网络流量的入口，其重要性可见一斑。网络报文处理正是其中重要的一环。

网络报文处理不单在网络流量监测的网络数据采集中十分重要，在网络基本的网信息产生和吸收，以及中间设备的转发这几方面，也是重要的一环。

此外，随着当下热门的云计算产业的异军突起，网络技术的不断创新，越来越多的网络设备基础架构逐步向基于通用处理器平台的架构方向融合，从传统的物理网络到虚拟网络，从扁平化的网络结构到基于 SDN（Software Defined Network，软件定义网络）分层的网络结构，无不体现出这种创新与融合。SDN 是由美国斯坦福大学 Clean State 课题研究组提出的一种新型网络创新架构，是网络虚拟化的一种实现方式，可以通过软件编程的形式定义和控制网络，其控制平面和转发平面分离及开放性可编程的特点，被认为是网络领域的一场革新，为新型互联网体系结构研究提供了新的实验途径，也极大地推动了下一代互联网的发展，这里只要了解即可。

网络技术的不断创新与融合在使得网络变得更加可控和成本更低的同时，也能够支持大规模用户或应用程序的性能需求，以及海量数据的处理。究其原因，其实是高性能网络编程技术随着网络架构的演进而不断突破的一种必然结果。

1.3　高性能网络报文处理的瓶颈

首先我们来看 C10M 问题，即单机 1000 万个并发连接问题。很多计算机领域的专家从硬件和软件上都对它提出了多种解决方案。从硬件上，现在的类似 40Gpbs、32-cores、256GRAM 这样配置的 X86 服务器完全可以处理 1000 万个以上的并发连接。但是从硬件上解决问题就没多大意思了，首先它成本高，其次不通用，最后也没什么挑战，无非就是堆砌硬件而已。所以，抛开硬件不谈，我们看看从软件上该如何解决这个世界难题呢？这里不得不提一个人，就是 Errata Security 公司的 CEO Robert Graham，如图 1-2 所示，他在 Shmoocon 2013 大会上很巧妙地解释了这个问题。

他提到了 UNIX 的设计初衷其实是为了电话网络的控制系统，而不是一般的服务器操作系统，所以它仅是一个负责数据传送的系统，没有所谓的控制层面和数据层面的说法，不适合处理大规模的网络数据包。最后他得出结论：操作系统（OS）的内核不是解决 C10M 问题的办法，恰恰相反 OS 的内核正是导致 C10M 问题的关键所在。

图 1-2

随着移动互联网的发展，网络设备的硬件能力在不断增加，特别是网卡、接换机路由器等设备的性能在不断提高。网络处理中小型应用环境由千兆网环境不断向万兆网环境发展。Linux 报文处理技术是当前网络报文处理技术中重要的一方面。基于 Linux 内核协议栈（包括 socket）的数据包采集方法和基于 libpcap（一种开源的数据捕获函数库）的报文处理平台往往会出现较为严重的丢包现象，特别是在大流量数据采集方面，这些问题影响到后面流量分析系统的性能，成为整个流量监测系统的性能瓶颈。因此，在现有 Linux 系统上，网络报文处理技术需要更多的优化技术，以适应越来越高的性能要求。

当前硬件的速度越来越快，使得高速率报文接收的性能在软件上出现瓶颈，尤其是涉及多核平台的 Linux 操作系统。这里有以下几点技术研究需求：

1）Linux 报文处理路径的制约与优化需求

这一需求和 Robert Graham 的观点一样，最初的设计是让 UNIX 成为一个电话网络的控制系统，而不是成为一个服务器操作系统。对于控制系统而言，主要目标是用户和任务，因而并没有为协助功能的数据处理做特别设计，也就是既没有所谓的快速路径、慢速路径，也没有各种数据服务处理的优先级差别。在标准的 Linux 报文处理框架内，数据包从网卡到应用程序，经历了很长路径。

2）报文处理应用的复制问题与优化需求

Linux 中，报文从网卡到应用层需要经过多次复制，CPU 承担了很大的负担。这导致网络流量较大时，大量的处理资源被消耗在数据复制，整个网络设备性能大幅度降低，而且报文处理路径过长，报文在内核中传递时还被进行很多额外的解析。对于纯粹的数据采集系统而言，这些都是多余的。此外，进程在用户态和内核态之间切换将占用大量系统资源，频繁的系统调用在高速网络流量采集过程中会形成额外的消耗。再有报文处理过程中内存资源的低效使用往往也会造成系统在多个部件上和处理流程上付出额外的等待时间。与此同时，网卡中断、协议处理以及数据校验等都是影响报文采集的重要因素。

3）CPU 缓存与内存速度的矛盾与优化需求

现在，大内存容量已经相当普及，但是内存的访问速度仍然很慢，CPU 访问一次内存大约需要 60~100 纳秒，相比很久以前的内存访问速度，这基本没有增长多少。核心缓存虽然访问速度会快些，但大小仍然不够。如何借助缓存，优化缓存的使用，达到更高的性能水平，还需进一步的研究。

4）多核平台任务分割优化需求

因为最初的 CPU 只有一个核，所以操作系统代码以多线程或多任务的形式来提升整体性能。而现在，4 核、8 核、32 核、64 核和 100 核都已经是真实存在的 CPU 芯片，如何提高多核的性能可扩展性，是一个必须面对的问题。比如让同一任务分割在多个核上执行，以避免 CPU 的空闲浪费。只有将功能逻辑在多核上做好划分才可以达到良好的效果。

5）任务在多核平台的可扩展性研究需求

报文处理任务不但可以在多个核上进行划分调度，还可以将任务处理流水线水平重复扩展于多核平台，以便通过并行化方式提高处理性能。通过一些实际应用发现，任务在多核平台上的扩展有时出现瓶颈，有时不出现瓶颈；有时只能按线性增长方式扩展性能，有时能以高于线性增长的方式扩展性能，有时又出现性能不升反降的问题。报文处理任务在多核平台上是否可以无限扩展，扩展性能有哪些影响因素，这都需要得到研究。

6）NUMA 平台与报文处理的性能研究

NUMA（Non-Uniform Memory Access，非一致内存访问架构）是一种当前普遍应用的计算机架构。由于 NUMA 平台自身结构和内存访问方面的特性，报文处理应用在该类平台上时性能会受到影响制约。NUMA 平台本身缘于对以往 CPU 架构体系性能问题的优化，但如果报文处理应用在该平台上的性能优化得不到妥善处理，那么它本身的性能就会受到制约。

7）性能评价指标的扩充需求

现有的与报文处理相关的性能指标具有在所有报文处理领域的普遍适应性。它们可以为报文处理技术的研究与评估提供参考，但随着研究的深入，大多数指标仅片面提供整体的性能指标（如处理速率、资源占用、时间等），对于报文处理系统的处理能力体现得并不充分，例如缺乏处理速率与资源占用之间的体现。

8）现有高速处理框架对比研究需求

随着报文处理研究的不断发展，有一批优秀的报文处理框架被各公司和研究机构推出并走向实际应用。然而各个高速处理框架对报文处理技术既有相同的优化技术，又有各自不同的特点和框架设计。它们有的性能相近，有的性能相差较大，有的使用简单，有的灵活性强。使用恰当时可以增强系统的报文处理能力，使用不当时可能导致性能相差较远。因此需要对这些优化技术框架的异同点、性能进行评估，为使用者提供参考和借鉴。

综上所述，Linux 报文处理路径、数据复制、CPU 缓存的使用、多核任务分割优化及其多核可扩展性、NUMA 平台的报文处理优化技术、性能评价指标、高速处理框架研究借鉴等方面，都是研究如何提高报文处理系统在高速网络下的表现性能的需求点和切入点。

1.4 八仙过海各显神通

哪里有问题，哪里就有方案。人们为了提高网络性能可谓煞费苦心，从各个角度，全方位立体式地提出了各种各样的解决方案，有从内核入手的，有从提高网卡性能入手的，有的甚至绕过了 Linux 内核。下面简单描述，让读者有一个大概的认识。

Linux 报文采集系统及通用的 Linux 报文处理技术有越来越多的热点研究和成果。Linux 系统原生报文处理的制约首先体现在网卡驱动上的性能不足，其次体现在驱动更上一层的报文处理路径上的性能不足。内核态的中断轮询的处理方式已经不能使 CPU 适应越来越高的 I/O 速率，用户态的纯轮方式处理高速端口开始成为必然。一系列技术，例如减少报文复制次数、内核态与用户态的切换开销、大内存页、多核平台的有效使用等都已得到广泛研究。

对 Linux 原生报文处理机制改进的直接研究就是 Linux 系统自身的改进和迭代。不断升级的 Linux 系统在不断改进报文处理的机制细节，例如将原始的纯中断报文接收升级为中断加轮询相结合的 NAPI（New Application Programming Interface，新式的应用编程接口）、提供大内存页 API 供用户使用、依据 NUMA 平台特点优化线程调度和资源配置、以 RPS/RFS（Receive Packet Steering/Receive Flow Steering）方式将单队列网卡模拟成软件多队列方式并行处理等。

由于网络实际应用复杂，因此业界提出了解决各种复杂问题的网络建设方案，灵活的定制化或者自定义的报文处理应用更能适应专门化的报文处理需求。这些应用对 Linux 系统提供的报文处理方式依赖程度更低，要求更高。

Linux 原生报文处理机制虽然可以改进，但仍然不足以满足日益增长的性能要求。于是诞生了一批优秀的报文处理框架，如 PF_RING、DPDK、NET-MAP。它们对于 Linux 原生报文处理性能不足的问题进行了大量的改良和改进。它们有的与 Linux 原生报文处理机制结合度高，有的则较为独立。它们都提高了报文处理的性能，并且具有高灵活性以适应定制化或专门化的报文处理需求，如网络流量监测中的报文数据采集、高性能 DNS（Domain Name System）网关、网络自定义组件等。

用户在框架选择和性能判断上或多或少存在困难，因此需要对这些框架的机制、性能评估、性能特性进行对比和研究，以便为用户提供参考。中外许多学者已经对 PF_RING、DPDK、NET-MAP 进行了多个维度的性能对比。不过现有的对比研究一是不能完全满足实际需要，二是研究覆盖层次也窄。例如，有些研究从 CPU Frequency、负载、burst size、memory latency 等多个维度对 DPDK、PF_RING、NET-MAP 进行整体转发能力的对比分析。首先当前研究大多仅对比了多维度上不同框架的转发能力，但并不是所有报文处理应用都有转发需要，而且发送和接收两者在系统中有互相牵制性能的可能性。再次不同框架多核平台特别是 NUMA 平台上的性能特性对比也不足。当前 NUMA 平台的使用有着广泛应用，其 CPU 架构体系重点改进的是多核心扩展问题，不同框架在 NUMA 平台上的扩展问题未有足够的研究和对比。

1.5 Linux 内核的弊端

1.4 节讲解的高性能网络报文处理的瓶颈是从大的方面描述了提高网络处理性能的技术需求。对于网络应用开发的我们来说或许不会全部涉及，更多时候我们会聚焦于 Linux 系统，概括地讲，目前 Linux 内核在处理网络报文方面有以下 5 个弊端：

（1）中断处理。当网络中大量数据包到来时，会产生频繁的硬件中断请求，这些硬件中断可以打断之前较低优先级的软中断或者系统调用的执行过程。如果这种打断频繁的话，将会产生较高的性能开销。

（2）内存复制。正常情况下，一个网络数据包从网卡到应用程序需要经过如下的过程：数据从网卡通过 DMA（Direct Memory Access，直接存储器）等方式传输到内核开辟的缓冲区，然后从内核空间复制到用户态空间，在 Linux 内核协议栈中，这个耗时操作甚至占到了数据包整个处理流程的 57.1%。

（3）上下文切换。频繁到达的硬件中断和软中断都可能随时抢占系统调用的运行，这会产生大量的上下文切换开销。另外，在基于多线程的服务器设计框架中，线程间的调度也会产生频繁的上下文切换开销。同样，锁竞争的耗能也是一个非常严重的问题。

（4）局部性失效。如今主流的处理器都是多个核心的，这意味着一个数据包的处理可能跨多个 CPU 核心，比如一个数据包可能中断在 cpu0，内核态处理在 cpu1，用户态处理在 cpu2，这样跨多个核心容易造成 CPU 缓存失效以及局部性失效。如果是 NUMA 架构，则更会造成跨 NUMA 访问内存，性能会受到很大影响。

（5）内存管理。传统服务器内存页大小为 4KB，为了提高内存的访问速度，避免缓存未命中（Cache Miss），可以增加缓存中映射表的条目，但这又会影响 CPU 的检索效率。

综合以上问题，可以看出内核本身就是一个非常大的瓶颈，那么很明显解决方案就是想办法绕过内核。

针对以上弊端，人们分别提出以下技术点进行探讨。

（1）控制层和数据层分离。将数据包处理、内存管理、处理器调度等任务转移到用户空间去完成，而内核仅仅负责部分控制指令的处理。这样就不存在上述所说的系统中断、上下文切换、系统调用、系统调度等问题。

（2）使用多核编程技术代替多线程技术，并设置 CPU 的亲和性，将线程和 CPU 核进行一对一绑定，减少彼此之间的调度切换。

（3）针对 NUMA 系统，尽量让 CPU 核使用所在 NUMA 节点的内存，避免跨内存访问。

（4）使用大页内存代替普通的内存，减少缓存未命中。

（5）采用无锁技术解决资源竞争问题。

1.6 什么是 DPDK

经过很多前辈的研究，目前业内已经出现了很多优秀的集成了上述技术方案的高性能网络数据处理框架，如 Netmap、DPDK 等，其中 Intel 的 DPDK 在众多方案中脱颖而出，一骑绝尘，也是笔者认为值得使用的技术。Intel DPDK 全称为 Intel Date Plane Development Kit，是英特尔公司开发的数据平面工具集，主要运行在 Linux 用户空间上，在 Intel Architecture（IA）处理器架构下为用户空间中数据包的高效处理提供相关的驱动以及库函数的支持。

不同于 Linux 系统以通用性设计为目的，DPDK 主要专注于网络应用中数据包的高性能处理，主要表现在 DPDK 应用程序运行在用户空间上，利用自身提供的数据平面库对数据包进行收发，从而跳过了数据包在 Linux 内核协议栈的处理过程。在内核看来，DPDK 就是一个普通的用户态进程，它的编译、连接和加载方式和普通程序没有什么区别。

当然其他框架也有优点，后续笔者也会进行讲解。

1.7 高性能服务器框架研究

目前主流的服务器模型有 C/S（客户端/服务器）模型和 P2P（Peer to Peer，点对点）模型。

1.7.1 C/S 模型

TCP/IP 协议在设计和实现上并没有客户端和服务器的概念，在通信系统中所有的机器都是对等的。但由于资源（视频、新闻、软件）都被数据提供者垄断，所以几乎所有的网络应用程序都采用如图 1-3 所示的 C/S 模型，客户端通过访问服务器来获取所需的资源。

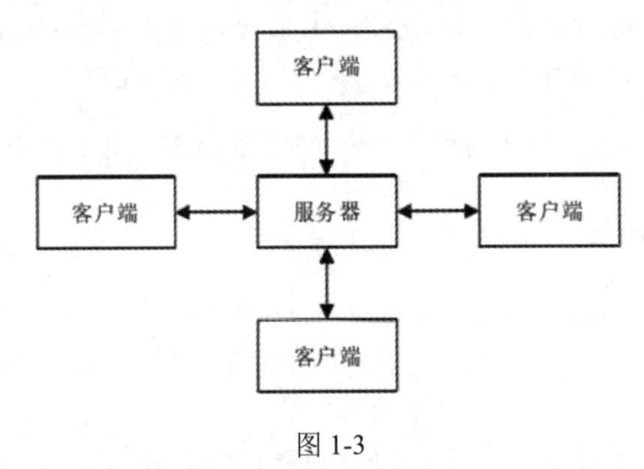

图 1-3

C/S 模型的逻辑很简单，TCP 服务器和 TCP 客户端的工作流程如图 1-4 所示。

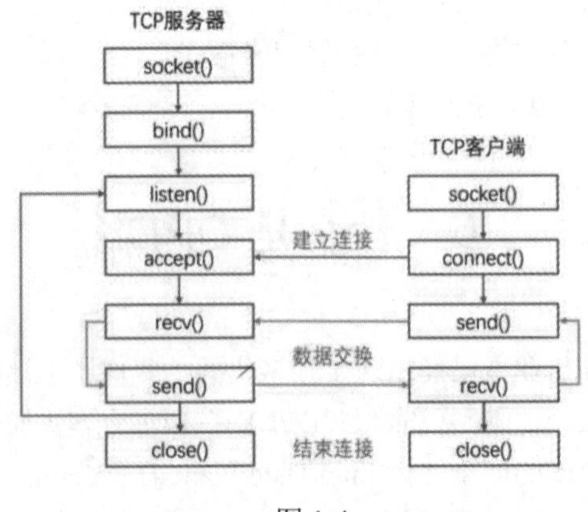

图 1-4

服务器启动后，首先创建一个或者多个 socket，并调用 bind 函数将它绑定到服务器感兴趣的端口上去，然后调用 listen 函数等待客户端连接。服务器稳定运行后，客户端就可以调用 connect 函数向服务器发起连接。由于客户端连接请求是随机到达的异步事件，因此服务器需要使用某种 I/O 模型来监听这一事件。图 1-4 是使用的 I/O 复用技术是 select 系统调用。当监听到连接请求后，服务器就调用 accept 函数接收它，并分配一个逻辑单元为新的连接服务。逻辑单元可以是新创建的子进程、子线程或者其他。图 1-4 中，服务器给客户端分配的逻辑单元是由系统调用 fork 创建的子进程。逻辑单元读取客户端请求，并处理该请求，然后将处理结果返回给客户端。客户端接收到服务器反馈的结果之后，可以继续向服务器发送请求，也可以主动关闭连接。如果客户端主动关闭连接，那么服务器将被动关闭连接。至此，双方的通信结束。需要注意的是，服务器在处理一个客户端请求的同时还会继续监听其他客户端请求，否则就变成了效率低下的串行服务器了（必须先处理完前一个客户端的请求，才能继续处理下一个客户端的请求）。

C/S 模型非常适合资源相对集中的场合，并且它的实现也很简单，但缺点也很明显：服务器是通信的中心，当访问量过大时，可能所有客户端都将得到很慢的响应。下面探讨的 P2P 模型解决了这个问题。

1.7.2　P2P 模型

P2P 模型比 C/S 模型更符合网络通信的实际情况。它摈弃了以服务器为中心的格局，让网络上的所有主机重新回归对等的地位。P2P 模型如图 1-5 所示。

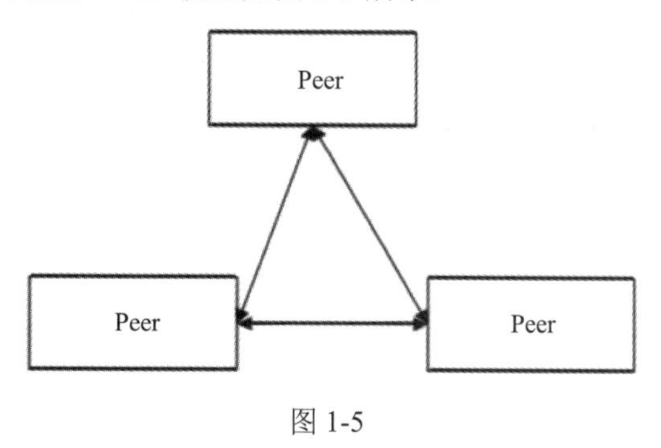

图 1-5

P2P 模型使得每台机器在消耗服务的同时也给别人提供服务，这样资源能够充分、自由地共享，云计算机群可以看作 P2P 模型的一个典范。P2P 模型的缺点也很明显：当用户之间传输的请求过多时，网络的负载将加重。图 1-5 所示的 P2P 模型存在一个显著的问题，即主机之间很难互相发现，所以实际使用的 P2P 模型通常带有一个专门的发现服务器，如图 1-6 所示。

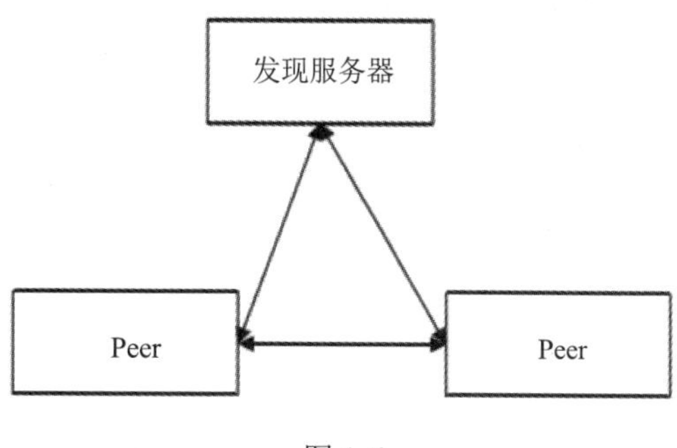

图 1-6

这个发现服务器通常还提供查找服务（甚至还可以提供内容服务），使每个客户端都能尽快地找到自己需要的资源。

1.7.3 服务器的框架概述

虽然服务器程序种类繁多，但它们的基本框架都一样，不同之处在于逻辑处理。服务器的基本框架如图 1-7 所示。

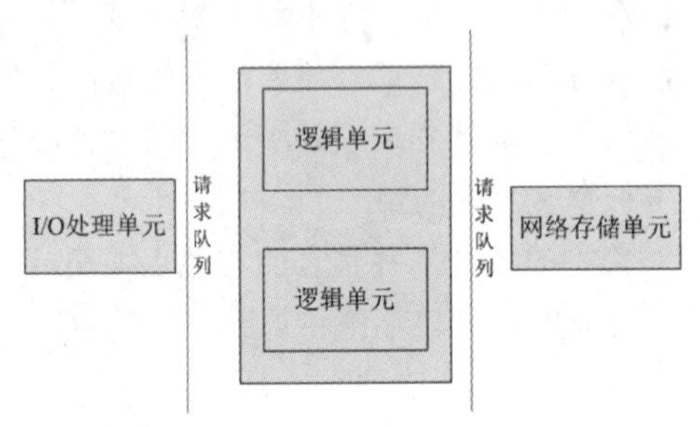

图 1-7

图 1-7 既能用来描述一台服务器，也能用来描述一个服务器机群。

I/O 处理单元是服务器管理客户端连接的模块。它通常要完成以下工作：等待并接收新的客户端连接，接收客户端数据，将服务器响应数据返回给客户端。但是，数据的收发不一定在 I/O 处理单元中执行，也可能在逻辑单元中执行，具体在何处执行取决于事件处理模式。对一个服务器机群来说，I/O 处理单元是一个专门的接收服务器，它实现负载均衡，从所有逻辑服务器中选取负荷最小的一台来为新客户端服务。

一个逻辑单元通常是一个进程或线程，它分析并处理客户端数据，然后将结果传递给 I/O 处理单元或者直接发送给客户端（具体使用哪种方式取决于事件处理模式）。对服务器机群而言，一个逻辑单元本身就是一台逻辑服务器。服务器通常拥有多个逻辑单元，以实现对多个客户端任务的并行处理。

网络存储单元可以是数据库、缓存和文件，甚至是一台独立的服务器，但它不是必需的，比如 SSH、Telnet 等登录服务就不需要这个单元。

请求队列是各单元之间的通信方式的抽象。I/O 处理单元接收到客户端请求时，需要以某种方式通知一个逻辑单元来处理该请求。同样，多个逻辑单元同时访问一个存储单元时，也需要采用某种机制来协调处理竞争条件。请求队列通常被实现为池的一部分，对于服务器机群而言，请求队列是各台服务器之间预先建立的、静态的、永久的 TCP 连接。这种 TCP 连接能提高服务器之间交换数据的效率，因为它避免了动态建立 TCP 连接而导致的额外的系统开销。

1.7.4 高效的事件处理模式

服务器程序通常需要处理 3 类事件：I/O 事件、信号及定时事件。高效的事件处理模式有两种：Reactor 和 Proactor。

1. Reactor 模式

Reactor 模式要求主线程只负责监听文件描述符上是否有事件发生，如果有事件发生就立即将该事件通知给工作线程。除此之外，主线程不做任何其他实质性的工作。工作线程完成数据的读写、接收新的连接、处理用户请求。

使用同步 I/O 模型（以 epoll_wait 为例，这是 Linux 内核的处理事件的系统函数）实现 Reactor 模式的工作流程如下：

（1）主线程在 epoll 内核事件表中注册 socket 上的读就绪事件。

（2）主线程调用 epoll_wait 等待 socket 上有数据可读。

（3）当 socket 上有数据可读时，epoll_wait 通知主线程，主线程则将可读事件放入请求队列中。

（4）睡眠在请求队列上的某个工作线程被唤醒，它从 socket 中读取数据，并处理客户端请求，然后在 epoll 内核事件表中注册该 socket 上的写就绪事件。

（5）主线程调用 epoll_wait 等待 socket 可写。

（6）当 socket 可写时，epoll_wait 通知主线程，主线程则将 socket 可写事件放入请求队列中。

（7）请求队列上的某个工作线程被唤醒，它往 socket 上写入服务器处理客户端的结果。

图 1-8 详细描述了 Reactor 的工作流程。

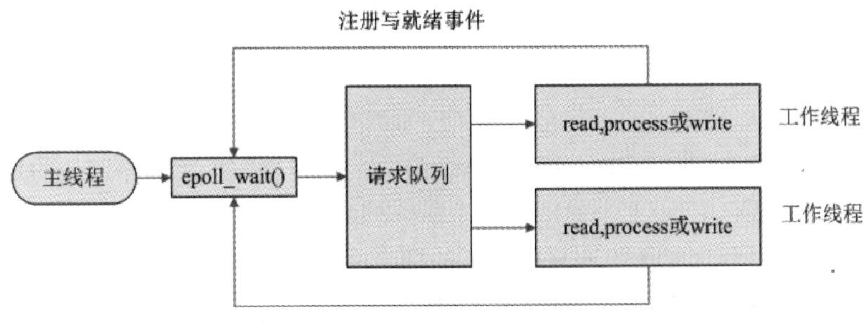

图 1-8

从图中可知，工作线程从请求队列中取出事件后，将根据事件的类型来决定如何处理它：对于可读事件，执行读数据和处理请求的操作：对于可写事件，执行写数据的操作。因此，在图 1-8 所示的 Reactor 模式中，没必要区分所谓的“读工作线程”和“写工作线程”。

2. Proactor 模式

与 Reactor 模式不同，Proactor 模式将所有 I/O 操作都交给主线程和内核来处理，工作线程仅仅负责业务逻辑。

使用异步 I/O 模型（以 aio-read 和 aio-write 为例）实现的 Proactor 模式的工作流程如下：

（1）主线程调用 aio_read 函数向内核注册 socket 上的读完成事件，并告诉内核用户读缓冲区的位置。

（2）主线程继续处理其他逻辑。

（3）当 socket 上的数据被读入用户缓冲区后，内核将向应用程序发送一个信号，以通知应用程序数据已经可用。

（4）应用程序预先定义好的信号处理函数选择一个工作线程来处理客户端请求。

（5）主线程继续处理其他逻辑。

（6）当用户缓冲区的数据被写入 socket 之后，内核将向应用程序发送一个信号，以通知应用程序数据已经发送完毕。

（7）应用程序预先定义好的信号处理函数选择一个工作线程做善后处理，比如决定是否关闭 socket。

1.7.5 高效的并发模式

并发的目的是让程序“同时”执行多个任务。如果程序是计算密集型的，那么并发编程并没有优势，反而由于任务的切换而使效率降低；但如果程序是 I/O 密集型的，比如经常读写文件、访问数据库等，则情况就不同了。由于 I/O 操作的速度远没有 CPU 的计算速度快，因此让程序阻塞于 I/O 操作将浪费大量的 CPU 时间。如果程序有多个执行线程，则当前被 I/O 操作所阻塞的执行线程可主动放弃 CPU（或由操作系统来调度），并将执行权转移给其他线程。这样一来 CPU 就可以用来做更加有意义的事情（除非所有线程都同时被 I/O 操作阻塞），而不是等待 I/O 操作完成，因此 CPU 的利用率显著提升。

并发编程主要有多进程和多线程两种方式。服务器主要有两种并发编程模式：半同步/半异步模式和领导者/追随者模式（Leader/Followers）。

1. 半同步/半异步模式

首先，半同步/半异步模式中的“同步”和“异步”与 I/O 模型中的“同步”和“异步”是完全不同的概念。在 I/O 模型中，“同步”和“异步”区分的是内核向应用程序通知的是何种 I/O 事件（是就绪事件还是完成事件），以及该由谁来完成 I/O 读写（是应用程序还是内核）。在并发编程模式中，“同步”指的是程序完全按照代码序列的顺序执行，“异步”指的是程序的执行需要由系统事件来驱动。常见的系统事件包括中断、信号等。

按照同步方式运行的线程称为同步线程，按照异步方式运行的线程称为异步线程。显然，异步线程的执行效率更高，实时性更强，这也是很多嵌入式程序采用的模型。但以异步方式执行的程序编写起来相对复杂，且难于调试和扩展，不适用于大量的并发。而同步线程则相反，它虽然效率相对较低，实时性较差，但逻辑简单。因此，对于像服务器这种既要求较好的实时性，又要求能同时处理多个客户端请求的应用程序，就应该同时使用同步线程和异步线程来实现，即采用半同步/半异步模式来实现。

一种相对高效的半同步/半异步模式，如图 1-9 所示，它的每个线程都同时能处理多个客户端连接。

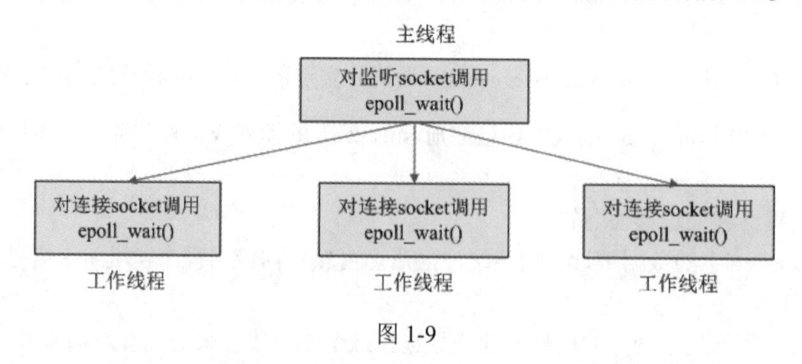

图 1-9

在图 1-9 中，主线程只负责监听 socket，连接 socket 由工作线程来负责。当有新的连接到来时，主线程就接收它并将新返回的连接 socket 派发给某个工作线程，此后该新 socket 上的任何 I/O 操作都由被选中的工作线程来处理，直到客户端关闭连接。主线程向工作线程派发 socket 的最简单的方式是往它和工作线程之间的管道里写数据。工作线程检测到管道上有数据可读时，就分析是否到来一个新的客户端连接请求。如果是，则把该新 socket 上的读写事件注册到自己的 epoll 内核事件表中。

2. 领导者/追随者模式

领导者/追随者模式是多个工作线程轮流获得事件源集合，轮流监听、分发并处理事件的一种模式。在任意时间点，程序都仅有一个领导者线程，它负责监听 I/O 事件；其他线程则都是追随者，它们休眠在线程池中等待成为新的领导者。当前的领导者如果检测到 I/O 事件，则首先要从线程池中推选出新的领导者线程，然后处理 I/O 事件。此时，新的领导者等待新的 I/O 事件，而原来的领导者则处理 I/O 事件，二者实现了并发。

领导者/追随者模式包含如下几个组件：句柄集（HandleSet）、线程集（ThreadSet）、事件处理器（EventHandler）和具体的事件处理器（ConcreteEventHandler）。它们的关系如图 1-10 所示。

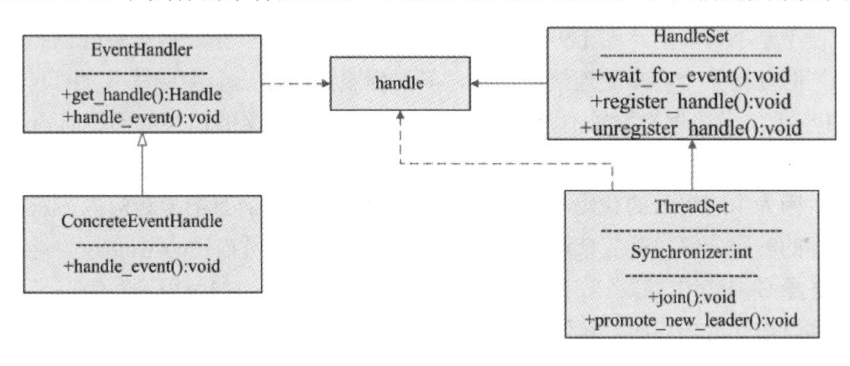

图 1-10

1.7.6　提高服务器性能的方法

性能对服务器来说是至关重要的，毕竟每个客户端都期望其请求能很快得到响应。影响服务器性能的首要因素就是系统的硬件资源，比如 CPU 的个数、速度、内存的大小等。不过由于硬件技术的飞速发展，现代服务器都不缺乏硬件资源，因此在服务器设计时需要考虑的主要问题是如何从“软环境”来提升服务器的性能。服务器的“软环境”，一方面是指系统的软件资源，比如操作系统允许用户打开的最大文件描述符数量；另一方面指的就是服务器程序本身，即如何从编程的角度来确保服务器的性能。

前面探讨了几种高效的事件处理模式和并发模式，它们都有助于提高服务器的整体性能。下面进一步分析高性能服务器需要注意的其他几个方面：池（pool）、数据复制、上下文切换和锁。

1）池

既然服务器的硬件资源“充裕”，那么提高服务器性能的一个很直接的方法就是以空间换时间，即“浪费”服务器的硬件资源，以换取运行效率，这就是池的概念。池是一组资源的集合，这组资源在服务器启动之初就被完全创建好并初始化，这被称为静态资源分配。当服务器进入正式运行阶段，即开始处理客户端请求的时候，如果它需要相关的资源，就可以直接从池中获取，无须动态分配。很显然，直接从池中取得所需资源的速度比动态分配资源的速度要快得多，因为分配系统资源的系统调用都是很耗时的。当服务器处理完一个客户端连接后，可以把相关的资源放回池中，无须执行系统调用来释放资源。从最终的效果来看，池相当于服务器管理系统资源的应用层设施，它避免了服务器对内核的频繁访问。

2）数据复制

高性能服务器应该避免不必要的数据复制，尤其是当数据复制发生在用户代码和内核之间的时候。如果内核可以直接处理从 socket 或者文件读入的数据，那么应用程序就没必要将这些数据从内核缓冲区复制到应用程序缓冲区中。

3）上下文切换和锁

并发程序必须考虑上下文切换的问题，即进程切换或线程切换导致的系统开销。即使是 I/O 密集型的服务器，也不应该使用过多的工作线程，否则线程间的切换将占用大量的 CPU 时间，服务器真正用于处理业务逻辑的 CPU 时间的比重就显得不足了。因此，为每个客户端连接都创建一个工作线程的服务器模型是不可取的。图 1-9 所描述的半同步/半异步模式是一种比较合理的解决方案，它允许一个线程同时处理多个客户端连接。此外，多线程服务器的一个优点是不同的线程可以同时运行在不同的 CPU 上。当线程的数量不大于 CPU 的数目时，上下文的切换就不是问题了。

并发程序需要考虑的另外一个问题是共享资源的加锁保护。锁通常被认为是导致服务器效率低下的一个因素，因为由它引入的代码不仅不处理任何业务逻辑，而且需要访问内核资源。因此，服务器如果有更好的解决方案，就应该避免使用锁。显然，图 1-9 所描述的半同步/半异步模式就比较高效。如果服务器必须使用“锁”，则可以考虑减小锁的粒度，比如使用读写锁。当所有工作线程都只读取一块共享内存的内容时，读写锁并不会增加系统的额外开销，只有当其中某一个工作线程需要写这块内存时，系统才必须去锁住这块区域。

第 2 章

Linux 基础和网络

本章主要向读者介绍一些 Linux 常见的基础操作。另外，由于网络安全设备的开发对于性能、内核的网络应用越来越多，因此本章还会讲解内核报文的处理机制。

2.1 Linux 启动过程

Linux 启动时我们会看到许多启动信息。Linux 系统的启动过程并不是读者想象中的那么复杂，其过程可以分为 5 个阶段：

1）内核的引导

当计算机打开电源后，首先是 BIOS 开机自检，按照 BIOS 中设置的启动设备（通常是硬盘）来启动。操作系统接管硬件以后，首先读入/boot 目录下的内核文件。

2）运行 init

init 进程是系统中所有进程的起点，没有这个进程，系统中任何其他进程都不会启动。init 程序首先需要读取配置文件/etc/inittab。

3）系统初始化

在 init 的配置文件中有这样一行：

```
si::sysinit:/etc/rc.d/rc.sysinit
```

它调用执行了/etc/rc.d/rc.sysinit，而 rc.sysinit 是一个 bash shell 的脚本，它主要是完成一些系统初始化的工作，rc.sysinit 是每一个运行级别都要首先运行的重要脚本。它主要完成的工作有：激活交换分区、检查磁盘、加载硬件模块，以及其他一些需要优先执行的任务。例如：

```
l5:5:wait:/etc/rc.d/rc 5
```

这一行表示以 5 为参数运行/etc/rc.d/rc。/etc/rc.d/rc 是一个 Shell 脚本，它接收 5 作为参数，去执行/etc/rc.d/rc5.d/目录下的所有的 rc 启动脚本。/etc/rc.d/rc5.d/目录中的这些启动脚本实际上都是一些连接文件，而不是真正的 rc 启动脚本，真正的 rc 启动脚本实际上都是放在/etc/rc.d/init.d/目录下。这些 rc 启动脚本有着类似的用法，它们一般都能接收 start、stop、restart、status 等参数。/etc/rc.d/rc5.d/中的 rc 启动脚本通常是以 K 或 S 开头的连接文件，对于以 S 开头的启动脚本，将以 start 参数来运行。而如果发现既存在相应的脚本，也存在以 K 打头的连接，并且已经处于运行态了（以/var/lock/subsys/下的文件作为标志），则首先以 stop 为参数停止这些已经启动了的守护进程，然后再重新运行。这样做是为了保证当 init 改变运行级别时，所有相关的守护进程都将重启。

至于在每个运行级中将运行哪些守护进程，用户可以通过 chkconfig 或 setup 中的"System Services"来自行设定。

不同的场合需要启动不同的程序，比如用作服务器时，需要启动 Apache，而用作桌面就不需要了。Linux 允许为不同的场合分配不同的开机启动程序，这就叫作“运行级别”（runlevel）。也就是说，启动时根据运行级别来确定要运行哪些程序。Linux 系统有 7 个运行级别：

- 运行级别 0：系统停机状态，系统的默认运行级别不能设为 0，否则不能正常启动。
- 运行级别 1：单用户工作状态，root 权限用于系统维护，禁止远程登录。
- 运行级别 2：多用户状态（没有 NFS）。
- 运行级别 3：完全的多用户状态（有 NFS），登录后进入控制台命令行模式。
- 运行级别 4：系统未使用，保留。
- 运行级别 5：X11 控制台，登录后进入图形 GUI 模式。
- 运行级别 6：系统正常关闭并重启，默认运行级别不能设为 6，否则不能正常启动。

4）建立终端

rc 执行完毕后，返回 init，这时基本系统环境已经设置好了，各种守护进程也已经启动了。init 接下来会打开 6 个终端，以便用户登录系统。在 inittab 中的以下 6 行就是定义了 6 个终端：

```
1:2345:respawn:/sbin/mingetty tty1
2:2345:respawn:/sbin/mingetty tty2
3:2345:respawn:/sbin/mingetty tty3
4:2345:respawn:/sbin/mingetty tty4
5:2345:respawn:/sbin/mingetty tty5
6:2345:respawn:/sbin/mingetty tty6
```

可以看出在 2、3、4、5、6 的运行级别中都将以 respawn 方式运行 mingetty 程序。mingetty 程序能打开终端、设置模式，同时它还会显示一个文本登录界面，这个界面就是我们经常看到的登录界面，在这个登录界面中会提示用户输入用户名，而用户输入的用户名将作为参数传递给 login 程序来验证用户的身份。

5）用户登录系统

一般来说，用户的登录方式有 3 种：命令行登录、ssh 登录、图形界面登录。对于运行级别为 5 的图形方式的用户来说，他们是通过一个图形化的登录界面来进行登录。登录成功后可以直接进入 KDE、Gnome 等窗口管理器。

这里主要讲的还是文本方式登录的情况：当我们看到 mingetty 的登录界面时，就可以输入用户名和密码来登录系统了。Linux 的账号验证程序是 login，login 会接收 mingetty 传递来的用户名并将它作为用户名参数，然后会对用户名进行分析：如果用户名不是 root，且存在/etc/nologin 文件，则 login 将输出 nologin 文件的内容，然后退出。这通常用于系统维护时防止非 root 用户登录。只有/etc/securetty 中登记了的终端才允许 root 用户登录，如果不存在/etc/securetty 文件，则 root 用户可以在任何终端上登录。/etc/usertty 文件用于对用户做出附加访问限制，如果不存在这个文件，则没有其他限制。

我们可以用一幅图来熟悉 Linux 的启动过程，如图 2-1 所示。

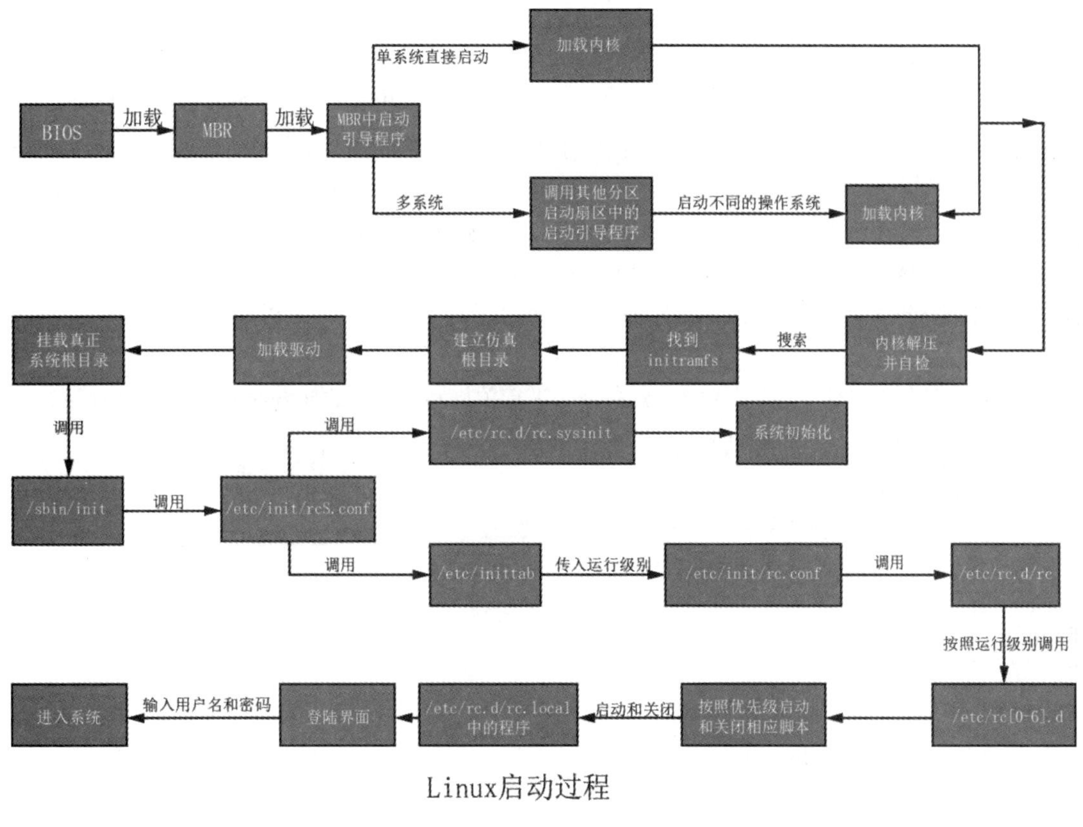

Linux启动过程

图 2-1

其中，MBR 全称为 Master Boot Record，中文意思是主引导记录，它位于磁盘上的 0 柱面 0 磁道 1 扇区，整个大小是 512 字节，MBR 里存放着系统预启动信息、分区表信息和分区标志等。在 512 字节中，第一部分引导记录区占 446 字节，后面的 66 字节为分区表。

2.2　图形模式与文字模式的切换方式

Linux 预设提供了 6 个命令窗口终端来让我们登录，这 6 个窗口分别为 tty1, tty2, …, tty6，默认登录的就是第一个窗口，也就是 tty1，我们可以按 Ctrl+Alt+F1~F6 组合键来切换它们。

如果我们安装了图形界面，则默认情况下进入的是图形界面，此时我们就可以按 Ctrl+Alt+F1~F6

组合键来进入其中一个命令窗口界面。当我们进入命令窗口界面后要再返回图形界面，只要按 Ctrl+Alt+F7 组合键即可。

如果我们用的 VMware 虚拟机，则命令窗口切换的组合键为 Alt+Space+F1~F6。如果我们是在图形界面下，则按 Alt+Shift+Ctrl+F1~F6 组合键可切换至命令窗口。

2.3 Linux 关机和重启

说到关机和重启，很多人认为重要的服务器（比如银行的服务器、电信的服务器）如果重启了，则会造成大范围的灾难。笔者在这里解释一下。首先，就算是银行或电信的服务器，也是需要维护的，维护时用备份服务器代替。其次，每个人的经验都是和自己的技术成长环境息息相关的，比如笔者是游戏运维出身，而游戏又是数据为王，所以一切操作的目的就是保证数据的可靠和安全。这时，有计划的重启远比意外宕机造成的损失要小得多，所以定义重启是游戏运维的重要手段。

在早期的 Linux 系统中，应该尽量使用 shutdown 命令来进行关机和重启。因为在那时的 Linux 中，只有 shutdown 命令在关机或重启之前会正确地中止进程及服务，所以我们一直认为 shutdown 才是最安全的关机与重启命令。而在现在的系统中，一些其他的命令（如 reboot）也会正确地中止进程及服务，但我们仍建议使用 shutdown 命令来进行关机和重启。shutdown 的命令格式如下：

```
shutdown [选项] 时间 [警告信息]
```

其中常用选项有：

- -c：取消已经执行的 shutdown 命令。
- -h：关机。
- -r：重启。

比如：

```
[root@localhost ~]# shutdown -r now
```

表示重启，now 是现在重启的意思。

```
[root@localhost ~]# shutdown -r 05:30
```

表示指定时间重启，但会占用前台终端。

```
[root@localhost ~]# shutdown -r 05:30 &
```

表示把定义重启命令放入后台，&是后台的意思。

```
[root@localhost ~]# shutdown -c
```

表示取消定时重启。

```
[root@localhost ~]# shutdown -r +10
```

表示 10 分钟之后重启。

```
[root@localhost ~]# shutdown -h now
```

表示现在关机。

```
[root@localhost ~]# shutdown -h 05:30
```

表示指定时间关机。

在现在的系统中，reboot 命令也是安全的，而且不需要加入过多的选项。比如：

```
[root@localhost ~]# reboot
```

表示重启。

另外，halt 和 poweroff 命令都是关机命令，直接执行即可。

2.4　开机自启动

开机自启动的意思就是让程序随着操作系统的启动而启动运行。这个功能经常会被用到，比如杀毒软件一般就是在操作系统启动后自动运行，而不需要人工去开启。下面我们以 CentOS 环境为例，说明如何让程序开机自启。操作步骤如下：

步骤 01 准备需要启动的脚本内容 auto_run.sh，文件名可以任意取。在这个脚本文件中，我们可以放置要开机执行的 shell 命令、程序或者其他脚本文件。为了使开机自启动有效，.sh 脚本的前三行需如下编写：

```
#!/bin/bash
#chkconfig: 2345 80 90
#description: auto_run
touch /tmp/123.txt
```

其中，第一行表示该脚本由/bin/路径的 bash 解释器来解释脚本，所有 shell 脚本开头都是这样的。第二行的 chkconfig 后面有 3 个参数 2345、80、90，这 3 个参数告诉 chkconfig 程序需要在/etc/rc2.d~/etc/rc5.d 目录下创建名字为 S80auto_run.sh 的文件连接，连接到/etc/rc.d/init.d 目录下的 auto_run 脚本；S80auto_run.sh 这个文件名中的第一个字符 S 表示系统在启动的时候，运行脚本 auto_run 并添加一个 start 参数，该参数告诉脚本现在是启动模式；同时在 rc0.d 和 rc6.d 目录下创建名字为 K90auto_run.sh 的文件连接，文件名中的第一个字符为 K，表示在关闭系统的时候会运行 auto_run，并添加一个参数 stop，该参数告诉脚本现在是关闭模式。如果缺少上面 3 行内容，那么在运行步骤 03 中的 chkconfig --add auto_run 时会报错。第四行的意思是我们通过 touch 命令在/tmp 下新建一个 123.txt 文件，以此来检验开机启动后这个脚本文件是否执行成功，如果存在 123.txt 文件，则说明脚本文件执行成功。

步骤 02 给要自启动的脚本 xxx.sh 增加可执行权限。我们把这个脚本文件保存为 auto_run.sh，并将它移动或复制到/etc/rc.d/init.d 目录下。/etc/rc.d/init.d 里面包含了一些脚本，这些脚本供 init 进程（也就是 1 号进程）在系统初始化的时候，按照该进程获取的开机运行等级，有选择地运行 init.d 里的脚本。将 auto_run.sh 复制到/etc/rc.d/init.d 后，也会在/etc/init.d 下发现这个文件，这是因为/etc/init.d 其实是/etc/rc.d/init.d 的软链接。为 auto_run.sh 增加权限的命令如下：

```
chmod 755 /etc/rc.d/init.d/auto_run.sh
```

说明：

- 第一位 7：4+2+1，创建者，可读可写可执行。
- 第二位 5：4+1，组用户，可读可执行。
- 第三位 5：4+1，其他用户，可读可执行。

因此 755 表示只允许创建者修改，允许其他用户读取和执行。

步骤 03 把脚本添加到开机自动启动项目中。命令如下：

```
cd /etc/rc.d/init.d
chkconfig --add auto_run.sh
chkconfig auto_run.sh on
```

其中 chkconfig 的功能是检查、设置系统的各种服务，语法如下：

```
chkconfig [--add][--del][--list][系统服务] 或
chkconfig [--level <等级代号>][系统服务][on/off/reset]
--add 添加服务；--del 删除服务；--list 查看各服务启动状态
```

步骤 04 重启并验证。我们执行重启命令 init 6 或 reboot（前者更通用），然后到/tmp 下查看，可以发现存在 123.txt 文件：

```
[root@localhost ~]# ls /tmp/123.txt
/tmp/123.txt
```

至此，程序可以开机自启动了。在实际应用中，只需要把要执行的程序放入 auto_run.sh 中并赋予权限即可，比如：

```
#!/bin/bash
#chkconfig: 2345 80 90
#description: auto_run
touch /tmp/123.txt
chmod 777 /myapp/install_driver.sh
/myapp/install_driver.sh

chmod 777 /myapp/mysvr
nohup /myapp/mysvr > /myapp/mysvr.out 2>&1 &
```

其中 nohup 的英文全称为 no hang up（不挂起），用于在系统后台不挂断地运行命令，退出终端也不会影响程序的运行，但可以通过 kill 等命令终止。nohup 命令在默认情况下（非重定向时）会输出一个名叫 nohup.out 的文件到当前目录下，如果当前目录的 nohup.out 文件不可写，则输出重定向到$HOME/nohup.out 文件中。这里我们指定输出文件为 mysvr.out。mysvr 中凡是有打印的地方都会输出内容到 mysvr.out 中，从而方便我们观察程序的运行情况。

2>&1 是用来将标准错误 2 重定向到标准输出 1 中。1 前面的&是为了让 bash 将 1 解释成标准输出而不是文件 1，而最后一个&是为了让 bash 在后台执行。

2.5　查看 Ubuntu 的内核版本

查看 Ubuntu 的内核版本的命令如下：

```
cat /proc/version
Linux version 5.15.0-56-generic (buildd@lcy02-amd64-004) (gcc (Ubuntu
11.3.0-1ubuntu1~22.04) 11.3.0, GNU ld (GNU Binutils for Ubuntu) 2.38) #62-Ubuntu
SMP Tue Nov 22 19:54:14 UTC 2022
```

或者

```
uname -r
5.15.0-56-generic
```

内核版本是 5.15.0-56-generic。

2.6　查看 Ubuntu 操作系统的版本

查看 Ubuntu 操作系统的版本的命令如下：

```
# lsb_release -a
No LSB modules are available.
Distributor ID: Ubuntu
Description:    Ubuntu 22.04.1 LTS
Release:        22.04
Codename:       jammy
```

2.7　查看 CentOS 操作系统的版本

查看 CentOS 操作系统的版本的命令如下：

```
# cat /etc/redhat-release
CentOS Linux release 8.5.2111
```

在有些 CentOS 系统中（比如 6.9 版本的 CentOS），也可以使用 lsb_release -a 命令。

```
[root@mypc ~]# lsb_release -a
LSB Version:
:base-4.0-amd64:base-4.0-noarch:core-4.0-amd64:core-4.0-noarch:graphics-4.0
-amd64:graphics-4.0-noarch:printing-4.0-amd64:printing-4.0-noarch
Distributor ID: CentOS
Description:    CentOS release 6.9 (Final)
Release:    6.9
Codename:   Final
```

2.8 CentOS 7 升级 glibc

CentOS 7 升级 glibc 的命令如下：

```
    wget http://ftp.gnu.org/gnu/glibc/glibc-2.24.tar.gz
    tar -xvf glibc-2.24.tar.gz
    cd glibc-2.24
    mkdir build; cd build
    ../configure --prefix=/usr --disable-profile --enable-add-ons
--with-headers=/usr/include --with-binutils=/usr/bin
    make -j 8
    make install
```

查看版本，发现已升级到 2.24 版本：

```
    # ldd --version
    ldd (GNU libc) 2.24
```

2.9 在文件中搜索

使用 grep-rn 命令可以在某个指定路径的文件中搜索需要的内容，命令格式如下：

```
    grep-rn"内容"路径
```

比如，我们在/tmp 下新建一个 a.txt 文件，然后输入内容“hello world”。保存后，再使用 grep -rn 命令搜索，就会有结果了：

```
    root@myub:/tmp# grep -rn hello /tmp/
    /tmp/a.txt:1:hello world
```

搜索时不需要指定具体的文件名，这对于我们不知道要搜索的内容在哪个文件里，非常有用。当然要指定文件也可以：

```
    root@myub:/tmp# grep -rn hello /tmp/a.txt
    1:hello world
```

2.10 Linux 配置文件的区别

Linux 配置文件的区别如下：

- /etc/profile：此文件为系统的每个用户设置环境信息，当用户第一次登录时，该文件被执行并从/etc/profile.d 目录的配置文件中搜集 shell 的设置。
- /etc/bashrc：为每一个运行 bash shell 的用户执行此文件。当 bash shell 被打开时，该文件被读取。

- ~/.bash_profile: 每个用户都可使用该文件输入专用于自己的 shell 信息，当用户登录时，该文件仅执行一次。默认情况下，该文件设置一些环境变量，执行用户的.bashrc 文件。
- ~/.bashrc: 该文件包含专用于我们的 bash shell 的 bash 信息，当登录以及每次打开新的 shell 时，该文件都被读取。
- ~/.bash_logout: 每次退出系统（退出 bash shell）时，执行该文件。

对于 Ubuntu，bash 的几个初始化文件如下：

（1）/etc/profile：全局（公有）配置，不管是哪个用户，登录时都会读取该文件。

（2）/ect/bashrc：Ubuntu 没有此文件，与之对应的是/ect/bash.bashrc。它也是全局（公有）的。bash 执行时，不管是何种方式，都会读取该文件。

（3）~/.profile：当 bash 是以 login 方式执行时，读取~/.bash_profile；若它不存在，则读取~/.bash_login；若前两者都不存在，则读取~/.profile。另外，若以图形模式登录，则此文件将被读取，即使存在~/.bash_profile 和~/.bash_login。

（4）~/.bash_login：当 bash 是以 login 方式执行时，读取~/.bash_profile；若它不存在，则读取~/.bash_login；若前两者都不存在，则读取~/.profile。

（5）~/.bash_profile：Unbutu 默认没有此文件，可新建。只有 bash 是以 login 形式执行时，才会读取此文件。通常该文件还会被配置成去读取~/.bashrc。

（6）~/.bashrc：当 bash 是以 non-login 形式执行时，读取此文件。若是以 login 形式执行，则不会读取此文件。

（7）~/.bash_logout：注销时且是 login 形式，此文件才会被读取。也就是说，以文本模式注销时，此文件会被读取，以图形模式注销时，此文件不会被读取。

下面是在本机上的几个例子：

（1）图形模式登录时，顺序读取/etc/profile 和~/.profile。

（2）图形模式登录后，打开终端时，顺序读取/etc/bash.bashrc 和~/.bashrc。

（3）文本模式登录时，顺序读取/etc/bash.bashrc、/etc/profile 和~/.bash_profile。

（4）使用 su 命令从其他用户切换到当前登录的用户，则分两种情况：第一种情况，如果带-l 参数（或带-参数、--login 参数），如 su-l username，则 bash 是 login 形式的，它将顺序读取以下配置文件：/etc/bash.bashrc、/etc/profile 和~/.bash_profile；第二种情况，如果没有带-l 参数，则 bash 是 non-login 形式的，它将顺序读取/etc/bash.bashrc 和~/.bashrc。

（5）注销时，或退出 su 登录的用户，如果是 login 形式，那么 bash 会读取~/.bash_logout。

（6）执行自定义的 shell 文件时，若使用“bash-l a.sh”的方式，则 bash 会读取/etc/profile 和~/.bash_profile；若使用其他方式，如 bash a.sh、./a.sh、sh a.sh（这个不属于 bash shell），则不会读取上面的任何文件。

（7）上面的例子中凡是读取到~/.bash_profile 的，若该文件不存在，则读取~/.bash_login；若前两者都不存在，则读取~/.profile。

2.11 让/etc/profile 文件修改后立即生效

让/etc/profile 文件修改后立即生效的方法有以下两种：

方法 1：

```
# . /etc/profile
```

注意：. 和/etc/profile 之间有一个空格。

方法 2：

```
# source /etc/profile
```

source 命令也称为点命令，也就是一个点符号（.）。source 命令通常用于重新执行刚修改的初始化文件，使之立即生效，而不必注销并重新登录。用法如下：

```
source filename
```

或

```
. filename
```

2.12 Linux 性能优化的常用命令

Linux 性能优化的常用命令如下：

1）lsof

lsof 是 List Open Files 的缩写。lsof 是 Linux 下的一个非常实用的系统级的监控、诊断工具，用于查看进程打开的文件、打开文件的进程，以及进程打开的端口（TCP、UDP）。系统在后台都为应用程序分配了一个文件描述符，无论这个文件的本质如何，该文件描述符为应用程序与基础操作系统之间的交互提供了通用接口。

2）iostat

iostat 命令被用于监视系统输入输出设备和 CPU 的使用情况。它的特点是汇报磁盘活动统计情况，同时也会汇报出 CPU 使用情况。iostat 有一个弱点，就是它不能对某个进程进行深入分析，仅对系统的整体情况进行分析。

3）vmstat

vmstat 命令的含义是显示虚拟内存状态（Virtual Meomory Statistics），它还可以报告关于进程、内存、I/O 等系统的整体运行状态。

4）ifstat

ifstat 命令与 iostat/vmstat 描述其他的系统状况一样，是一个统计网络接口活动状态的工具。

5）mpstat

mpstat 命令主要用于多 CPU 环境，它显示各个可用 CPU 的状态信息，这些信息存放在/proc/stat 文件中。在多 CPU 系统里，它不但能查看所有 CPU 的平均状况信息，而且还能够查看特定 CPU 的信息。

6）netstat

netstat 命令用来打印 Linux 中网络系统的状态信息，让我们得知整个 Linux 系统的网络情况。

7）dstat

该命令是一个用来替换 iostat、vmstat、ifstat 和 netstat、nfsstat 这些命令的工具，是一个全能系统信息统计工具。

8）uptime

uptime 命令能够打印系统总共运行了多长时间和系统的平均负载。uptime 命令可以显示的信息依次为：现在时间，系统已经运行了多长时间，目前有多少登录用户，系统在过去的 1 分钟、5 分钟和 15 分钟内的平均负载。

9）top

top 命令可以实时动态地查看系统的整体运行情况，是一个综合了多方信息监测系统性能和运行信息的实用工具。通过 top 命令提供的互动式界面，可以用热键进行管理。

10）iotop

iotop 命令是一个用来监视磁盘 I/O 使用状况的 top 类工具。iotop 具有与 top 相似的 UI，其中包括 PID、用户、I/O、进程等相关信息。Linux 下的 I/O 统计工具（如 iostat、nmon 等）大多数只能统计到 per 设备的读写情况，如果我们想知道每个进程是如何使用 I/O 的，则可以使用 iotop 命令进行查看。

11）ltrace

ltrace 命令是用来跟踪进程调用库函数的情况。

12）strace

strace 命令是一个集诊断、调试、统计于一体的工具，我们可以使用 strace 对应用的系统调用和信号传递的跟踪结果进行分析，以达到解决问题或者是了解应用工作过程的目的。当然 strace 与专业的调试工具（比如 gdb）是没法相比的，因为它不是一个专业的调试器。

13）fuser

fuser 命令用于报告进程使用的文件和网络套接字。fuser 命令列出了本地进程的进程号和那些本地进程使用 File 参数指定的本地或远程文件。对于阻塞特别设备，此命令列出了使用了该设备上任何文件的进程。

14）free

free 命令可以显示当前系统未使用的和已使用的内存数目，包括物理内存、交换内存（swap）和内核缓冲区内存。

15）df

df 命令用于显示磁盘分区上的可使用的磁盘空间。默认显示单位为 KB。可以利用该命令来获取硬盘被占用了多少空间、目前还剩下多少空间等信息。

16）pstree

pstree 命令以树状图的形式展现进程之间的派生关系，显示结果比较直观。

17）pstack

pstack 命令可以显示每个进程的栈跟踪。该命令必须由相应进程的属主或 root 运行。可以使用 pstack 来确定进程挂起的位置。此命令允许使用的唯一选项是要检查的进程的 PID。

2.13 测试 Web 服务器性能

本节主要介绍如何测试 Web 服务器性能。

2.13.1 架设 Web 服务器 Apache

首先需要一个 Web 服务器，因为我们的程序是运行在 Web 服务器上的。Web 服务器软件比较多，比较著名的有 Apache 和 Nginx，这里选用 Apache。此时我们不必再去下载安装 Apache，因为安装 CentOS 后，Apache 被自动安装了，可以直接运行它。

首先可以用命令 rpm 来查看 Apache 是否安装：

```
[root@localhost 桌面]# rpm -qa | grep httpd
httpd-2.4.6-40.el7.centos.x86_64
httpd-manual-2.4.6-40.el7.centos.noarch
httpd-tools-2.4.6-40.el7.centos.x86_64
httpd-devel-2.4.6-40.el7.centos.x86_64
```

上面结果表示 Apache 已经安装了，版本号是 2.4.6。也可以用 httpd-v 来查看版本号，其中 httpd 是 Apache 服务器的主程序的名字。有些急性子的读者可能看到 Apache 已经安装了，就迫不及待地打开浏览器，在地址栏里输入 http://localhost，结果提示无法找到网页。这是因为 Apache 服务器虽然安装了，但程序可能还没运行，所以我们先来看一下 httpd 有没有在运行：

```
[root@localhost 桌面]# pgrep -l httpd
[root@localhost 桌面]#
```

结果没有输出任何东西，说明 httpd 没有在运行。其中 pgrep 是通过程序的名字来查询进程的工具，一般用来判断程序是否正在运行；选项-l 表示如果运行，就列出进程名和进程 ID。

既然 httpd 没有在运行，那我们就运行它：

```
[root@localhost 桌面]# service httpd start
Redirecting to /bin/systemctl start  httpd.service
```

此时再查看 httpd 有没有在运行：

```
[root@localhost rc.d]# pgrep -l httpd
7037 httpd
7038 httpd
7039 httpd
7040 httpd
7041 httpd
7042 httpd
7043 httpd
[root@localhost rc.d]#
```

可以看到，httpd 在运行了，第一列是进程 ID。这个时候如果在 CentOS 7 系统下打开浏览器，并在地址栏里输入 http://localhost，就可以看到网页了，如图 2-2 所示。

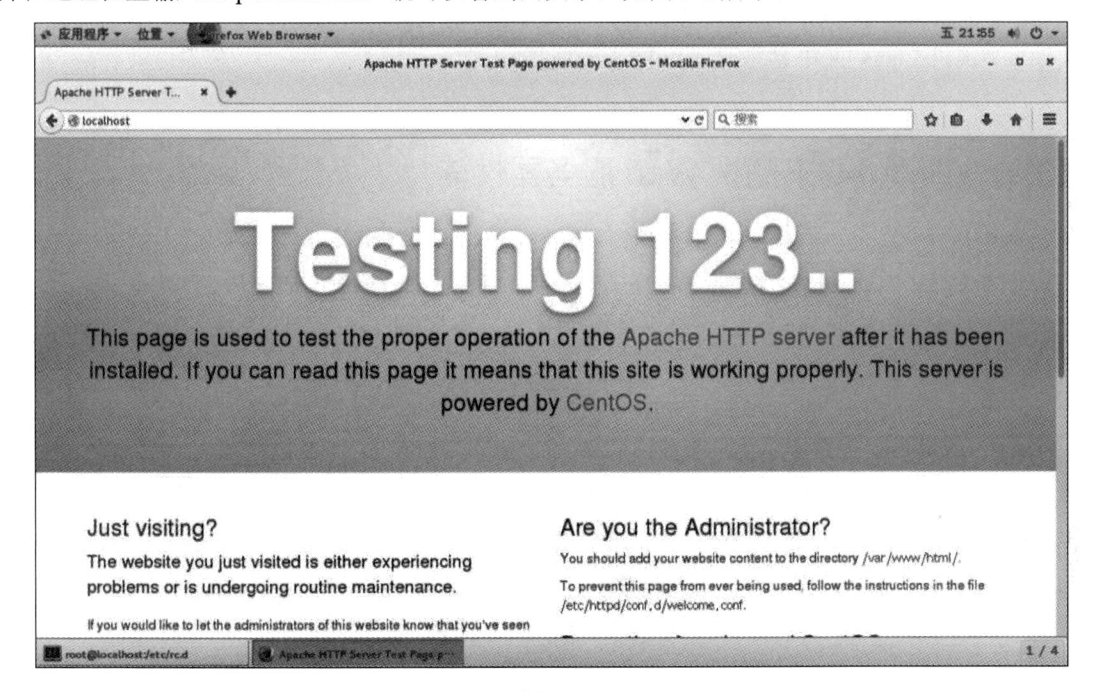

图 2-2

这个网页首页文件位于/usr/share/httpd/noindex/目录下，文件名是 index.html：

```
[root@localhost noindex]#  pwd
/usr/share/httpd/noindex
[root@localhost noindex]# ls
css  images  index.html
```

如果要修改这个首页文件，那么可以直接修改 index.html。另外，如果我们要自己存放文件，则可以存放在/var/www/html 下，比如可以把下列代码保存为 1.html：

```
<!DOCTYPE html>
<html>
    <head>
        <meta charset="utf-8" />
        <title></title>
    </head>
```

```
    <body>
    <p>kkkkkkkkkkkkkkk</p>
    </body>
</html>
```

然后把 1.html 存放到/var/www/html/下，再在浏览器中访问：

```
http://192.168.31.184/1.html
```

192.168.31.184 是笔者这里的虚拟机 Linux 的 IP 地址。此时可以在浏览器中看到一行 k。如果把文件 1.html 改为 index.html，且在浏览器中访问 http://192.168.31.184，也就是访问默认页，则打开的网页不再是/usr/share/httpd/noindex/下的 index.html，而是/var/www/html/的 index.html。

至此，Apache Web 服务器架设就成功了。如果是在宿主机上访问虚拟机 Linux 的 Web 服务，则要输入虚拟机 Linux 的 IP 地址，比如 http://192.168.1.10，其中 192.168.1.10 是虚拟机 Linux 的 IP 地址，此时通常可以看到首页。

2.13.2 Windows 下测试 Web 服务器性能

以前安装好 Apache 但总是不知道该如何测试它的性能，现在总算有一个测试工具了，那就是 Apache 自带的测试工具 ab（Apache Benchmark），位于 Apache 的 bin 目录下。既然是自带的，那么我们首先要在宿主机的 Windows 系统下安装一个 Apache 服务器，然后到其 bin 目录下找到 ab.exe，随后就可以测试虚拟机的 Web 性能了。

在本书配套的下载资源的源码目录中的 somesofts 子目录下找到 Apache 安装包 Apache For Windows.msi，直接双击即可安装，非常傻瓜化。如果是默认安装，则可以在路径 C:\Program Files (x86)\Apache Software Foundation\Apache2.2\bin\下找到 ab.exe，然后在命令行窗口运行 ab。我们先做一个最简单的测试，不带任何选项，命令如下：

```
    C:\Program Files (x86)\Apache Software Foundation\Apache2.2\bin>ab
http://192.168.31.184/index.html
    This is ApacheBench, Version 2.3 <$Revision: 655654 $>
    Copyright 1996 Adam Twiss, Zeus Technology Ltd, http://www.zeustech.net/
    Licensed to The Apache Software Foundation, http://www.apache.org/

    Benchmarking 192.168.31.184 (be patient).....done


    Server Software:        Apache/2.4.6
    Server Hostname:        192.168.31.184
    Server Port:           80

    Document Path:          /index.html
    Document Length:        208 bytes

    Concurrency Level:      1
    Time taken for tests:   0.003 seconds
    Complete requests:      1
    Failed requests:        0
```

```
Write errors:           0
Non-2xx responses:      1
Total transferred:      434 bytes
HTML transferred:       208 bytes
Requests per second:    333.00 [#/sec] (mean)
Time per request:       3.003 [ms] (mean)
Time per request:       3.003 [ms] (mean, across all concurrent requests)
Transfer rate:          141.13 [Kbytes/sec] received

Connection Times (ms)
              min  mean[+/-sd] median   max
Connect:        1    1   0.0      1       1
Processing:     1    1   0.0      1       1
Waiting:        1    1   0.0      1       1
Total:          2    2   0.0      2       2

C:\Program Files (x86)\Apache Software Foundation\Apache2.2\bin>
```

可以看出，Web 服务器的版本号是 Apache/2.4.6，每秒请求的并发数（Requests per second）是 333。

其他结果说明我们先不管，下面来了解一下 ab 命令。ab 命令全称为 Apache bench，是 Apache 自带的压力测试工具。ab 命令非常实用，它不仅可以对 Apache 服务器进行网站访问压力测试，也可以对其他类型的服务器进行压力测试。ab 命令会创建多个并发线程，模拟多个访问者同时对某一个 URL 地址进行访问，实现压力测试。ab 命令对发出负载的计算机要求很低，它既不会占用很高 CPU，也不会占用很多内存，但却会给目标服务器造成巨大的负载，其原理类似 CC 攻击，可能会造成目标服务器资源耗尽，严重时可能会导致死机，而且它没有图形化结果，不能监控，所以只能用作临时紧急任务和简单的测试。ab 命令用法如下：

```
# ab -h
ab [options] [http[s]://]hostname[:port]/path
```

其中，常用选项如下：

- -n requests：在测试会话中所执行的请求总个数，默认仅执行一个请求。
- -c concurrency：每次请求的并发数，相当于同时模拟多少个人访问 URL，默认是一次一个。
- -t timelimit：测试所进行的最大秒数，其内部隐含值是-n 50000。它可以使对服务器的测试限制在一个固定的总时间以内。
- -s timeout：等待每个响应的最大值，默认为 30 秒。
- -b windowsize：TCP 发送/接收缓冲区的大小，以字节为单位。
- -B address：进行传出连接时要绑定的地址。
- -p postfile：包含要 POST 的数据的文件，还需要设置-T 参数。
- -u putfile：包含要 PUT 的数据的文件，还需要设置-T 参数。
- -T content-type：POST/PUT 数据所使用的 Content-type 头信息。
- -v verbosity：设置显示信息的详细程度。

- -w：以 HTML 表的格式输出结果。
- -i：执行 HEAD 请求，而不是 GET。
- -x attributes：以 HTML 表格格式输出结果时，给 table 标签设置的属性值。
- -y attributes：以 HTML 表格格式输出结果时，给 tr 标签设置的属性值。
- -z attributes：以 HTML 表格格式输出结果时，给 td 标签设置的属性值。
- -C attribute：对请求附加一个 Cookie:行，形式为 name=value 的一个参数对。
- -H attribute：对请求附加额外的头信息，典型形式是一个有效的头信息行。
- -A attribute：对服务器提供 BASIC 认证信任，用户名和密码由一个 ":" 隔开。
- -P attribute：对一个中转代理提供 BASIC 认证信任，用户名和密码由一个 ":" 隔开。
- -X proxy:port：对请求使用代理服务器。
- -V：显示版本号并退出。
- -k：启用 HTTP KeepAlive 功能，默认不启用 KeepAlive 功能。
- -d：不显示 "XX [ms]表内提供的百分比"（遗留支持）。
- -S：不显示中值和标准差值。
- -q：如果处理的请求数大于 150，ab 每处理大约 10%或者 100 个请求时，会在 stderr 输出一个进度计数，此-q 标记可以抑制这些信息。
- -g filename：把所有测试结果写入一个'gnuplot'或者 TSV（以 Tab 分隔的）文件。
- -e filename：产生一个以逗号分隔的（CSV）文件。
- -r：不要在套接字接收错误时退出。
- -h：显示帮助信息。
- -Z ciphersuite：指定 SSL/TLS 密码套件（请参阅 openssl 密码）。
- -f protocol：指定 SSL/TLS 协议（SSL2、SSL3、TLS1 或 ALL）。

2.13.3 Linux 下测试 Web 服务器性能

Linux 下测试的工具稍微多一些，比如有 ab、httperf 等。ab 依旧是 Apache 自带的，如果 Apache 已经安装了，那就可以直接使用它，可以通过 which 命令查看它所在的路径：

```
[root@localhost ~]# which ab
/usr/bin/ab
```

由此可见，它在系统路径下，那我们在任何路径下就可以直接运行 ab 了，比如查看 ab 版本：

```
[root@localhost ~]# ab -V
This is ApacheBench, Version 2.3 <$Revision: 1430300 $>
Copyright 1996 Adam Twiss, Zeus Technology Ltd, http://www.zeustech.net/
Licensed to The Apache Software Foundation, http://www.apache.org/
```

由于 ab 这个工具已经在 Windows 下使用过了，用法是一样的，因此 Linux 下我们就不再赘述了。

ab 是笔者所知道的 HTTP 基准测试工具中最简单、最通用的，笔者在使用它的时候每秒大约只能生成 900 个请求。虽然笔者见过其他人使用 ab 能达到每秒 2000 个请求，但 ab 并不适合需要发起很多连接的基准测试。我们将使用 httperf，它也是个老牌 Web 服务器性能测试工具，为生成各种 HTTP 工作负载和测量服务器性能提供了灵活的设施。httperf 的重点不在于实施一个特定的基准，而是提供一个强大的高性能工具，有助于构建微观和宏观层面的基准。httperf 的 3 个显著特点是其鲁棒性（包括生成和维持服务器超载）、支持 HTTP/1.1 和 SSL 协议的能力，以及对新工作负载生成器和性能测量的可扩展性。

既然要在 Linux 下运行测试工具，那就需要一个 Linux 环境，可以把已经安装好的虚拟机 Linux 复制一份，然后互相 ping 通，接着把 somesofts 子目录下的 httperf-0.9.0.tar.gz 上传到新复制的 Linux 中，然后开始编译安装。操作步骤如下：

步骤 01 解压：

```
tar zxvf httperf-0.9.0.tar.gz
```

步骤 02 配置。进入 httperf-0.9.0 目录，运行配置命令：

```
./configure --prefix=/usr/local/httperf
```

其中，选项 prefix 用来指定安装目录，这里是/usr/local/httperf。

步骤 03 编译：

```
make
```

步骤 04 消除环境变量 DESTDIR。如果系统中已经存在环境变量 DESTDIR（它通常也标记一条路径），那么最终安装后的路径是 DESTDIR/prefix，其中 prefix 代表我们在配置时设置的路径，因此为了不让 DESTDIR 干扰我们，最好先删除 DESTDIR 这个环境变量。查看和删除 DESTDIR 的命令如下：

```
env|grep DESTDIR
unset DESTDIR
```

步骤 05 安装：

```
make install
```

安装完毕后，我们可以在/usr/local/httperf/bin/下看到可执行文件 httperf。

下面我们先来小试牛刀，在 Web 服务器（Linux 虚拟机）上使用 httperf 来测试本机 Web 服务器的性能。首先进入/usr/local/httperf/bin，然后执行 httperf：

```
    [root@localhost bin]# cd /usr/local/httperf/bin
    [root@localhost bin]# ./httperf --server 127.0.0.1 --port 80  --num-conns 18
--rate 10
    httperf --client=0/1 --server=127.0.0.1 --port=80 --uri=/ --rate=10
--send-buffer=4096 --recv-buffer=16384 --num-conns=18 --num-calls=1
    ...
    Reply size [B]: header 299.0 content 4941.0 footer 0.0 (total 5240.0)
    Reply status: 1xx=0 2xx=0 3xx=0 4xx=18 5xx=0
    ...
```

结果出现了错误状态码。我们看结果输出中的 Reply status 这一行，4xx=18 表示出现了 18 次的 4xx 错误，具体是什么错误我们不知道，反正是错误码为 400 多的错误值，4xx 通常表示请求错误；这些状态码表示请求可能出错，妨碍了服务器的处理。错误原因可能是入参不匹配、请求类型错误、接口不存在等。出现这个错误的原因是当前 Web 服务器默认的主目录（存放网页文件的目录）下没有默认首页文件，即/var/www/html 下没有默认首页文件，所以当 httperf 去访问--uri=/时在上述命令第二行，没有指定 uri 选项，则 httperf 会自动去主目录下寻找默认首页，因找不到首页文件而报错了。有读者可能会说："那我在浏览器可以访问到默认主页啊！"别忘了，那个默认主页是/usr/share/httpd/noindex/下的 index.html，而不是/var/www/html/的 index.html。所以我们应该在/var/www/html/下放置一个 index.html 文件，这样才会成功。我们把 2.13.1 节那个显示一行 k 的 1.html 文件重命名为 index.html，然后放置到/var/www/html/下，再运行命令：

```
    [root@localhost bin]# ./httperf --server 127.0.0.1 --port 80  --num-conns 18
--rate 10
    httperf --client=0/1 --server=127.0.0.1 --port=80 --uri=/ --rate=10
--send-buffer=4096 --recv-buffer=16384 --num-conns=18 --num-calls=1
    httperf: warning: open file limit > FD_SETSIZE; limiting max. # of open files
to FD_SETSIZE
    Maximum connect burst length: 1

    Total: connections 18 requests 18 replies 18 test-duration 1.702 s

    Connection rate: 10.6 conn/s (94.5 ms/conn, <=1 concurrent connections)
    Connection time [ms]: min 0.8 avg 0.9 max 1.6 median 0.5 stddev 0.2
    Connection time [ms]: connect 0.0
    Connection length [replies/conn]: 1.000

    Request rate: 10.6 req/s (94.5 ms/req)
    Request size [B]: 62.0

    Reply rate [replies/s]: min 0.0 avg 0.0 max 0.0 stddev 0.0 (0 samples)
    Reply time [ms]: response 0.9 transfer 0.0
    Reply size [B]: header 299.0 content 4941.0 footer 0.0 (total 5240.0)
    Reply status: 1xx=0 2xx=0 3xx=0 4xx=18 5xx=0

    CPU time [s]: user 1.66 system 0.04 (user 97.7% system 2.2% total 99.9%)
    Net I/O: 54.8 KB/s (0.4*10^6 bps)

    Errors: total 0 client-timo 0 socket-timo 0 connrefused 0 connreset 0
    Errors: fd-unavail 0 addrunavail 0 ftab-full 0 other 0
    [root@localhost bin]# ./httperf --server 127.0.0.1 --port 80  --num-conns 18
--rate 10
    httperf --client=0/1 --server=127.0.0.1 --port=80 --uri=/ --rate=10
--send-buffer=4096 --recv-buffer=16384 --num-conns=18 --num-calls=1
    httperf: warning: open file limit > FD_SETSIZE; limiting max. # of open files
to FD_SETSIZE
    Maximum connect burst length: 1

    Total: connections 18 requests 18 replies 18 test-duration 1.702 s

    Connection rate: 10.6 conn/s (94.5 ms/conn, <=1 concurrent connections)
    Connection time [ms]: min 0.7 avg 0.8 max 1.9 median 0.5 stddev 0.3
    Connection time [ms]: connect 0.1
```

```
Connection length [replies/conn]: 1.000

Request rate: 10.6 req/s (94.5 ms/req)
Request size [B]: 62.0

Reply rate [replies/s]: min 0.0 avg 0.0 max 0.0 stddev 0.0 (0 samples)
Reply time [ms]: response 0.8 transfer 0.0
Reply size [B]: header 289.0 content 159.0 footer 0.0 (total 448.0)
Reply status: 1xx=0 2xx=18 3xx=0 4xx=0 5xx=0

CPU time [s]: user 1.56 system 0.14 (user 91.9% system 8.0% total 99.9%)
Net I/O: 5.3 KB/s (0.0*10^6 bps)

Errors: total 0 client-timo 0 socket-timo 0 connrefused 0 connreset 0
Errors: fd-unavail 0 addrunavail 0 ftab-full 0 other 0
```

结果是 4xx=0，这说明 4xx 错误没有发生。结果分析如下：

```
Maximum connect burst length: 1
最大并发连接数：1
Total: connections 300 requests 300 replies 300 test-duration 12.459 s
一共 300 个连接，300 个请求，应答了 300 个，测试耗时 12.459s
Connection rate: 24.1 conn/s (41.5 ms/conn, <=52 concurrent connections)
连接速率：24.1 个每秒（每个连接耗时 41.5ms，小于指定的 52 个并发）
Connection time [ms]: min 180.9 avg 734.9 max 7725.7 median 402.5 stddev 815.7
连接时间（毫秒）：最小 180.9，平均 734.9，最大 7752.7，中位数 402.5，标准偏差 815.7
Connection time [ms]: connect 221.4
连接时间（毫秒）:连接 221.4
Connection length [replies/conn]: 1.000
连接长度（应答/连接）：1.000
Request rate: 24.1 req/s (41.5 ms/req)
请求速率：每秒 24.1 个请求，每个请求 41.5ms
Request size [B]: 64.0
请求长度（字节）：64.0
Reply rate [replies/s]: min 26.2 avg 28.4 max 30.6 stddev 3.1 (2 samples)
响应速率（响应个数/秒）：最小 26.2 ，平均 28.4，最大 30.6，标准偏差 3.1（2 个样例）
Reply time [ms]: response 257.6 transfer 255.8
响应时间（毫秒）：响应 257.6，传输 255.8 字节
Reply size [B]: header 304.0 content 178.0 footer 0.0 (total 482.0)
响应包长度（字节）：响应头 304.0，内容：178.0，响应末端 2.0（总共 482.0）
Reply status: 1xx=0 2xx=0 3xx=300 4xx=0 5xx=0
响应包状态： 3xx 有 300 个，其他没有
CPU time [s]: user 1.19 system 11.27 (user 9.6% system 90.5% total 100.0%)
CPU 时间（秒）：用户 1.19 系统 11.27（用户占了 9.6%系统占了 90.5% 总共 100%）
Net I/O: 12.8 KB/s (0.1*10^6 bps)
网络 I/O: 12.8 KB/s (0.1*10^6 bps)
Errors: total 0 client-timo 0 socket-timo 0 connrefused 0 connreset 0
错误：总数 0 客户端超时 0 套接字超时 0 连接拒绝 0 连接重置 0
Errors: fd-unavail 0 addrunavail 0 ftab-full 0 other 0
错误：fd 不正确 0 地址不正确 0 ftab 占满 0 其他 0
```

选项说明：

```
--client=I/N：指定当前客户端 I 是 N 个客户端中的第几个。用于多个客户端发送请求时，希望确保每个客户端发送的请求不是完全一致的。一般不用指定。
--server：请求的服务名。
--port：请求的端口号，默认为 80，如果指定了-ssl 则为 443。
--uri：请求路径。
--rate：指定一个固定速率来创建连接和会话。
--num-conns：创建连接数。
--num-call：每个连接发送多少请求。
--send-buffer：指定发送 HTTP 请求的最大 buffer，默认为 4KB，一般不用指定。
--recv-buffer：指定接收 HTTP 请求的最大 buffer，默认为 16KB，一般不用指定。
```

另外，如果/var/www/html/下有.html 文件，则我们也可以通过 httperf 的 uri 选项来指定这个文件，比如我们把 index.html 复制为 1.html，再执行命令：

```
./httperf --server 127.0.0.1 --port 80 --uri=/1.html --num-conns 18 --rate 10
```

可以看到依旧是成功的。

httperf 命令输出信息分为 6 个部分：

（1）测试整体数据：

```
Total: connections 1000 requests 1000 replies 1000 test-duration 40.037 s
```

建立的 TCP 连接总数、HTTP 请求总数，以及 HTTP 响应总数。

（2）TCP 连接数据：

```
Connection rate: 25.0 conn/s (40.0 ms/conn, <=975 concurrent connections)
```

每秒新建连接数（CPS）、期间同一时刻最大并发连接数。

```
Connection time [ms]: min 502.7 avg 29377.2 max 36690.2 median 30524.5 stddev 5620.5
```

成功的 TCP 连接的生命周期（成功建立，并且至少有 1 次请求和 1 次响应）。计算中位数用的是 histogram 方法，统计粒度为 1ms。

```
Connection time [ms]: connect 93.6
```

成功建立的 TCP 连接的平均建立时间（有可能发出 HTTP 请求但并不响应，最终失败）。

```
Connection length [replies/conn]: 1.000
```

平均每个 TCP 连接收到的 HTTP 响应的数。

（3）HTTP 请求数据：

```
Request rate: 25.0 req/s (40.0 ms/req)
```

每秒 HTTP 请求数，若没有 persistent connections（持久连接），则 HTTP 的请求和连接指标基本一致。

```
Request size [B]: 67.0
```

HTTP 请求体大小。

（4）HTTP 响应数据：

```
Reply rate [replies/s]: min 1.8 avg 24.3 max 127.2 stddev 42.8 (8 samples)
```

每秒收到的 HTTP 响应数。每 5s 采集一个样例，则建议至少 30 个样例，也就是运行 150s 以上。

```
Reply time [ms]: response 85.9 transfer 29197.6
```

response 代表从发送 HTTP 请求到接收到响应的间隔时间，transfer 表示接收响应消耗的时间。

```
Reply size [B]: header 219.0 content 4694205.0 footer 2.0 (total 4694426.0)
Reply status: 1xx=0 2xx=1000 3xx=0 4xx=0 5xx=0
```

响应状态码以及 Body Size 统计。

（5）混杂的数据：

```
CPU time [s]: user 1.10 system 38.88 (user 2.8% system 97.1% total 99.9%)
```

如果 total 值远远小于 100%，那么代表其他进程也同时在运行，结果被“污染”了，应该重新运行。

```
Net I/O: 114505.2 KB/s (938.0*10^6 bps)
```

计算 TCP 连接中发送和接收的有效载荷。

（6）错误数据：

```
Errors: total 0 client-timo 0 socket-timo 0 connrefused 0 connreset 0
Errors: fd-unavail 0 addrunavail 0 ftab-full 0 other 0
```

第 1 行的错误很有可能是 server 端的瓶颈：client-timo 和 connrefused 错误说明很有可能被测 server 达到瓶颈，处理变慢或者丢掉客户端请求（也可能是自己的 time-out 参数设置太短）。第二行的 fd-unavail 说明本机 FD 不够用了，可以查看一下 ulimit-n；addrunavail 说明客户端用完了 TCP 端口，可以检查 net.ipv4.ip_local_port_range 以及执行 httperf 时需要 rate、timeout、num-conns 参数的配合；如果 other 不为 0，则试试在安装./configurej 阶段加入--enable-debug，运行时加入--debug 1。

至此，本机测试 Web 服务器性能就完成了，如果要在不同的主机上测试，那么只需要换一下 IP 地址即可。

2.14　Linux 中的文件权限

在 Linux 中，有时候可以看到一个如下所示的文件权限：

```
-rw-r--r--
```

一共 10 个字符：第 1 个字符表示文件类型，d 代表文件夹，l 代表连接文件，-代表普通文件；后面的 9 个字符表示权限。权限分为 4 种：r 表示读取权限，w 表示写入权限，x 表示执行权限，-表示无此权限。9 个字符共分为 3 组，每组 3 个字符。第 1 组表示创建这个文件的用户的权限，第 2

组表示创建这个文件的用户所在的组的权限，第 3 组表示其他用户的权限。在每组的 3 个字符里，第 1 个字符表示读取权限，第 2 个字符表示写入权限，第 3 个字符表示执行权限。如果有此权限，则对应位置为 r、w 或 x；如果没有此权限，则对应位置为-。

所以说-rw-r--r--，表示这是一个普通文件，创建文件的用户的权限为 rw-，创建文件的用户所在的组的权限为 r--，其他用户的权限为 r--。

在修改权限时，用不同的数字来表示不同的权限：4 表示读取权限，2 表示写入权限，1 表示执行权限。设置权限时，要给 3 类用户分别设置权限，例如 chmod 761 表示给创建文件的用户设置的权限是 7，7=4+2+1，意思是给创建文件的用户赋予读取、写入和执行权限；6=4+2，也就是说给创建文件的用户所在的组赋予读取和写入权限；最后一个 1 表示执行权限，也就是说，给其他用户执行权限。

2.15 环境变量的获取和设置

1. 环境表简介

环境表中存储了程序的运行环境中的所有环境变量，例如路径 path、用户 USER、Java 环境变量 JAVA_HOME 等。

2. 查看环境变量

在 Window 系统中，可以通过“高级”→“环境变量”来查看和设置环境变量。

在 Linux 系统中，可以用 env 命令来列出环境表的值，例如：

```
    % env

    TERM_PROGRAM=Apple_Terminal

    SHELL=/bin/zsh

    TERM=xterm-256color

    USER=user1

    ......

JAVA_HOME=/Library/Java/JavaVirtualMachines/jdk1.8.0_251.jdk/Contents/Home


CLASSPATH=.:/Library/Java/JavaVirtualMachines/jdk1.8.0_251.jdk/Contents/Home/li
b/dt.jar:/Library/Java/JavaVirtualMachines/jdk1.8.0_251.jdk/Contents/Home/lib/t
ools.jar

    LANG=zh_CN.UTF-8
```

可以看到，列出来了环境表中的所有的环境变量值，包括我们配置的 JAVA_HOME 的值。

3. 环境变量的获取和设置

在 Linux 系统中，提供全局变量 environ 来存储所有的环境表的地址。环境表是一个字符指针数组，其中每个指针包含一个以 null 结束的字符串地址。全局变量 environ 指向包含了该指针数组的地址，从而可以获得所有的环境变量。

同时，Linux 系统还提供了 getenv、putenv 函数来获取和设置环境变量值。

1）getenv 和 putenv 函数

函数的声明如下：

```
#include<stdlib.h>

//1. getenv
char * getenv(const char *name);
功能：
    getenv()用来取得环境变量的内容。参数 name 为环境变量的名称，如果该变量存在，则会返回指向该内容的指针。环境变量的格式为 name=value。
返回值：
    执行成功则返回指向该内容的指针，若找不到符合的环境变量名称则返回 null。

//2. putenv
int putenv(const char * string);
功能：
    putenv()用来改变或增加环境变量的内容。参数 string 的格式为 name=value，如果该环境变量原先存在，则变量内容会根据参数 string 改变，否则此参数内容会成为新的环境变量。
返回值：
    执行成功则返回 0，若有错误发生则返回-1。
错误代码：
    ENOMEM 内存不足，无法配置新的环境变量空间。
```

程序举例：获取指定的几个环境变量的值。

```
#include <stdlib.h>
#include <stdio.h>
main()
{
    char *p;
    char env_str[4][20] = {"LANG","USER","JAVA_HOME","SHELL","ABC"};
    for (int i = 0; i<4; i++) {
        p = getenv(env_str[i]);
        if (p) {
              printf("%s = %s\n",env_str[i],p);
        }else {
            printf("%s not exist!\n",env_str[i]);
        }
    }
    //put test
    putenv ("ABC=abc");
```

```
    if ( (p = getenv( "ABC" ) ) ) {
        printf( "ABC = %s\n", p );
    }
}
```

运行结果：

```
LANG = zh_CN.UTF-8
USER = user1
JAVA_HOME = /Library/Java/JavaVirtualMachines/jdk1.8.0_251.jdk/Contents/Home
SHELL = /bin/zsh
ABC = abc
```

其中，getenv返回的就是指定的环境变量的值；ABC是新设置的环境变量，是通过putenv设置成功的。设置后，仅在当前环境中起作用。

2）environ全局变量的运用

程序功能：利用environ来获取所有的环境变量值。

```
#include <stdlib.h>
#include <stdio.h>
main()
{
    extern char ** environ;
    for (int i =0; i<environ[i];i++){
        printf("%s\n",environ[i]);
    }
}
```

运行结果：

```
TERM_PROGRAM=Apple_Terminal
SHELL=/bin/zsh
TERM=xterm-256color
USER=user1
...
JAVA_HOME=/Library/Java/JavaVirtualMachines/jdk1.8.0_251.jdk/Contents/Home
CLASSPATH=.:/Library/Java/JavaVirtualMachines/jdk1.8.0_251.jdk/Contents/Home/lib/dt.jar:/Library/Java/JavaVirtualMachines/jdk1.8.0_251.jdk/Contents/Home/lib/tools.jar
LANG=zh_CN.UTF-8
```

可见，和用env命令来得到的结果是一样的。我们可以想象env命令就是用environ来实现的，有兴趣的读者可以去分析一下env的源码。

4. putenv源码

这里，我们来看一下putenv在Linux系统中的实现。

代码位置：

```
bionic/libc/stdlib/putenv.c
```

可以看到，它是在 libc 中实现的，是一个库函数，而不是系统调用。

源码如下：

```
#include <stdlib.h>
#include <string.h>
int putenv(const char *str)
{
    char *p, *equal;
    int rval;
    if ((p = strdup(str)) == NULL)
        return (-1);
    if ((equal = strchr(p, '=')) == NULL) {
        (void)free(p);
        return (-1);
    }
    *equal = '\0';
    rval = setenv(p, equal + 1, 1);
    (void)free(p);
    return (rval);
}
```

可见，putenv 是通过调用 setenv 来实现的。

2.16 解析命令行参数函数

getopt_long 为解析命令行参数函数，它是 Linux C 库函数，使用此函数需要包含系统头文件 getopt.h。getopt_long 函数声明如下：

```
int getopt_long(int argc, char * const argv[], const char *optstring, const struct
option *longopts, int *longindex);
```

getopt_long 的工作方式与 getopt 类似，但是 getopt_long 除了接收短选项外还接收长选项，长选项以“--”开头。如果程序只接收长选项，那么 optstring 应指定为空字符串。如果缩写是唯一的，那么长选项名称可以缩写。长选项可以采用两种形式：--arg=param 或--arg param。longopts 是一个指针，指向结构体 option 数组。

结构体 option 声明如下：

```
struct option {
    const char *name;
    int has_arg;
    int *flag;
    int val;
};
```

参数说明：

- name：长选项的名称。

- has_arg：0 表示不需要参数，1 表示需要参数，2 表示参数是可选的。
- flag 指定如何为长选项返回结果，如果 flag 是 NULL，那么 getopt_long 返回 val（可以将 val 设置为等效的短选项字符），否则 getopt_long 返回 0。
- val 表示要返回的值。
- 结构体 option 数组的最后一个元素必须用零填充。

当一个短选项字符被识别时，getopt_long 也返回短选项字符。对于长选项，如果 flag 是 NULL，则 getopt_long 返回 val，否则返回 0。返回-1 和错误处理方式与 getopt 相同。

2.17 登录桌面到龙芯服务器

现在很多政府部门使用的操作系统都是国产系统，比如龙芯系统，所以我们要学会登录这些国产操作系统。相信读者对命令行方式的 ssh 远程登录已经很熟悉了，下面我们来看一下如何以远程图形界面的方式登录龙芯操作系统，相当于 Windows 下的远程桌面，操作步骤如下：

步骤 01 ssh 远程登录龙芯系统，在命令行下安装 xrdp，命令如下：

```
sudo apt install -y xrdp
```

安装完成后，该服务将自动启动。可以通过键入命令来验证 xrdp 服务是否正在运行，命令如下：

```
root@test-PC:~# systemctl status xrdp
● xrdp.service - xrdp daemon
   Loaded: loaded (/lib/systemd/system/xrdp.service; enabled; vendor preset:
enabled)
   Active: active (running) since Fri 2022-09-09 10:03:17 CST; 12min ago
     Docs: man:xrdp(8)
           man:xrdp.ini(5)
```

如果出现 active，就说明已经在运行了。

步骤 02 在 Windows 底部的搜索栏输入远程桌面连接，进行连接，如图 2-3 所示。

图 2-3

2.18 远程桌面到银河麒麟

银河麒麟操作系统也是国产老牌系统，在政府部门中也有着广泛应用，我们经常会和它打交道。如果不习惯命令行，也可以通过 VNC 这个软件来进行远程图形化的桌面登录。操作步骤如下：

步骤01 使用 ssh 终端工具连接进去到银河麒麟系统。

步骤02 安装 tigervnc-server：

```
yum -y install tigervnc-server
```

步骤03 设置 VNP 远程密码：

```
vncpasswd
```

当前笔者是以 root 用户来设置远程密码的，如果还有普通用户，则建议切换到普通用户再设置一个 VNC 远程密码，比如：

```
zwZW@123
```

步骤04 在系统配置文件路径下为我们的用户添加一个 VNC 守护进程配置文件（Daemon Configuration File）：

```
cp /lib/systemd/system/vncserver@.service
/etc/systemd/system/vncserver@:1.service
```

步骤05 编辑从系统路径（/etc/systemd/system/）复制过来的 VNC 的模板配置文件，将其中的用户名称改为我们的用户名。

```
vi /etc/systemd/system/vncserver@\:1.service
```

步骤06 用 vi 打开该文件后直接把里面的内容全部删除，将下面的内容添加进去：

```
[Unit]
Description=Remote desktop service (VNC)
After=syslog.target network.target
[Service]
Type=simple
ExecStartPre=/bin/sh -c '/usr/bin/vncserver -kill %i > /dev/null 2>&1 || :'

#my_user 是我们想使用 VNC Server 的用户名
ExecStart=/sbin/runuser -l my_user -c "/usr/bin/vncserver %i -geometry
1280x1024"

#my_user 是我们想使用 VNC Server 的用户名
PIDFile=/home/my_user/.vnc/%H%i.pid

ExecStop=/bin/sh -c '/usr/bin/vncserver -kill %i > /dev/null 2>&1 || :'
[Install]
WantedBy=multi-user.target
```

添加完毕后，重新加载，运行服务，命令如下：

```
systemctl daemon-reload
systemctl start vncserver@:1
systemctl status vncserver@:1
systemctl enable vncserver@:1
```

步骤 07 在 Windows 端安装 VNC Viewer，然后打开 VNC Viewer，在地址栏中输入 IP 地址和端口号，如图 2-4 所示。

图 2-4

将 IP 地址改为银河麒麟系统的 IP 地址，随后跳出登录密码，我们输入“zwZW@123”即可登录。登录后的界面如图 2-5 所示。

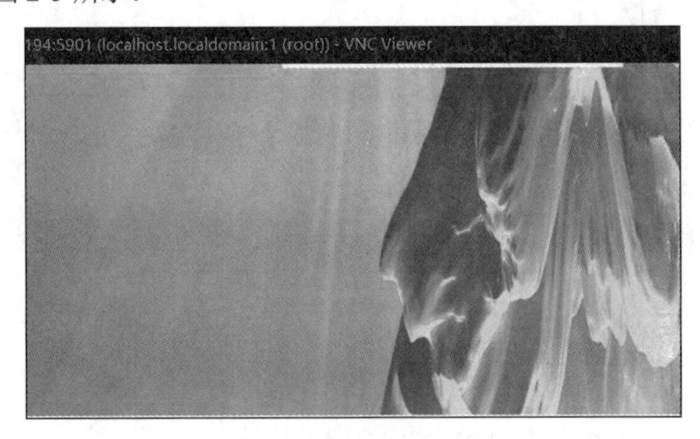

图 2-5

2.19 KVM 和 Qemu 的关系

首先 KVM（Kernel Virtual Machine，内核虚拟机）是 Linux 的一个内核驱动模块，它能够让 Linux 主机成为一个 Hypervisor（虚拟机监控器）。在支持 VMX（Virtual Machine Extension，虚拟机扩展）功能的 x86 处理器中，Linux 在原有的用户模式和内核模式中新增加了客户模式，并且客户模式也拥有自己的内核模式和用户模式，虚拟机就运行在客户模式中。KVM 模块的职责就是打开并初始化 VMX 功能，提供相应的接口以支持虚拟机的运行。

QEMU（Quick EMUlator）本身并不包含或依赖 KVM 模块，而是一套由 Fabrice Bellard 编写的模拟计算机的自由软件。QEMU 虚拟机是一个纯软件的实现，可以在没有 KVM 模块的情况下独立运行，但是性能比较低。QEMU 有整套的虚拟机实现，包括处理器虚拟化、内存虚拟化以及 I/O 设备的虚拟化。QEMU 是一个用户空间的进程，需要通过特定的接口才能调用 KVM 模块提供的功能。从 QEMU 角度来看，虚拟机运行期间，QEMU 通过 KVM 模块提供的系统调用接口进行内核设置，由 KVM 模块负责将虚拟机置于处理器的特殊模式中运行。QEMU 使用了 KVM 模块的虚拟化功能，为自己的虚拟机提供硬件虚拟化加速以提高虚拟机的性能。

KVM 只模拟 CPU 和内存，因此一个客户机操作系统可以在宿主机上运行起来，但是我们看不到它，无法和它沟通。于是，有人修改了 QEMU 代码，把它模拟 CPU、内存的代码换成 KVM，而保留网卡、显示器等，因此 QEMU+KVM 就成了一个完整的虚拟化平台。

KVM 只是内核模块，用户无法直接跟内核模块交互，需要借助用户空间的管理工具，而这个工具就是 QEMU。KVM 和 QEMU 相辅相成，QEMU 通过 KVM 提高了硬件虚拟化的速度，而 KVM 则通过 QEMU 来模拟设备。对于 KVM 来说，它匹配的用户空间工具并不仅仅只有 QEMU，还有其他的，比如 RedHat 开发的 Libvirt、virsh、virt-manager 等，QEMU 并不是 KVM 的唯一选择。

总之，简单直接的理解就是：QEMU 是一个计算机模拟器，而 KVM 为计算机的模拟提供加速功能。

下面再简单介绍一下 Libvirt 和 virt-manager。

- Libvirt：是一组软件的汇集，提供了管理虚拟机和其他虚拟化功能（比如存储和网络接口等）的便利途径。这些软件包括：一个长期稳定的 C 语言 API、一个守护进程（libvirtd）和一个命令行工具（virsh）。Libvirt 的主要目标是提供一个单一途径以管理多种不同虚拟化方案以及虚拟化主机，包括 KVM/QEMU、Xen、LXC（Linux 容器）、OpenVZ 和 VirtualBox hypervisors。
- virt-manager：是通过 Libvirt 管理虚拟机的桌面软件。它主要针对 KVM 虚拟机，但也管理 Xen 和 LXC。它提供了正在运行的域及其实时性能和资源利用率统计信息的摘要视图。向导支持创建新域，以及配置和调整域的资源分配和虚拟硬件。

2.20　检查系统是否支持虚拟化

打开 CentOS 系统，检查它是否支持虚拟化。要有 vmx 或 svm 的标识才行，其中 vmx 代表 Intel，svm 代表 AMD。

命令如下：

```
cat /proc/cpuinfo |grep svm
cat /proc/cpuinfo |grep vmx
```

或者合并为一条命令：

```
egrep '(vmx|svm)' /proc/cpuinfo
```

如果有 vmx 或 svm，那么结果中会用红色标出。

2.21　在 Ubuntu 22 中使用 KVM 虚拟机 CentOS 8

本节主要介绍如何在 Ubuntu 22 中安装和使用 KVM 虚拟机 CentOS 8。

2.21.1 安装 CentOS 8 虚拟机

我们的物理主机上安装的系统是 Ubuntu 22，现在来安装一个虚拟机 CentOS 8。操作步骤如下：

步骤 01 安装 virt-manager：

```
apt install virt-manager
```

步骤 02 启动 virt-manager：

```
root@mycw:~# virt-manager
```

稍等片刻，就可以出现图形窗口了，如图 2-6 所示。

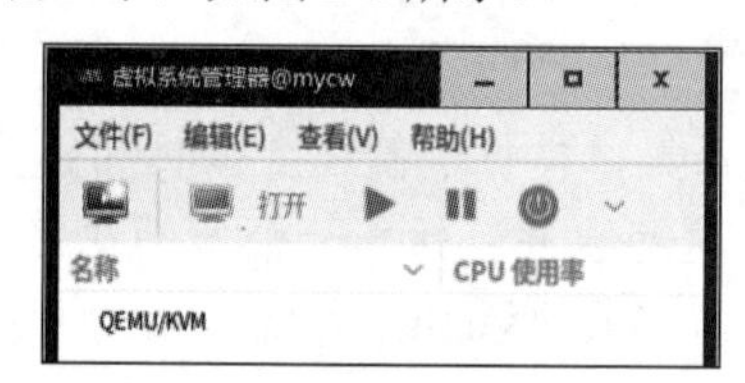

图 2-6

这个窗口能在 Windows 下出现就是图形化终端工具 MobaXterm 的功劳了。

接下来准备好 CentOS 的 ISO 文件，开始安装。这个过程很简单，不再赘述。

2.21.2 虚拟机和宿主机网络通信

基本步骤如下：

步骤 01 关闭虚拟机 CentOS 8 中的防火墙：

```
systemctl stop firewalld
systemctl disable firewalld.service
```

第一条命令是现在立即关闭（但下次开机还是会启动），第二条命令是下次开机时关闭，所以两条命令都要执行。

然后重启！然后重启！然后重启！重要的事情说三遍！否则（有些系统上）会出现 ping 不通的情况。

步骤 02 查看虚拟机的 IP 地址，然后 ping 宿主机的 virbr0：192.168.122.1。

安装虚拟机后，在宿主机 Linux 中，如果用 ifconfig 查看，那么宿主机中会多一个网桥设备，如图 2-7 所示。

```
virbr0: flags=4099<UP,BROADCAST,MULTICAST>  mtu 1500
        inet 192.168.122.1  netmask 255.255.255.0  broadcast 192.168.122.255
        ether 52:54:00:46:65:4e  txqueuelen 1000  (以太网)
        RX packets 65  bytes 8072 (8.0 KB)
        RX errors 0  dropped 0  overruns 0  frame 0
        TX packets 85  bytes 5655 (5.6 KB)
        TX errors 0  dropped 0 overruns 0  carrier 0  collisions 0
```

图 2-7

我们在虚拟机中先 ping 一下 192.168.122.1，然后在宿主机中 ping 虚拟机的 IP 地址（这里是

192.168.122.69）：

```
root@mycw:~# ping 192.168.122.1
PING 192.168.122.1 (192.168.122.1) 56(84) bytes of data.
64 bytes from 192.168.122.1: icmp_seq=1 ttl=64 time=0.036 ms
^C
--- 192.168.122.1 ping statistics ---
1 packets transmitted, 1 received, 0% packet loss, time 0ms
rtt min/avg/max/mdev = 0.036/0.036/0.036/0.000 ms
root@mycw:~# ping 192.168.122.69
PING 192.168.122.69 (192.168.122.69) 56(84) bytes of data.
64 bytes from 192.168.122.69: icmp_seq=1 ttl=64 time=0.318 ms
64 bytes from 192.168.122.69: icmp_seq=2 ttl=64 time=0.360 ms
64 bytes from 192.168.122.69: icmp_seq=3 ttl=64 time=0.247 ms
```

步骤 03 在宿主机中用 ssh 命令登录虚拟机。

步骤 04 在宿主机中用 scp 命令传送文件到虚拟机。

2.21.3 通过 ssh 命令登录到虚拟机

如果虚拟机的 IP 地址是 192.168.122.69，那么我们在宿主机命令行下可以直接使用 ssh 命令来登录：

```
ssh 192.168.122.69
root@192.168.122.69's password:
```

然后输入虚拟机 Linux 的 root 口令即可。

如果要传输文件到虚拟机，可以用 scp 命令，例如：

```
scp my0file root@192.168.122.69:/root
```

2.21.4 通过 scp 命令向虚拟机 Linux 传送文件

如果虚拟机 Linux 是比较新的版本，比如 CentOS 7 或以上，则比较方便，例如：

```
# scp -oHostKeyAlgorithms=+ssh-dss myfile.zip root@192.168.122.140:/root/
```

如果虚拟机 Linux 是比较低的版本，比如 CentOS 6.9，此时会提示报错：

```
root@mycw:~# scp codegit.zip root@192.168.122.140:/root/
Unable to negotiate with 192.168.122.140 port 22: no matching host key type found.
Their offer: ssh-rsa,ssh-dss
```

之所以报错是因为 OpenSSH 7.0 以后的版本不再支持 ssh-dss（DSA）算法，解决方法是增加选项-oHostKeyAlgorithms=+ssh-dss，例如：

```
root@mycw:~# scp -oHostKeyAlgorithms=+ssh-dss myfile.zip
root@192.168.122.140:/root/
The authenticity of host '192.168.122.140 (192.168.122.140)' can't be
established.
DSA key fingerprint is SHA256:UKlLjb60PsjrrLnyk6le+P9obY8l9A+Nm1VRkn4uX2s.
This key is not known by any other names
```

```
    Are you sure you want to continue connecting (yes/no/[fingerprint])? yes
    Warning: Permanently added '192.168.122.140' (DSA) to the list of known hosts.
    root@192.168.122.140's password:
    codegit.zip
100%  823MB 299.4MB/s   00:02
```

2.21.5 让虚拟机识别到 PCI 设备

通过管理工具 virt-manager 添加 PCI 设备的方法：在新建的虚拟机配置项下选择“Add Hardware > PCI Host Device”，将 PCI 设备添加到该虚拟机中，启动虚拟机，则新建的虚拟机中就有对应的 PCI 设备。

默认情况下，当我们在虚拟系统管理器中添加 PCI 硬件设备后，通常会出现“启动域时出错: unsupported configuration: host doesn't support passthrough of host PCI devices”的错误提示，如图 2-8 所示。

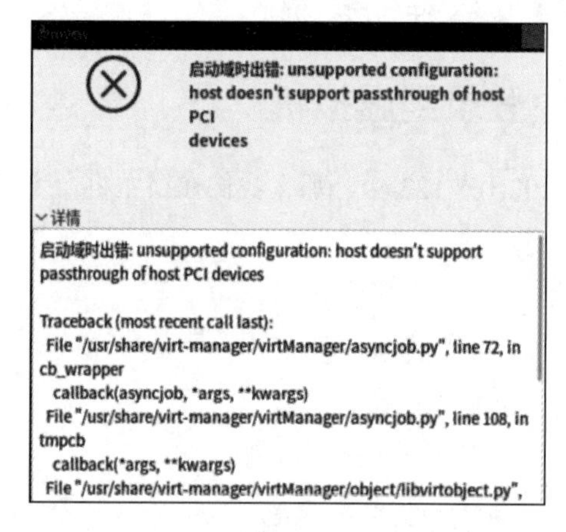

图 2-8

解决方法是开启 Bios 中 CPU 的虚拟化，并修改 grub 参数。报错的本质原因是没有开启 PCI 直通。所谓 PCI 直通（PCI PathThrough），是一种让虚拟机从主机上控制 PCI 设备的机制。与使用虚拟化硬件相比，它具有一些优势，例如更低的延迟、更高的性能或其他功能。但是，如果我们将设备传递到虚拟机，则无法再在主机或任何其他虚拟机中使用该设备。由于直通是一项需要硬件支持的功能，因此需要提前检查，并做好准备以使它工作。包括 CPU 和主板在内的硬件都需要支持 IOMMU（I/O 内存管理单元）中断重映射。

一般来说，带有 VT-d 的 Intel 系统和带有 AMD-Vi 的 AMD 系统都支持 PCI 直通，但由于硬件的差异以及兼容性不佳的驱动程序，因此不能保证所有网卡环境都可以开箱即用。此外，服务器级硬件通常比消费级硬件有更好的兼容性，不过当前许多系统也可以支持这一点。如果我们有其他特殊设置，可咨询硬件供应商，以检查他们是否支持 Linux 下的 PCI 直通功能。如果已确保我们的硬件支持直通，那么需要进行一些配置以启用 PCI 直通。首先查看服务器是否支持虚拟化，然后再进行设置，查看命令如下：

```
# cat /proc/cpuinfo | grep vmx
```

如果有输出，就说明是支持 PCI 直通的，现在的服务器一般都是支持的。接下来就可以放心地进行设置了。有两个地方要进行设置，一个是在 BIOS 中，另外一个是在 Linux 的启动参数中。

（1）在 BIOS 里通常设置以下 3 个地方：

① 在 BIOS 设置中找到并打开 VT-d (Intel)，将它启动（Enable），这个选项一般是启动的，如图 2-9 所示。

图 2-9

② 打开“Intel VT for Direct I/O”，也让它启动，如图 2-10 所示。

Intel® VT for Directed I/O (VT-d) [Enable]

图 2-10

VT for Direct I/O 的意思是允许 PCI 卡直通映射，该选项默认关闭，需要开启。

注意：Intel VT-x 是 CPU 的虚拟化，VT-d 是 I/O 设备的虚拟化，这两者是不一样的。

③ 打开“SR-IOV Support”，将它启动，如图 2-11 所示。

SR-IOV Support [Enabled]

图 2-11

SR-IOV 的全称是 Single Root I/O Virtualization。SR-IOV 作为外围 PCIe 规范，来源于 PCI Special Interest Group 组织。SR-IOV 技术现已可以把具有 SR-IOV 功能的设备定义成为一种外围设备物理功能模块（PF），并使之能与主机 Hypervisor 系统直接交互信息。PF 主要用于在服务器中告诉 hypervisor 系统关于物理 PCI 设备运行的状态是否可用。SR-IOV 在操作系统层，现在能够在所有的 PF 下创建不只一个的虚拟功能设备（VFs）。VFs 能共享外围设备的物理资源（比如网卡端口或网卡缓存空间）并且与 SR-IOV 服务器上的虚拟机系统进行关联。SR-IOV 能允许一个物理 PCIe 设备把自身虚拟为多个虚拟 PCIe 设备。每个 PF 和 VFs 都会收到唯一的 PCIe 标识符，这样就允许 Hypervisor 系统中的 SR-IOV 虚拟内存管理器来区分不同的网络流量，并且能使用 DMA 技术重新映射内存地址，在 SR-IOV 外围设备和目标虚拟主机之间进行数据迁移时进行地址转换。这样从根本上避免了 Hypervisor 系统所带来的处理开销和延时。总之，使用 SR-IOV 技术，虚拟机系统能经过 DMA 直接与 PCIe 设备一起工作，因此这种方式就不需在经过 Hypervisor 系统时使用虚拟传输接口、虚拟交换机或其他翻译器。SR-IOV 直接交互技术在实际使用中的通信性能已经接近非虚拟化水平。

（2）BIOS 设置完毕后，进入操作系统，设置启动参数，为 grub 配置 iommu；如果是在 Ubuntu 中则修改/etc/default/grub 文件，在 GRUB_CMDLINE_LINUX 最后追加“intel_iommu=on iommu=pt”：

```
GRUB_CMDLINE_LINUX="crashkernel=auto rd.lvm.lv=centos/root rd.lvm.lv=centos/
swap rhgb quiet intel_iommu=on iommu=pt"
```

参数 iommu=pt 的意思是阻止 Linux 接触不能透传的设备。

注意：是在字符串中追加，而不是在该文件结尾。

如果是在 AMD CPU 中，则添加“amd_iommu=on”。

这里顺便解释一下其他选项，如下所示：

```
    GRUB_DEFAULT=0
    # 代表 grub 启动时指针默认停留在哪一个选项
    # 比如双系统中 windows boot manager 在第 3 行的位置
    # 那么修改 GRUB_DEFAULT=2 就可以让系统倒计时结束后自动进入 windows

    GRUB_TIMEOUT=8
    # 设定倒计时秒数，-1 代表关闭倒计时

    GRUB_CMDLINE_LINUX_DEFAULT="quiet splash"
GRUB_CMDLINE_LINUX=""
    # GRUB_CMDLINE_LINUX_DEFAULT 把选项导入所有启动项，不含 recovery mode
    # GRUB_CMDLINE_LINUX 把选项导入所有启动项，含 recovery mode（一般不改这个）
    # 以下是可用选项
    #如果注释 quiet splash，则系统启动时屏幕上会输出系统检查的信息，开启时无检查信息
    # quiet 意思是内核启动时简化提示信息
    # splash 意思是启动时使用图形化的进度条代替 init 的字符输出过程
    # quiet splash
    # nomodeset 不加载显卡驱动
    # acpi_osi=Linux 告诉内核这台机器包含需要 ACPI 的 Linux 系统（没必要加）
    # net.ifnames=0 biosdevname=0 使用旧版的网口名，从形如“enp2s0”变换为形如“eth0”

    GRUB_GFXMODE=1920x1080
    # 分辨率设置，如果进系统后无法调整，可以在这里调整

    GRUB_INIT_TUNE="480 440 1"
    # 打开后，GRUB 菜单出现时会鸣音提醒
```

然后在 Ubuntu 中执行 update-grub 刷新 grub.cfg 文件，命令如下：

```
update-grub
```

接下来使用 reboot 命令重启操作系统，然后查看 IOMMU 状态是否开启：

```
    root@mycw:~# cat /proc/cmdline | grep intel_iommu
    BOOT_IMAGE=/boot/vmlinuz-5.15.0-56-generic root=/dev/mapper/vgubuntu-root ro
intel_iommu=on iommu=pt quiet splash vt.handoff=7
```

再通过命令 dmesg | grep -i iommu 查看目标 PCI 设备是否开启直通：

```
[    1.143248] pci 0000:00:04.7: Adding to iommu group 8
[    1.143273] pci 0000:00:05.0: Adding to iommu group 9
```

此时再次添加主机上的 PCI 设备就不会报错了。另外我们也可以通过 virsh 相关命令查看设备信息：

（1）识别设备：

```
virsh nodedev-list --tree |grep pci
```

（2）获取设备：

```
virsh nodedev-dumpxml pci_0000_65_00_0
```

（3）分离设备：

```
virsh nodedev-dettach pci_0000_65_00_0
```

已分离出设备 pci_0000_65_00_0。

2.22　在 Ubuntu 下安装 RPM 包

有时候，我们想要使用的软件并没有被包含到 Ubuntu 的仓库中，程序本身也没有提供可以让 Ubuntu 使用的 DEB 包，而我们又不愿意从源代码编译，此时如果软件提供有 RPM 包的话，也是可以在 Ubuntu 中安装的。只需在 Ubuntu 下安装好 alien 软件即可。alien 默认没有安装，所以首先要安装它：

```
apt-get install alien
```

然后把 RPM 转换为 DEB 包：

```
alien  xxx.rpm
```

这一步将 RPM 转换位 DEB，完成后会生成一个同名的 xxxx.deb，接着安装 DEB 包：

```
dpkg -i xxxx.deb
```

用 alien 转换的 DEB 包并不能保证 100%顺利安装，因此能找到 DEB 最好直接用 DEB。

2.23　在 CentOS 中使用 KVM 虚拟机 Ubuntu 22

本节主要介绍如何在 CentOS 中安装和使用 KVM 虚拟机 Ubuntu 22。

2.23.1　通过图形化终端使用 Ubuntu 22

在命令行下执行 virt-manager 命令，打开虚拟系统管理器，就可以安装、启动虚拟机，如图 2-12 所示。

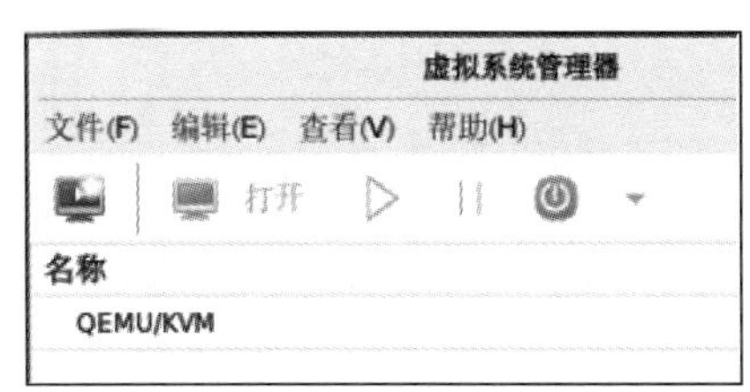

图 2-12

工具栏上的三角箭头可以用来启动已经安装的虚拟机操作系统。

2.23.2 通过远程桌面方式使用 Ubuntu 22

具体操作步骤如下：

步骤 01 登录宿主机，启动远程桌面服务：

```
[root@localhost ~]# vncserver

Warning: localhost.localdomain:1 is taken because of /tmp/.X11-unix/X1
Remove this file if there is no X server localhost.localdomain:1

New 'localhost.localdomain:2 (root)' desktop is localhost.localdomain:2

Starting applications specified in /root/.vnc/xstartup
Log file is /root/.vnc/localhost.localdomain:2.log

[root@localhost ~]# vncserver -list

TigerVNC server sessions:

X DISPLAY #     PROCESS ID
:2              23470
```

可以看到显示器序号是 2，客户端登录要用到这个序号。

然后在客户端使用 VNC Viewer 登录，注意登录的时候，IP 地址后面加显示序号 2，如图 2-13 所示。

图 2-13

步骤 02 登录到远程桌面后，在图像终端下开启 KVM 管理软件：

```
virt-manager
```

在这个管理软件中启动 Ubuntu 22。

步骤 03 在 Windows 10 下用终端软件登录宿主机，再在宿主机命令行下使用 ssh 登录到 Ubuntu 22 虚拟机并切换到 root：

```
[root@localhost ~]# ssh tom@192.168.122.151
tom@192.168.122.151's password:
Welcome to Ubuntu 22.04.1 LTS (GNU/Linux 5.15.0-53-generic x86_64)

 * Documentation:  https://help.ubuntu.com
 * Management:     https://landscape.canonical.com
 * Support:        https://ubuntu.com/advantage

  System information as of Wed Nov 23 01:01:16 AM UTC 2022
```

```
  System load:  0.1982421875      Processes:              100
  Usage of /:   45.7% of 9.75GB   Users logged in:        1
  Memory usage: 20%              IPv4 address for ens3: 192.168.122.151
  Swap usage:   0%


44 updates can be applied immediately.
To see these additional updates run: apt list --upgradable


Last login: Wed Nov 23 00:34:39 2022
tom@mypc:~$ ls
tom@mypc:~$ su
Password:
root@mypc:/home/tom#
```

步骤 04 如果要在宿主机（CentOS 7）上传输文件到虚拟机 Ubuntu 22，可以使用 scp 命令。

宿主机 IP 地址为 192.168.31.226，虚拟机 IP 地址为 192.168.122.151。登录宿主机后，在命令行下可以直接发送文件到虚拟机，例如：

```
[root@localhost ~]# scp hello.c tom@192.168.122.151:/tmp
tom@192.168.122.151's password:
hello.c                                   100%  111    14.5KB/s   00:00
[root@localhost ~]#
```

虚拟机的登录账号和密码分别是 tom 和 123456，登录进去后可以切换为 root 用户，root 的密码也是 123456。

2.23.3　自定义路径安装 KVM 虚拟机

有时候，在安装 KVM 虚拟机时默认安装路径会因为磁盘空间的不足而无法安装，此时我们就要指定其他路径来存放 KVM 虚拟机。首先可以用 df 命令查看磁盘空间的使用情况：

```
[root@localhost vm]# df
文件系统                   1K-块      已用      可用      已用% 挂载点
/dev/mapper/centos-root    52403200   35159404  17243796  68%   /
devtmpfs                   16160040   0         16160040  0%    /dev
tmpfs                      16210208   0         16210208  0%    /dev/shm
tmpfs                      16210208   11244     16198964  1%    /run
tmpfs                      16210208   0         16210208  0%    /sys/fs/cgroup
/dev/nvme0n1p2             1038336    168208    870128    17%   /boot
/dev/nvme0n1p1             204580     11424     193156    6%    /boot/efi
/dev/mapper/centos-home    174105540  6313984   167791556 4%    /home
tmpfs                      3242044    12        3242032   1%    /run/user/42
tmpfs                      3242044    20        3242024   1%    /run/user/0
```

可以看出，挂载点/home 的磁盘空间大，而且才占用了 4%，那么我们就可以把虚拟机都装在这个挂载点的某个目录下。

具体操作步骤如下：

步骤 01 在/home 下新建一个目录 vm，然后在命令行下运行 virt-manager 命令，单击"创建新虚拟机"图标，在弹出的"生成新虚拟机 5 的步骤 1"对话框中单击"本地安装介质"单选按钮，如图 2-14 所示。

步骤 02 单击"前进"按钮，出现如图 2-15 所示的对话框。

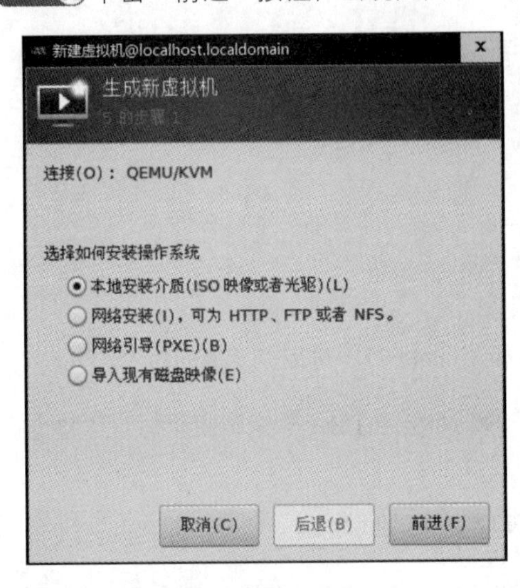

图 2-14

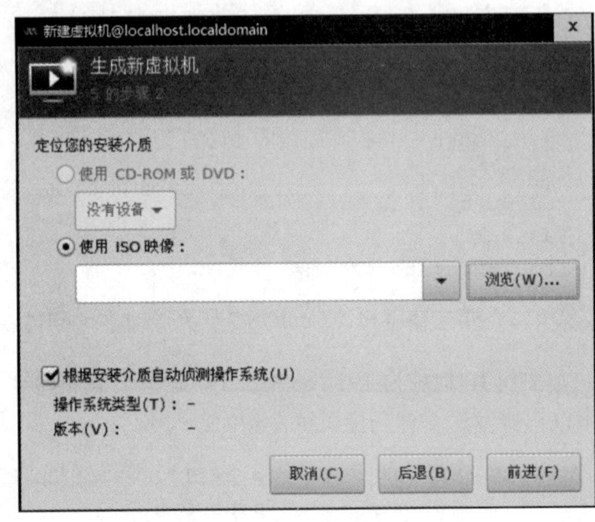

图 2-15

步骤 03 在对话框中单击"浏览"按钮，弹出"选择存储卷"对话框，准备添加 ISO 文件所在的目录，比如这里的 ISO 文件存放在/root/soft 下，单击"本地浏览"按钮（见图 2-16）。选择 ISO 文件，如图 2-17 所示。

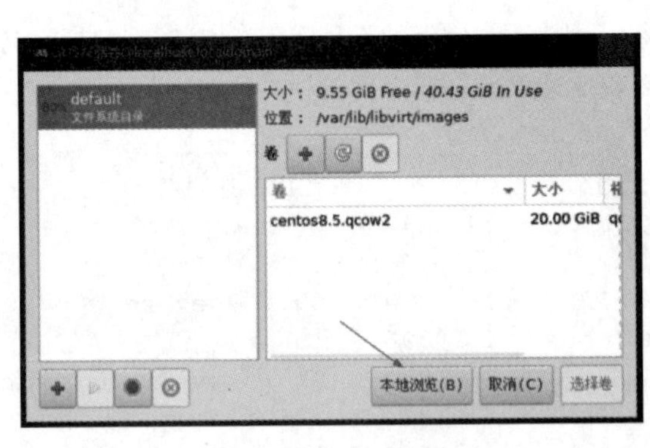

图 2-16

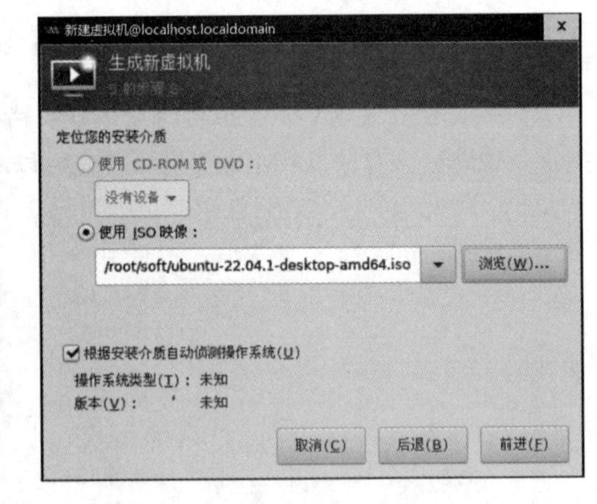

图 2-17

步骤 04 单击"前进"按钮，保持默认，一直到"生成新虚拟机 5 的步骤 4"对话框，在对话框中选择"选择或创建自定义存储"，然后单击"管理"按钮，弹出"选择存储卷"对话框。在对话框的左下角单击"+"按钮来添加池，如图 2-18 所示。

图 2-18

步骤 05 此时弹出“创建存储池 2 的步骤 1”对话框，在该对话框中输入池的名称，比如 myvm，如图 2-19 所示。

步骤 06 单击“前进”按钮，弹出“创建存储池 2 的步骤 2”对话框，在该对话框中单击“浏览”按钮，选择目标路径为/home/vm，如图 2-20 所示。

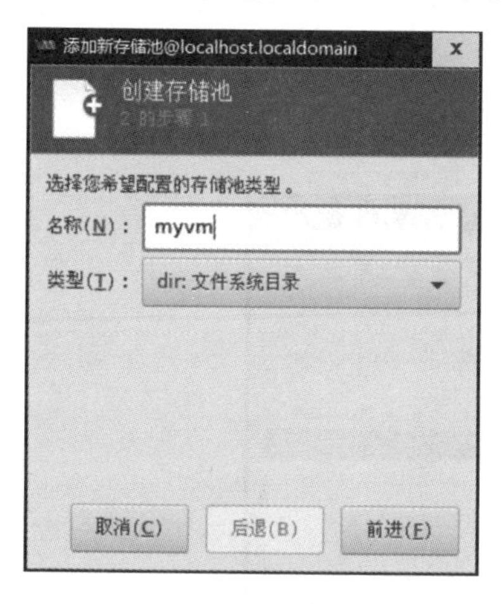

图 2-19

图 2-20

步骤 07 单击“完成”按钮，回到“选择存储卷”对话框，在该对话框左侧选中“myvm 文件系统目录”，在对话框右侧单击“+”按钮，如图 2-21 所示。

图 2-21

步骤08 此时出现“创建存储卷”对话框，在该对话框中输入名称，名称可以自定义，通常可以起一个要安装的虚拟机操作系统的名称，比如 ubunt22.qcow2，如图 2-22 所示。

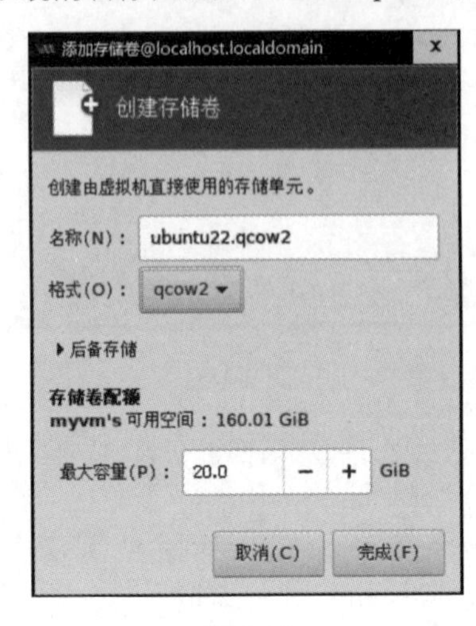

图 2-22

步骤09 单击“完成”按钮，回到“选择存储卷”对话框，单击“选择卷”按钮选择刚创建的 ubuntu22.qcow2，如图 2-23 所示。

图 2-23

步骤10 然后一直前进，直到正式安装，如图 2-24 所示。

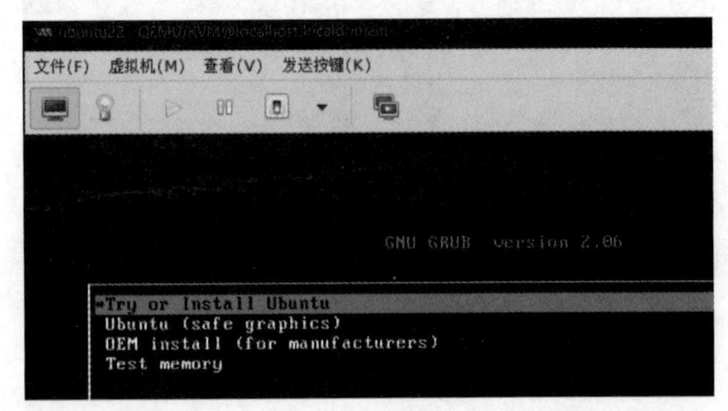

图 2-24

相信后面的正式安装读者都会了，此处不再赘述。

2.23.4　让虚拟机识别到 PCI 设备

通过管理工具 virt-manager 添加 PCI 设备的方法：在新建的虚拟机配置项下选择“Add Hardware > PCI Host Device”，将 PCI 设备添加到 VM 中，启动虚拟机，新建的 VM 中就有对应的 PCI 设备。

默认情况下，当我们在虚拟系统管理器添加 PIC 硬件设备后，通常会出现“启动域时出错：unsupported configuration: host doesn't support passthrough of host PCI devices”的错误提示，如图 2-25 所示。

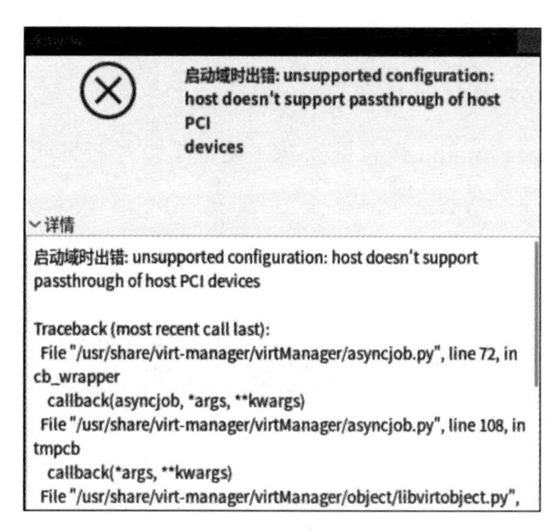

图 2-25

原因在 2.22.5 节中已经说过了，这里不再赘述。我们直接看设置，设置也是在两个地方，一个是在 BIOS 中，另外一个是在 Linux 的启动参数中。

（1）在 BIOS 中通常设置以下 3 个地方：

①在 BIOS 设置中找到并打开 VT-d (Intel)，将它启动，这个选项一般是启动的，如图 2-26 所示。

图 2-26

②打开“Intel VT for Direct I/O”，也让它启动，如图 2-27 所示。

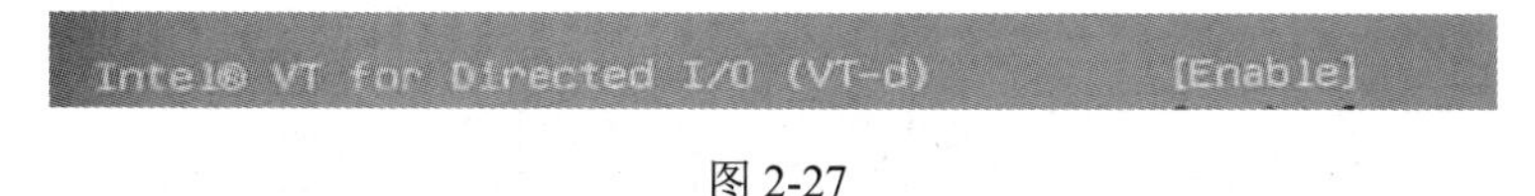

图 2-27

③打开“SR-IOV Support”，将它启动，如图 2-28 所示。

图 2-28

（2）BIOS 设置完毕后，进入操作系统，设置启动参数，为 grub 配置 iommu：在 CentOS 7 中，在内核参数上添加 iommu 启动。打开 grub 配置文件/etc/grub2-efi.cfg，运行如下命令：

```
#vi /etc/grub2-efi.cfg
```

找到“rhgb quiet”，在“LANG=en_US.UTF-8”后面添加以下字段：

```
intel_iommu=on pci=realloc pci=assignbusses
```

保存文件，使用 reboot 命令重启操作系统。重启后，验证 iommu 是否生效：

```
#dmesg | grep -e DMAR -e IOMMU
```

或者

```
#dmesg | grep -E "DMAR|IOMMU
```

再通过命令 dmesg | grep -i iommu 查看目标 PCI 设备是否开启直通，比如可以找到：

```
[    1.359121] iommu: Adding device 0000:17:00.0 to group 24
```

下面运行 virt-manager 命令打开 KVM 管理软件，添加主机上的 PCI 设备，如图 2-29 所示。

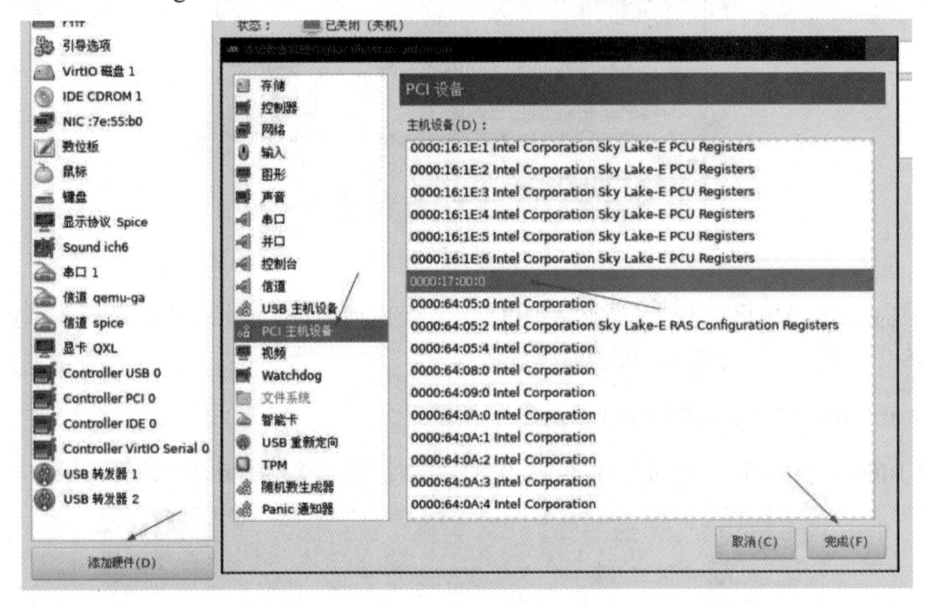

图 2-29

再次启动虚拟机操作系统，就不会报错了。

2.24 银河麒麟系统中使用虚拟机

本节的目标是在银河麒麟系统上安装虚拟机软件，然后在虚拟机软件中再安装一个银河麒麟系统，这样我们的虚拟银河麒麟系统就可以得到和物理银河麒麟系统同样的硬件指令架构，比如 ARM 架构。

如果要在银河麒麟中运行虚拟机，可以安装 virt-manager。具体操作步骤如下：

步骤 01 直接安装 virt-manager，所需的 QEMU 和 Libvirt 作为依赖会自动安装，在线安装命令如下：

```
apt install virt-manager
```

步骤 02 安装 virt-manager 后，可以在桌面上右击鼠标，在弹出的快捷菜单中选择“在终端中打开”命令，然后在命令行中输入 virt-manager，运行结果如图 2-30 所示。

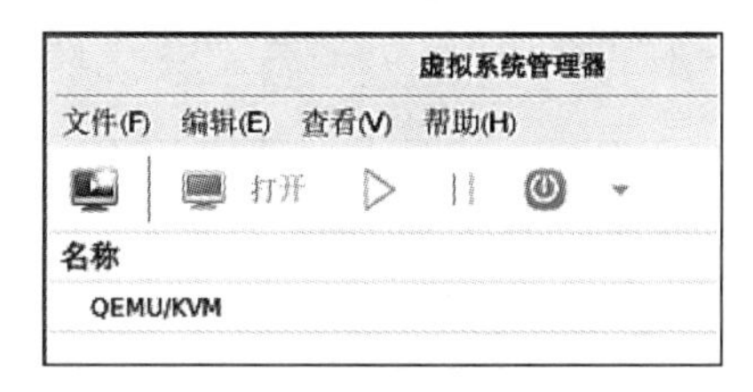

图 2-30

步骤 03 接下来就可以新建虚拟机了。单击菜单栏中的“文件”→“新建虚拟机”命令，弹出“生成新虚拟机 5 的步骤 1”对话框，在该对话框中单击“本地安装介质（ISO 映像或者光驱）（L）”单选按钮，如图 2-31 所示。

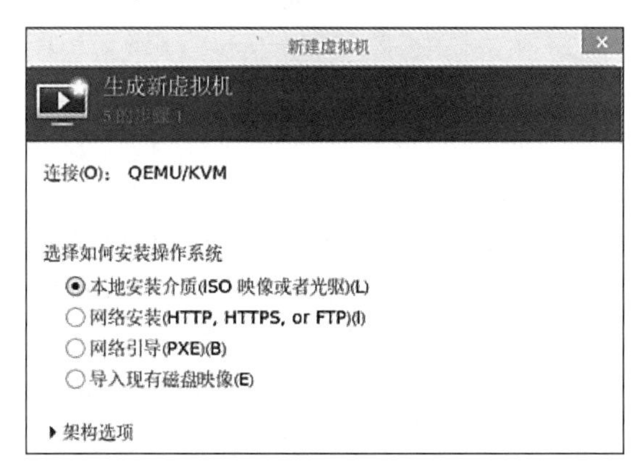

图 2-31

注意：映像文件最好已经复制到银河麒麟中。

步骤 04 单击对话框右下角的“前进”按钮，弹出如图 2-32 所示的“生成新虚拟机 5 的步骤 2”对话框。

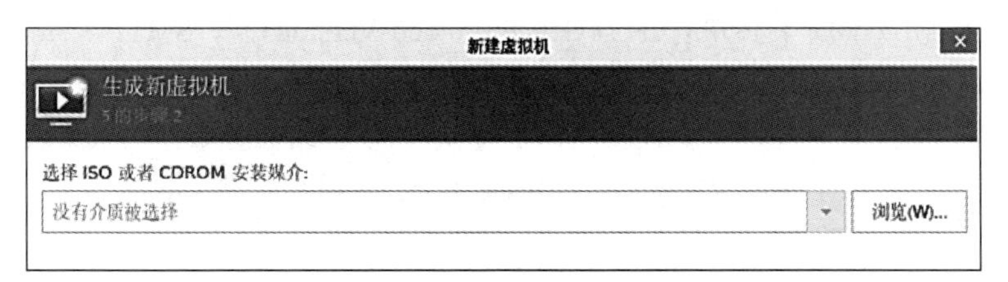

图 2-32

步骤 05 在“生成新虚拟机 5 的步骤 2”对话框中单击“浏览”按钮，弹出“选择存储卷”对话框，在该对话框中单击“本地浏览”按钮，选择本地的 ISO 文件，然后回到“生成新虚拟机 5

的步骤 2”对话框上，单击“前进”按钮，进入“生成新虚拟机 5 的步骤 3”对话框，保持默认设置，如图 2-33 所示。

选择内存和CPU设置:
内存(M)
1024
主机中最多有 260237 MiB 可用
CPU:
2
最多有 128 可用

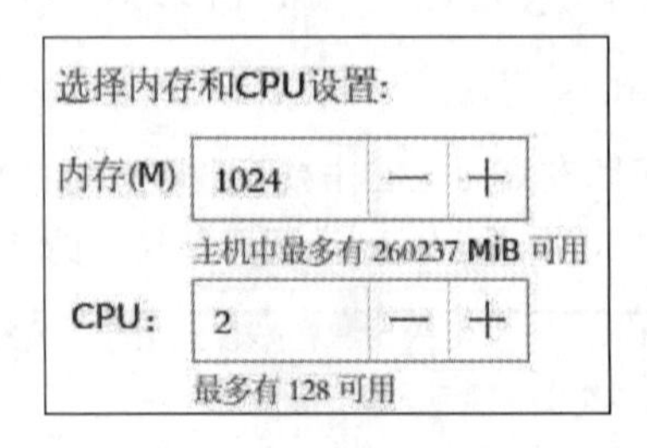

图 2-33

步骤 06 后面一直保持默认即可，最后出现如图 2-34 所示的界面。在倒计时几十秒后就开始进入操作系统本身的安装了。

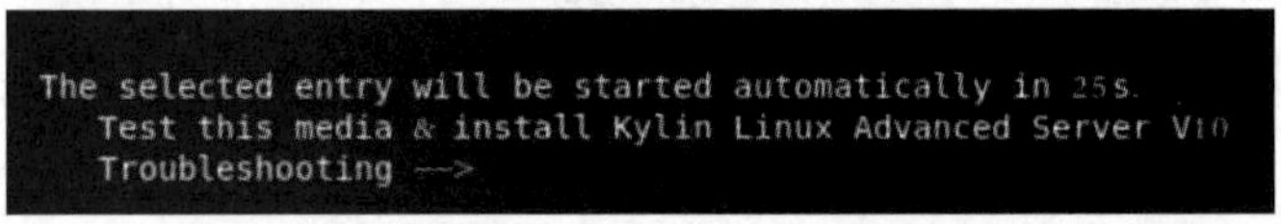

The selected entry will be started automatically in 25s.
Test this media & install Kylin Linux Advanced Server V10
Troubleshooting -->

图 2-34

2.25 网络通信与报文处理

网络是一些互相连接的、自治的网络设备的集合，计算机网络是这类计算机的集合。只需要一条链路连接两台计算机即可组成最简单的计算机网络。报文是网络中交换与传输的数据单元，即站点一次性要发送的数据块。报文包含了将要发送的完整的数据信息，在传输过程中会不断地封装成分组、包、帧来传输。计算机通常使用网卡来接收和发送报文。网卡接收到报文后将报文交付给计算机的协议栈。当计算机要发送报文时，协议栈将报文向下交给适配器。协议栈的每一层对报文中的对应层进行填充和解析。

网络流量指的是网络上传输的数据量，从网络流量中可以提取衡量网络负荷和状态的指标。网络流量并不单纯指流量的大小，还包括它传输的数据信息。网络数据的内容包含它涉及的网络业务，各种网络业务用到不同类型的网络协议，流量特征也各有区别。

网络业务多种多样，不仅包含 HTTP（HyperText Transport Protocol）、DNS（Domain Name System）、FTP（File Transfer Protocol）、POP3（Post Office Protoco-Version3）、SMTP（Simple Mail Transfer Protocol）等基本业务，还有 P2P（Peer-to-Peer）、VolP（Voice over Internet protocol）等其他协议，并且这些业务均使用 TCP/IP 等相关协议在网络上传输。所以网络业务数据的采集就是对这协议进行解析和信息提取，即所谓的 DPI（Deep Packet Inspection，深度包检测）技术。

2.26 Linux 内核的报文处理机制

本节从 Linux 系统底层原理出发，探究传统报文采集的机制和原理，为分析影响报文采集性能的因素提供依据。

2.26.1 Linux 协议栈

TCP/IP 参考模型是当前应用最为广泛的网络层次模型。Linux 系统也参照该模型设计内核网络子系统，如图 2-35 所示。

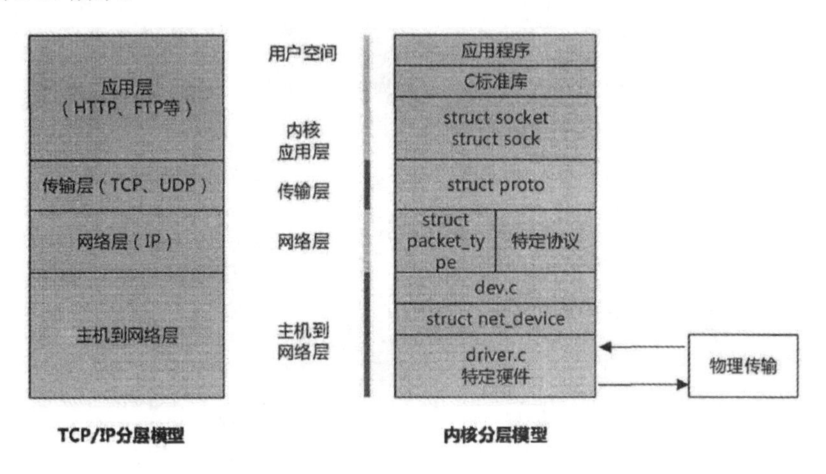

图 2-35

内核网络子系统代码层次分明，各层次通过明确的接口与上下紧邻的层次通信，这样设计的优点是方便模块化地组合使用各种设备驱动、传输机制模块和协议模块。在内核中，每个网络设备都会被表示成一个 struct net_device 的实例，对于新的网络设备的加入，需要分配该结构的实例并且填充其内容。register_netdev 函数完成一些初始化的任务并将设备实例注册到内核中的通用设备机制内。协议管理类型 struct packet_type 将感兴趣的协议类型加入不同的内核链表中。内核处理报文时根据不同的报文协议类型，调用对应协议链表中每个 struct packet_type 配置的钩子函数进行处理。

通常的报文处理方式是报文分组到达内核，触发设备中断，中断处理程序为新报文创建套接字缓冲区，分组内容以 DMA 的方式从网卡传输到缓冲区中指向的物理内存；然后内核分析新报文首部，此时报文处理已由网卡驱动代码转换到网络层的通用接口，同时该函数将接收到的报文送入特定的 CPU 等待队列中，触发该 CPU 的 NET_RX_ SOFTIRO 软中断，并退出中断上下文。特定 CPU 的 NET_RX_SOFTIRQ 软中断处理对应等待队列中的报文的套接字缓冲区。

正式开始协议栈之旅：由 netif_receive_skb 分析报文类型，skb_buff 结构经过网络层报文分类和分别处理（解析、分片重组等）后进入传输层，由传输层进一步处理，最后用户空间应用程序通过调用 socket API 来获取报文内容，或是由自定义的内核模块获取报文进行处理、转发或统计。自定义内核模块可在协议栈的多个点通过不同方式获取报文，如 Netfilter 方式。

2.26.2 NAPI 技术

内核报文的接收主要经历了两代框架：一个为纯中断响应处理方式，在每个报文到达时都触发中断，由中断处理函数处理报文，这种方式出现在 Linux 早期版本中，被称为纯中断报文处理；另一个对中断的处理进行了优化，采用中断+轮询的方式，被称为 NAPI（New Application Programming Interface，新应用编程接口）。

对于纯中断报文处理方式，每当有报文到达时，都使用一个 IRQ（Interrupt Request，中断请求）来向内核请求中断处理。在低速设备上，下一个报文到达前，上一个报文通常已被 IRQ 处理完毕。由于下一个报文也通过 IRQ 请求处理，因此若前一个报文的 IRQ 处理尚未完成则会导致"中断风暴"。高速设备会因这种方式而造成大量中断突发，这样报文会一直等待接收新的 IRQ，内核的正常工作也会受到影响，从而导致报文数据处理延迟或者丢失，报文处理吞吐量和正常工作都受到影响，设备达不到高速。对此 Linux 内核开发者在 Linux 的升级版本中使用 NAPI 的技术解决方案。为了避免高速设备上出现"中断风暴"，NAPI 使用中断+轮询的改进方法，达到低速时以中断为主，高速时以轮询为主的目的。改进后的底层收包机制如下：

1）设立轮询表

IRQ 处理函数将网络适配器放置到一个 NAPI 的设备轮询表中。同时为了防止更多的报文导致的频繁 IRQ，需要屏蔽对应的中断请求功能（RxIRQ）。

2）软中断处理

报文接收软中断 NET_RX_SOFTIRQ 的中断处理函数，依据设备轮询表调用各设备的 poll 函数去处理报文。在 poll 函数中，每一个报文最后根据报文分组类型使用 deliver_skb 函数调用需要该类型报文的钩子函数。报文接收软中断 NET_RX_SOFTIRQ 的中断处理函数在处理一定量报文或一定量时间之后，会重新提请软中断 NET_RX_SOFTIRQ 并退出本次软中断。内核的每一次软中断由系统安排，适时处理。

3）轮询解除

每当某个设备的报文处理完成时，就将它从轮询表中移除，并重新使该设备的收包硬中断。这样，当该设备有新报文到达时，就又可以加入设备轮询表中。

2.26.3 高性能网卡及网卡多队列技术

RSS（Receive Side Scaling）主要指网卡的多队列技术，通常每个网卡的接收队列可以在一个指定的 CPU 核心上产生中断并进行处理。目前许多主流网卡通过该技术支持多个接收和发送队列。接收的时候网卡能够发送不同的报文到不同的队列，理想目标是使 CPU 之间的负载能够均衡。通常，网卡将报文根据流的元组信息分配到多个接收队列中的一个，相同的流被分配到相同的接收队列。每个队列的中断响应的核心通过 IRQ Affinity 参数直接配置。Linux 系统提供的 irqbalance 服务会按性能或功耗修改 IRQ Affinity 参数，需要注意的是 irqbalance 服务并不一定能按目标达到最优。

当前高性能网卡的功能越来越强大，灵活丰富的 RSS 方式极大地减轻了 CPU 负担。例如 10GB 网卡 82599 可以按 L3 和 L4 层头部的元组信息进行 Hash，支持对 TCP、UDP 等协议的报文分流；而 40GB 网卡 XL710 提供比 82599 更加丰富的 RSS 功能，不但可以对 L3、L4 进行解析取 Hash 值，还可以对多种隧道方式的报文的隧道内层进行解析取 Hash 值。例如，XL710 可以对 NVGRE 或 VXLAN 报文的内层 IP 解析取 Hash 值。在很多场景中，需要大量使用这些隧道方式的报文并在多个 CPU 核心之间进行分流处理。

在许多场景中，XL710 可以为 CPU 分载，提高了设备处理性能。XL710 极大地支持 DPI 和网络虚拟化等隧道协议使用场景，同时对 DPDK 性能支持良好。

2.26.4　RPS/RFS 技术

RPS（Receive Packet Steering）是 Linux 在多核平台上的优化技术，从 Linux-2.6.35 内核开始可以使用。它的出现主要是为了解决以下问题：

（1）由于服务器的 CPU 越来越强劲，可以到达十几核、几十核，而一些型号网卡硬件队列则才 4 核、8 核，这种发展的不匹配造成了 CPU 负载的不均衡。

（2）在单队列网卡的情况下，RPS 相当于在系统层用软件模拟了多队列的情况，以便达到 CPU 的均衡。

RPS 主要是把软中断的负载均衡到各个 CPU 核心，简单来说，就是网卡驱动每个流生成一个 Hash 标识，这个 Hash 值可以通过四元组来计算（源 IP，目的 IP，源端口，目的端口）。然后根据 Hash 值选择 CPU 核心，将报文转移给对应 CPU 核心的报文处理队列，并在对应 CPU 核心的软中断未启动时启动该核心软中断。这样就可以在多个核心上同时处理报文，从而提升性能。简而言之，RPS 即是在软件层面模拟实现硬件的多队列网卡功能。即使网卡本身支持多队列功能，亦可考虑关闭或开启 RPS。

由于 RPS 只是单纯地把报文分配到不同的 CPU，如果应用程序所在的 CPU 和软中断处理的 CPU 不是同一个，那么此时对于 CPU Cache 的影响会很大，因此 RFS（Receive Flow Steering）应确保应用程序处理的 CPU 跟软中断处理的 CPU 是同一个，这样就能充分利用 CPU Cache。RPS 和 RFS 往往都是一起设置，以达到最好的优化效果，这种技术主要针对单队列网卡多核环境。

2.26.5　Linux 套接字报文采集

传统的报文采集方法通常采用基于 TCP/IP 协议栈的套接字方式。套接字主要有 3 种类型：

- 流式套接字（SOCKET_STREAM）：提供有序的、可靠的、双向的、面向连接的字节流传输服务。
- 数据报套接字（SOCKET_DGRAM）：提供长度固定的、无连接的、不可靠的数据传输服务。
- 原始套接字（SOCKET_RAW）IP 协议的数据报接口，允许直接访问底层协议，如 IP、ICMP（Internet Control Message Protocol）协议。

原始套接字在 PF_PACKET 协议簇和 PF_INET 协议簇中均常用于报文采集。PF_PACKET 协议簇获取的报文层次最低可至链路层，PF_INET 协议簇最低可至网络层。

套接字报文采集通常使用链路层原始套接字，最常见的应用是 libpcap 库使用链路层 PF_PACKET 协议族原始套接字方式。这类方式的共同点是依靠内核协议栈功能将报文从内核协议栈链路层或网络层复制而来，既涉及内核空间与用户空间的数据复制，又涉及协议栈中多余复杂的报文检查。而这些过程在内核处理中的部分主要集中在软中断处理中，仍然需要额外开销。为了提高报文处理的性能和灵活性，很多新的高速报文处理框架被开发了出来。

这里只是概括性地阐述了几个套接字的理论知识，关于它们的实战编程在《Linux C 与 C++一线开发实践》中有详细的描述，本书不再展开讲解，毕竟这些编程知识不是本书的重点。

2.27 PF_RING 高性能报文处理框架

2.27.1 PF_RING 简介

PF_RING 是 Luca 研究出来的基于 Linux 内核级的高效数据包捕获技术。简单来说 PF_RING 是一个高速数据包捕获库，通过它可以实现将通用 PC 计算机变成一个有效且便宜的网络测量工具箱，进行数据包和现网流量的分析和操作。同时支持调用用户级别的 API 来创建更有效的应用程序。

我们知道，在传统数据包捕获的过程中，CPU 的多数时间都被用在把网卡接收到的数据包经过内核的数据结构队列发送到用户空间的过程中。也就是说是从网卡→内核，再从内核→用户空间，这两个步骤花去了大量 CPU 时间，从而导致没有其他时间来进行数据包的进一步处理。在传输过程中，sk_buff 结构的多次复制以及涉及用户空间和内核空间的反复的系统调用极大地限制了接收报文的效率，尤其对小报文的接收影响更为明显。

PF_RING 提出的核心解决方案便是减少报文在传输过程中的复制次数。传统报文处理方法中有一些缺点，如报文内容复制次数太多、报文处理路径过长等。针对这些缺点，PF_RING 提供了两个层次的库供用户使用：一个层次是对传统报文处理方法做了部分改进，其基本报文处理仍依赖内核态的中断，是开源的免费库，该库被称为非零复制（Non Zero Copy）库；另一个层次是通过一系列的新技术对报文处理方法进行大量改进，显著提高了报文处理的速率，但该库是收费的未开源库，被称为零复制（Zero Copy）库，基本可以实现零复制。

2.27.2 PF_RING 非零复制库

1. 技术特点

PF_RING 非零复制库采用了以下技术：

（1）环形接收队列：加速的内核模块负责将底层报文复制到 PF-RING 环形接收队列中。

（2）功能透明化：用户空间的 PF_RING SDK 为用户空间应用程序提供透明的功能支持，用户空间程序不必关心底层功能实现的具体过程。

（3）减少报文复制次数：环形队列空间同时在内核空间和用户空间有内存映射，使得用户空间也可以直接访问空间中的报文，而不用如普通 socket 那般专门将报文内容由内核空间复制至用户空间。但此举降低了用户空间和内核空间的隔离性，虽提高了效率，同时也增加了不安全因素。

（4）报文处理路径优化：专用于 PF_RING 的网卡驱动虽工作在内核，但提供了内核报文处理路径优化的功能，以此来加速数据报文的捕获，即绕过许多无用的内核处理，更高效快速地将报文复制到环形接收队列中。注意，PF_RING 可以使用任何的 NIC（Network Interface Card，网络接口卡，又称网络适配器，简称网卡）驱动，但这项报文处理路径优化功能必须使用专用驱动才能得到。同时，加载PF_RING内核模块时，必须配置transparent_mode参数才能使此项优化。

PF_RING内核模块定义了一种新的socket协议簇——PF_RING协议簇，这样用户空间的应用程序可以与PF_RING内核模块进行通信。用户不必管理每个数据包在内核中的内存分配和释放。一旦数据包从环形队列中读取出来，则环形队列中用来存储数据包的空间将会分配给后续的数据包使用。但是，用户空间取得数据包后需要保存好该备份，因为PF_RING不会为读取的包保留它在内核中的空间，即需要将数据从环形队列中复制到应用程序。

2. PF_RING的透明模式与NAPI加速

PF_RING提供了优化和未优化的两种方式，使用 PF_RING协议族定义的钩子函数在NAPI中获得两种网卡驱动报文：一种按内核 NAPI 标准方式，报文从网卡驱动逐步处理，最后 PF_RING协议族定义的钩子函数获得报文；另一种称为透明模式，通过 transparent_mode 参数配置，可以缩短这一部分的报文处理路径。

1）按NAPI标准的接收路径

2.27.2节中说到，在报文接收软中断 NET_RX_SOFTIRQ的中断处理函数中，每一个报文最后会被deliver_skb函数调用需要该类型报文的钩子函数进行处理。

如果在内核中注册了ETH_P_ALL，则钩子函数packet_rcv能处理任意类型报文。packet_rcv会调用PF_RING处理报文的主要处理函数skb_ring_handler。注册ETH_P_ALL分组类型钩子函数是获取报文的常用手法，例如libpcap注册的原始套接字也用该类型钩子函数获取报文。

2）透明模式的接收路径

在NAPI框架收包时，内核将每一份报文传递给了包括 PF_RING注册的钩子函数在内的许多钩子函数。这一过程是非常耗时的，而且在很多应用场景下，只有 PF_RING 收包的需求。为此，PF_RING推出了一种加速方案，即修改设备驱动程序，使之成为与PF_RING配套的专门化驱动。该加速方法主要干预报文在内核中的接收路径，通过修改设备驱动的poll函数处理流程，使用户可以通过transparent_mode参数配置，让驱动直接将数据传递给PF_RING内核模块的主要报文处理函数skb_ring_handler，还可以选择让内核不将报文传递至PF_RING以外的处理路径。

PF_RING依据 transparent_mode的值的不同，提供不同的传输模式。

- 当transparent_mode=0时（默认），报文通过标准的Linux接口接收后再传递给PF_RING。在此模式下任何网卡均可使用。
- 当transparent_mode=1时，报文既会绕开标准的Linux接收路径直接传递给PF_RING，也会传递给标准Linux接收路径。此时，网卡驱动只能使用PF_Ring提供的。
- 当transparent_mode=2时，报文只会在驱动程序中直接传递给PF_RING，不会传递给标准的Linux路径。此时，网卡驱动也只能使用PF_Ring提供的。

3. quick_mode与PF_RING功能简化加速

PF_RING提供了复杂的功能。每一个 pf_ring_socket 实例在 PF_RING 内核模块中都对应一个用户态PF_RING socket实例。PF_RING支持多个pf_ring_socket实例对报文进行共享、分配等复杂功能。用户如果不用这些复杂功能，则可借助 quick_mode 简化处理过程以提高效率。

skb_ring_handler 是 PF_RING 处理报文数据的主函数。内核会为每个到达的报文调用 skb_ring_handler 函数。非 quick_mode 模式中一个网卡的每个 channel（通道）队列可以对应多个 ring，而 quick_mode 模式只有一个。skb_ring_handler 在 quick_mode 和非 quick_mode 两种模式中对报文有不同的处理流程。

在非 quick_mode 模式下，skb_ring_handler 函数首先解析报文，提取一些层的头部信息，然后处理 IP 重组（可选），再遍历非 clusters 的 ring_table 中的 pf_ring_socket 和 clusters 中的 pf_ring_socket。遍历期间，如果有符合该报文的 pf_ring_socket，则调用 add_skb_to_ring。add_skb_to_ring 先将 skb 进行 RSS 处理（可选），经过 BPF filter 等用户设定的过滤条件（可选）。skb 通过过滤后，交由用户插件处理或者复制 pf_ring_socket 或该 pf_ring_socket 的 ring 的环形接收队列。

在 quick mode 模式下，skb_ring_handler 首先解析报文提取一些层的头部信息，然后将 skb 重新进行 RSS 处理（可选），接着复制到绑定在该接收设备的 pf_ring_socket 的环形接收队列。

由于在 quick_mode 模式下，每一个设备的每一个接收队列（channel）只能有一个 pf_ring_socket 接收其数据，因此 quick_mode 在流程中省去了很多过程，从而增加了处理速度。

2.27.3 PF_RING 零复制库

PF_RING ZC（Zero Copy，零复制）库是一个可扩展的报文处理框架，是 PF_RING 可以达到 10Gbps 以上线速的库。它相对于 PF_RING 非零复制的部分，以零复制方式做进一步改进。在用户态以零复制方式接收报文，同时也在进程间和虚拟机之间以零复制方式传送报文。它提供了跨线程、跨进程、跨虚拟机协同处理报文的 API。该库的技术特点如下：

1）改进复制次数

PF_RING 的原有部分针对传统报文处理的接收方式进行了报文复制次数的改进，但是这仍然不足以满足 10Gbps 及以上的线速处理要求，所以 PF_RING ZC 设计的处理方式是将报文以零复制方式进行处理。由于这部分并未开源，且 Ntop 并未给出足够的文档，因此其具体实现不明。

2）用户空间报文处理

由于意识到在内核态收包所受到的巨大的速度限制，特别是借助软中断方式处理报文给系统带来的巨大开销，因此 PF_RING ZC 的报文处理工作都在用户空间完成。

3）内核空间报文注入的功能

由于仍然有内核空间需要处理报文的应用场景，因此 PF_RING ZC 在用户空间收到报文以后，仍然可以使用 API 向内核空间注入报文。

4）大内存页的使用

大内存页（即 Huge page）的主要优点是利用大内存页提高内存使用效率，通过增加页的尺寸来减少内存分页映射表的条目，大幅减少旁路转换缓冲器（TLB）的查询 Miss（未命中），提高内存页的检索效率。

5）CPU Affinity

CPU Affinity（亲和性）是多核 CPU 发展的结果，由于现代处理器核心越来越多，因此提高外设以及程序工作效率的最直观想法就是让各个 CPU 核心各自做专门的事情。比如两个网卡都收包，可以让两个 CPU 核心分别专心处理对应的网卡报文，没有必要让一个 CPU 核心在两个网卡的报文接收和处理上来回切换；网卡多队列的情况也类似。PF_RING ZC 提供了这个机制的可选使用，以充分利用 CPU 多核的优势。

6）数据批处理

现有研究已经发现，当报文到达时，如果每读回一个报文就交由程序处理，那将需要更多的调用来读回报文，调用次数增加后额外开销就多了。为了减少对单个报文调用的开销，PF_RING ZC 将数据按块的方式进行批处理，例如调用 API 从缓冲队列读回报文句柄，或是调用 API 将报文句柄传入发送缓冲队列时，PF_RING ZC 可以按成块的方式批处理报文。

PF_RING ZC 库所采用的技术已经相当先进了，但它不开源，因此笔者并不准备多费笔墨，也不进行实战，读者只需要了解有这项技术即可，在以后开发项目选择技术的时候，可以多一个选择。

下面介绍笔者推崇的大咖——DPDK。

2.28 DPDK 高性能报文处理框架

2.28.1 DPDK 及其技术优点

DPDK 是 Intel 公司发布的一款数据包转发处理套件，是基于 x86 架构的快速报文处理的库和驱动的集合，适合用于网络数据包的分析、处理等操作，对于大量数据包的转发、多核操作具有显著的性能提升。与 PF_RING ZC 类似，DPDK 基于 Linux 开发，使用了一系列先进技术提升了报文处理的速率。其中包括 Huge Page（大内存页）、UIO（Userspace I/O，用户空间输入输出）和 CPU Affinity 等特性。

1）大内存页的使用

Huge page 如前所述，主要优点是利用大内存页提高内存使用效率，通过增加页的尺寸来减少内存分页映射表的条目，大幅减少缓冲器的查询 Miss（未命中），提高内存页的检索效率。特别是在高速大吞吐率的环境下，程序需要大量的内存空间来缓存报文，若使用大内存页技术，则可以大幅提升处理速率。

2）UIO 纯轮询

UIO 的作用是在用户空间下实现驱动程序的支撑，由于 DPDK 是运行在用户空间的数据采集和处理平台，因此与此紧密相连的网卡驱动程序（主要是 Intel 的千兆 igb 与万兆 ixgbe 驱动程序）都通过 UIO 机制运行在用户态下。由于传统的报文处理方法是以内核态的中断结合软中断轮询的方法，因此产生了大量的软硬中断的切换和调度开销，同时还经常发生系统调用时的用户态和核心态的切换开销，而基于 UIO 纯轮询的用户态报文处理方式减少了这部分开销。

3）CPU Affinity

CPU Affinity 机制是多核 CPU 发展的结果，与 PF_RING ZC 一样，DPDK 利用 CPU Affinity 技术将报文接收线程以及报文处理线程等都绑定到不同的 CPU 逻辑核心上，节省了 Linux 内核在不同

CPU 核心上来回反复调度不同类型的任务带来的性能消耗，每个线程都独立地循环运行在相应的 CPU 核心上，互不干扰。当然 DPDK 也提供必要的核心间的数据通信。

4）内存预取

DPDK 基本的 Linux 指令提供了手工的软件预取的方法，用于将数据预取至 CPU Cache 中。CPU Cache 是位于 CPU 与内存之间的临时存储器，容量比内存小得多但交换速度却比内存快得多，主要是为了解决 CPU 运算速度与内存读写速度不匹配的矛盾。因为 CPU 运算速度比内存读写速度快很多，所以 CPU 从内存读取或写入数据时常有“饥饿感”。

系统虽对数据的 Cache 的使用有预测和优化，但仍不够智能，如果提前预取在适当时间将用的数据到 Cache 中，提高 Cache 的命中率，则可以使处理得到加速，这便是设计内存预取的初衷。

5）Cache 对齐

Cache 对齐即是将数据起始地址以 Cache Line Size 整数倍地址对齐。内存数据以 Cache Line size 的大小被载入 CPU Cache，例如 Intel E5-2603 V2 的 L1 Cache 以 64byte 为 Cache Line size。当 Cache Line 中同时有多于一项数据时，若其中一项数据被修改，则该 Cache Line 中的别的数据都会在所有核心的 Cache 中失效。于是当别的核心需要使用该项数据时，就不得不从内存再次读入，从而增加了额外的内存读取时间。当一项数据没有以 Cache Line Sie 开头对齐时，就会增加这个数据的 Cache 占用，那么该数据的 Cache 的写入和输出的用时就会增加。为了减少这些问题的发生，DPDK 提供编译指令，让数据按 Cache Line size 的方式对齐，尤其是结构体数据。

6）报文批处理

同 PF_RING ZC 一样，DPDK 使用批处理的方式从网卡队列读取报文句柄、向网卡发送批量报文、按批量方式从队列读取或存入报文句柄。

7）无锁化队列

这里的队列是生产者/消费者队列。不同于 PF_RING ZC 的只提供单生产者单消费者队列，DPDK 提供的队列的生产者和消费者可以是多个。为了避免多个生产者和消费者同时操作时产生冲突，DPDK 提供了精巧的设计。具体来说就是通过一种类似乐观锁的机制为生产者和消费者预定队列上的可操作区间，这样每一个生产者和消费者只在自己预定的区间上操作数据。这个过程避免了为生产者和消费者在操作时为整个队列添加大粒度锁，取而代之的是在预定可操作区间时的细粒度的 CAS（Compare and Set）操作。

2.28.2 DPDK 库组件

DPDK 提供了丰富的库组件和支持，主要组件如下：

1）EAI（Environment Abstraction Layer，环境抽象层）

这是 DPDK 基础库，将底层硬件和内存资源抽象成具体统一的 API 供用户访问和管理。此抽象层与上下层的关系类似于 Linux 系统中虚拟文件系统的上下层关系。EAL 对接底层功能实现，对上层透明。EAI 对 Linux 提供了 CPU Affinity、大内存页等优化支持，该库可以帮助实现这些支持所需的初始化并提供访问接口。

2）内存管理组件

内存管理组件提供了 Malloc Library（动态内存分配库），以支持更加高效地对大页的内存进行申请和释放；提供了 Ring library，支持无锁队列，并以此支持更高效的多线程队列访问、线程和进程间通信；内存管理组件还提供了 Mempool Library（内存池库），该库提供基本的内存池功能，基于大内存页的内存池会因更少的 TLB Cache Miss 而更加高效；此外，内存管理组件还提供了 Mbuf Library（Mbuf 库），该库提供基本的报文封装。

3）轮询驱动

Poll Mode Driver 直接轮询网络适配器的 Rx 和 Tx 队列来获取和发送报文，绕过了系统协议栈等各项开销，报文的接收和发送会更加高效。

功能组件还有很多，如 VM 的支持、精确时钟库、高性能 Hash 表、多进程支持、QoS（Quality of Service，服务质量）、能耗管理优化以及各类线程安全的调用接口。这些特性和库的实现使得 DPDK 可以专用于数据包处理，用户可以方便地利用库和接口实现高性能的报文处理程序。

2.28.3 PF_RING ZC 与 DPDK 优化技术对比

针对传统报文处理的缺点，许多研究团队提出了自己的改进方案，由此产生 PF_RING ZC 和 DPDK 等更高速率的报文处理框架。本章已经阐述了 PF_RING ZC 和 DPDK 对传统报文处理方式的改进技术。我们可以对 PF_RING ZC 和 DPDK 这两大技术进行一个简单对比，如表 2-1 所示。

表2-1　PF_RING ZC和DPDK的简单对比

技术点	PF_RING ZC	DPDK
用户空间驱动	√	√
纯轮询驱动	√	√
CPU Affinity	√	√
大内存页	√	√
内存预取	×	√
Cache 对齐	×	√
报文批处理	√	√
无锁化队列	×	√
NUMA 支持	√	√
Intel DDIO	×	√
Memory Channel	×	√
报文注入内核功能	×	√

从表中可以看出，DPDK 几乎全面超过 PF_RING ZC，但 DPDK 必须用于 Intel x86 处理器上，这或许是它的致命伤。另外需要说明的是 PF_RING ZC 虽然提供了多个对 NUMA 的支持点，但对比 DPDK，还是少了很多。例如，PF_RNG ZC 改造的 ixgbe 驱动的配置脚本中对大内存页的配置并没有充分考虑 NUMA 不同节点的情况。

第3章

搭建 Linux 网络开发环境

本章开始就要慢慢进入实战了。俗话说："实践出真知"。可见实践的重要性。为了照顾初学者，笔者尽量讲得细一些。好了，出发吧！

3.1 准备虚拟机环境

3.1.1 在 VMware 下安装 Linux

要开发 Linux 程序，当然需要一个 Linux 操作系统。通常公司开发项目都会有一台专门的 Linux 服务器来供员工使用，而我们自己学习则不需要这样，可以使用虚拟机软件（比如 VMware）来安装一个虚拟机中的 Linux 操作系统。

VMware 是大名鼎鼎的虚拟机软件，它通常分为两个版本：工作站版本 VMware Workstation 和服务器客户机版本 VMware vSphere。这两大类软件都可以安装操作系统作为虚拟机操作系统。但个人用得较多的是工作站版本，供单个人在本机使用。VMware vSphere 通常用于企业环境，供多个人远程使用。通常，我们把自己真实 PC 上装的操作系统叫作宿主机系统，VMware 中安装的操作系统叫作虚拟机系统。

读者可以到网上下载 VMware Workstation，它是 Windows 软件，安装非常简单，这里就不浪费笔墨了。笔者采用的虚拟机软件是 VMware Workstation 15.5，虽然 VMware Workstation 16 已经面世，但由于笔者的 Windows 操作系统是 Windows 7，因此没有使用 VMware Workstation 16，因为 VMware Workstation 16 不支持 Windows 7，必须是 Windows 8 或以上版本。读者可根据自己的操作系统选择对应的 VMware Workstation 版本，它们的操作都相似。

通常开发 Linux 程序，会先在虚拟机下安装 Linux 操作系统，然后在虚拟机的 Linux 系统中编程调试，或者先在宿主机系统（比如 Windows）中进行编辑，然后传到 Linux 中进行编译。虚拟机的 Linux 系统大大增加了开发方式的灵活性。实际上，不少一线开发工程师都是先在 Windows 下阅读、编辑代码，然后放到 Linux 环境中编译运行的，而这样的方式的效率居然还不低。

在安装 Linux 之前要准备 Linux 映像文件（ISO 文件），可以从网上直接下载 Linux 操作系统的 ISO 文件，也可以通过 UltraISO 等软件在 Linux 系统光盘中制作一个 ISO 文件，制作方法是在菜单栏上选择“工具”→“制作光盘映像文件”命令。不过，笔者建议直接从网上下载一个 ISO 文件，因为这样操作更简单，笔者就是从 Ubuntu 官网上下载了一个 64 位的 Ubuntu 20.04，下载下来的文件名是 Ubuntu-20.04.1-desktop-amd64.iso。当然其他发行版本（如 Redhat、Debian、Ubuntu、Fedora 等）作为学习开发环境也都是可以的，但建议使用较新的版本。

ISO 文件准备好了后，就可以通过 VMware 来安装 Linux 了，打开 Vmware Workstation，然后根据下面几个步骤操作即可。

步骤 01 在 Vmware 的菜单栏上选择 "文件" → "新建虚拟机" 命令，弹出 "新建虚拟机向导" 对话框，如图 3-1 所示。

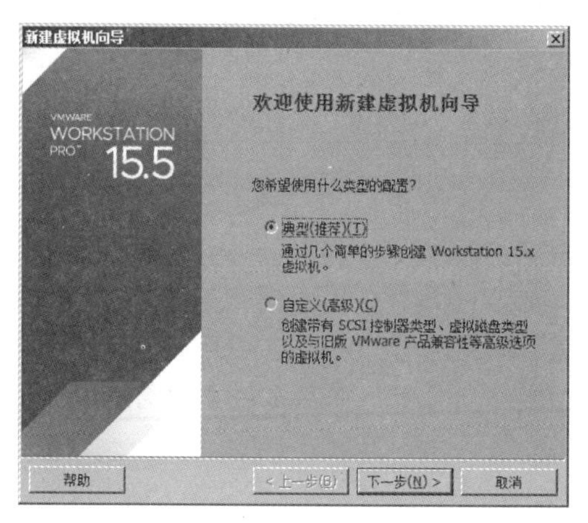

图 3-1

步骤 02 在对话框中单击 "下一步" 按钮，弹出 "安装客户机操作系统" 对话框，由于 VMware15 默认会让 Ubuntu 简易安装，而简易安装可能会导致很多软件安装不全，因此为了不让 VMware 简易安装 Ubuntu，选择 "稍后安装操作系统"，如图 3-2 所示。

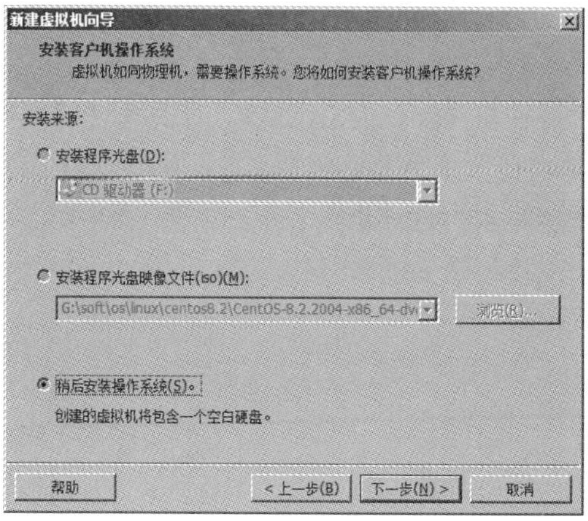

图 3-2

步骤 03 在对话框中单击“下一步”按钮，弹出“选择客户机操作系统”对话框，在该对话框中选择“Linux”和“Ubuntu 64 位”，如图 3-3 所示。

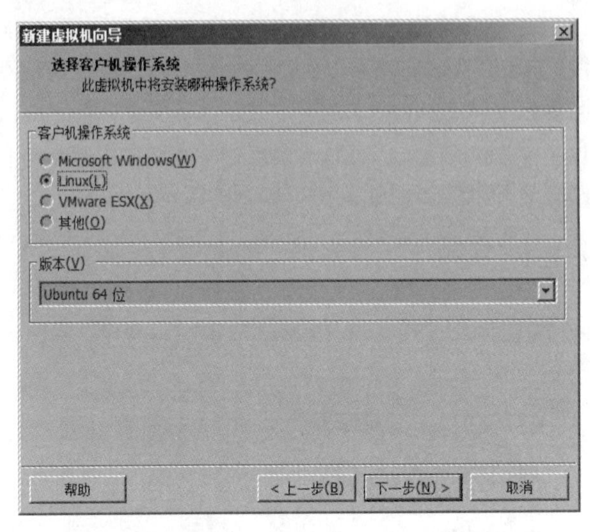

图 3-3

步骤 04 接着单击“下一步”按钮，弹出“命名虚拟机”对话框，设置虚拟机名称为“Ubuntu20.04”，位置可以选择一个磁盘空闲空间较多的磁盘路径，这里选择的是“g:\vm\Ubuntu20.04”，然后单击“下一步”按钮。

步骤 05 此时弹出“指定磁盘容量”对话框，磁盘容量可以保持默认的 20GB，也可以再多一些，其他保持默认，继续单击“下一步”按钮。

步骤 06 此时弹出“已准备好创建虚拟机”对话框，在该对话框中显示前面设置的配置列表，直接单击“完成”按钮即可。此时在 VMware 主界面上可以看到一个名为“Ubuntu20.04”的虚拟机，如图 3-4 所示。不过现在还启动不了该虚拟机，因为还未真正安装。

图 3-4

步骤 07 单击“编辑虚拟机设置”按钮，弹出“虚拟机设置”对话框，在左侧的硬件列表中选中“CD/DVD（SATA）”，在右侧单击“使用 ISO 镜像文件”单选按钮，再单击“浏览”按钮，选择下载的 Ubuntu-20.04.1-desktop-amd64.ISO 文件，如图 3-5 所示。这里虚拟机 Ubuntu 使用的内存是 2GB。

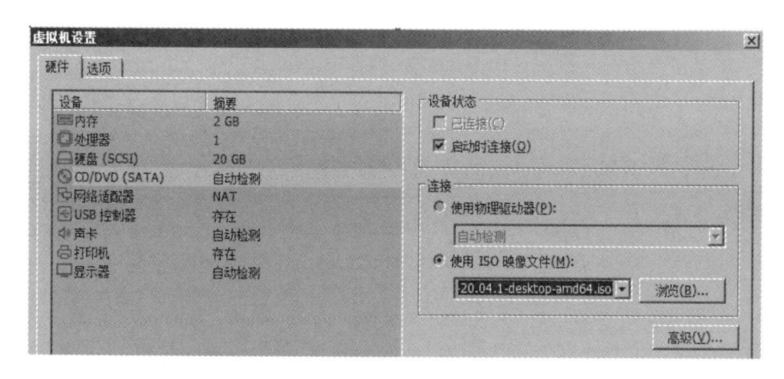

图 3-5

步骤 08 单击下方的“确定”按钮，关闭“虚拟机设置”对话框，回到主界面上。现在我们可以单击“开启此虚拟机”了，稍等片刻，会出现 Ubuntu20.04 的安装界面，如图 3-6 所示。

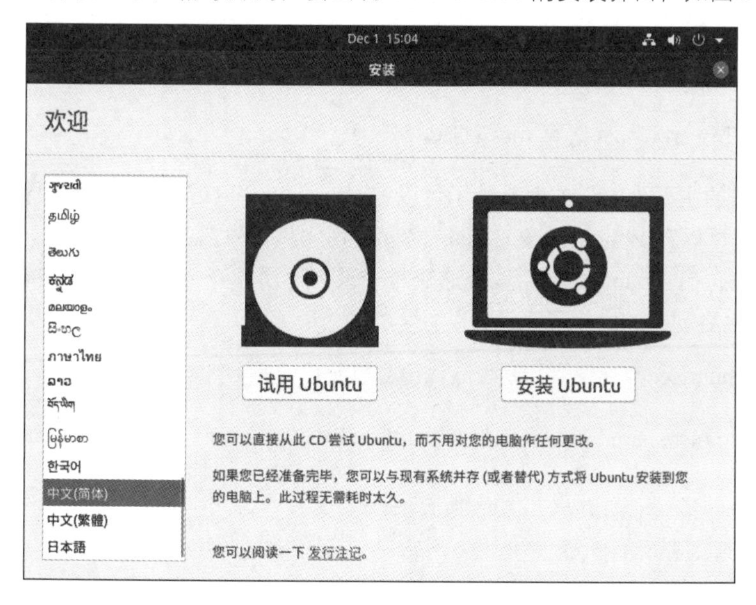

图 3-6

步骤 09 在安装界面左边选择语言为“中文（简体）”，然后在右边单击“安装 Ubuntu”按钮。安装过程很简单，保持默认即可，这里不再赘述。需要注意的是，安装时主机要保持连网，因为很多软件需要下载。

稍等片刻，虚拟机 Ubuntu 20.04 就安装完毕，下面需要对它进行一些设置，让它使用起来更加方便。

3.1.2　开启登录时的 root 账号

在安装 Ubuntu 的时候会新建一个普通用户，该用户权限有限。开发者一般需要 root 账户，这样操作和配置起来才比较方便。Ubuntu 默认是不开启 root 账户的，因此需要手工来打开，操作步骤如下：

步骤 01 设置 root 用户密码。

先以普通账户登录 Ubuntu，在桌面上右击，在弹出的快捷菜单中选择“在终端中打开”命令，打开终端模拟器，并输入命令：

```
sudo passwd root
```

然后输入设置的密码，输入两次，这样就设置好 root 用户的密码了。为了好记，我们把密码设置为 123456。

接着通过 su 命令切换到 root 账户，此时可以安装一个 VMware 提供的 VMware Tools：首先单击菜单栏中的“虚拟机”→“VMware Tools”命令，然后在 Ubuntu 中打开光盘根目录，找到文件 VMwareTools-10.3.22-15902021.tar.gz，把它复制到/home/bush 下，再在/home/bush 下解压该文件：

```
tar zxvf VMwareTools-10.3.22-15902021.tar.gz
```

进入 vmware-tools-distrib 文件夹，执行./vmware-install.pl 命令即可开始傻瓜式安装，安装过程出现提示时采用默认选项即可。

注意： 安装 VMware Tools 需要 root 权限。

安装这个工具的主要目的一方面是为了可以在 Windows 和 Ubuntu 之间复制粘贴命令，减少输入。另一方面就是可以在 Windows 和 Ubuntu 之间传递文件，只需鼠标拖放即可。

安装完毕后，重启 Ubuntu，然后以普通账号登录，再次打开 Ubuntu 中的终端窗口时，发现可以粘贴 Windows 中复制到的内容了。

步骤 02 修改 50-Ubuntu.conf。

执行 sudo gedit /usr/share/lightdm/lightdm.conf.d/50-Ubuntu.conf 命令，配置修改如下：

```
[Seat:*]
user-session=Ubuntu
greeter-show-manual-login=true
all-guest=false
```

保存后关闭编辑器。

步骤 03 修改 gdm-autologin 和 gdm-password。

执行 sudo gedit /etc/pam.d/gdm-autologin 命令，然后注释掉 auth required pam_succeed_if.so user != root quiet_success 这一行（大概在第三行），其他保持不变，修改后如下所示：

```
#%PAM-1.0
auth    requisite       pam_nologin.so
#auth   required        pam_succeed_if.so user != root quiet_success
```

保存后关闭编辑器。

再次执行 sudo gedit /etc/pam.d/gdm-password 命令，注释掉 auth required pam_succeed_if.so user != root quiet_success 这一行（大概在第三行），修改后如下所示：

```
#%PAM-1.0
auth    requisite       pam_nologin.so
```

```
#auth   required        pam_succeed_if.so user != root quiet_success
```

保存后关闭编辑器。

步骤 04 修改/root/.profile 文件。

执行 sudo gedit /root/.profile 命令，将文件末尾的 mesg n 2> /dev/null || true 这一行修改为：

```
tty -s&&mesg n || true
```

步骤 05 修改/etc/gdm3/custom.conf。

如果需要每次自动登录到 root 账户，那么可以执行 sudo gedit /etc/gdm3/custom.conf 命令，修改后如下所示：

```
# Enabling automatic login
AutomaticLoginEnable = true
AutomaticLogin = root
# Enabling timed login
TimedLoginEnable = true
TimedLogin = root
TimedLoginDelay = 5
```

但通常不需要每次自动登录到 root 账户，看个人喜好吧。

步骤 06 重启系统使它生效。

执行命令 reboot 重启 Ubuntu。如果操作了步骤 05，那么重启后会自动登录到 root 账户；否则可以在登录界面上选择“未列出”，然后就可以使用 root 账户和密码（123456）了。登录 root 后，最好做个快照：单击菜单栏中的“虚拟机”→“快照”→“拍摄快照”命令，这样如果后面设置发生错误，则可以恢复到现在的状态。

3.1.3　解决 Ubuntu 上的 vi 方向键问题

在 Ubuntu 下，初始使用 vi 的时候会有点问题：在编辑模式下使用方向键，并不会让光标移动，而是在命令行中出现[A [B [C [D 之类的字母，而且编辑错误的话，就连退格键（Backspace 键）都使用不了，只能用 Delete 来删除。解决方法是在图形界面的终端窗口中输入命令：

```
gedit ~/.vimrc
```

添加：

```
set nocompatible
set backspace=2
```

保存后退出窗口。再用 vi 编辑文档时，就可以用方向键了。

3.1.4　关闭防火墙

为了以后连网方便，最好一开始就关闭防火墙，输入命令如下：

```
root@myub:~#ufw disable
```

```
防火墙在系统启动时自动禁用
root@myub:~#ufw status
状态：不活动
```

其中 ufw disable 表示关闭防火墙，而且系统启动的时候就会自动关闭。ufw status 是查询当前防火墙是否在运行，不活动表示不在运行。如果以后要开启防火墙，使用 ufw enable 命令即可。

3.1.5 配置安装源

在 Ubuntu 中下载安装软件需要配置镜像源，否则会提示无法定位软件包，比如安装 apt install net-tools 时可能会出现“E：无法定位软件包 net-tools”，原因就是本地没有该功能的资源或者我们更换了源但是还没有重新 update，所以，安装完系统后，一定要在 sources.list 文件中配置镜像源。配置镜像源的步骤如下：

步骤 01 进入终端，切换到/etc/apt/：

```
cd /etc/apt/
```

在这个路径下可以看到文件 sources.list。

步骤 02 修改之前，先备份系统原来配置的源：

```
cp /etc/apt/sources.list /etc/apt/sources.list.back
```

步骤 03 开始修改，用编辑软件（比如 vi）打开/etc/apt/sources.list 文件，将原来的内容删除，然后对上述复制的内容进行粘贴和保存。vi 命令如下：

```
vi /etc/apt/sources.list
```

这里用的是 vi 编辑器，桌面版的系统也可以直接用鼠标右键去编辑。删除原来的内容，并输入或复制粘贴下列内容：

```
deb http://mirrors.aliyun.com/Ubuntu/ focal main restricted universe multiverse
deb-src http://mirrors.aliyun.com/Ubuntu/ focal main restricted universe multiverse

deb http://mirrors.aliyun.com/Ubuntu/ focal-security main restricted universe multiverse
deb-src http://mirrors.aliyun.com/Ubuntu/ focal-security main restricted universe multiverse

deb http://mirrors.aliyun.com/Ubuntu/ focal-updates main restricted universe multiverse
deb-src http://mirrors.aliyun.com/Ubuntu/ focal-updates main restricted universe multiverse

# deb http://mirrors.aliyun.com/Ubuntu/ focal-proposed main restricted universe multiverse
# deb-src http://mirrors.aliyun.com/Ubuntu/ focal-proposed main restricted universe multiverse
```

```
    deb http://mirrors.aliyun.com/Ubuntu/ focal-backports main restricted universe
multiverse
    deb-src http://mirrors.aliyun.com/Ubuntu/ focal-backports main restricted
universe multiverse
```

保存后退出。

步骤 04 更新源，输入如下命令：

```
apt-get update
```

稍等片刻，更新完成。

3.1.6　安装网络工具包

Ubuntu 虽然已经安装完成，但是连 ifconfig 都不能用，这是因为系统网络工具的相关组件还没有安装，所以只能自己手工在线安装。在命令行下输入如下命令：

```
apt install net-tools
```

稍等片刻，安装完成。再次输入 ifconfig，可以查询到当前 IP 地址了：

```
root@myub:/etc/apt# ifconfig
ens33: flags=4163<UP,BROADCAST,RUNNING,MULTICAST>  mtu 1500
        inet 192.168.11.129  netmask 255.255.255.0  broadcast 192.168.11.255
        inet6 fe80::4b29:6a3e:18f4:ad4c  prefixlen 64  scopeid 0x20<link>
        ether 00:0c:29:c6:4a:d3  txqueuelen 1000  (以太网)
        RX packets 69491  bytes 58109114 (58.1 MB)
        RX errors 0  dropped 0  overruns 0  frame 0
        TX packets 35975  bytes 2230337 (2.2 MB)
        TX errors 0  dropped 0 overruns 0  carrier 0  collisions 0
```

可以看到，网卡 ens33 的 IP 地址是 192.168.11.129，这是系统自动分配（DHCP 方式）的，并且当前虚拟机和宿主机采用的网络连接模式的 NAT 方式，这也是刚刚安装好的系统默认的方式。只要宿主机 Windows 能上网，则虚拟机也是可以上网的。

注意：不同的虚拟机可能动态配置的 IP 地址不同。

3.1.7　安装基本开发工具

默认情况下，Ubuntu 不会自动安装 gcc 或 g++，因此先要在线安装。首先确保虚拟机 Ubuntu 能连网，然后在命令行下输入以下命令进行在线安装：

```
apt-get install build-essential
```

稍等片刻，便会把 gcc/g++/gdb 等安装在 Ubuntu 上。

3.1.8　启用 SSH

要使用虚拟机 Linux，通常是在 Windows 下通过 Windows 的终端工具（比如 SecureCRT 等）

连接到 Linux，然后使用命令操作 Linux。这是因为 Linux 所处的机器通常不配置显示器，也可能位于远程，我们只通过网络和远程 Linux 相连接。Windows 上终端工具一般通过 SSH（Secure Shell）协议和远程 Linux 相连，该协议可以保证网络上传输数据的机密性。

SSH 协议是用于客户端和服务器之间安全连接的网络协议。服务器与客户端之间的每次交互均被加密。启用 SSH 后，我们可以在 Windows 上用一些终端软件（比如 SecureCRT）远程命令操作 Linux，也可以用文件传输工具（比如 SecureFX）在 Windows 和 Linux 之间相互传输文件。

Ubuntu 默认不安装 SSH，因此需要手动安装并启用。安装和配置的步骤如下：

步骤 01 安装 SSH 服务器。

在 Ubutun20.04 的终端命令行下输入如下命令：

```
apt install openssh-server
```

稍等片刻，安装完成。

步骤 02 修改配置文件。

在命令行下输入如下命令：

```
gedit /etc/ssh/sshd_config
```

此时将打开 SSH 服务器配置文件 sshd_config，我们搜索定位 PermitRootLogin，把下列 3 行：

```
#LoginGraceTime 2m
#PermitRootLogin prohibit-password
#StrictModes yes
```

改为：

```
LoginGraceTime 2m
PermitRootLogin yes
StrictModes yes
```

保存后退出编辑器 gedit。

步骤 03 重启 SSH，使配置生效。

在命令行下输入如下命令：

```
service ssh restart
```

再用命令 systemctl status ssh 查看 SSH 服务器是否在运行：

```
root@myub:/etc/apt# systemctl status ssh
● ssh.service - OpenBSD Secure Shell server
     Loaded: loaded (/lib/systemd/system/ssh.service; enabled; vendor preset: 
enabled)
     Active: active (running) since Thu 2022-09-15 10:58:07 CST; 10s ago
       Docs: man:sshd(8)
             man:sshd_config(5)
    Process: 5029 ExecStartPre=/usr/sbin/sshd -t (code=exited, 
status=0/SUCCESS)
```

```
Main PID: 5038 (sshd)
   Tasks: 1 (limit: 4624)
  Memory: 1.4M
  CGroup: /system.slice/ssh.service
          └─5038 sshd: /usr/sbin/sshd -D [listener] 0 of 10-100 startups
```

可以发现现在的状态是 active (running)，说明 SSH 服务器在运行了，稍后就可以去窗口下用 Windows 终端工具连接虚拟机 Ubuntu 了。下面来做个快照，保存好前面的设置。

3.1.9 做个快照

VMware 快照功能可以把当前虚拟机的状态保存下来，后面如果虚拟机操作系统出错了，则可以恢复到做快照时的系统状态。制作快照很简单，在 VMware 的菜单栏中选择“虚拟机”→“快照”→“拍摄快照”，弹出“拍摄快照”对话框，如图 3-7 所示。

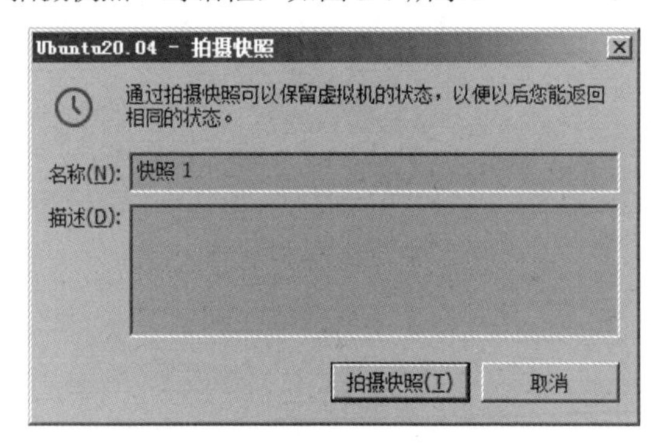

图 3-7

在对话框中可以增加一些描述，比如“刚刚装好”之类的话，然后单击“拍摄快照”按钮，此时正式制作快照，并在 VMware 左下角任务栏上会有百分比进度显示，在达到 100%之前最好不要对 VMware 进行操作。进度条到达 100%，表示快照制作完毕。

3.1.10 连接虚拟机 Linux

虚拟机 Linux 已经准备好了，本节要在物理机器上的 Windows 操作系统（简称宿主机）上连接 VMware 中的虚拟机 Linux（简称虚拟机），以便传送文件和远程控制编译与运行。基本上，两个系统能相互 ping 通就算连接成功了。别小看这一步，有时候也蛮费劲的。下面简单介绍 VMware 的 3 种网络模式，以便连接失败的时候可以尝试去修复。

VMware 虚拟机网络模式的意思就是虚拟机操作系统和宿主机操作系统之间的网络拓扑关系，通常有 3 种模式：桥接模式、主机模式、NAT 模式。这 3 种网络模式都通过一台虚拟交换机和主机通信。默认情况下，桥接模式使用的虚拟交换机为 VMnet0，主机模式使用的虚拟交换机为 VMnet1，NAT 模式使用的虚拟交换机为 VMnet8。如果需要查看、修改或添加其他虚拟交换机，那么可以打开 VMware，然后在主菜单栏中选择“编辑”→“虚拟网络编辑器”，弹出“虚拟网络编辑器”对话框，如图 3-8 所示。

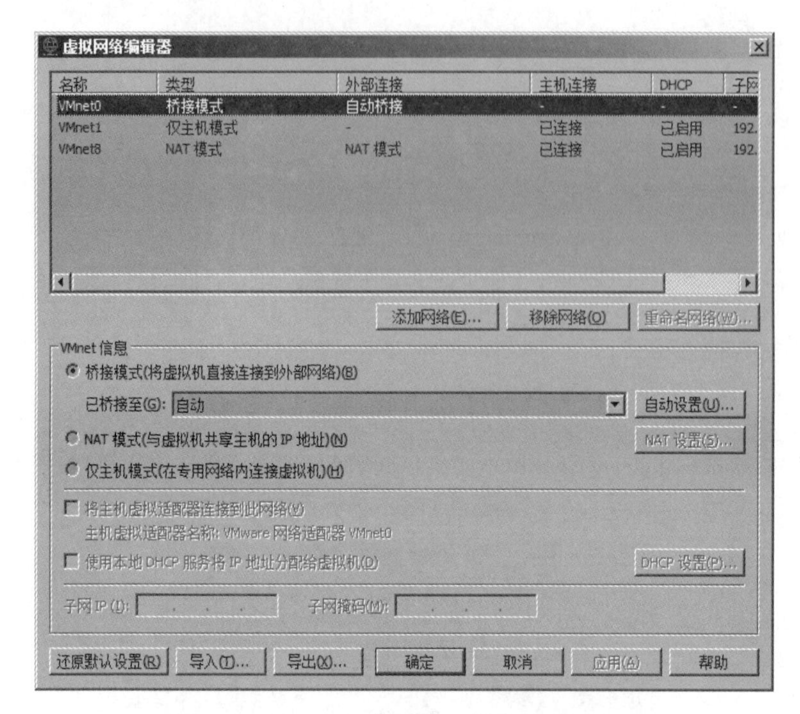

图 3-8

默认情况下，VMware 也会为宿主机操作系统（笔者这里是 Windows 7）安装两块虚拟网卡，分别是 VMware Virtual Ethernet Adapter for VMnet1 和 VMware Virtual Ethernet Adapter for VMnet8，看名字就知道，前者用来和虚拟交换机 VMnet1 相连，后者用来连接 VMnet8。我们可以在宿主机 Windows 7 系统的“控制面板”→“网络和 Internet”→“网络和共享中心”→“更改适配器设置”下看到这两块网卡，如图 3-9 所示。

图 3-9

有读者可能会问：“为何宿主机系统里没有虚拟网卡去连接虚拟交换机 VMnet0 呢？”这是因为 VMnet0 这个虚拟交换机所建立的网络模式是桥接网络（桥接模式中的虚拟机操作系统相当于是宿主机所在的网络中的一台独立主机），所以主机直接用物理网卡去连接 VMnet0。

值得注意的是，这 3 种虚拟交换机都是默认就有的，我们也可以添加更多的虚拟交换机（在图 3-8 中的“添加网络”按钮便是起这样的功能）。如果添加的虚拟交换机的网络模式是主机模式或 NAT 模式，那么 VMware 也会自动为主机系统添加相应的虚拟网卡。本书在开发程序的时候一般是以桥接模式连接的，如果要在虚拟机中上网，则可以使用 NAT 模式。接下来我们具体阐述如何在这两种模式下相互 ping 通，主机模式了解即可，一般不会用到。

1. 桥接模式

桥接（或称网桥）模式是指宿主机操作系统的物理网卡和虚拟机操作系统的虚拟网卡通过 VMnet0 虚拟交换机进行桥接，物理网卡和虚拟网卡在拓扑图上处于同等地位。桥接模式下的网络拓扑如图 3-10 所示。

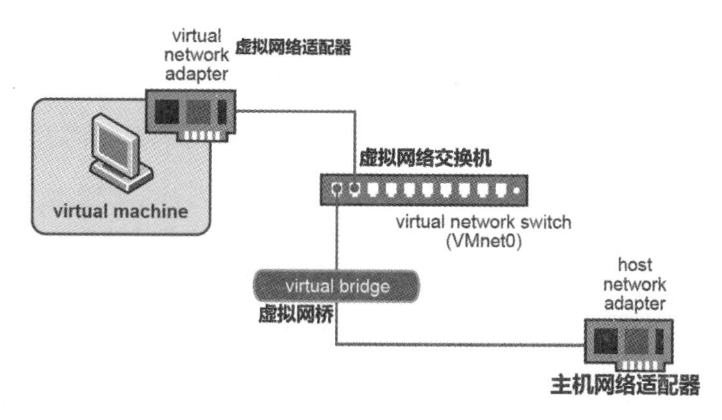

图 3-10

知道原理后，下面来具体设置桥接模式，使得宿主机和虚拟机相互 ping 通。

首先打开 VMware，单击 Ubuntu20.04 的“编辑虚拟机设置”按钮，如图 3-11 所示。

图 3-11

注意，此时虚拟机 Ubuntu20.04 必须处于关机状态，即“编辑虚拟机设置”上面的文字是“开启此虚拟机”，说明虚拟机处于关机状态。通常，对虚拟机进行设置最好是在虚拟机的关机状态下，比如更改内存大小等，不过如果只是配置网卡信息，则也可以在开启虚拟机后再进行设置。

此时弹出“虚拟机设置”对话框，在该对话框左边选中“网络适配器”，在右边选择“桥接模式（B）：直接连接物理网络”，并勾选“复制物理网络连接状态”复选框，然后单击“确定”按钮，如图 3-12 所示。

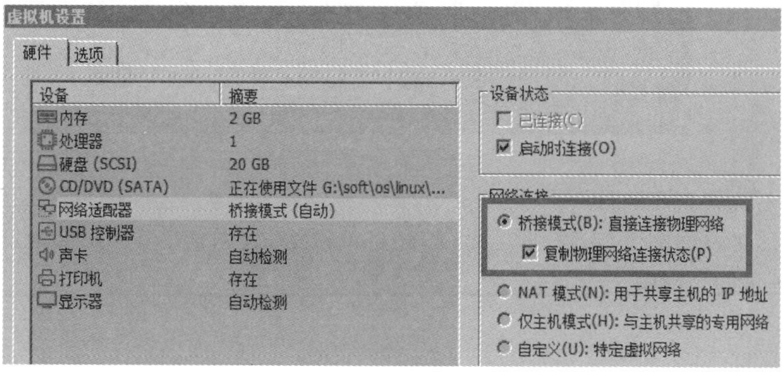

图 3-12

接着，我们开启此虚拟机，并以 root 身份登录 Ubuntu。

设置了桥接模式后，VMware 的虚拟机操作系统就像是局域网中的一台独立的主机，相当于物理局域网中的一台主机，它可以访问网内任何一台机器。在桥接模式下，VMware 的虚拟机操作系统的 IP 地址、子网掩码可以手工设置，而且还要和宿主机处于同一网段，这样虚拟系统才能和宿主机进行通信，如果要连网，那么还需要自己设置 DNS 地址。当然，更方便的方法是从 DHCP 服务器处获得 IP、DNS 地址（我们的家庭路由器里面通常包含 DHCP 服务器，所以可以从它那里自动获取 IP 和 DNS 等信息）。

桥接模式的 DHCP 方式使宿主机和虚拟机相互 ping 通的操作步骤如下：

步骤 01 在桌面上右击，在快捷菜单中选择“在终端中打开”来打开终端窗口（下面简称终端），然后在终端中输入查看网卡信息的 ifconfig 命令，如图 3-13 所示。

```
root@tom-virtual-machine: ~/桌面
root@tom-virtual-machine:~/桌面# ifconfig
ens33: flags=4163<UP,BROADCAST,RUNNING,MULTICAST>  mtu 1500
        inet 192.168.0.118  netmask 255.255.255.0  broadcast 192.168.0.255
        inet6 fe80::9114:9321:9e11:c73d  prefixlen 64  scopeid 0x20<link>
        ether 00:0c:29:1f:a1:18  txqueuelen 1000  (以太网)
        RX packets 1568  bytes 1443794 (1.4 MB)
        RX errors 0  dropped 79  overruns 0  frame 0
        TX packets 1249  bytes 125961 (125.9 KB)
        TX errors 0  dropped 0 overruns 0  carrier 0  collisions 0
```

图 3-13

其中，ens33 是当前虚拟机 Linux 中的一块网卡的名称，可以看到它已经有一个 IP 地址 192.168.0.118 了（注意：IP 地址是从路由器上动态分配而得到的，因此读者系统的 IP 地址可能不是这个，完全是根据读者的路由器而定），这个 IP 地址是由笔者宿主机 Windows 7 的一块上网网卡所连接的路由器动态分配而来，说明该路由器分配的网段是 192.168.0，这个网段是在路由器中设置好的。

步骤 02 我们可以到宿主机 Windows 7 下查看当前上网网卡的 IP 地址，打开 Windows 7 命令行窗口，输入 ipconfig 命令，如图 3-14 所示。

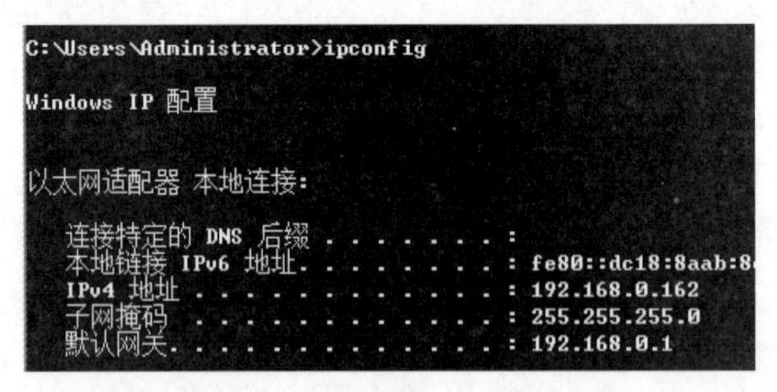

```
C:\Users\Administrator>ipconfig

Windows IP 配置


以太网适配器 本地连接:

   连接特定的 DNS 后缀 . . . . . . . :
   本地链接 IPv6 地址. . . . . . . . : fe80::dc18:8aab:8
   IPv4 地址 . . . . . . . . . . . . : 192.168.0.162
   子网掩码  . . . . . . . . . . . . : 255.255.255.0
   默认网关. . . . . . . . . . . . . : 192.168.0.1
```

图 3-14

可以看到，这个上网网卡的 IP 地址是 192.168.0.162，它也是由路由器分配的，而且和虚拟机 Linux 中的网卡处于同一网段。

步骤 03 为了证明 IP 地址是动态分配的，我们可以打开 Windows 7 下该网卡的属性窗口，如图 3-15 所示。

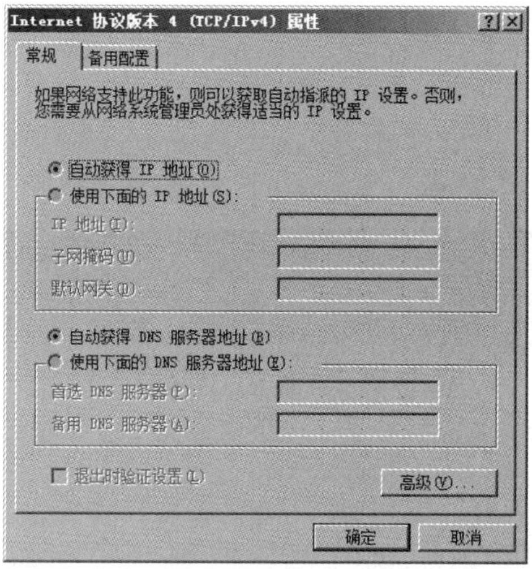

图 3-15

从图中可以看到，选中的是“自动获得 IP 地址”。

步骤 04 那哪里可以证明虚拟机 Linux 网卡的 IP 地址是动态分配的呢？我们可以到 Ubutun 下去查看它的网卡配置文件，单击 Ubutun 桌面左下角出现的 9 个小白点的图标，然后在桌面上就会显示一个“设置”图标，单击“设置”图标，弹出“设置”对话框，在对话框左上方选择“网络”，在右边单击“有线”旁边的设置图标，如图 3-16 所示。

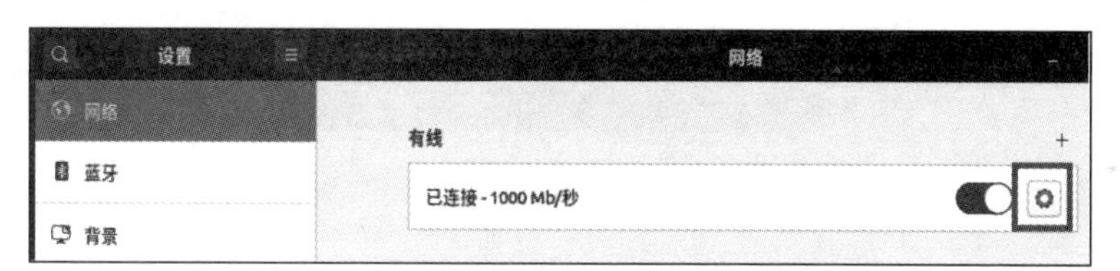

图 3-16

步骤 05 此时出现“有线”对话框，在对话框中选择“IPv4”，就可以看到当前的“IPv4 方式”是“自动（DHCP）”，如图 3-17 所示。

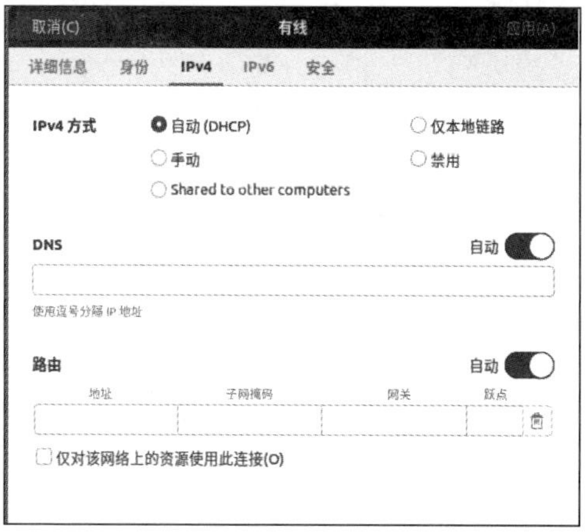

图 3-17

如果要设置静态 IP 地址，那么可以选择“手动”，并设置 IP 地址。

步骤 06 虚拟机 Linux 和宿主机 Windows 7 都通过 DHCP 方式从路由器那里得到了 IP 地址，现在可以让它们相互 ping 一下。先从虚拟机 Linux 中 ping 宿主机 Windows 7，可以发现是能 ping 通的（注意，要先关闭 Windows 7 的防火墙），如图 3-18 所示。

```
root@tom-virtual-machine:/etc/netplan# ping 192.168.0.162
PING 192.168.0.162 (192.168.0.162) 56(84) bytes of data.
64 bytes from 192.168.0.162: icmp_seq=1 ttl=64 time=0.174 ms
64 bytes from 192.168.0.162: icmp_seq=2 ttl=64 time=0.122 ms
64 bytes from 192.168.0.162: icmp_seq=3 ttl=64 time=0.144 ms
```

图 3-18

再从宿主机 Windows 7 中 ping 虚拟机 Linux，也是可以 ping 通的（注意，要先关闭 Ubuntu 的防火墙），如图 3-19 所示。

```
C:\Users\Administrator>ping 192.168.0.118

正在 Ping 192.168.0.118 具有 32 字节的数据:
来自 192.168.0.118 的回复: 字节=32 时间<1ms TTL=64
来自 192.168.0.118 的回复: 字节=32 时间<1ms TTL=64
来自 192.168.0.118 的回复: 字节=32 时间<1ms TTL=64
来自 192.168.0.118 的回复: 字节=32 时间<1ms TTL=64
```

图 3-19

至此，桥接模式的 DHCP 方式下，宿主机和虚拟机能相互 ping 通了，而且在虚拟机 Ubutun 中是可以上网的（当然前提是宿主机能上网），比如在火狐浏览器中打开网页，如图 3-20 所示。

图 3-20

下面，我们再来看一下静态方式下的相互 ping 通。静态方式的网络环境比较单纯，是笔者喜欢的方式，更重要的原因是静态方式是手动设置 IP 地址，这样可以和读者的 IP 地址保持完全一致，读者学习起来比较方便。因此，本书很多网络场景都会用到桥接模式的静态方式。具体操作步骤如下：

步骤 01 设置宿主机 Windows 7 的 IP 地址为 120.4.2.200，虚拟机 Ubuntu 的 IP 地址为 120.4.2.8，如图 3-21 所示。

取消(C)　有线　应用(A)
详细信息　身份　IPv4　IPv6　安全
IPv4 方式　自动 (DHCP)　仅本地链路　手动　禁用　Shared to other computers
地址
地址　子网掩码　网关
120.4.2.8　255.0.0.0　120.4.2.200
DNS　自动

图 3-21

步骤 02 单击“有线”对话框右上角的“应用”按钮，重启网络服务后配置立即生效，然后宿主机和虚拟机就能相互 ping 通了，如图 3-22 所示。

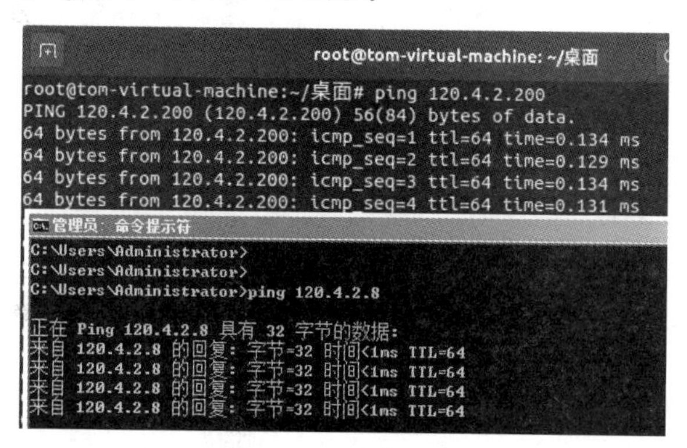

```
root@tom-virtual-machine:~/桌面# ping 120.4.2.200
PING 120.4.2.200 (120.4.2.200) 56(84) bytes of data.
64 bytes from 120.4.2.200: icmp_seq=1 ttl=64 time=0.134 ms
64 bytes from 120.4.2.200: icmp_seq=2 ttl=64 time=0.129 ms
64 bytes from 120.4.2.200: icmp_seq=3 ttl=64 time=0.134 ms
64 bytes from 120.4.2.200: icmp_seq=4 ttl=64 time=0.131 ms
管理员: 命令提示符
C:\Users\Administrator>
C:\Users\Administrator>
C:\Users\Administrator>ping 120.4.2.8

正在 Ping 120.4.2.8 具有 32 字节的数据:
来自 120.4.2.8 的回复: 字节=32 时间<1ms TTL=64
来自 120.4.2.8 的回复: 字节=32 时间<1ms TTL=64
来自 120.4.2.8 的回复: 字节=32 时间<1ms TTL=64
来自 120.4.2.8 的回复: 字节=32 时间<1ms TTL=64
```

图 3-22

至此，桥接模式下的静态方式 ping 成功了。如果想要重新恢复 DHCP 动态方式，则只需在图 3-21 中选择“IPv4 方式”为“自动（DHCP）”，并单击右上角的“应用”按钮，然后在终端窗口用命令重启网络服务即可，命令如下：

```
root@tom-virtual-machine:~/桌面# nmcli networking off
root@tom-virtual-machine:~/桌面# nmcli networking on
```

然后再查看 IP 地址，可以发现 IP 地址变了，如图 3-23 所示。

```
root@tom-virtual-machine:~/桌面# ifconfig
ens33: flags=4163<UP,BROADCAST,RUNNING,MULTICAST>  mtu 1500
        inet 192.168.0.118  netmask 255.255.255.0  broadcast 192.168.0.255
        inet6 fe80::9114:9321:9e11:c73d  prefixlen 64  scopeid 0x20<link>
        ether 00:0c:29:1f:a1:18  txqueuelen 1000  (以太网)
```

图 3-23

笔者比较喜欢桥接模式的动态方式，因为不影响主机上网，在虚拟机 Linux 中也可以上网。

2. 主机模式

VMware 的 Host-Only（仅主机模式）就是主机模式。默认情况下物理主机和虚拟机都连在虚拟交换机 VMnet1 上，VMware 为主机创建的虚拟网卡是 VMware Virtual Ethernet Adapter for VMnet1，主机通过该虚拟网卡和 VMnet1 相连。主机模式将虚拟机与外网隔开，使得虚拟机成为一个独立的系统，只与主机相互通信。当然主机模式下也可以让虚拟机连接互联网，方法是将主机网卡共享给 VMware Network Adapter for VMnet1 网卡，从而达到虚拟机连网的目的。但一般主机模式都是为了和物理主机的网络隔开，仅让虚拟机和主机通信。因为主机模式用得不多，所以这里不再展开。

3. NAT 模式

如果虚拟机 Linux 要连网，则这种模式最方便。NAT 是 Network Address Translation 的缩写，意思是网络地址转换。NAT 模式也是 VMware 创建虚拟机的默认网络连接模式。使用 NAT 模式连接网络时，VMware 会在宿主机上建立单独的专用网络，用以在主机和虚拟机之间相互通信。虚拟机向外部网络发送的请求数据将被“包裹”，交由 NAT 网络适配器加上“特殊标记”并以主机的名义转发出去；外部网络返回的响应数据将被拆“包裹”，也是先由主机接收，然后交由 NAT 网络适配器根据“特殊标记”进行识别并转发给对应的虚拟机，因此，虚拟机在外部网络中不必具有自己的 IP 地址。从外部网络来看，虚拟机和主机共享一个 IP 地址，默认情况下，外部网络终端也无法访问到虚拟机。

此外，在一台宿主机上只允许有一个 NAT 模式的虚拟网络，因此同一台宿主机上采用 NAT 模式网络连接的多个虚拟机也是可以相互访问的。

设置虚拟机 NAT 模式的操作步骤如下：

步骤 01 编辑虚拟机设置，使得网卡的网络连接模式为 NAT 模式，如图 3-24 所示。

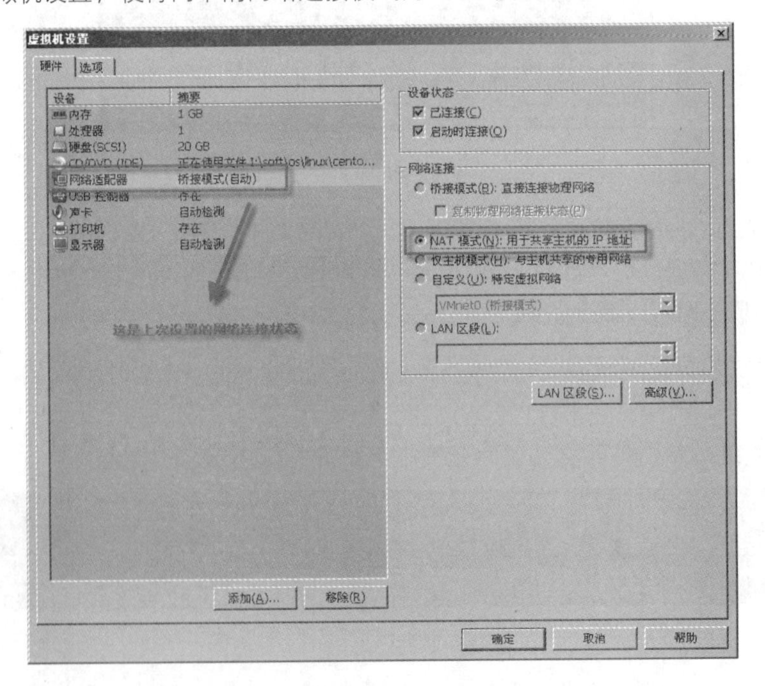

图 3-24

步骤 02 编辑网卡配置文件，设置以 DHCP 方式获取 IP 地址，即修改 ifcfg-ens33 文件中的字段 BOOTPROTO 为 dhcp，命令如下：

```
[root@localhost ~]# cd /etc/sysconfig/network-scripts/
[root@localhost network-scripts]# ls
ifcfg-ens33
[root@localhost network-scripts]# gedit ifcfg-ens33
[root@localhost network-scripts]# vi ifcfg-ens33
```

然后编辑网卡配置文件 ifcfg-ens33，内容如下：

```
TYPE=Ethernet
PROXY_METHOD=none
BROWSER_ONLY=no
BOOTPROTO=dhcp
DEFROUTE=yes
IPV4_FAILURE_FATAL=no
IPV6INIT=yes
IPV6_AUTOCONF=yes
IPV6_DEFROUTE=yes
IPV6_FAILURE_FATAL=no
IPV6_ADDR_GEN_MODE=stable-privacy
NAME=ens33
UUID=e816b1b3-1bb9-459b-a641-09d0285377f6
DEVICE=ens33
ONBOOT=yes
```

保存后退出，接着再重启网络服务，以使刚才的配置生效：

```
[root@localhost network-scripts]# nmcli c reload
[root@localhost network-scripts]# nmcli c up ens33
连接已成功激活(D-Bus 活动路径:/org/freedesktop/NetworkManager/ActiveConnection/4)
```

此时查看网卡 ens 的 IP 地址，发现已经是新的 IP 地址了，如图 3-25 所示。

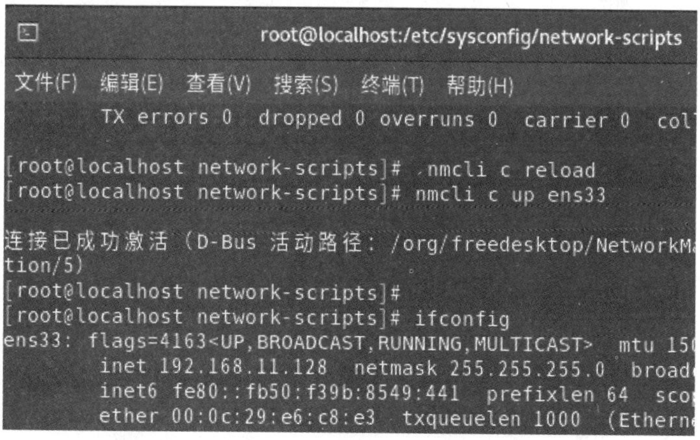

```
root@localhost:/etc/sysconfig/network-scripts
文件(F) 编辑(E) 查看(V) 搜索(S) 终端(T) 帮助(H)
        TX errors 0  dropped 0 overruns 0  carrier 0  col
[root@localhost network-scripts]# nmcli c reload
[root@localhost network-scripts]# nmcli c up ens33
连接已成功激活（D-Bus 活动路径：/org/freedesktop/NetworkMa
tion/5)
[root@localhost network-scripts]#
[root@localhost network-scripts]# ifconfig
ens33: flags=4163<UP,BROADCAST,RUNNING,MULTICAST>  mtu 15
        inet 192.168.11.128  netmask 255.255.255.0  broad
        inet6 fe80::fb50:f39b:8549:441  prefixlen 64  sco
        ether 00:0c:29:e6:c8:e3  txqueuelen 1000  (Ethern
```

图 3-25

可以看到网卡 ens33 的 IP 地址变为 192.168.11.128 了。注意，由于是 DHCP 动态分配 IP，因此也有可能不是这个 IP 地址。那为何是 192.168.11 的网段呢？这是因为 VMware 为 VMnet8 默认分配的网段就是 192.168.11 网段，我们可以单击菜单栏中的“编辑”→“虚拟网络编辑器”来查看，如图 3-26 所示。

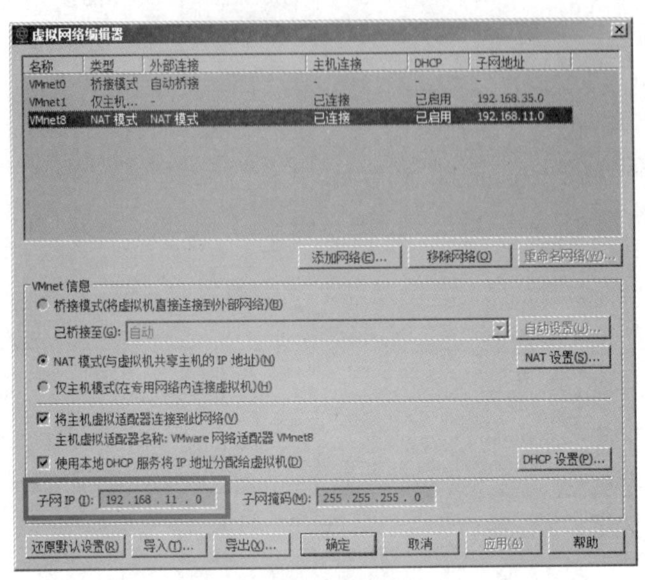

图 3-26

当然我们也可以改成其他网段，只需对图 3-26 中的 192.168.11.0 重新编辑即可。这里就先不改了，保持默认。现在 IP 已经知道虚拟机 Linux 中的 IP 地址了，那宿主机 Windows 7 的 IP 地址是多少呢？查看“控制面板\网络和 Internet\网络连接”下的 VMware Network Adapter VMnet8 这块虚拟网卡的 IP 地址即可，如图 3-27 所示，这里的 192.168.11.1 也是 VMware 自动分配的。

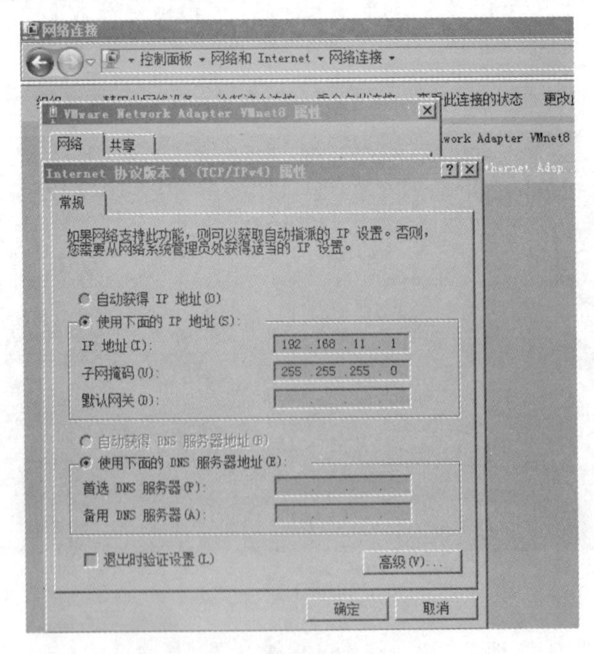

图 3-27

此时，就可以和宿主机相互 ping 通（如果没有 ping 通 Windows，则可能是 Windows 中的防火墙处于开启状态，可以把它关闭），如图 3-28 所示。

管理员: 命令提示符
C:\Users\Administrator>ping 192.168.11.128
正在 Ping 192.168.11.128 具有 32 字节的数据:
来自 192.168.11.128 的回复: 字节=32 时间<1ms TTL=64
来自 192.168.11.128 的回复: 字节=32 时间<1ms TTL=64
来自 192.168.11.128 的回复: 字节=32 时间<1ms TTL=64
来自 192.168.11.128 的回复: 字节=32 时间<1ms TTL=64
192.168.11.128 的 Ping 统计信息:
数据包: 已发送 = 4, 已接收 = 4, 丢失 = 0 (0% 丢失)

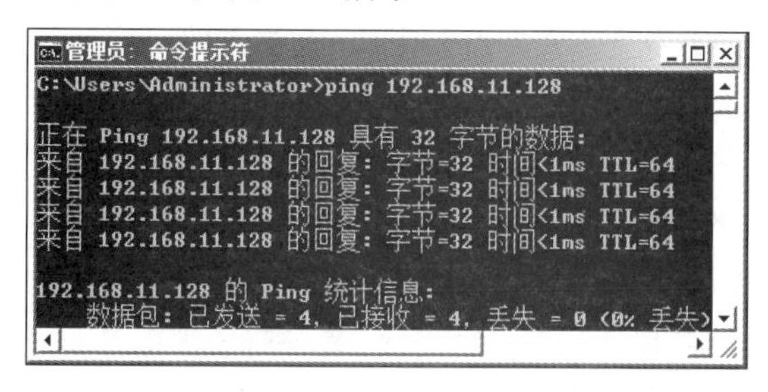

图 3-28

在虚拟机 Linux 下也可以 ping 通 Windows 7，如图 3-29 所示。

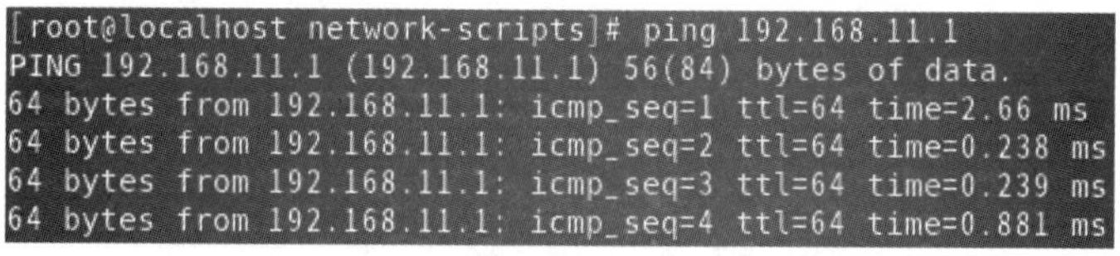

[root@localhost network-scripts]# ping 192.168.11.1
PING 192.168.11.1 (192.168.11.1) 56(84) bytes of data.
64 bytes from 192.168.11.1: icmp_seq=1 ttl=64 time=2.66 ms
64 bytes from 192.168.11.1: icmp_seq=2 ttl=64 time=0.238 ms
64 bytes from 192.168.11.1: icmp_seq=3 ttl=64 time=0.239 ms
64 bytes from 192.168.11.1: icmp_seq=4 ttl=64 time=0.881 ms

图 3-29

最后，在确保宿主机 Windows 7 能上网的情况，虚拟机 Linux 下也可以上网浏览网页了，如图 3-30 所示。

活动
Firefox
腾讯首页
https://www.qq.com/?fromdefault
您必须启用 DRM 才能播放此页面上的某些音频或视频。详细了解
腾讯网
打开眼界 收获惊喜
您有红包待领取
领
网页
新闻 视频 图片 军事 体育 NBA 娱乐 财经 科技
腾讯新闻 打开眼界
要闻
抗肺炎
无锡 8°C
今日话题
云外交峰会月 习近平给出这些中国方案
嫦娥五号探测器组合体成功分离

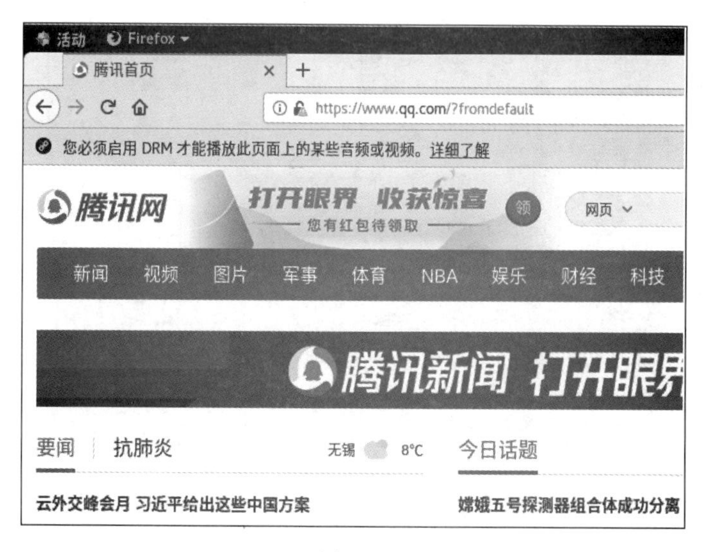

图 3-30

在虚拟机 Linux 中上网是十分重要的，因为以后很多时候都需要在线安装软件。

4. 通过终端工具连接 Linux 虚拟机

安装完虚拟机的 Linux 操作系统后，就要开始使用它了。怎么使用呢？通常都是在 Windows 下通过终端工具（比如 SecureCRT 或 smarTTY）来操作 Linux。这里使用 SecureCRT（下面简称 crt）这个终端工具来连接 Linux，然后在 crt 窗口下以命令行的方式使用 Linux。crt 工具既可以通过安全

加密的网络连接方式（SSH）来连接 Linux，也可以通过串口的方式来连接 Linux，前者需要知道 Linux 的 IP 地址，后者需要知道串口号。除此以外，还能通过 Telnet 等方式，读者可以在实践中慢慢体会。

虽然 crt 的操作界面也是命令行方式，但它比 Linux 自己的字符界面方便得多，比如 crt 可以打开多个终端窗口，可以使用鼠标，等等。SecureCRT 软件是 Windows 下的软件，可以在网上免费下载。下载安装就不再赘述了，不过强烈建议使用比较新的版本，笔者使用的版本是 64 位的 SecureCRT 8.5 和 SecureFX 8.5，其中 SecureCRT 表示终端工具本身，SecureFX 表示配套的用于相互传输文件的工具。下面通过一个例子来说明如何连接虚拟机 Linux，网络模式采用桥接模式，假设虚拟机 Linux 的 IP 地址为 192.168.11.129。其他模式也类似，只是要连接的虚拟机 Linux 的 IP 地址不同而已。使用 SecureCRT 连接虚拟机 Linux 的步骤如下：

步骤 01 打开 SecureCRT 8.5 或以上版本，在左侧的 Session Manager 工具栏上选择第三个按钮，这个按钮表示 New Session，即创建一个新的连接，如图 3-31 所示。

图 3-31

步骤 02 此时出现"New Session Wizard"对话框，在该对话框中，设置 SecureCRT 协议为 SSH2，然后单击"下一步"按钮，如图 3-32 所示。

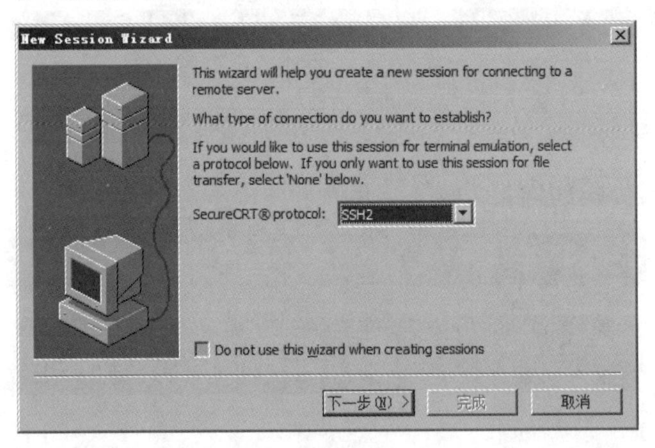

图 3-32

步骤 03 弹出向导的第二个对话框，在该对话框中设置 Hostname 为 192.168.11.129，Username 为 root。这个 IP 地址就是我们前面安装的虚拟机 Linux 的 IP 地址，root 是 Linux 的超级用户账户。输入完毕后如图 3-33 所示。

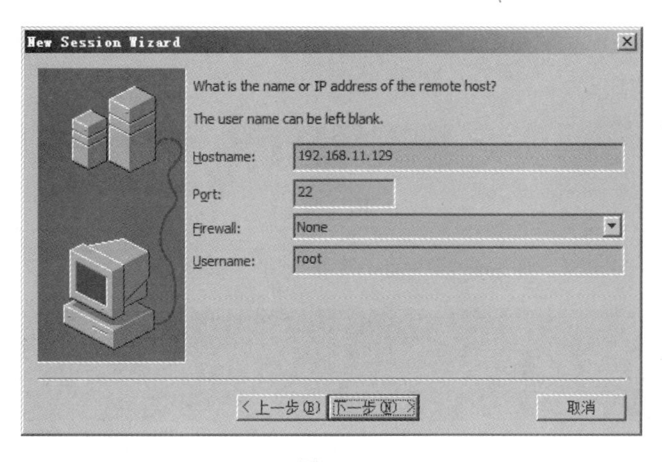

图 3-33

步骤 04 再单击“下一步”按钮，弹出向导的第三个对话框，在该对话框中保持默认即可，即保持 SecureFX 协议为 SFTP。SecureFX 是用于宿主机和虚拟机之间传输文件的软件，采用的协议可以是 SFTP（安全的 FTP 传输协议）、FTP、SCP 等，如图 3-34 所示。

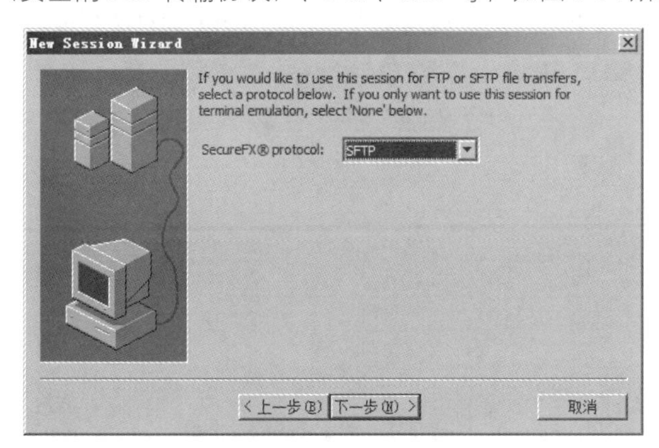

图 3-34

步骤 05 单击“下一步”按钮，弹出向导的最后一个对话框，在该对话框中可以重命名会话的名称，也可以保持默认，即用 IP 地址作为会话名称，这里保持默认，如图 3-35 所示。

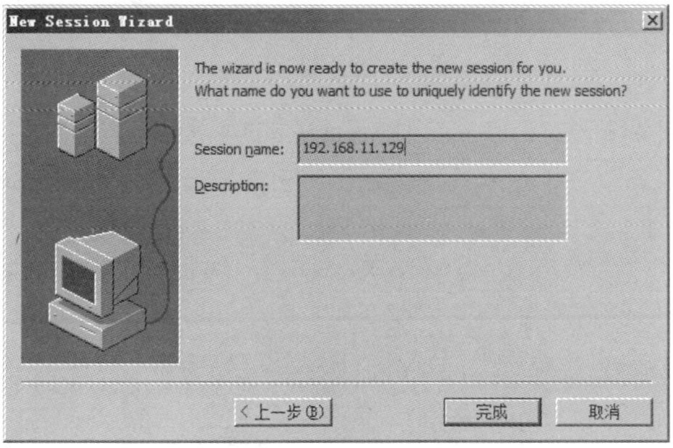

图 3-35

步骤 06 单击"完成"按钮。此时可以看到左侧的 Session Manager 中出现了我们刚才建立的新的会话，如图 3-36 所示。

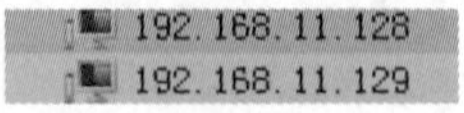

192.168.11.128
192.168.11.129

图 3-36

步骤 07 双击"192.168.11.129"开始连接，但不幸报错了，如图 3-37 所示。

```
- 192.168.11.129 (1)

Key exchange failed.
No compatible key-exchange method. The server supports these methods: curve25519
lman-group16-sha512,diffie-hellman-group18-sha512,diffie-hellman-group14-sha256
```

图 3-37

SecureCRT 是安全保密的连接，需要安全算法，而 Ubuntu20.04 的 SSH 所要求的安全算法 SecureCRT 默认没有支持，所以报错了。我们可以在 SecureCRT 主界面上选择菜单栏中的"Options/Session Options..."，打开 Session Options 对话框，在该对话框的左边选择 SSH2，然后在右边的"Key exchange"选项组中勾选最后几个算法，即确保全部算法都被勾选上，如图 3-38 所示。

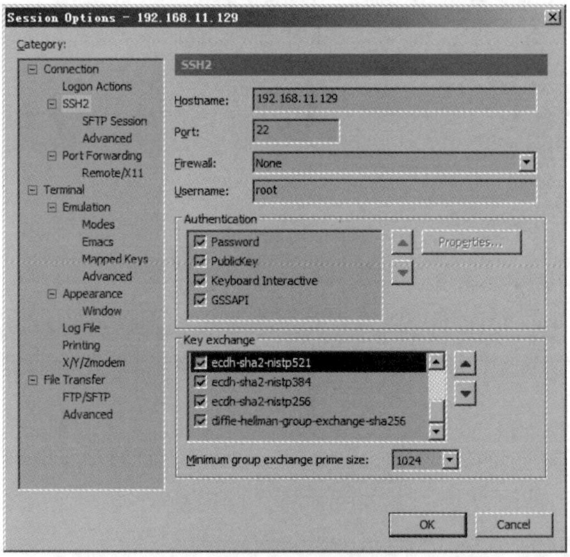

图 3-38

步骤 08 单击"OK"按钮关闭该对话框，回到 SecureCRT 主界面，再次对左边 Session Manager 中的 192.168.11.129 进行双击，这次连接成功了，出现了登录框，如图 3-39 所示。

图 3-39

步骤 09 输入 root 的 Password 为 123456，并勾选“Save password”复选框，这样不用每次登录都输入密码了。输入完毕后，单击“OK”按钮，就到了熟悉的 Linux 命令提示符下了，如图 3-40 所示。

```
192.168.11.129
Welcome to Ubuntu 20.04.1 LTS (GNU/Linux 5.4.0-42-generic x86_64)

 * Documentation:  https://help.ubuntu.com
 * Management:     https://landscape.canonical.com
 * Support:        https://ubuntu.com/advantage

289 updates can be installed immediately.
118 of these updates are security updates.
To see these additional updates run: apt list --upgradable

Your Hardware Enablement Stack (HWE) is supported until April 2025.

The programs included with the Ubuntu system are free software;
the exact distribution terms for each program are described in the
individual files in /usr/share/doc/*/copyright.

Ubuntu comes with ABSOLUTELY NO WARRANTY, to the extent permitted by
applicable law.

root@tom-virtual-machine:~#
```

图 3-40

这样，在 NAT 模式下 SecureCRT 连接虚拟机 Linux 成功，以后可以通过命令来使用 Linux 了。如果是桥接模式，只需修改目的 IP 地址即可，这里不再赘述。

3.1.11 和虚拟机互传文件

由于大部分开发人员喜欢在 Windows 下编辑代码，然后传输文件到 Linux 下去编译运行，因此经常需要在宿主机 Windows 和虚拟机 Linux 之间传输文件。把文件从 Windows 传输到 Linux 的方式很多，既有命令行的 sz/rz、也有 ftp 客户端、SecureCRT 自带的 SecureFX 等图形化的工具，读者可以根据习惯和实际情况选择合适的工具。本书使用的是命令行工具 SecureFX。

首先我们用 SecureCRT 连接到 Linux，然后单击工具栏中的“SecureFX”图标（见图 3-41），就会启动 SecureFX 程序，并自动打开 Windows 和 Linux 的文件浏览窗口，界面如图 3-42 所示。

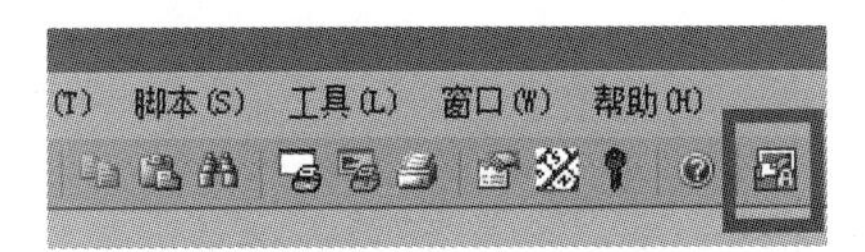

图 3-41

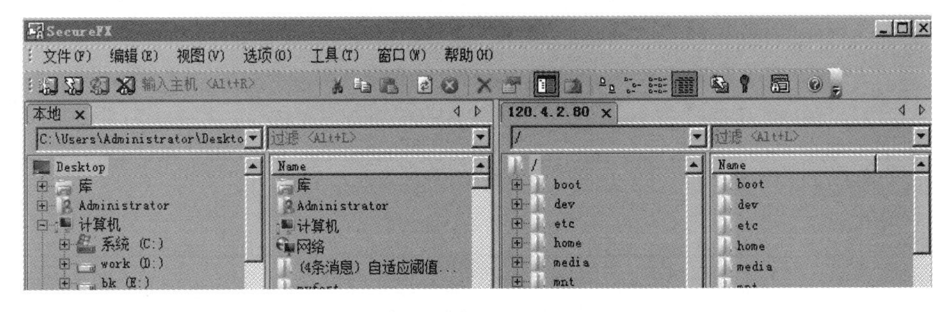

图 3-42

图 3-42 的左边是本地 Windows 的文件浏览窗口，右边是 IP 地址为 120.4.2.80 的虚拟机 Linux

的文件浏览窗口，如果需要把 Windows 中的某个文件上传到 Linux，那么只需要在左边的 Windows 窗口中选中该文件，然后拖放到右边的 Linux 窗口中。从 Linux 下载文件到 Windows 也是这样的操作，非常简单，读者多实践几次即可上手。

3.2 搭建 Linux 下的 C/C++开发环境

由于安装 Ubuntu 的时候自带了图形界面，因此可以直接在 Ubuntu 下用其自带的编辑器（比如 gedit）来编辑源代码文件，然后在命令行下进行编译，这种方式应对小规模程序十分方便。本节的内容比较简单，主要目的是测试各种编译工具是否能正确工作，因此希望读者能认真做一遍下面的例子。在开始第一个示例之前，先检查编译工具是否准备好，命令如下：

```
gcc -v
```

如果有版本显示，就说明已经安装了编译工具。注意：默认情况下，Ubuntu 不会自动安装 gcc 或 g++，因此先要在线安装。确保虚拟机 Ubuntu 能连网，然后在命令行下输入以下命令进行在线安装：

```
apt-get install build-essential
```

下面就开始第一个 C 程序，程序代码很简单，主要目的是测试我们的环境是否支持编译 C 语言。

【例 3.1】第一个 C 程序

（1）在 Ubuntu 下打开终端窗口，然后在命令行下输入命令 gedit 来打开文本编辑器，接着在编辑器中输入如下代码：

```
#include <stdio.h>
void main()
{
   printf("Hello world\n");
}
```

然后保存文件到某个路径（比如/root/ex，ex 是自己建立的文件夹），文件名是 test.c，保存完后关闭 gedit 编辑器。

（2）在终端窗口的命令行下进入 test.c 所在的路径，并输入编译命令：

```
gcc test.c -o test
```

其中选项-o 表示生成目标文件，也就是可执行程序，这里是 test。此时会在同一路径下生成一个 test 程序，我们可以运行它：

```
./test
Hello world
```

至此，第一个 C 程序编译运行成功，说明 C 语言开发环境搭建起来了。如果要调试，可以使用 gdb 命令，关于该命令的使用，读者可以参考清华大学出版社出版的《Linux C 与 C++一线开发实践》，这里不再赘述。另外该书也详述了 Linux 下用图形开发工具进行 C 语言开发的过程。笔者喜欢在 Windows 下进行开发，既然喜欢在 Windows 下工作，为何还要介绍 C/C++环境，不直接进入 Windows？这是因为本节的小程序的目的是验证我们的编译环境是否正常，如果这个小程序能运行起来，就说明 Linux 下的编译环境已经没有问题，以后到 Windows 下开发如果发现问题，则至少可以排除掉 Linux 本身的原因。

3.3　搭建 Windows 下的 Linux C/C++开发环境

3.3.1　Windows 下非集成式的 Linux C/C++开发环境

由于很多程序员习惯使用 Windows，因此这里采取在 Windows 下开发 Linux 程序的方式。基本步骤就是先在 Windows 用自己熟悉的编辑器写源代码，然后通过网络连接到 Linux，把源代码文件（c 或 cpp 文件）上传到远程 Linux 主机，在 Linux 主机上对源代码进行编译、调试和运行，当然编译和调试所输入的命令也可以在终端工具（比如 SecureCRT）里完成，这样从编辑到编译、调试、运行就都可以在 Windows 下操作了，注意是操作（命令），真正的编译、调试、运行工作实际都是在 Linux 主机上完成的。

那我们在 Windows 下选择什么编辑器呢？Windows 下的编辑器多如牛毛，读者可以根据自己的习惯来选择。常用的编辑器有 VSCode、Source Insight、Ultraedit（简称 ue），它们小巧且功能丰富，具有语法高亮、函数列表显示等编写代码所需的常用功能，应对普通的小程序开发绰绰有余。但笔者推荐使用 VSCode，因为它免费且功能更强大，而后两者是要收费的。

用编辑器编写完源代码后，就可以通过网络上传到 Linux 主机或虚拟机 Linux。如果用 VSCode 的话，可以自动上传到 Linux 主机，更加方便。笔者后面对于非集成式的开发，用的编辑器都是 VSCode。

把源代码文件上传到 Linux 后，就可以进行编译了，编译的工具可以使用 gcc 或 g++，两者都可以编译 C/C++文件。编译过程中如果需要调试，则可以使用命令行的调试工具 gdb。下面用一个示例讲解在 Windows 下开发 Linux 程序的过程。关于 gcc、g++和 gdb 的详细用法本节不进行讲解了，读者可以参考《Linux C 与 C++一线开发实践》一书。

【例 3.2】第一个 VSCode 开发的 Linux C++程序

1）安装 VSCode

到官网 https://code.visualstudio.com/上下载 VSCode，然后安装，这个过程很简单。

如果是第一次使用 VSCode，就先安装两个和 C/C++编程有关的插件，在 VSCode 窗口左侧单击竖条工具栏上的“Extensions”图标或者直接按 Ctrl+Shift+X 组合键来切换到“Extensions”页，该页主要用来搜索和安装（扩展）插件，在左上方的搜索框中搜索“C++”，如图 3-43 所示。

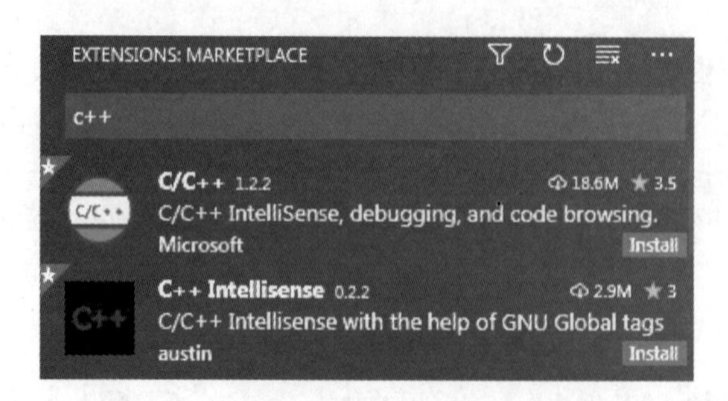

图 3-43

选中两个 C/C++插件，分别单击“Install”按钮开始安装，安装完毕后，就具有代码的语法高亮、函数定义跳转功能了。接着再安装一个能实现在 VSCode 中上传文件到远程 Linux 主机的插件，这样避免来回切换软件窗口。搜索“sftp”，安装结果中的第一个即可，如图 3-44 所示。

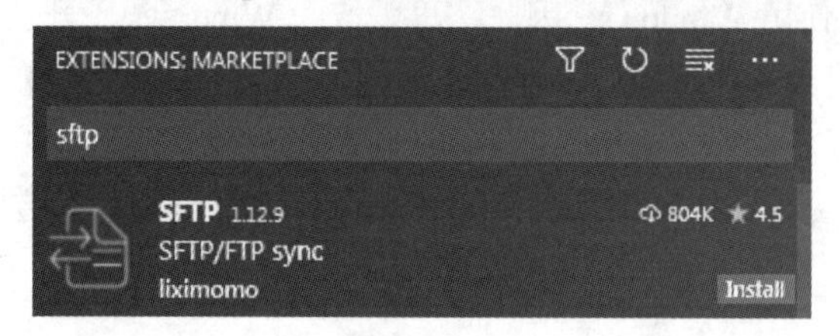

图 3-44

安装完后重启 VSCode。

2）新建文件夹

在 Windows 本地新建一个存放源代码文件的文件夹，比如 E:\ex\test\。打开 VSCode，单击菜单栏中的“File”→“New Folder”命令，此时将在 VSCode 窗口左边显示“Explorer”视图，在视图的右上方单击“New File”图标，如图 3-45 所示。

图 3-45

此时会在下方出现一行编辑框，用于输入新建文件的文件名，这里输入“test.cpp”，然后按 Enter 键，在 VSCode 中间出现一个编辑框，这就是输入代码的地方，输入代码如下：

```
#include <iostream>
using namespace std;
int main(int argc, char *argv[])
{
    char sz[] = "Hello, World!";
    cout << sz << endl;
    return 0;
}
```

代码很简单，无须多言。如果前面两个 C/C++插件安装正确的话，就可以看到代码的颜色是丰富多彩的，这就是语法高亮。如果把鼠标光标停留在某个变量、函数或对象上（比如 cout），还会出现更加完整的定义说明。

另外，如果不准备新建文件，而是要添加已经存在的文件，则可以把文件存放到当前目录下，这样立马就能在 VSCode 中的 Explorer 视图中看到了。

3）上传源文件到虚拟机 Linux

我们用 SecureCRT 自带的文件传输工具 SecureFX 把 test.cpp 上传到虚拟机 Linux 的某个目录下。SecureFX 的用法前面已经介绍过了，这里不再赘述。它是手工上传的方式，有点烦琐。在 VSCode 中，我们可以下载插件 sftp，实现在 VSCode 中同步本地文件和服务器端文件。使用 sftp 插件前，需要进行一些简单设置，告诉 sftp 远程 Linux 主机的 IP 地址、用户名和口令等信息。我们按组合键 Ctrl+Shift+P 后，会进入 VSCode 的命令行输入模式，然后在上方的“Search settings”框中输入 sftp:config 命令，这样就会在当前文件夹（这里是 E:\ex\test\）中生成一个.vscode 文件夹，里面有一个 sftp.json 文件，我们需要在这个文件中配置远程服务器地址，VSCode 会自动打开这个文件，输入如下内容：

```
{
    "name": "My Server",
    "host": "192.168.11.129",
    "protocol": "sftp",
    "port": 22,
    "username": "root",
    "password": "123456",
    "remotePath": "/root/ex/3.2/",
    "uploadOnSave": true
}
```

输入完毕，按组合键 Alt+F+S 保存。其中，/root/ex/3.2/是虚拟机 Ubuntu 上的一个路径（可以不必预先建立，VSCode 会自动帮我们建立），我们上传的文件将会存放到该路径下；host 表示远程 Linux 主机的 IP 地址或域名，注意这个 IP 地址必须和 Windows 主机的 IP 地址相互 ping 通；protocol 表示使用的传输协议，用 SFTP，即安全的 FTP 协议；username 表示远程 Linux 主机的用户名；password 表示远程 Linux 主机的用户名对应的密码；remotePath 表示远程文件夹地址，默认是根目录/；uploadOnSave 表示本地更新文件保存会自动同步到远程文件（不会同步重命名文件和删除文件）。另外，如果源代码存放在本地其他路径，也可以通过 context 设置本地文件夹地址，默认为 VSCode 工作区根目录。

在“Explorer”空白处右击，在快捷菜单中选择“Sync Local”→“Remote”命令，如果没有问题，就可以在 Output 视图上看到如图 3-46 所示的提示。

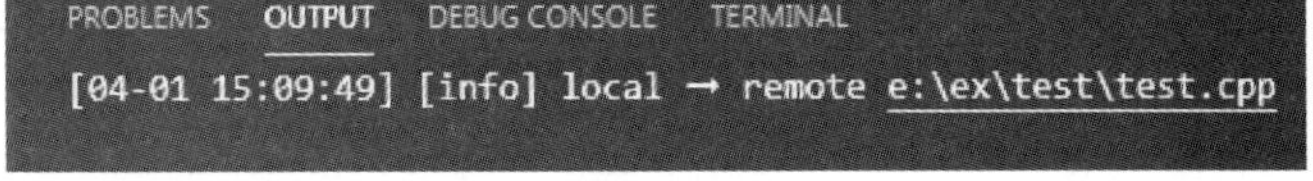

PROBLEMS　OUTPUT　DEBUG CONSOLE　TERMINAL

[04-01 15:09:49] [info] local → remote e:\ex\test\test.cpp

图 3-46

这说明上传成功了。另外，如果 Output 视图没有出现，则可以单击左下方状态栏上的“SFTP”图标，如图 3-47 所示。

⊗0 ⚠0 SFTP

图 3-47

此时如果到虚拟机 Ubuntu 上去看，就可以发现/root/ex/3.2/下有一个 test.cpp：

```
root@tom-virtual-machine:~/ex/3.2# ls
test.cpp
```

是不是感觉 VSCode 很强大？其实编译工作也可以在 VSCode 中完成，但本书主要介绍 Linux，因此还是留点工作在 Linux 下做吧！

4）编译源文件

现在源文件已经在 Linux 的某个目录下（本例是/root/ex/3.2/）了，我们可以在命令行下对它进行编译。Linux 下编译 C++源程序通常有两种命令，一种是 g++命令，另外一种是 gcc 命令，它们都是根据源文件的后缀名来判断是 C 程序还是 C++程序。编译也是在 SecureCRT 的窗口下用命令进行，我们打开 SecureCRT，连接远程 Linux，然后定位到源文件所在的文件夹，并输入 g++编译命令：

```
root@tom-virtual-machine:~/ex/3.2# g++ test.cpp -o test
root@tom-virtual-machine:~/ex/3.2# ls
test  test.cpp
root@tom-virtual-machine:~/ex/3.2# ./test
Hello, World!
```

-o 表示输出，它后面的 test 表示最终输出的可执行程序名字是 test。

其中 gcc 是编译 C 语言的，默认情况下，如果直接用 gcc 来编译 C++程序，则会报错，此时我们可以通过增加参数-lstdc++来编译，命令如下：

```
root@tom-virtual-machine:~/ex/3.2# gcc -o test test.cpp -lstdc++
root@tom-virtual-machine:~/ex/3.2# ls
test  test.cpp
root@tom-virtual-machine:~/ex/3.2# ./test
Hello, World!
```

其中-o 表示输出，它后面的 test 表示最终输出的可执行程序名字是 test；-l 表示要连接到某个库，stdc++表示 C++标准库，因此-lstdc++表示连接到标准 C++库。

这个例子到这里就完了吗？非也！下面见证 VSCode 奇迹的时刻到了，前面上传文件是通过快捷菜单来实现的，还是有点烦琐，现在我们在 VSCode 中打开 test.cpp，稍微修改点代码，比如将 sz 的定义改成 char sz[] = "Hello, World!--------";，然后保存（按组合键 Alt+F+S）test.cpp，此时 VSCode 会自动将文件上传到远程 Linux 上，Output 视图里也会有如图 3-48 所示的新提示。

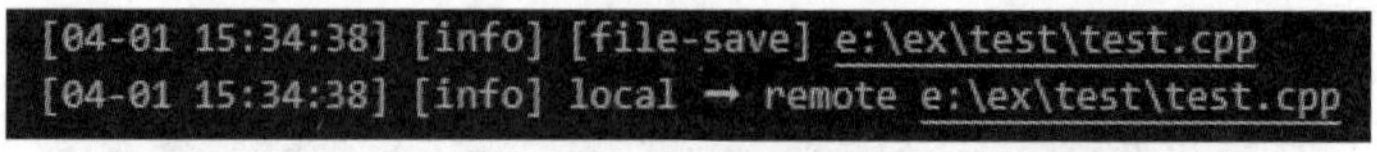

```
[04-01 15:34:38] [info] [file-save] e:\ex\test\test.cpp
[04-01 15:34:38] [info] local → remote e:\ex\test\test.cpp
```

图 3-48

其中，file-save 表示文件保存，local→remote 表示上传到远程主机。是不是很方便、很快捷！只要保存源代码文件，VSCode 就自动帮我们上传。此时再去编译，可以发现结果变了：

```
root@tom-virtual-machine:~/ex/3.2# gcc -o test test.cpp -lstdc++
```

```
root@tom-virtual-machine:~/ex/3.2# ./test
Hello, World!--------
```

顺便提一句，代码后退的组合键是 Alt+向左箭头。

3.3.2 Windows 下集成式的 Linux C/C++开发环境

所谓集成式，简单讲就是代码编辑、编译、调试都在一个软件（窗口）中完成，不需要在不同的窗口之间来回切换，更不需要自己手动将文件从一个系统（Windows）传输到另外一个系统（Linux）中，传文件也可以让同一个软件来完成。这样的开发软件（环境）称为集成开发环境（Integrated Development Environment，IDE）。

那么，Windows 下有这样能支持 Linux 开发的 IDE 吗？答案当然是肯定的，微软在 Visual C++ 2017 上全面支持 Linux 的开发。Visual C++ 2017 简称 VC2017，是当前 Windows 平台上最主流的集成化可视化开发软件，功能异常强大，几乎无所不能。按理，为了照顾一些没有使用过 VC 系列工具的读者，应该简单介绍一下它的界面和使用，但本书是有一定深度的书籍，不能讲得太基础和啰嗦，建议读者参考清华大学出版社出版的《Visual C++ 2017 从入门到精通》。

在 VC2017 中，可以编译、调试和运行 Linux 可执行程序，可以生成 Linux 静态库（即.a 库）和动态库（也称共享库，即.so 库），但前提是在安装 VC2017 的时候要把支持 Linux 开发的组件勾选上，默认是不勾选的。打开 VC2017 的安装程序，在"工作负载"页面的右下角处把"使用 C++ 的 Linux 开发"勾选上，如图 3-49 所示。

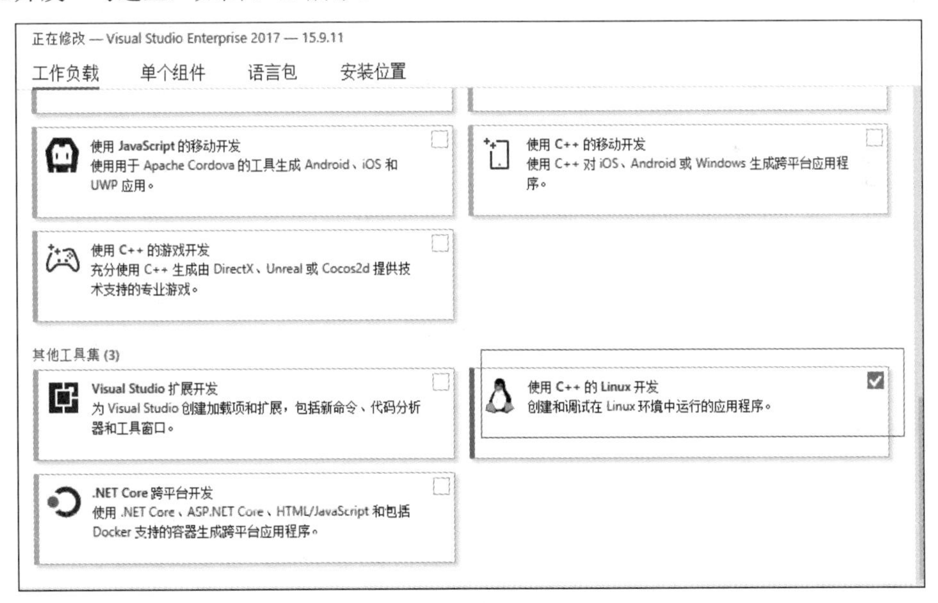

图 3-49

然后再继续安装 VC2017。安装完毕后，在新建工程的时候就可以看到一个 Linux 工程选项了。下面通过一个示例来生成可执行程序。

【例 3.3】第一个 VC++开发的 Linux 可执行程序

1）新建项目

打开 VC2017，单击菜单栏中的“文件→新建→项目”命令或者直接按组合键 Ctrl+Shift+N 来打开“新建项目”对话框，在“新建项目”对话框左边展开“Visual C++/跨平台”选项，并选中“Linux”节点，此时右边出现项目类型，选中“控制台应用程序（Linux）”，并在对话框下方输入项目名称（比如 test）和项目路径（比如 e:\ex\），如图 3-50 所示。

图 3-50

单击“确定”按钮，这样一个 Linux 项目就建好了，可以看到一个 main.cpp 文件，内容如下：

```
#include <cstdio>

int main()
{
    printf("hello from test!\n");
    return 0;
}
```

2）ping 通虚拟机和宿主机

打开虚拟机 Ubuntu20.04，并使用桥接模式的静态 IP 方式，虚拟机 Ubuntu 的 IP 地址为 120.4.2.8，宿主机 Windows 7 的 IP 地址是 120.4.2.200，保持虚拟机和宿主机相互 ping 通。

3）设置连接

在 VC2017 的菜单栏中单击“工具→选项”命令来打开选项对话框，在该对话框的左下方展开“跨平台”选项，并选中“连接管理器”节点，在右边单击“添加”按钮，然后在弹出的“连接到远程系统”对话框中输入虚拟机 Ubuntu20.04 的 IP 地址、root 密码等信息，如图 3-51 所示。

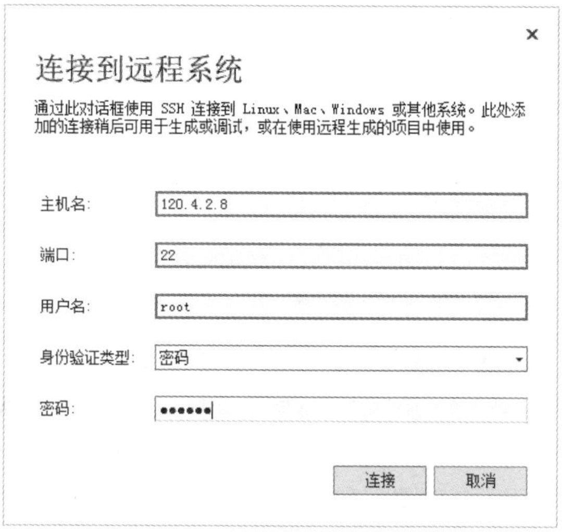

连接到远程系统
通过此对话框使用 SSH 连接到 Linux、Mac、Windows 或其他系统。此处添加的连接稍后可用于生成或调试，或在使用远程生成的项目中使用。
主机名:
120.4.2.8
端口:
22
用户名:
root
身份验证类型:
密码
密码:
连接
取消

图 3-51

单击“连接”按钮，此时将下载一些开发所需的文件，如图 3-52 所示。

下载和更新 IntelliSense 的标头
Syncing '/usr/lib/gcc/x86_64-linux-gnu/9/include'
取消

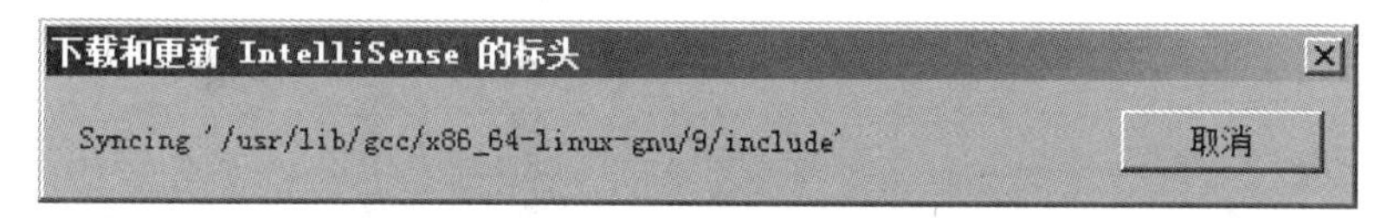

图 3-52

稍等片刻，列表框内出现另一个主机名为 120.4.2.8 的 SSH 连接，如图 3-53 所示。

选项
搜索选项(Ctrl+E)
CMake
Cookiecutter
NuGet 包管理器
Python
SQL Server 工具
Web
Web 窗体设计器
Web 性能测试工具
Windows 窗体设计器
XAML 设计器
测试
跨平台
连接管理器
容器工具
数据库工具
图形诊断
文本模板化
添加或删除到 Linux、Mac 或 Windows 等远程系统的 SSH 连接:
主机名
端口
用户名
操作系统
120.4.2.8
22
root
Ubuntu (x64)
添加
删除
此处添加的连接稍后可用于生成或调试，或在使用远程生成的项目中使用。
确定
取消

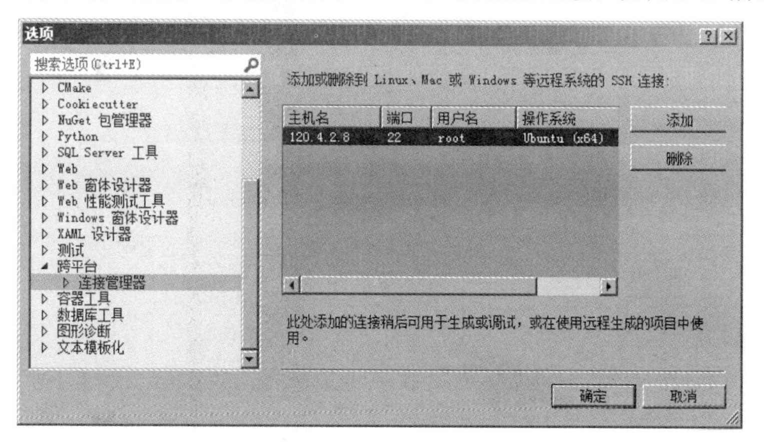

图 3-53

说明添加连接成功，单击“确定”按钮。

4）编译运行

按 F7 键生成程序，如果没有错误，则将在“输出”窗口中输出编译结果，如图 3-54 所示。

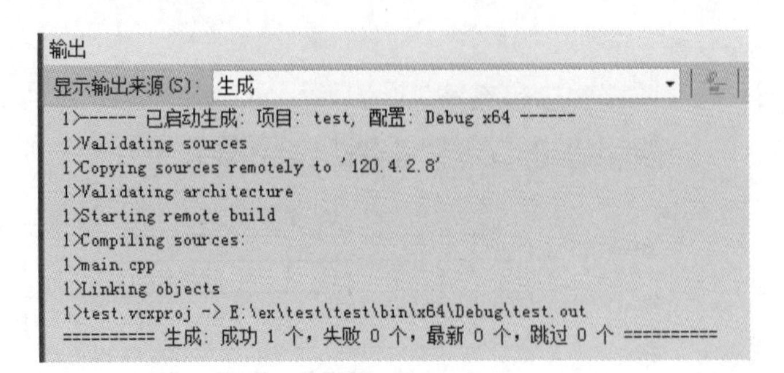

图 3-54

此时可以在 VC2017 工具栏上单击绿色三角形箭头图标，准备运行，如图 3-55 所示。

此时将开始进行调试运行，稍等片刻运行完毕后，单击菜单栏中的“调试”→“Linux 控制台”命令来打开“Linux 控制台窗口”，在窗口中可以看到运行结果，如图 3-56 所示。

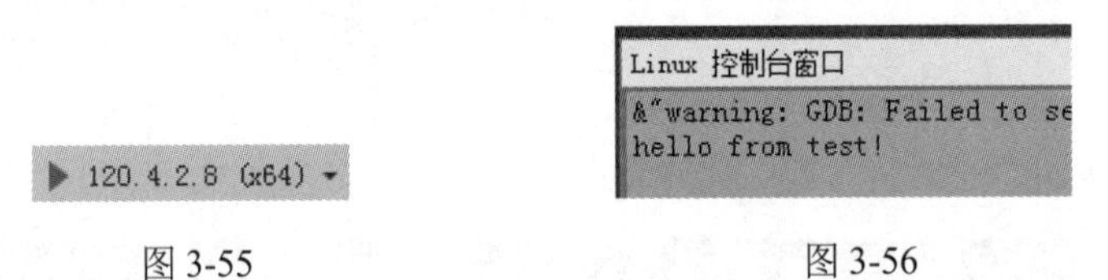

图 3-55　　图 3-56

这就说明 Linux 程序运行成功了。因为是第一个 VC2017 开发的 Linux 应用程序，所以讲解得比较详细，后面不会这样详述了。

到目前为止，Linux 开发环境已经建立起来了。由于 Windows 下集成开发 Linux C/C++最方便，因此笔者采用该方式的开发环境。

第4章 网络服务器设计

服务器设计技术有很多，按使用的协议来分有 TCP 服务器和 UDP 服务器，按处理方式来分有循环服务器和并发服务器。

在网络通信中，服务器通常需要处理多个客户端。由于客户端的请求会同时到来，因此服务器端可能会采用不同的方法来处理。总体来说，服务器端可采用两种模型来实现：循环服务器模型和并发服务器模型。循环服务器在同一时刻只能响应一个客户端的请求，并发服务器在同一时刻可以响应多个客户端的请求。

循环服务器模型是指服务器端依次处理每个客户端，直到当前客户端的所有请求处理完毕，再处理下一个客户端。这类模型的优点是简单，缺点显而易见，会导致其他客户端等待时间过长。

为了提高服务器的并发处理能力，引入了并发服务器模型。其基本思想是在服务器端采用多任务机制（比如多进程或者多线程），分别为每一个客户端创建一个任务来处理，极大地提高了服务器的并发处理能力。

不同于客户端程序，服务器端程序需要同时为多个客户端提供服务，及时响应。比如 Web 服务器，就要能同时处理不同 IP 地址的计算机发来的浏览请求，并把网页及时反应给计算机上的浏览器。因此，开发服务器程序，必须能实现并发服务能力。这是网络服务器之所以成为服务器的最本质的原因。

这里要注意，有些并发并不需要精确到同一时间点。在某些应用场合，比如每次处理客户端数据量较少的情况下，也可以简化服务器的设计，因为服务器的性能通常较高，所以分时轮流服务客户端，客户端也会感觉到服务器是同时在服务它们。

通常来讲，网络服务器的设计模型有以下几种：（分时）循环服务器、多进程并发服务器、多线程并发服务器、I/O 复用并发服务器等。小规模场合用循环服务器即可胜任，若是大规模应用场合，则要用到并发服务器。

在具体设计服务器之前，有必要了解 Linux 下的 I/O 模型，这对于我们以后设计和优化服务器模型十分有帮助。

注意：服务器模型是服务器模型，I/O模型是I/O模型，不能混淆，模型在这里的意思可以理解为描述系统的行为和特征的意思。

4.1 I/O模型

本节向读者介绍I/O模型的相关内容。

4.1.1 基本概念

I/O（Input/Output，输入/输出）即数据的读取（接收）或写入（发送）操作，通常用户进程中的一个完整I/O分为两个阶段：用户进程空间<-->内核空间、内核空间<-->设备空间（磁盘、网卡等）。I/O分内存I/O、网络I/O和磁盘I/O三种，现在讲的是网络I/O。

Linux中进程无法直接操作I/O设备，它必须通过系统调用请求内核来协助完成I/O操作。内核会为每个I/O设备维护一个缓冲区。对于一个输入操作来说，进程I/O系统调用后，内核会先看缓冲区中有没有相应的缓存数据，如果没有的话就到设备（比如网卡设备）中读取（因为一般设备I/O的速度较慢，需要等待）；如果内核缓冲区有数据，则直接复制数据到用户进程空间。所以，一个网络输入操作通常包括两个不同阶段：

（1）等待网络数据到达网卡，把数据从网卡读取到内核缓冲区，准备好数据。

（2）从内核缓冲区复制数据到用户进程空间。

网络I/O的本质是对socket的读取，socket在Linux系统中被抽象为流，I/O可以理解为对流的操作。对于一次I/O访问，数据会先被复制到操作系统内核的缓冲区中，然后才会从操作系统内核的缓冲区复制到应用程序的地址空间。

网络应用需要处理的无非就是两大类问题：网络I/O和数据计算。网络I/O是设计高性能服务器的基础，相对于数据计算，网络I/O的延迟给应用带来的性能瓶颈更大。网络I/O的模型可分为两种：异步I/O（asynchronous I/O）和同步I/O（synchronous I/O），同步I/O又包括阻塞I/O（blocking I/O）、非阻塞I/O（non-blocking I/O）、多路复用I/O（multiplexing I/O）和信号驱动式I/O（signal-driven I/O）。由于信号驱动式I/O在实际中并不常用，因此不做具体阐述。

每个I/O模型都有自己的使用模式，它们对于特定的应用程序都有自己的优点。在具体阐述各个IO模型前，我们有必要对一些术语有基本的了解。

4.1.2 同步和异步

1. 同步

对于一个线程的请求调用来讲，同步和异步的区别在于是否要等这个请求出最终结果，注意不是请求的响应，而是提交的请求最终得到的结果。如果要等最终结果，那就是同步；如果不等，去做其他无关事情了，就是异步。其实这两个概念与消息的通知机制有关。所谓同步，就是在发出一个功能调用后，在没有得到结果之前，该调用不返回。比如，进行readfrom系统调用时，必须等待

I/O 操作完成才返回。异步的概念和同步相对，当一个异步过程调用发出后，调用者不能立刻得到结果，实际处理这个调用的部件在完成后通过状态、通知和回调来通知调用者。比如，aio_read 系统调用时，不必等 I/O 操作完成就直接返回，调用结果通过信号来通知调用者。

对于多个线程而言，同步与异步的区别就是线程间的步调是否要一致，是否要协调。要协调线程之间的执行时机，那就是线程同步，否则就是异步。

根据现代汉语词典，同步是指两个或两个以上随时间变化的量在变化过程中保持一定的相对关系，或者说对一个系统中所发生的事件（event）进行协调，在时间上出现一致性与统一化的现象。比如，两个线程要同步，即它们的步调要一致，要相互协调来完成一个或几个事件。

同步也经常用在一个线程内先后两个函数的调用上，后面一个函数需要前面一个函数的结果，那么前面一个函数必须完成且有结果才能执行后面的函数。这两个函数之间的调用关系就是一种同步（调用）。同步调用一旦开始，调用者必须等到调用方法返回且结果出来（注意一定要在返回的同时出结果，不出结果就返回那是异步调用）后，才能继续后续的行为。同步一词用在这里也是恰当的，相当于一个调用者对两件事情（比如两次方法调用）进行协调（必须做完一件再做另外一件），在时间上保持一致性（先后关系）。

这么看来，计算机中的“同步”一词所使用的场合符合了汉语词典中的同步的含义。

对于线程而言，要想实现同步操作，则必须获得线程的对象锁。获得对象锁可以保证在同一时刻只有一个线程能够进入临界区，并且在这个锁被释放之前，其他的线程都不能进入这个临界区。如果其他线程想要获得这个对象的锁，那就只能进入等待队列等待。只有当拥有该对象锁的线程退出临界区时，锁才会被释放，等待队列中优先级最高的线程才能获得该锁。

同步调用相对简单些，只需某个耗时的大数运算函数及其后面的代码就可以组成一个同步调用，相应地，这个大数运算函数也可以称为同步函数，因为必须执行完了这个函数才能执行后面的代码。比如：

```
long long  num = bigNum();
printf("%ld", num);
```

可以说 bigNum 是同步函数，因为它返回的时候，大数结果也就出来了，然后再执行后面的 printf 函数。

2. 异步

异步就是一个请求返回时一定不知道结果（如果返回时知道结果就是同步），还得通过其他机制来获知结果，如主动轮询或被动通知。同步和异步的区别就在于是否等待请求执行的结果。这里的请求可以是一个 I/O 请求或一个函数调用等。

为了加深理解，我们举个生活中的例子，比如你去肯德基点餐，你说“来份薯条。”服务员告诉你：“对不起，薯条要现做，需要等 5 分钟。”于是你站在收银台前面等了 5 分钟，拿到薯条再去逛商场，这是同步。你对服务员说的“来份薯条”就是一个请求，薯条好了就是请求的结果出来了。

再看异步，你说“来份薯条”服务员告诉你：“薯条需要等 5 分钟，你可以先去逛商场，不必在这里等，薯条做好了，你再来拿。”这样你可以立刻去干别的事情（比如逛商场），这就是异步。“来份薯条”是个请求，服务员告诉你的话就是请求返回了，但请求的真正结果（拿到薯条）没有立即实现。异步一个重要的好处是你不必在那里等着，而同步是肯定要等的。

很明显，使用异步方式编写程序的性能和友好度会远远高于同步方式，但是异步方式的缺点是编程模型复杂。想想看，上面的场景中，要想吃到薯条，你得知道“什么时候薯条好了”，有两种知道方式：一种是每隔一小段时间你就主动跑到柜台上去看薯条有没有好(定时主动关注一下状态)，这种方式通常称为主动轮询；另一种是服务员通过手机通知你，这种方式称为（被动）通知。显然，第二种方式来得更高效。因此，异步还可以分为两种：带通知的异步和不带通知的异步。

在上面场景中，“你”可以比作一个线程。

4.1.3 阻塞和非阻塞

阻塞和非阻塞这两个概念与程序（线程）请求的事情出最终结果前（无所谓同步或者异步）的状态有关。也就是说阻塞与非阻塞主要是从程序（线程）请求的事情出最终结果前的状态角度来说的，即阻塞与非阻塞和等待消息通知时的状态（调用线程）有关。阻塞调用是指调用结果返回之前，当前线程会被挂起。函数只有在得到结果之后才会返回。

阻塞和同步是完全不同的概念。首先，同步是针对消息的通知机制来说的，阻塞是针对等待消息通知时的状态来说的。而且对于同步调用来说，很多时候当前线程还是激活的，只是从逻辑上当前函数没有返回而已。

非阻塞和阻塞的概念相对应，指在不能立刻得到结果之前，该函数不会阻塞当前线程，而会立刻返回，并设置相应的 errno。虽然表面上看非阻塞的方式可以明显提高 CPU 的利用率，但是也带了另外一种后果，就是系统的线程切换增加。增加的 CPU 执行时间能不能补偿系统的切换成本需要好好评估。

学操作系统课程的时候一定知道，线程从创建、运行到结束总是处于下面五个状态之一：新建状态、就绪状态、运行状态、阻塞状态及死亡状态。阻塞状态的线程的特点是该线程放弃 CPU 的使用，暂停运行，只有等到导致阻塞的原因消除之后才恢复运行；或者是被其他的线程中断，该线程也会退出阻塞状态，同时抛出 InterruptedException。

线程运行过程中，可能由于以下原因进入阻塞状态：

（1）线程通过调用 sleep 方法进入睡眠状态。

（2）线程调用一个在 I/O 上被阻塞的操作，即该操作在输入输出操作完成之前不会返回给它的调用者。

（3）线程试图得到一个锁，而该锁正被其他线程持有，于是只能进入阻塞状态，等到获取了同步锁，才能恢复执行。

（4）线程在等待某个触发条件。

（5）线程执行了一个对象的 wait()方法，直接进入阻塞状态，等待其他线程执行 notify()或者 notifyAll()方法。

这里要关注一下第二条，很多网络 I/O 操作都会引起线程阻塞，比如 recv 函数，数据还没过来或还没接收完毕，线程就只能阻塞等待这个 I/O 操作完成。这些能引起线程阻塞的函数通常称为阻塞函数。

阻塞函数其实就是一个同步调用，因为要等阻塞函数返回，才能继续执行其后的代码。有阻塞函数参与的同步调用一定会引起线程阻塞，但同步调用并不一定会阻塞，比如同步调用关系中没有阻塞函数或引起其他阻塞的原因存在。举个例子，一个非常消耗 CPU 时间的大数运算函数及其后面的代码，这个执行过程也是一个同步调用，但并不会引起线程阻塞。

这里可以区分一下阻塞函数和同步函数，同步函数被调用时不会立即返回，直到该函数所要做的事情全都做完了才返回。阻塞函数被调用时也不会立即返回，直到该函数所要做的事情全都做完了才返回，而且还会引起线程阻塞。这么看来，阻塞函数一定是同步函数，但同步函数不仅仅是阻塞函数。强调一下，阻塞一定是引起线程进入阻塞状态。

下面也用一个生活场景来加深理解，你去买薯条，服务员告诉你 5 分钟后才能好，那你就在等的同时睡了一会了。这就是阻塞，而且是同步阻塞，在等并且睡着了。

非阻塞指在不能立刻得到结果之前，请求不会阻塞当前线程，而会立刻返回（比如返回一个错误码）。具体到 Linux 下，套接字有两种模式：阻塞模式和非阻塞模式。默认创建的套接字属于阻塞模式的套接字。在阻塞模式下，在 I/O 操作完成前，执行的操作函数一直等待而不会立即返回，该函数所在的线程会阻塞在这里（线程进入阻塞状态）。相反，在非阻塞模式下，套接字函数会立即返回，而不管 I/O 是否完成，该函数所在的线程会继续运行。

在阻塞模式的套接字上，调用大多数 Linux Sockets API 函数都会引起线程阻塞，但并不是所有 Linux Sockets API 以阻塞套接字为参数调用时都会发生阻塞。例如，以阻塞模式的套接字为参数调用 bind()、listen()函数时，函数会立即返回。这里，将可能阻塞套接字的 Linux Sockets API 调用分为以下 4 种：

1）输入操作

recv、recvfrom 函数。以阻塞套接字为参数调用该函数接收数据。如果此时套接字缓冲区内没有数据可读，则调用线程在数据到来前一直阻塞。

2）输出操作

send、sendto 函数。以阻塞套接字为参数调用该函数发送数据。如果套接字缓冲区内没有可用空间，则线程会一直睡眠，直到有空间。

3）接收连接

accept 函数。以阻塞套接字为参数调用该函数，等待接收对方的连接请求。如果此时没有连接请求，则线程就会进入阻塞状态。

4）外出连接

connect 函数。对于 TCP 连接，客户端以阻塞套接字为参数，调用该函数向服务器发起连接。该函数在收到服务器的应答前不会返回，这意味着 TCP 连接总会等待至少到服务器的一次往返时间。

使用阻塞模式的套接字开发网络程序比较简单，容易实现。当希望能够立即发送和接收数据，且处理的套接字数量比较少时，使用阻塞模式来开发网络程序比较合适。

阻塞模式套接字的不足之处表现为在大量建立好的套接字线程之间进行通信比较困难。当使用“生产者-消费者”模型开发网络程序时，为每个套接字都分别分配一个读线程、一个处理数据线程和一个用于同步的事件，这样无疑加大了系统的开销。其最大的缺点是当希望同时处理大量套接字时，将无从下手，可扩展性很差。

对于处于非阻塞模式下的套接字，会马上返回而不去等待 I/O 操作的完成。针对不同的模式，

Winsock 提供的函数也有阻塞函数和非阻塞函数。相对而言，阻塞模式比较容易实现，在阻塞模式下，执行 I/O 的 Linsock 调用（如 send 和 recv），直到操作完成才返回。

我们再来看一下发送和接收在阻塞和非阻塞条件下的情况：

- 发送时：在发送缓冲区的空间大于待发送数据的长度的情况下，阻塞套接字一直等到有足够的空间存放待发送的数据时，将数据复制到发送缓冲区中才返回；非阻塞套接字在没有足够空间时，会复制部分数据，并返回已复制的字节数，设置 errno 为 EWOULDBLOCK。
- 接收时：如果套接字 sockfd 的接收缓冲区中无数据，或协议正在接收数据，那么阻塞套接字都将等待，直到有数据可以复制到用户程序中；非阻塞套接字会返回-1，并设置 errno 为 EWOULDBLOCK，表示“没有数据，回头来看”。

4.1.4 同步异步和阻塞非阻塞的关系

用一个生活场景来加深理解：你去买薯条，服务员告诉你 5 分钟后才能好，那你就站在柜台旁开始等，但人没有睡过去，或许还在玩手机，这就是非阻塞，而且是同步非阻塞，在等但人没睡过去，还可以玩手机。

如果你没有等，只是告诉服务员薯条好了后告诉你或者你过段时间来看看状态（薯条做好了没的状态），就跑去逛街了，那这属于异步非阻塞。事实上，异步肯定是非阻塞的，因为异步肯定是要做其他事情，做其他事情是不可能睡过去的，所以切记，异步只能是非阻塞的。

需要注意，同步非阻塞形式实际上是效率低下的，想象一下你一边打着电话一边还需要抬头看到底队伍排到你了没有。如果把打电话和观察排队的位置看作程序的两个操作的话，那么这个程序需要在这两种不同的行为之间来回切换，可想而知效率是低下的；而异步非阻塞形式却没有这样的问题，因为打电话是你（等待者）的事情，而通知你则是服务员（消息触发机制）的事情，程序没有在两种不同的操作中来回切换。

同步非阻塞虽然效率不高，但比同步阻塞已经高了很多，同步阻塞除了等，其他任何事情都做不了，因为已经睡过去了。

以小明下载文件为例，对上述概念进行梳理：

（1）同步阻塞：小明一直盯着下载进度条，进度条到 100%的时候就下载完成。同步：等待下载完成。阻塞：等待下载完成过程中，不能做其他任务处理。

（2）同步非阻塞：小明提交下载任务后就去做别的任务，每过一段时间就去看一下进度条，进度条到 100%就下载完成。同步：等待下载完成。非阻塞：等待下载完成过程中去做别的任务了，只是时不时会看一下进度条；小明必须在两个任务之间切换，关注下载进度。

（3）异步阻塞：小明换了个有下载完成通知功能的软件，下载完成就“叮”一声，不过小明仍然一直等待“叮”的声音。异步：下载完成就“叮”一声通知。阻塞：等待下载完成“叮”一声通知过程中，不能做其他任务处理。

（4）异步非阻塞：仍然是那个会“叮”一声的下载软件，小明提交下载任务后就去做别的任务，听到“叮”的一声就知道下载完成了。异步：下载完成就“叮”一声通知。非阻塞：等待下载完成“叮”一声通知过程中，去做别的任务了，只需要接收“叮”声通知。

4.1.5 为什么要采用 socket I/O 模型

为什么要采用 socket I/O 模型，而不直接使用 socket？原因在于 recv()方法是阻塞式的，当多个客户端连接服务器时，其中一个 socket 的 recv 被调用时，会产生堵塞，使其他连接不能继续。对此我们想到用多线程来实现，每个 socket 连接使用一个线程，但这样做效率十分低下，根本不可能应对负荷较大的情况。于是便有了各种模型的解决方法，目的都是为了在实现多个线程同时访问时不产生堵塞。

如果使用"同步"的方式（即所有的操作都在一个线程内顺序执行完成）来通信，这么做缺点是很明显的：因为同步的通信操作会阻塞来自同一个线程的任何其他操作，只有这个操作完成了之后，后续的操作才可以完成。一个最明显的例子就是在有界面的程序中，直接使用阻塞 socket 调用的代码，整个界面都会因此而阻塞住没有响应，因此我们不得不为每一个通信的 socket 都建立一个线程，十分麻烦，所以要写高性能的服务器程序，要求通信一定是异步的。

各位读者肯定知道，可以使用"同步通信（阻塞通信）+多线程"的方式来改善同步阻塞线程的情况，那么想象一下：我们好不容易实现了让服务器端在每一个客户端连入之后，都要启动一个新的线程和客户端进行通信，有多少个客户端，就需要启动多少个线程，但是由于这些线程都处于运行状态，所以系统不得不在所有可运行的线程之间进行上下文的切换，我们自己是没什么感觉，但是 CPU 却痛苦不堪了，因为线程切换是相当浪费 CPU 时间的，如果客户端的连入线程过多，就会使得 CPU 都忙着去切换线程了，根本没有多少时间去执行线程体了，所以效率非常低下。

在阻塞 I/O 模式下，如果暂时不能接收数据，则接收函数（比如 recv）不会立即返回，而是等到有数据可以接收时才返回，如果一直没有数据，则该函数就会一直等待下去，应用程序也就挂起了，这对用户来说通常是不可接受的。显然，异步的接收方式更好一些，因为无法保证每次的接收调用总能适时地接收到数据。但异步的接收方式也有其复杂之处，比如立即返回的结果并不总是成功收发数据，实际上很可能会失败，最多的失败原因是 EWOULDBLOCK（可以使用整型 erron 得到发送和接收失败的原因）。这个失败原因较为特殊，也常出现，它的意思是说要进行的操作暂时不能完成，如果在以后的某个时间再次执行该操作也许就会成功。如果发送缓冲区已满，这时调用 send 函数就会出现这个错误；同理，如果接收缓冲区内没有内容，这时调用 recv 函数也会得到同样的错误。这并不意味着发送和接收调用会永远地失败下去，而是在以后某个适当的时间，比如发送缓冲区有空间了或接收缓冲区有数据了，这时再执行发送和接收操作就会成功。那么什么时间是恰当的呢？这就是 I/O 多路复用模型产生的原因了，它的作用就是通知应用程序发送或接收数据的时间点到了，可以开始收发了。

4.1.6 （同步）阻塞 I/O 模型

在 Linux 中，对于一次读取 I/O 的操作，数据并不会直接复制到程序的程序缓冲区，通常包括两个不同阶段：

（1）等待数据准备好，到达内核缓冲区。

（2）从内核向进程复制数据。

对于一个套接字上的输入操作，第一个阶段通常涉及等待数据从网络中到达。当所有等待分组到达时，它被复制到内核中的某个缓冲区。第二个阶段就是把数据从内核缓冲区复制到应用程序缓冲区。

同步阻塞 I/O 模型是最常用、最简单的模型。在 Linux 中，默认情况下，所有套接字都是阻塞的。下面我们以阻塞套接字的 recvfrom 调用来说明阻塞，如图 4-1 所示。

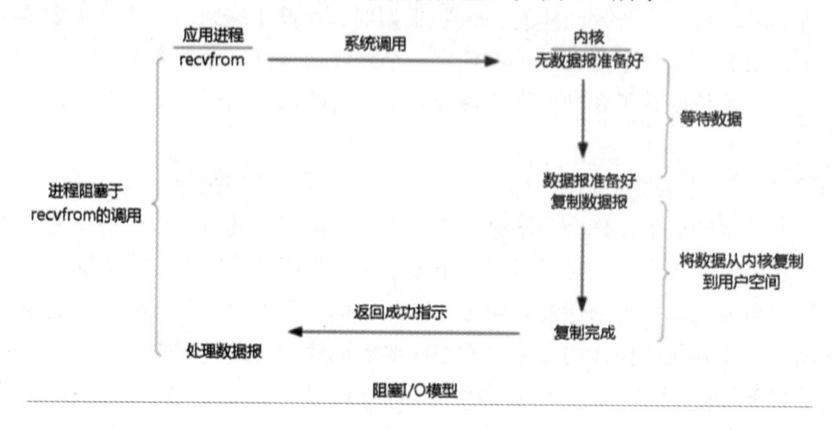

图 4-1

应用进程调用一个 recvfrom 请求，但是它不能立刻收到回复，直到数据返回，然后将数据从内核空间复制到程序空间。在 I/O 执行的两个阶段中，进程都处于 blocked（阻塞）状态，在等待数据返回的过程中不能做其他的工作，只能阻塞地等在那里。

该模型的优点是简单，实时性高，响应及时无延时；缺点也很明显，需要阻塞等待，性能差。

4.1.7 （同步）非阻塞式 I/O 模型

与阻塞式 I/O 不同的是，进门非阻塞的 recvform 系统调用之后，进程并没有被阻塞，内核马上返回给进程，如果数据还没准备好，此时会返回一个 errno（EAGAIN 或 EWOULDBLOCK）。进程在返回之后，可以处理其他的业务逻辑，过会儿再发起 recvform 系统调用。采用轮询的方式检查内核数据，直到数据准备好，再复制数据到进程，进行数据处理。在 Linux 下，可以通过设置套接字选项使套接字变为非阻塞。非阻塞的套接字的 recvfrom 操作如图 4-2 所示。

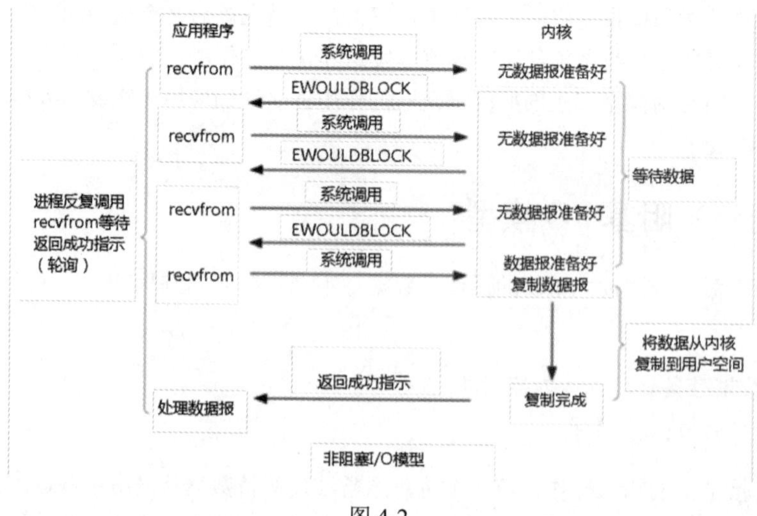

图 4-2

图 4-2 中，前三次调用 recvfrom 请求，但是并没有数据返回，所以内核返回 errno（EWOULDBLOCK），并不会阻塞进程。当第四次调用 recvfrom 时，数据已经准备好了，就将它从内核空间复制到程序空间，处理数据。在非阻塞状态下，I/O 执行的等待阶段并不是完全阻塞的，但是第二个阶段依然处于一个阻塞状态（调用者将数据从内核复制到用户空间，这个阶段阻塞）。该模型的优点是能够在等待任务完成的时间里做其他任务（包括提交其他任务，也就是“后台”可以同时执行多个任务）。缺点是任务完成的响应延迟增大了，因为每过一段时间才去轮询一次 read 函数，而任务可能在两次轮询之间的任意时间完成，这会导致整体数据吞吐量的降低。

4.1.8 （同步）I/O 多路复用模型

I/O 多路复用的好处是单个进程就可以同时处理多个网络连接的 I/O。它的基本原理就是不再由应用程序自己监视连接，而是由内核监视文件描述符。

以 select 函数为例，当用户进程调用 select 时，整个进程会被阻塞，而同时，kernel 会“监视”所有 select 负责的 socket，当任何一个 socket 中的数据准备好了，select 就会返回。这个时候用户进程再执行 read 操作，将数据从内核复制到用户进程，如图 4-3 所示。

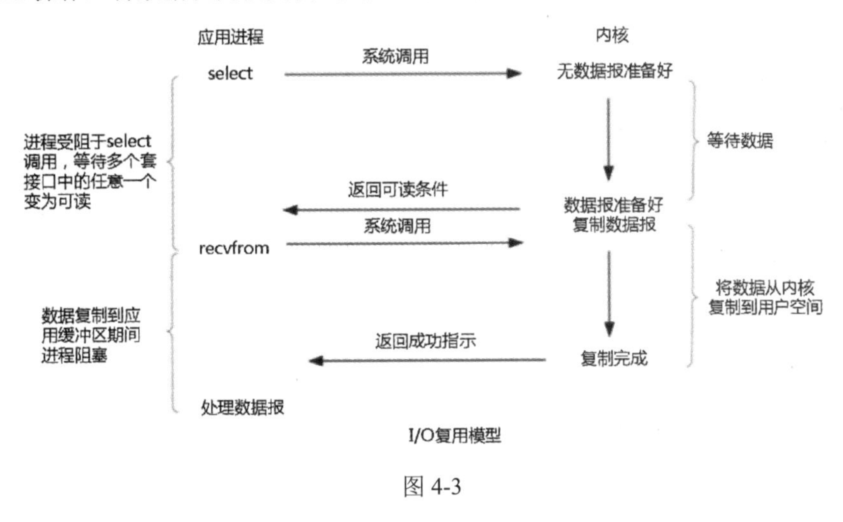

图 4-3

这里需要使用两个 system call（select 和 recvfrom），而阻塞 I/O 只调用了一个 system call（recvfrom），因此，如果处理的连接数不是很高的话，那么使用 I/O 复用的服务器并不一定比使用多线程+非阻塞阻塞 I/O 的性能更好，可能延迟还更大。I/O 复用的优势并不是对单个连接能处理得更快，而是单个进程就可以同时处理多个网络连接的 I/O。

实际使用时，对于每一个 socket，都可以设置为非阻塞，但是，如图 4-3 所示，整个用户的进程其实是一直被阻塞的，只不过进程是被 select 这个函数阻塞，而不是被 I/O 操作给阻塞。所以 I/O 多路复用是阻塞在 select、epoll 这样的系统调用之上，而没有阻塞在真正的 I/O 系统调用（如 recvfrom）上。

由于其他模型通常需要搭配多线程或多进程进行联合作战，因此与其他模型相比，I/O 多路复用的最大优势是系统开销小，系统不需要创建新的额外进程或者线程，也不需要维护这些进程或线程的运行，降底了系统维护的工作量，节省了系统资源。其主要应用场景如下：

（1）服务器需要同时处理多个处于监听状态或者连接状态的套接字。

（2）服务器需要同时处理多种网络协议的套接字，如同时处理 TCP 和 UDP 请求。

（3）服务器需要监听多个端口或处理多种服务。

（4）服务器需要同时处理用户输入和网络连接。

4.1.9 （同步）信号驱动式 I/O 模型

该模型允许 socket 进行信号驱动 I/O，并注册一个信号处理函数，进程继续运行并不阻塞。当数据准备好时，进程会收到一个 SIGIO 信号，可以在信号处理函数中调用 I/O 操作函数处理数据，如图 4-4 所示。

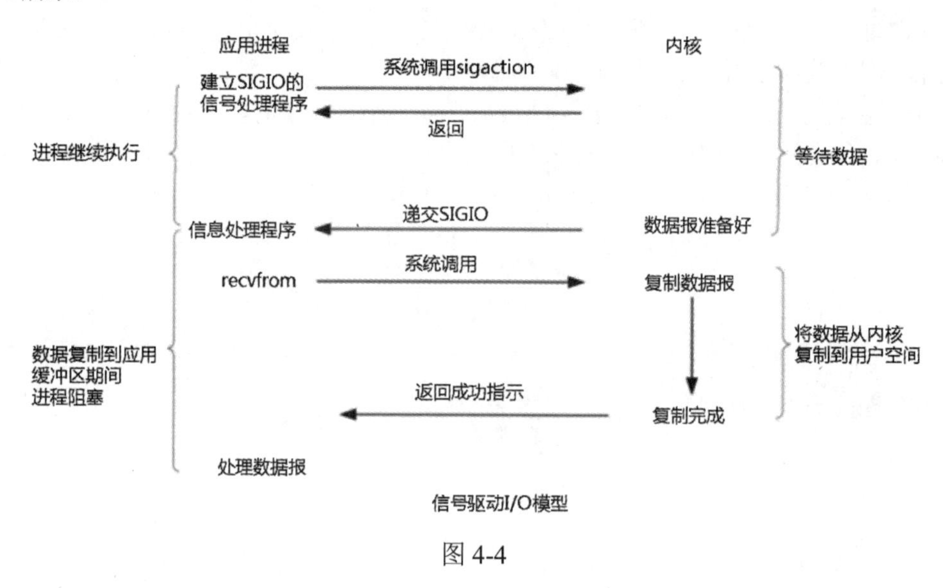

图 4-4

4.1.10 异步 I/O 模型

相对于同步 I/O，异步 I/O 不是顺序执行的。用户进程进行 aio_read 系统调用之后，就可以去处理其他的逻辑了，无论内核数据是否准备好，都会直接返回给用户进程，不会对进程造成阻塞。等到数据准备好了，内核直接复制数据到进程空间，然后由内核向进程发送通知，此时数据已经在用户空间了，可以对数据进行处理。

在 Linux 中，通知的方式是“信号”，分为以下 3 种情况：

（1）如果这个进程正在用户态处理其他逻辑，那就强行打断，调用事先注册的信号处理函数，该函数可以决定何时以及如何处理这个异步任务。由于信号处理函数是突然闯进来的，因此跟中断处理程序一样，有很多事情是不能做的，保险起见，一般是把事件“登记”一下放进队列，然后返回该进程原来在做的事。

（2）如果这个进程正在内核态处理，例如以同步阻塞方式读写磁盘，那就把这个通知挂起来，等到内核态的事情做完了，快要回到用户态的时候，再触发信号通知。

（3）如果这个进程现在被挂起了，例如陷入睡眠，那就把这个进程唤醒，等待 CPU 调度，触发信号通知。

异步 I/O 模型如图 4-5 所示。

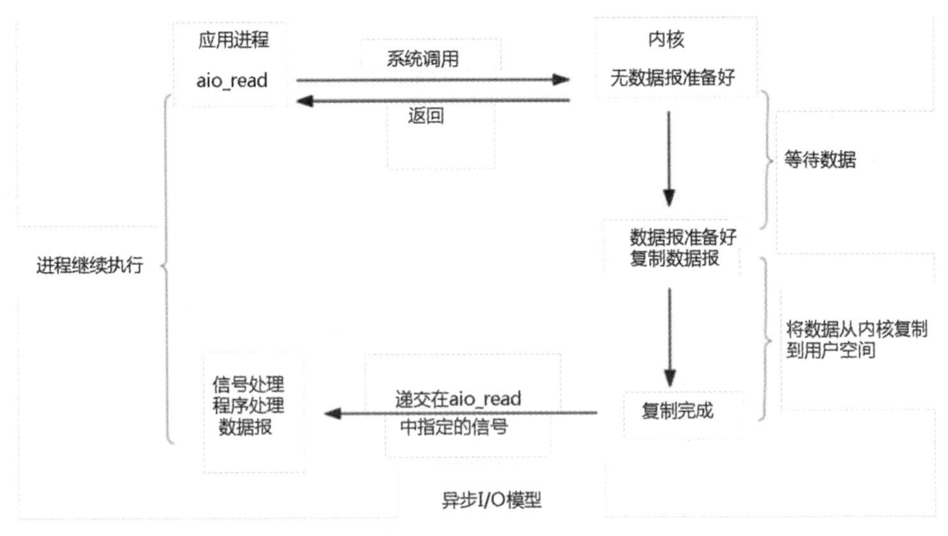

图 4-5

从图中可以看到，I/O 两个阶段的进程都是非阻塞的。

4.1.11　五种 I/O 模型的比较

现在对五种 I/O 模型进行一个比较，如图 4-6 所示。

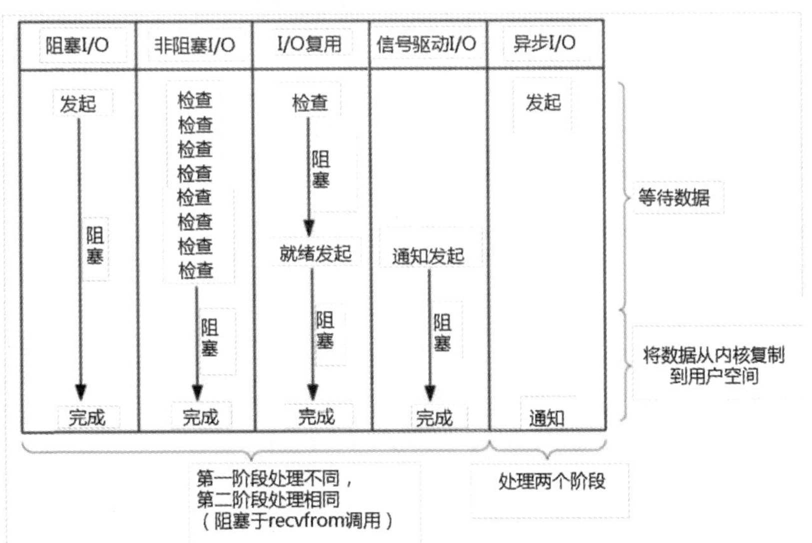

图 4-6

其实前四种 I/O 模型都是同步 I/O 操作，它们的区别在于第一阶段，而它们的第二阶段是一样的：在数据从内核复制到应用缓冲区（用户空间）期间，进程阻塞于 recvfrom 调用。相反，异步 I/O 模型在等待数据和接收数据的这两个阶段里面都是非阻塞的，可以处理其他的逻辑，用户进程将整个 I/O 操作交由内核完成，内核完成后会发送通知。在此期间，用户进程不需要去检查 I/O 操作的状态，也不需要主动复制数据。

在了解了 Linux 的 I/O 模型之后，就可以进行服务器设计了。当然，按照循序渐进的原则，我们从最简单的服务器讲起。

4.2 单进程循环服务器

单进程循环服务器也称分时循环服务器，它在同一时间点只可以响应一个客户端的请求，处理完一个客户端的工作才能处理下一个客户端的工作，就好像分时工作一样。循环服务器指的是对于客户端的请求和连接，服务器在处理完毕一个之后再处理另一个，即串行处理客户端的请求。这种类型的服务器一般适用于服务器与客户端一次传输的数据量较小、每次交互的时间较短的场合。根据使用的网络协议的不同（UDP 或 TCP），循环服务器又可分为无连接的循环服务器和面向连接的循环服务器。其中，无连接的循环服务器也称 UDP 循环服务器，它一般用在网络情况较好的场合，比如局域网中；面向连接的循环服务器使用了 TCP 协议，大大增强了可靠性，所以可以用在互联网上，但开销相对于无连接的服务器而言也较大。

单进程循环服务器是各种服务器结构的基础，它通常是基于阻塞式 I/O 模型的。这种服务器并不实用，因为它总是在完成一个用户的服务后才开始服务下一个用户，平均响应时间将会很长；另外它对 CPU 的利用率很低，当对某个用户的服务阻塞在 I/O 操作上时，服务器必须停下来等待，因而服务器的吞吐量也很低。

可以修改单进程循环服务器使它基于非阻塞 I/O，这样可以在某个用户服务阻塞时避免 CPU 空闲，而为其他用户服务。但是由于应用程序不知道什么时候请求 I/O 操作不会被阻塞，因此不得不采取轮询的办法，而这同样会导致 CPU 时间的极大浪费。

4.2.1 UDP 循环服务器

UDP 循环服务器的实现方法：UDP 服务器每次都从套接字上读取一个客户端的请求，然后进行处理，再将处理结果返回给客户端。算法流程如下：

```
socket(...);
bind(...);
while(1)
{
recvfrom(...);
process(...);
sendto(...);
}
```

因为 UDP 是非面向连接的，没有一个客户端可以一直占用服务端，所以服务器对于每一个客户端的请求总是能够满足。

【例 4.1】一个简单的 UDP 循环服务器

（1）首先打开 VC2017，新建一个 Linux 控制台工程，工程名是 udpserver，该工程作为服务器端。然后在工程中打开 main.cpp，并输入如下代码：

```
#include <sys/types.h>
#include <sys/socket.h>
#include <netinet/in.h>
#include <arpa/inet.h>
#include <string.h>
#include <unistd.h>
#include <errno.h>
#include <stdio.h>
char rbuf[50], sbuf[100];
int main()
{
    int sockfd, size, ret;
    char on = 1;
    struct sockaddr_in saddr;
    struct sockaddr_in raddr;

    //设置地址信息，IP 信息
    size = sizeof(struct sockaddr_in);
    memset(&saddr, 0, size);
    saddr.sin_family = AF_INET;
    saddr.sin_port = htons(8888);
    saddr.sin_addr.s_addr = htonl(INADDR_ANY);

    //创建 UDP 的套接字
    sockfd = socket(AF_INET, SOCK_DGRAM, 0);
    if (sockfd < 0)
    {
        puts("socket failed");
        return -1;
    }
    //设置端口复用
    setsockopt(sockfd, SOL_SOCKET, SO_REUSEADDR, &on, sizeof(on));
    //绑定地址信息，IP 信息
    ret = bind(sockfd, (struct sockaddr*)&saddr, sizeof(struct sockaddr));
    if (ret < 0)
    {
        puts("sbind failed");
        return -1;
    }
    int  val = sizeof(struct sockaddr);

    while (1)  //循环接收客户端发来的消息
    {
        puts("waiting data");
        ret = recvfrom(sockfd, rbuf, 50, 0, (struct sockaddr*)&raddr,
```

```
(socklen_t*)&val);
            if (ret < 0) perror("recvfrom failed");
            printf("recv data :%s\n", rbuf);
            sprintf(sbuf,"server has received your data(%s)\n", rbuf);
            ret = sendto(sockfd, sbuf, strlen(sbuf), 0, (struct sockaddr*)&raddr,
sizeof(struct sockaddr));
            memset(rbuf, 0, 50);
        }
        close(sockfd); //关闭 UDP 套接字
        getchar();
        return 0;
    }
```

代码很简单，创建一个 UDP 套接字，设置端口复用，绑定 socket 地址后就通过一个 while 循环来等待客户端发来的消息。若没有数据过来就在 recvfrom 函数上阻塞着，若有消息就打印出来，并组成一个新的消息（存于 sbuf）后用 sento 发送给客户端。

（2）下面设计客户端程序。为了更贴近一线企业级实战环境，我们准备把客户端程序放到 Windows 系统上去，这是因为很多网络系统的服务器端都是运行在 Linux 上，而客户端大多运行在 Windows 上。我们有必要在学习阶段就贴近一线实战环境，这样才能做到心中有数。如果读者没有学过 Windows 下的编程，推荐参考清华大学出版社出版的《Visual C++2017 从入门到精通》。把客户端放到 Windows 上的另外一个好处是我们可以充分利用宿主机了，这样网络程序就运行在两台主机上，服务器端运行在虚拟机 Ubuntu 上，客户端运行在宿主机 Windows 7 上，可以更好地模拟网络环境。

再打开另外一个 VC2017，新建一个 Windows 控制台应用程序，工程名是 client，作为客户端程序。打开 sbuf.cpp，输入如下代码：

```
    #include "pch.h"
    #include <stdio.h>
    #include <winsock.h>
    #pragma comment(lib,"wsock32")  //声明引用库
    #define  BUF_SIZE  200
    #define PORT 8888
    char wbuf[50], rbuf[100];
    int main()
    {
        SOCKET  s;
        int    len;
        WSADATA  wsadata;
        struct hostent *phe;      /*host information     */
        struct servent *pse;      /* server information  */
        struct protoent *ppe;     /*protocol information */
        struct sockaddr_in saddr,raddr;   /*endpoint IP address  */
        int fromlen,ret,type;
        if (WSAStartup(MAKEWORD(2, 0), &wsadata) != 0)
        {
            printf("WSAStartup failed\n");
            WSACleanup();
```

```
        return -1;
    }
    memset(&saddr, 0, sizeof(saddr));
    saddr.sin_family = AF_INET;
    saddr.sin_port = htons(PORT);
    saddr.sin_addr.s_addr = inet_addr("192.168.0.153");

    /**** get protocol number  from protocol name  ****/
    if ((ppe = getprotobyname("UDP")) == 0)
    {
        printf("get protocol information error \n");
        WSACleanup();
        return -1;
    }
    s = socket(PF_INET, SOCK_DGRAM, ppe->p_proto);
    if (s == INVALID_SOCKET)
    {
        printf(" creat socket error \n");
        WSACleanup();
        return -1;
    }
    fromlen = sizeof(struct sockaddr);  //注意 fromlen 必须是 sockaddr 结构体的大小
    printf("please enter data:");
    scanf_s("%s", wbuf, sizeof(wbuf));
    ret = sendto(s, wbuf, sizeof(wbuf), 0, (struct
sockaddr*)&saddr,sizeof(struct sockaddr));
    if (ret < 0) perror("sendto failed");
    len = recvfrom(s, rbuf, sizeof(rbuf), 0, (struct sockaddr*)&raddr, &fromlen);
    if(len < 0) perror("recvfrom failed");
    printf("server reply:%s\n", rbuf);

    closesocket(s);
    WSACleanup();
    return 0;
}
```

代码中首先用库函数 WSAStartup 初始化 Windows socket 库，然后设置服务器端的 socket 地址 saddr，包括 IP 地址和端口号。再调用 socket 函数创建一个 UDP 套接字，如果成功就进入 while 循环，开始执行发送、接收操作，当用户输入字符 q 时即可退出循环。

（3）保存工程并运行。先运行服务器端程序，然后在 VC2017 中按组合键 Ctrl+F5 运行客户端程序，客户端运行结果如图 4-7 所示。

图 4-7

服务器端程序运行结果如下：

```
waiting data
recv data :abc
waiting data
```

如果开启多个客户端程序，则服务器端也可以为多个客户端程序进行服务，因为现在的服务器端工作逻辑很简单，只需组织一下字符串然后发给客户端，接着就可以继续为下一个客户端服务了。这也是分时循环服务器的特点，只能处理耗时较少的工作。

4.2.2 TCP 循环服务器

TCP 循环服务器接收一个客户端的连接，然后进行处理，完成了这个客户端的所有请求后，断开连接。

TCP 循环服务器工作流程如下：

步骤 01 创建套接字并将它绑定到指定端口，然后开始监听。

步骤 02 当客户端连接到来时，accept 函数返回新的连接套接字。

步骤 03 服务器在该套接字上进行数据的接收和发送。

步骤 04 在完成与该客户端的交互后关闭连接，返回执行步骤 02。

写成算法伪代码就是：

```
socket(...);
bind(...);
listen(...);
while(1)
{
accept(...);
process(...);
close(...);
}
```

TCP 循环服务器一次只能处理一个客户端的请求，只有在这个客户端的所有请求都被满足后，服务器才可以继续后面的请求。如果有一个客户端占住服务器不放，那么其他的客户端就都不能工作了，因此 TCP 服务器一般很少用循环服务器模型。

【例 4.2】一个简单的 TCP 循环服务器

（1）首先打开 VC2017，新建一个 Linux 控制台工程，工程名是 tcpServer，作为服务器端。然后在 main.cpp 中输入如下代码：

```
#include <sys/types.h>
#include <sys/socket.h>
#include <netinet/in.h>
#include <arpa/inet.h>
#include <string.h>
#include <unistd.h>
#include <errno.h>
#include <stdio.h>
#define  BUF_SIZE  200
```

```
#define PORT 8888
int main()
{
    struct   sockaddr_in fsin;
    int      clisock,alen, connum = 0, len, s;
    char     buf[BUF_SIZE] = "hi,client", rbuf[BUF_SIZE];
    struct  servent *pse;    /* server information    */
    struct  protoent *ppe;    /* proto information    */
    struct sockaddr_in sin;   /* endpoint IP address   */

    memset(&sin, 0, sizeof(sin));
    sin.sin_family = AF_INET;
    sin.sin_addr.s_addr = INADDR_ANY;
    sin.sin_port = htons(PORT);

    s = socket(PF_INET, SOCK_STREAM, 0);
    if (s == -1)
    {
        printf("creat socket error \n");
        getchar();
        return -1;
    }
    if (bind(s, (struct sockaddr *)&sin, sizeof(sin)) == -1)
    {
        printf("socket bind error \n");
        getchar();
        return -1;
    }
    if (listen(s, 10) == -1)
    {
        printf("  socket listen error \n");
        getchar();
        return -1;
    }
    while (1)
    {
        alen = sizeof(struct sockaddr);
        puts("waiting client...");
        clisock = accept(s, (struct sockaddr *)&fsin,(socklen_t*)&alen);
        if (clisock == -1)
        {
            printf("accept failed\n");
            getchar();
            return -1;
        }
        connum++;
        printf("%d  client  comes\n", connum);
        len = recv(clisock, rbuf, sizeof(rbuf), 0);
        if (len < 0) perror("recv failed");
        sprintf(buf,"Server has received your data(%s).", rbuf);
```

```
        send(clisock, buf, strlen(buf), 0);
        close(clisock);
    }
    return 0;
}
```

代码中，每次接收一个客户端连接，就发送一段数据，然后关闭客户端连接。这就算完成一次服务，然后再次监听下一个客户端的连接请求。

（2）再次打开一个 VC2017，新建一个 Windows 控制台应用程序，工程名是 client，作为客户端程序，在 client.cpp 中输入如下代码：

```
#include "pch.h"
#include <stdio.h>
#include <winsock.h>
#pragma comment(lib,"wsock32")
#define  BUF_SIZE  200
#define PORT 8888
char wbuf[50], rbuf[100];
int main()
{
    char   buff[BUF_SIZE];
    SOCKET  s;
    int    len;
    WSADATA  wsadata;
    struct hostent *phe;      /*host information     */
    struct servent *pse;      /* server information  */
    struct protoent *ppe;     /*protocol information */
    struct sockaddr_in saddr;   /*endpoint IP address  */
    int   type;
    if (WSAStartup(MAKEWORD(2, 0), &wsadata) != 0)
    {
        printf("WSAStartup failed\n");
        WSACleanup();
        return -1;
    }
    memset(&saddr, 0, sizeof(saddr));
    saddr.sin_family = AF_INET;
    saddr.sin_port = htons(PORT);
    saddr.sin_addr.s_addr = inet_addr("192.168.0.153");
    s = socket(PF_INET, SOCK_STREAM, 0);
    if (s == INVALID_SOCKET)
    {
        printf(" creat socket error \n");
        WSACleanup();
        return -1;
    }
    if (connect(s, (struct sockaddr *)&saddr, sizeof(saddr)) == SOCKET_ERROR)
    {
        printf("connect socket  error \n");
```

```
        WSACleanup();
        return -1;
    }
    printf("please enter data:");
    scanf_s("%s", wbuf, sizeof(wbuf));
    len = send(s, wbuf, sizeof(wbuf), 0);
    if (len < 0) perror("send failed");
    len = recv(s, rbuf, sizeof(rbuf), 0);
    if (len < 0) perror("recv failed");
    printf("server reply:%s\n", rbuf);
    closesocket(s); //关闭套接字
    WSACleanup(); //释放winsock库
    return 0;
}
```

客户端连接服务器成功后，就通过用户输入发送一段的数据，再接收服务器端的数据，接收成功后打印输出，然后关闭套接字，并释放 Winsock 库，结束程序。

（3）保存工程并运行。先运行服务器端，再运行客户端，客户端运行结果如图 4-8 所示。

图 4-8

服务器端运行结果如下：

```
waiting client...
1 client  comes
waiting client...
```

4.3　多进程并发服务器

在 Linux 环境下多进程的应用很多，其中最主要的就是客户端/服务器应用。多进程服务器是当客户端有请求时，服务器就用一个子进程来处理客户端的请求，父进程继续等待其他客户端的请求。这种方法的优点是当客户端有请求时，服务器能及时处理，特别是在客户端/服务器交互系统中。对于一个 TCP 服务器，客户端与服务器的连接可能并不马上关闭，会等到客户端提交某些数据后再关闭，这段时间服务器端的进程会被阻塞，因此操作系统可能会调度其他客户端服务进程，这比起循环服务器来说大大提高了服务性能。

4.3.1　多进程并发服务器的分类

并发服务器可以同时向所有发起请求的服务器提供服务，大大降低了客户端整体等待服务器传输信息的时间，同时，由于网络程序中，数据通信时间比 CPU 运算时间长，因此采用并发服务器可以大大提高 CPU 的利用率。多进程服务器就是通过创建多个进程提供服务。

多进程并发服务器可以分为两类，一类是来一个客户端就创建一个服务进程为它服务，另一类是预创建进程的多进程服务器。

多进程服务器比较适合 Linux 系统，要想实现多进程，我们可以使用 fork()函数来创建进程。

4.3.2 fork 函数的使用

多进程服务器的关键在于多进程，对此有必要介绍一下 fork 函数。理解好 fork 函数是设计多进程并发服务器的关键。在 Linux 系统中，创建子进程的方法是使用系统调用 fork 函数。fork 函数是 Linux 系统中一个非常重要的函数，它与我们之前学过的函数有一个显著的区别：fork 函数调用一次却会得到两个返回值。该函数声明如下：

```
#include<sys/types.h>
#include<unistd.h>
pid_t fork();
```

若成功调用一次 fork 函数则返回两个值，子进程返回 0，父进程返回子进程 ID（大于 0）；否则失败返回-1。

fork 函数用于从一个已经存在的进程内创建一个新的进程，新的进程称为“子进程”，相应地称创建子进程的进程为“父进程”。使用 fork 函数得到的子进程是父进程的复制品，子进程完全复制了父进程的资源，包括进程上下文、代码区、数据区、堆区、栈区、内存信息、打开文件的文件描述符、信号处理函数、进程优先级、进程组号、当前工作目录、根目录、资源限制和控制终端等信息，而子进程与父进程的区别在于进程号、资源使用情况和计时器等。

注意：子进程持有的是上述存储空间的“副本”，这意味着父、子进程间不共享这些存储空间。

由于复制父进程的资源需要大量的操作，十分浪费时间与系统资源，因此 Linux 内核采取了写时复制技术（copy on write）来提高效率。由于子进程对父进程几乎是完全复制，父、子进程会同时运行同一个程序，因此需要某种方式来区分父、子进程。区分父、子进程常见的方法为查看 fork()函数的返回值或区分父、子进程的 PID。

比如下列代码用 fork()函数创建子进程，父、子进程分别输出不同的信息：

```
#include<stdio.h>
#include<sys/types.h>
#include<unistd.h>
int main()
{
    pid_t pid;
    pid = fork();//获得 fork()的返回值，根据返回值判断父进程/子进程
    if(pid==-1)//若返回值为-1，则表示创建子进程失败
    {
        perror("cannot fork");
        return -1;
    }
    else if(pid==0)//若返回值为 0，表示该部分代码为子进程代码
    {
        printf("This is child process\n");
```

```
        printf("pid is %d, My PID is %d\n",pid,getpid());
    }
    else//若返回值>0，则表示该部分为父进程代码，返回值是子进程的 PID
    {
        printf("This is parent process\n");
        printf("pid is %d, My PID is %d\n",pid,getpid());//getpid()获得的是自己的进程号
    }
    return 0;
}
```

第一次使用 fork()函数的读者可能会有一个疑问：fork 函数怎么会得到两个返回值，而且两个返回值都使用变量 pid 存储，这样不会冲突吗？

在使用 fork()函数创建子进程的时候，我们的头脑内始终要有一个概念：在调用 fork 函数前是一个进程在执行这段代码，而调用 fork 函数后就变成了两个进程在执行这段代码，两个进程所执行的代码完全相同，都会执行接下来的 if-else 判断语句块。

当子进程从父进程内复制后，父进程与子进程内就都有一个 pid 变量：在父进程中，fork 函数会将子进程的 PID 返回给父进程，即父进程的 pid 变量内存储的是一个大于 0 的整数；而在子进程中，fork 函数会返回 0，即子进程的 pid 变量内存储的是 0；如果创建进程出现错误，则会返回-1，不会创建子进程。fork 函数一般不会返回错误，若 fork 函数返回错误，则可能是当前系统内进程已经达到上限，或者内存不足。

注意，父、子进程的运行顺序是完全随机的（取决于系统的调度），也就是说在使用 fork 函数的默认情况下，无法控制父进程在子进程前进行还是子进程在父进程前进行。另外，子进程完全复制了父进程的资源，如果是内核对象的话，那么就是引用计数+1，比如文件描述符等；如果是非内核对象，比如 int i=1;，那么子进程中的 i 也是 1，如果为子进程赋值 i=2，不会影响父进程的值。

TCP 多进程并发服务器的思想是每一个客户端的请求并不由服务器直接处理，而是由服务器创建一个子进程来进行处理，其编程模型如图 4-9 所示。

```
1  #include <头文件>
2  int main(int argc, char *argv[])
3  {
4      创建套接字sockfd
5      绑定(bind)套接字sockfd
6      监听(listen)套接字sockfd
7
8      while(1)
9      {
10         int connfd = accept();
11
12         if(fork() == 0)     //子进程
13         {
14             close(sockfd); //关闭监听套接字sockfd
15
16             fun();         //服务客户端的具体事件在fun里实现
17
18             close(connfd); //关闭已连接套接字connfd
19             exit(0);       //结束子进程
20         }
21         close(connfd);     //关闭已连接套接字connfd
22     }
23     close(sockfd);
24     return 0;
25 }
```

图 4-9

其中 fork 函数用于创建子进程。如果 fork 返回 0，则后面是子进程要执行的代码，比如图 4-9 中 if(fork()==0)语句中的代码是子进程执行的代码。子进程代码中，先要关闭一次监听套接字，因为监听套接字属于内核对象，当创建子进程的时候会导致操作系统底层对该内核对象的引用计数加 1，也就意味着现在该描述符对应的底层结构的引用计数会是 2，而只有当它的引用计数是 0 的时候，这个监听描述符才算真正关闭，所以子进程中需要关闭一次监听套接字，让引用计数变为 1，然后父进程中再关闭时，就会变为 0 了。在子进程中关闭监听套接字后，主进程的监听功能不受影响（因为没有真正关闭，底层该内核的对象的引用计数为 1，还不是 0），然后执行 fun 函数（fun 函数是处理子进程工作的功能函数），执行结束后，就关闭子进程连接套接字 connfd（子进程任务处理结束了，可以准备和客户端断开）。到此子进程全部执行完毕。而父进程执行 if 外面的代码，由于 connfd 也被子进程复制了一次，导致底层内核对象的引用计数为 2 了，因此父进程代码中也要将它关闭一次，其实就是让内核对象引用计数减 1，这样在子进程中调用 close(connfd);的时候就可以真正关闭了（内核对象引用计数变为了 0）。父进程执行完 close(connfd);后，就继续下一轮循环，执行 accept 函数，阻塞等待新的客户端连接。下面我们上机实战。

【例 4.3】一个简单的多进程 TCP 服务器

（1）首先打开 VC2017，新建一个 Linux 控制台工程，工程名是 tcpForkServer，作为服务器端。然后在 main.cpp 中输入如下代码：

```
#include <cstdio>
#include <stdio.h>
#include <stdlib.h>
#include <string.h>
#include <unistd.h>
#include <sys/socket.h>
#include <netinet/in.h>
#include <arpa/inet.h>

int main(int argc, char *argv[])
{
    unsigned short port = 8888;     //服务器端口
    char on = 1;
    int sockfd = socket(AF_INET, SOCK_STREAM, 0);//1.创建 TCP 套接字
    if (sockfd < 0)
    {
        perror("socket");
        exit(-1);
    }
    //配置本地网络信息
    struct sockaddr_in my_addr;
    bzero(&my_addr, sizeof(my_addr));     //清空
    my_addr.sin_family = AF_INET;         //IPv4
    my_addr.sin_port = htons(port);       //端口
    my_addr.sin_addr.s_addr = htonl(INADDR_ANY); //ip
    setsockopt(sockfd, SOL_SOCKET, SO_REUSEADDR, &on, sizeof(on));//端口复用
   int err_log = bind(sockfd, (struct sockaddr*)&my_addr, sizeof(my_addr));//2.
绑定
```

```
        if (err_log != 0)
        {
            perror("binding");
            close(sockfd);
            getchar();
            exit(-1);
        }
        err_log = listen(sockfd, 10);//监听 将主动套接字变为被动套接字
        if (err_log != 0)
        {
            perror("listen");
            close(sockfd);
            exit(-1);
        }
        while (1) //主进程 循环等待客户端的连接
        {
            char cli_ip[INET_ADDRSTRLEN] = { 0 };
            struct sockaddr_in client_addr;
            socklen_t cliaddr_len = sizeof(client_addr);
            puts("Father process is waitting client...");
            //等待客户端连接，如果有连接过来则取出客户端已完成的连接
            int connfd = accept(sockfd, (struct sockaddr*)&client_addr,
&cliaddr_len);
            if (connfd < 0)
            {
                perror("accept");
                close(sockfd);
                exit(-1);
            }
            pid_t pid = fork();
            if (pid < 0) {
                perror("fork");
                _exit(-1);
            }
            else if (0 == pid) {     //子进程 接收客户端的信息，并返回给客户端
                close(sockfd);       //关闭监听套接字，这个套接字是从父进程继承过来的
                char recv_buf[1024] = { 0 };
                int recv_len = 0;
                //打印客户端的 IP 地址和端口号
                memset(cli_ip, 0, sizeof(cli_ip)); //清空
                inet_ntop(AF_INET, &client_addr.sin_addr, cli_ip,
INET_ADDRSTRLEN);
                printf("----------------------------------------------\n");
                printf("client ip=%s,port=%d\n", cli_ip,
ntohs(client_addr.sin_port));
                //循环接收数据
                while ((recv_len = recv(connfd, recv_buf, sizeof(recv_buf), 0)) >
0)
                {
                    printf("recv_buf: %s\n", recv_buf);     //打印数据
```

```
                send(connfd, recv_buf, recv_len, 0);    //给客户端返回数据
            }
            printf("client_port %d closed!\n", ntohs(client_addr.sin_port));
            close(connfd);          //关闭已连接套接字
            exit(0);                //子进程结束
        }
        else if (pid > 0)           //父进程
            close(connfd);          //关闭已连接套接字
    }
    close(sockfd);
    return 0;
}
```

代码中首先创建 TCP 套接字，然后绑定套接字，接着开始监听。随后开启 while 循环等待客户端连接，如果有连接过来则取出客户端已完成的连接，此时调用 fork 函数创建子进程，对该客户端进行处理。这里的处理逻辑很简单，先是打印客户端的 IP 地址和端口号，然后把客户端发送过来的数据再原样送还回去，如果客户端关闭连接，则循环接收数据结束，最后子进程结束。而父进程更轻松，调用 fork 后就关闭连接套接字（实质是让内核计数器减 1），然后继续等待下一个客户端连接。

（2）下面设计客户端。为了贴近一线开发实际情况，我们依旧把客户端放在 Windows 上，实现 Windows 和 Linux 的联合作战，也是为了更好地利用机器资源，即通过虚拟机和宿主机就可以构建出一个最简单的网络环境。此处为了节省篇幅，而且客户端代码也比较简单（和例 4.2 类似），就不再演示客户端代码了。

（3）保存工程并运行。先运行服务器端程序，再运行 3 个客户端程序，第一个客户端程序可以直接在 VC 中按组合键 Ctrl+F5 运行，之后两个客户端程序可以在 VC2017 的“解决方案资源管理器”中，右击 client，然后在快捷菜单上选择“调试”→“启动新实例”来运行。当 3 个客户端程序都运行起来后，服务器端就显示收到了 3 个连接，如下所示：

```
Father process is waitting client...
Father process is waitting client...
-----------------------------------------------
client ip=192.168.0.177,port=2646
Father process is waitting client...
-----------------------------------------------
client ip=192.168.0.177,port=2650
Father process is waitting client...
-----------------------------------------------
client ip=192.168.0.177,port=2651
```

可以看到，客户端 IP 地址都一样，但端口号不同，说明是 3 个不同的客户端进程发来的请求。“Father process is waitting client...”这句话可能在子进程打印的“client ip=...”语句之前，也可能在之后，说明父进程代码和子进程代码具体谁先执行是不可预知的，是操作系统调度的。

此时 3 个客户端都在等待输入消息，如图 4-10 所示。

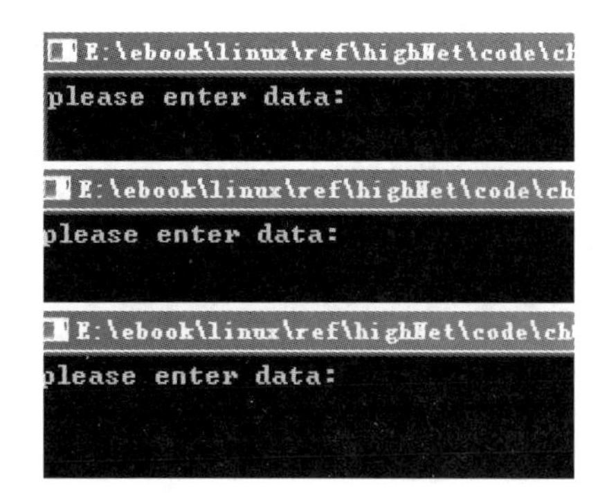

图 4-10

我们分别为 3 个客户端输入消息，比如"aaa"、"bbb"和"ccc"，然后就可以发现服务器端能收到消息了，如下所示：

```
Father process is waitting client...
Father process is waitting client...
----------------------------------------------
client ip=192.168.0.177,port=2646
Father process is waitting client...
----------------------------------------------
client ip=192.168.0.177,port=2650
Father process is waitting client...
----------------------------------------------
client ip=192.168.0.177,port=2651
recv_buf: aaa
client_port 2646 closed!
recv_buf: bbb
client_port 2650 closed!
recv_buf: ccc
client_port 2651 closed!
```

4.4　多线程并发服务器

多线程服务器是对多进程的服务器的改进，由于多进程服务器在创建进程时要消耗较大的系统资源，因此用线程来取代进程，这样服务处理程序可以较快创建。据统计，创建线程比创建进程要快 10100 倍，因此又把线程称为“轻量级”进程。线程与进程不同的是：一个进程内的所有线程共享相同的全局内存、全局变量等信息。这种机制又带来了同步问题。

前面我们设计的服务器只有一个主线程，没有用到多线程，现在开始要用多线程了。如果有读者没学过多线程的话，可以参考清华大学出版社出版的《Linux C/C++一线开发实战》，该书详述了 Linux 下的多线程编程。

并发服务器在同一个时刻可以响应多个客户端的请求，尤其是针对处理一个客户端的工作需要较长时间的场合。并发服务器更多的是用在 TCP 服务器上，因为 TCP 服务器通常用来处理和单一客户端交互较长的情况。

多线程并发 TCP 服务器可以同时处理多个客户端请求，并发服务器常见的设计是“一个请求一个线程”：针对每个客户端请求，主线程都会单独创建一个工作者线程，由工作者线程负责和客户端进行通信。多线程并发服务器的编程模型如图 4-11 所示。

```
1   #include <头文件>
2   int main(int argc, char *argv[])
3   {
4       创建套接字sockfd
5       绑定(bind)套接字sockfd
6       监听(listen)套接字sockfd
7
8       while(1)
9       {
10          int connfd = accept();
11          pthread_t tid;
12          pthread_create(&tid, NULL, (void *)client_fun, (void *)connfd);
13          pthread_detach(tid);
14      }
15      close(sockfd);//关闭监听套接字
16      return 0;
17  }
18  void *client_fun(void *arg)
19  {
20      int connfd = (int)arg;
21      fun();//服务于客户端的具体程序
22      close(connfd);
23  }
```

图 4-11

在图 4-11 的代码中，首先进行套接字的创建、绑定和监听 3 部曲，然后开启 while 循环，阻塞等待客户端的连接。如果有连接过来，就用非阻塞库函数 pthread_create 创建一个线程，线程函数是 client_fun，在这个线程函数中具体处理和客户端打交道的工作，而主线程的 pthread_create 后面的代码会继续执行下去（不会等到 client_fun 结束返回）。然后调用 pthread_detach 函数将该子线程的状态设置为detach状态，这样该子线程运行结束后会自动释放所有资源（自己清理掉PCB的残留资源）。pthread_detach 函数也是非阻塞函数，执行完毕后就回到循环体开头继续执行 accept，等待新的客户端连接。

注意，Linux 线程的执行和 Windows 不同，pthread_create 创建的线程有两种状，joinable 状态和 unjoinable 状态（也就是 detach 状态），如果线程是 joinable 状态，则当线程函数自己返回退出时或 pthread_exit 时都不会释放线程所占用的堆栈和线程描述符（总计 8K 多）；只有调用了 pthread_join 之后这些资源才会被释放。若是 unjoinable 状态的线程，则这些资源在线程函数退出时或 pthread_exit 时会被自动释放。一般情况下，线程终止后，其终止状态一直保留到其他线程调用 pthread_join 获取它的状态为止（或者进程终止被回收了）。但是线程也可以被置为 detach 状态，这样的线程一旦终止就立刻回收它占用的所有资源，而不保留终止状态。不能对一个已经处于 detach 状态的线程调用 pthread_join，这样的调用将返回 EINVAL 错误（22 号错误），也就是说，如果已经对一个线程调用了 pthread_detac，就不能再调用 pthread_join。

看起来，多线程并发服务器模型比多进程并发服务器模型更加简单些。下面我们小试牛刀，来实现一个简单的多线程并发服务器。

【例 4.4】一个简单的多线程并发服务器

（1）首先打开 VC2017，新建一个 Linux 控制台工程，工程名是 tcpForkServer，作为服务器端。然后在 main.cpp 中输入如下代码：

```
#include <cstdio>
#include <stdio.h>
#include <stdlib.h>
#include <string.h>
#include <unistd.h>
#include <sys/socket.h>
#include <netinet/in.h>
#include <arpa/inet.h>
#include <pthread.h>
void *client_process(void *arg) //线程函数，处理客户端信息，函数参数是已连接套接字
{
    int recv_len = 0;
    char recv_buf[1024] = "";           //接收缓冲区
    long tmp = (long)arg;               //在 64 位的 Ubuntu 上，long 也是 64 位
    int connfd = (int)tmp;              //传过来的已连接套接字
    //接收数据
    while ((recv_len = recv(connfd, recv_buf, sizeof(recv_buf), 0)) > 0)
    {
        printf("recv_buf: %s\n", recv_buf);     //打印数据
        send(connfd, recv_buf, recv_len, 0);    //给客户端返回数据
    }
    printf("client closed!\n");
    close(connfd);  //关闭已连接套接字
    return  NULL;
}
int main()  //主函数，建立一个 TCP 并发服务器
{
    int sockfd = 0, connfd = 0,err_log = 0;
    char on = 1;
    struct sockaddr_in my_addr;                             //服务器地址结构体
    unsigned short port = 8888;                             //监听端口
    pthread_t thread_id;
    sockfd = socket(AF_INET, SOCK_STREAM, 0);               //创建 TCP 套接字
    if (sockfd < 0)
    {
        perror("socket error");
        exit(-1);
    }
    bzero(&my_addr, sizeof(my_addr));                       //初始化服务器地址
    my_addr.sin_family = AF_INET;
    my_addr.sin_port = htons(port);
    my_addr.sin_addr.s_addr = htonl(INADDR_ANY);
    printf("Binding server to port %d\n", port);
    setsockopt(sockfd, SOL_SOCKET, SO_REUSEADDR, &on, sizeof(on)); //端口复用
    err_log = bind(sockfd, (struct sockaddr*)&my_addr, sizeof(my_addr));//绑
```

```
定
        if (err_log != 0)
        {
            perror("bind");
            close(sockfd);
            getchar();
            exit(-1);
        }
        err_log = listen(sockfd, 10);   //监听，将主动套接字变为被动套接字
        if (err_log != 0)
        {
            perror("listen");
            close(sockfd);
            exit(-1);
        }
        while (1)
        {
            char cli_ip[INET_ADDRSTRLEN] = "";                  //用于保存客户端 IP 地址
            struct sockaddr_in client_addr;                     //用于保存客户端地址
            socklen_t cliaddr_len = sizeof(client_addr);   //必须初始化!!!
            printf("Waiting client...\n");
            //获得一个已经建立的连接
            connfd = accept(sockfd, (struct sockaddr*)&client_addr, &cliaddr_len);
            if (connfd < 0)
            {
                perror("accept this time");
                continue;
            }
            //打印客户端的 IP 地址和端口号
            inet_ntop(AF_INET, &client_addr.sin_addr, cli_ip, INET_ADDRSTRLEN);
            printf("----------------------------------------------\n");
            printf("client ip=%s,port=%d\n", cli_ip,
ntohs(client_addr.sin_port));
            if (connfd > 0)
            {
                //创建线程，与同一个进程内的所有线程共享内存和变量，因此在传递参数时需进行特
殊处理，值传递
                pthread_create(&thread_id, NULL, client_process, (void *)connfd);
                    hread_detach(thread_id); //线程分离，让子线程结束时自动回收资源
            }
        }
        close(sockfd);
        return 0;
    }
```

代码中，先是创建套接字、绑定套接字和监听套接字，然后开启 while 循环阻塞等待客户端的连接。如果有连接过来，则通过 pthread_create 函数创建线程，并把连接套接字（connfd）作为参数传递给线程处理函数 client_process。值得注意的是，在 64 位的 Ubuntu 上，void 的指针类型是 64 位的，因此，在 client_process 中，先要把 arg 赋值给一个 long 型的变量（因为 64 位的 Ubuntu 上 long

型也是 64 位），然后通过 long 变量 tmp 赋值给 connfd。如果直接把 arg 强制类型转换为 connfd，则会报错。

（2）下面设计客户端。客户端就比较简单了，思路就是连接服务器，然后发送数据并等待接收数据。代码可以直接使用例 4.3 的代码。

（3）保存工程并运行。先运行服务器，再运行客户端，此时可以发现服务器端收到连接了，然后在客户端上输入一些消息，比如 abc，此时可以发现服务器端能收到消息了，客户端也能收到服务器发来的反馈消息。客户端运行结果如图 4-12 所示。

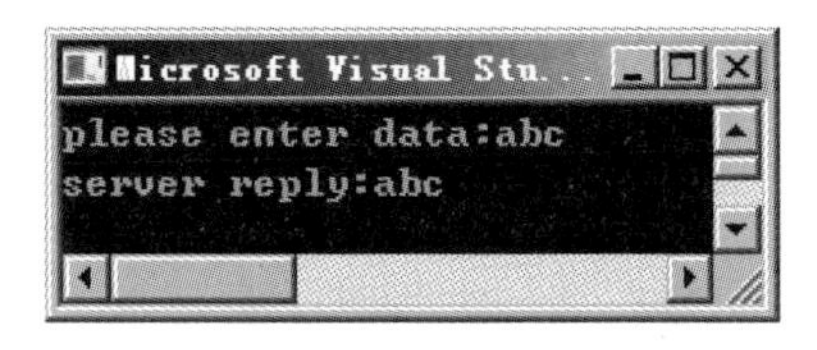

图 4-12

服务器端的运行结果如下：

```
Binding server to port 8888
Waiting client...
-----------------------------------------------------
client ip=192.168.0.177,port=10955
Waiting client...
recv_buf: abc
client closed!
```

另外，我们也可以多启动几个客户端，过程和例 4.2 一样，这里就不再赘述。

4.5 I/O 多路复用的服务器

前面的方案，当客户端连接变多时，会新创建与连接个数相同的进程或者线程，当此数值比较大时，如上千个连接，则线程/进程资料存储占用以及 CPU 在上千个进程/线程之间的时间片调度成本凸显，造成性能下降。因此需要一种新的模型来解决此类问题，基于 I/O 多路复用模型的服务器即是一种解决方案。

I/O 多路复用就是通过一种机制，一个进程可以监视多个描述符，一旦某个描述符就绪（一般是读就绪或者写就绪），就能够通知程序进行相应的读写操作。目前支持 I/O 多路复用的系统调用有 select、pselect、poll、epoll，但 select、pselect、poll、epoll 本质上都是同步 I/O，因为它们都需要在读写事件就绪后自己负责进行读写，也就是说这个读写过程是阻塞的。而异步 I/O 则无须自己负责进行读写，异步 I/O 的实现会负责把数据从内核复制到用户空间。

与多进程和多线程技术相比，I/O 多路复用技术的最大优势是系统不必创建进程/线程，也不必维护这些进程/线程，从而大大减小了系统的开销。

值得注意的是，epoll 是 Linux 所特有的，而 select 则是 POSIX 所规定的，一般操作系统均有实现。

4.5.1 使用场景

I/O 多路复用是指内核一旦发现进程指定的一个或者多个 I/O 条件准备就绪，就通知该进程。基于 I/O 多路复用的服务器适用如下场合：

（1）当客户端处理多个描述符时（一般是交互式输入和网络套接口），必须使用 I/O 多路复用。

（2）当一个客户端同时处理多个套接口时，这种情况是可能的，但很少出现。

（3）如果一个 TCP 服务器既要处理监听套接口，又要处理已连接套接口，则一般也要用到 I/O 多路复用。

（4）如果一个服务器既要处理 TCP，又要处理 UDP，则一般要使用 I/O 多路复用。

（5）如果一个服务器要处理多个服务或多个协议，则一般要使用 I/O 多路复用。

4.5.2 基于 select 的服务器

选择（select）服务器是一种比较常用的服务器模型。利用 select 这个系统调用可以使 Linux socket 应用程序同时管理多个套接字。使用 select，可以让执行操作的套接字在满足可读可写条件时，给应用程序发送通知。收到这个通知后，应用程序再去调用相应的收发函数进行数据的接收或发送。

如果用户进程调用了 select，那么整个进程会被阻塞，而同时，内核会"监视"所有 select 负责的 socket，当任何一个 socket 中的数据准备时，select 就会返回。这个时候用户进程再执行 read 操作，将数据从内核复制到用户进程，如图 4-13 所示。

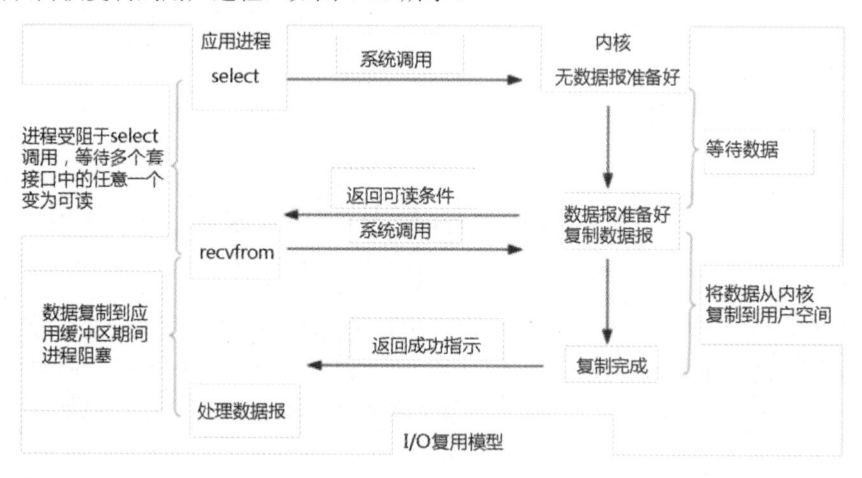

图 4-13

通过对 select 函数的调用，应用程序可以判断套接字是否存在数据、能否向该套接字写入数据。比如，在调用 recv 函数之前，先调用 select 函数，如果系统没有可读数据，那么 select 函数就会阻塞在这里；当系统存在可读或可写数据时，select 函数返回，就可以调用 recv 函数接收数据了。可以看出，使用 select 模型需要调用两次函数：第一次调用 select 函数，第二次调用收发函数。使用该模型的好处是可以等待多个套接字。但 select 也有以下 3 个缺点：

（1）I/O 线程需要不断地轮询套接字集合状态，浪费了大量 CPU 资源。

（2）不适合管理大量客户端连接。

（3）性能比较低下，要进行大量的查找和复制。

在 Linux 中，我们可以使用 select 函数实现 I/O 端口的复用，传递给 select 函数的参数会告诉内核：

（1）我们所关心的文件描述符（select 函数监视的文件描述符分 3 类，分别是 writefds、readfds、和 exceptfds）。

（2）对每个描述符，我们所关心的状态（是想从一个文件描述符中读或者写，还是关注一个描述符中是否出现异常）。

（3）我们要等待多长时间（可以等待无限长的时间，等待固定的一段时间，或者根本就不等待）。

从 select 函数返回后，内核会告诉我们这些信息：

（1）对我们的要求已经做好准备的描述符的个数。

（2）对于三种状态（读，写，异常）哪些描述符已经做好准备。

（3）有了这些返回信息，我们可以调用合适的 I/O 函数（通常是 read 或 write），并且这些函数不会再阻塞。select 函数声明如下：

```
    #include <sys/select.h>
    int select(int maxfd, fd_set *readfds, fd_set *writefds,fd_set *exceptfds, 
struct timeval *timeout);
```

参数说明：

- maxfd：是一个整数值，是指集合中所有文件描述符的范围，即所有文件描述符的最大值加 1。在 Linux 系统中，select 的默认最大值为 1024。设置这个值是为了不用每次都去轮询这 1024 个 fd，假设只需要几个套接字，就可以用最大的那个套接字的值加上 1 作为这个参数的值，当我们在等待是否有套接字准备就绪时，只需要监测 maxfd+1 个套接字就可以了，这样可以减少轮询时间以及系统的开销。
- readfds：指向 fd_set 结构的指针，类型 fd_set 是一个集合，因此 readfs 也是一个集合，这个集合中应该包括文件描述符。我们要监视这些文件描述符的读变化，即我们关心是否可以从这些文件中读取数据。如果这个集合中有一个文件可读，则 select 返回一个大于 0 的值，表示有文件可读。如果没有可读的文件，则根据 timeout 参数再判断是否超时，若超出 timeout 的时间，则 select 返回 0；若发生错误则返回负值，可以传入 NULL 值，表示不关心任何文件的读变化。
- writefds：指向 fd_set 结构的指针，这个集合中应该包括文件描述符，我们要监视这些文件描述符的写变化，即我们关心是否可以向这些文件中写入数据。如果这个集合中有一个文件可写，则 select 返回一个大于 0 的值，表示有文件可写。如果没有可写的文件，则根据 timeout 参数再判断是否超时，若超出 timeout 的时间，则 select 返回 0；若发生错误则返回负值。可以传入 NULL 值，表示不关心任何文件的写变化。
- exceptfds：用来监视文件错误异常文件。
- timeout：表示 select 的等待时间。当将 timeout 置为 NULL 时，表明此时 select 是阻塞的；当将 tineout 设置为 timeout->tv_sec=0，timeout->tv_usec=0 时，表明这个函数为非

阻塞；当将 timeout 设置为非 0 的时间，表明 select 有超时时间，当这个时间用完时，select 函数就会返回。从这个角度看，笔者觉得可以用 select 来进行超时处理，因为如果使用 recv 函数的话，还需要去设置 recv 的模式，十分麻烦。

- 在 select 函数返回时，会在 fd_set 结构中填入相应的套接字。其中，readfds 数组将包括满足以下条件的套接字：
  - 有数据可读。此时在此套接字上调用 recv 函数，立即收到对方的数据。
  - 连接已经关闭、重设或终止。
  - 正在请求建立连接的套接字。此时调用 accept 函数会成功。
- writefds 数组包含满足下列条件的套接字：
  - 有数据可以发出。此时在此套接字上调用 send，可以向对方发送数据。
  - 调用 connect 函数并连接成功的套接字。
- exceptfds 数组将包括满足下列条件的套接字：
  - 调用 connection 函数但连接失败的套接字。
  - 有带外（out of band）数据可读。
- timeval 的定义如下：

```
structure timeval
{
    long tv_sec;//秒
    long tv_usec;//毫秒
};
```

  - 当 timeval 为空指针时，select 会一直等待，直到有符合条件的套接字时才返回。
  - 当 tv_sec 和 tv_usec 之和为 0 时，无论是否有符合条件的套接字，select 都会立即返回。
  - 当 tv_sec 和 tv_usec 之和非 0 时，如果在等待的时间内有套接字满足条件，则该函数将返回符合条件的套接字的数量；如果在等待的时间内没有套接字满足设置的条件，则 select 会在时间用完时返回，并且返回值为 0。
- fd_set 类型是一个结构体，声明如下：

```
typedef struct fd_set
{
    u_int fd_count;
    socket fd_array[FD_SETSIZE];
}fd_set;
```

其中，fd_count 表示该集合套接字数量，最大为 64；fd_array 为套接字数组。

当 select 函数返回时，它通过移除没有未决 I/O 操作的套接字句柄来修改每个 fd_set 集合，使用 select 的好处是程序能够在单个线程内同时处理多个套接字连接，这避免了阻塞模式下的线程膨胀问题。但是，添加到 fd_set 结构的套接字数量是有限制的，默认情况下，最大值是 FD_SETSIZE，它在 Ubuntu 上的/usr/inlclude/linux/posix_types.h 中定义为 1024。我们希望把 FD_SETSIZE 定义为某个更大的值以增加 select 所用描述符集的大小。不幸的是，这样做通常行不通。因为 select 是在内核中实现的，并把内核的 FD_SETSIZE 定义为上限使用，所以，增大 FD_SETSIZE 还要重新编译内核。值得注意的是，有些应用程序开始使用 poll 代替 select，这样可以避开描述符有限问题。另外，select 的典型实现在描述符数增大时可能存在扩展性问题。

在调用 select 函数对套接字进行监视之前，必须先将要监视的套接字分配给上述三个数组中的一个，然后调用 select 函数。当 select 函数返回时，通过判断需要监视的套接字是否还在原来的集合中，就可以知道该集合是否正在发生 I/O 操作。比如，应用程序想要判断某个套接字是否存在可读的数据，需要进行如下步骤：

步骤 01 将该套接字加入 readfds 集合。

步骤 02 以 readfds 作为第二个参数调用 select 函数。

步骤 03 当 select 函数返回时，应用程序判断该套接字是否仍然存在于 readfds 集合中。

步骤 04 如果该套接字存在于 readfds 集合中，则表明该套接字可读，此时就可以调用 recv 函数接收数据；否则，该套接字不可读。

在调用 select 函数时，readfds、writefds 和 exceptfds 这三个参数至少有一个为非空，并且在该非空的参数中，必须包含至少一个套接字，否则 select 函数将没有任何套接字可以等待。

为了方便使用，Linux 提供了下列宏来对 fd_set 进行一系列操作。使用以下宏可以简化编程工作。

```
void FD_ZERO(fd_set *set);              //将 set 集合初始化为空集合
void FD_SET(int fd, fd_set *set);       //将套接字加入 set 集合中
void FD_CLR(int fd, fd_set *set);       //从 set 集合中删除 s 套接字
int  FD_ISSET(int fd, fd_set *set);     //检查 s 是否为 set 集合的成员
```

宏 FD_SET 设置文件描述符集 fdset 中对应于文件描述符 fd 的位（设置为 1），宏 FD_CLR 清除文件描述符集 fdset 中对应于文件描述符 fd 的位(设置为 0)，宏 FD_ZERO 清除文件描述符集 fdset 中的所有位（即把所有位都设置为 0）。在调用 select 前使用这 3 个宏设置描述符屏蔽位，因为这 3 个描述符集参数是值结果参数，在调用 select 后，结果指示哪些描述符已就绪。使用 FD_ISSET 来检测文件描述符集 fdset 中对应于文件描述符 fd 的位是否被设置。描述符集内任何与未就绪描述符对应的位返回时均置为 0，为此，每次重新调用 select 函数时，必须再次把所有描述符集内所关心的位置为 1。其实可以将 fd_set 中的集合看作二进制 bit 位，一位代表着一个文件描述符：0 代表文件描述符处于睡眠状态，没有数据到来；1 代表文件描述符处于准备状态，可以被应用层处理。

在开发 select 服务器应用程序时，通过下面的步骤可以完成对套接字的可读写判断：

步骤 01 使用 FD_ZERO 初始化套接字集合，如 FD_ZERO(&readfds);。

步骤 02 使用 FD_SET 将某套接字放到 readfds 内，如 FD_SET(s，&readfds);。

步骤 03 以 readfds 为第二个参数调用 select 函数，select 在返回时会返回所有 fd_set 集合中套接字的总个数，并对每个集合进行相应的更新。将满足条件的套接字放在相应的集合中。

步骤 04 使用 FD_ISSET 判断 s 是否还在某个集合中，如 FD_ISSET(s，&readfds);。

步骤 05 调用相应的 Windows Socket API 函数对某个套接字进行操作。

select 返回后会修改每个 fd_set 结构。删除不存在的或没有完成 I/O 操作的套接字。这也正是在步骤 04 中可以使用 FD_ISSET 来判断一个套接字是否仍在集合中的原因。

下面示例演示一个服务器程序如何使用 select 函数管理套接字。

【例 4.5】实现 select 服务器

（1）首先打开 VC2017，首先新建一个 Linux 控制台工程，工程名是 test，作为服务端程序。然后打开 main.cpp，输入如下代码：

```
#include <stdio.h>
#include <stdlib.h>
#include <unistd.h>
#include <errno.h>
#include <string.h>
#include <sys/types.h>
#include <sys/socket.h>
#include <sys/time.h>
#include <netinet/in.h>
#include <arpa/inet.h>

#define MYPORT 8888        //连接时使用的端口
#define MAXCLINE 5         //连接队列中的个数，也就是最多支持 5 个客户端同时连接
#define BUF_SIZE 200
int fd[MAXCLINE];          //连接的 fd
int conn_amount;           //当前的连接数
void showclient()
{
    int i;
    printf("client amount:%d\n", conn_amount);
    for (i = 0; i < MAXCLINE; i++)
        printf("[%d]:%d ", i, fd[i]);
    printf("\n\n");
}
int main(void)
{
    int sock_fd, new_fd;                    //监听套接字 连接套接字
    struct sockaddr_in server_addr;        //服务器的地址信息
    struct sockaddr_in client_addr;        //客户端的地址信息
    socklen_t sin_size;
    int yes = 1;
    char buf[BUF_SIZE];
    int ret;
    int i;
    //建立 sock_fd 套接字
    if ((sock_fd = socket(AF_INET, SOCK_STREAM, 0)) == -1)
    {
        perror("setsockopt");
        exit(1);
    }
    //设置套接口的选项 SO_REUSEADDR 允许在同一个端口启动服务器的多个实例
    //setsockopt 的第二个参数 SOL SOCKET 指定系统中解释选项的级别为普通套接字
    if (setsockopt(sock_fd, SOL_SOCKET, SO_REUSEADDR, &yes, sizeof(int)) == -1)
    {
        perror("setsockopt error \n");
```

```
        exit(1);
    }

    server_addr.sin_family = AF_INET;           //主机字节序
    server_addr.sin_port = htons(MYPORT);
    server_addr.sin_addr.s_addr = INADDR_ANY;  //通配 IP
    memset(server_addr.sin_zero, '\0', sizeof(server_addr.sin_zero));
    if (bind(sock_fd, (struct sockaddr *)&server_addr, sizeof(server_addr)) ==
-1)
    {
        perror("bind error!\n");
        getchar();
        exit(1);
    }
    if (listen(sock_fd, MAXCLINE) == -1)
    {
        perror("listen error!\n");
        exit(1);
    }
    printf("listen port %d\n", MYPORT);
    fd_set fdsr; //文件描述符集的定义
    int maxsock;
    struct timeval tv;
    conn_amount = 0;
    sin_size = sizeof(client_addr);
    maxsock = sock_fd;
    while (1)
    {
        //初始化文件描述符集
        FD_ZERO(&fdsr);                //清除描述符集
        FD_SET(sock_fd, &fdsr);       //把 sock_fd 加入描述符集
        //超时的设定
        tv.tv_sec = 30;
        tv.tv_usec = 0;
        //添加活动的连接
        for (i = 0; i < MAXCLINE; i++)
        {
            if (fd[i] != 0)
            {
                FD_SET(fd[i], &fdsr);
            }
        }
        //如果文件描述符中有连接请求，就做相应的处理，实现 I/O 的复用，多用户的连接通信
        ret = select(maxsock + 1, &fdsr, NULL, NULL, &tv);
        if (ret < 0) //没有找到有效的连接失败
        {
            perror("select error!\n");
            break;
        }
        else if (ret == 0)//指定的时间到了
```

```
        {
            printf("timeout \n");
            continue;
        }
        //循环判断有效的连接是否有数据到达
        for (i = 0; i < conn_amount; i++)
        {
            if (FD_ISSET(fd[i], &fdsr))
            {
                ret = recv(fd[i], buf, sizeof(buf), 0);
                if (ret <= 0) //客户端连接关闭，清除文件描述符集中的相应的位
                {
                    printf("client[%d] close\n", i);
                    close(fd[i]);
                    FD_CLR(fd[i], &fdsr);
                    fd[i] = 0;
                    conn_amount--;
                }
                //否则有相应的数据发送过来，进行相应的处理
                else
                {
                    if (ret < BUF_SIZE)
                        memset(&buf[ret], '\0', 1);
                    printf("client[%d] send:%s\n", i, buf);
                    send(fd[i], buf, sizeof(buf), 0);//反射回去
                }
            }
        }
        if (FD_ISSET(sock_fd, &fdsr)) //如果是 sock-fd，表明有新连接加入
        {
            new_fd = accept(sock_fd, (struct sockaddr *)&client_addr, 
&sin_size);
            if (new_fd <= 0)
            {
                perror("accept error\n");
                continue;
            }
            //添加新的 fd 到数组中，判断有效的连接数是否小于最大的连接数，如果小于的话，就
把新的连接套接字加入集合
            if (conn_amount < MAXCLINE)
            {
                for (i = 0; i < MAXCLINE; i++)
                {
                    if (fd[i] == 0)
                    {
                        fd[i] = new_fd;
                        break;
                    }
                }
                conn_amount++;
```

```
                printf("new connection client[%d]%s:%d\n", conn_amount,
inet_ntoa(client_addr.sin_addr), ntohs(client_addr.sin_port));
                if (new_fd > maxsock)
                    maxsock = new_fd;
            }
            else
            {
                printf("max connections arrive ,exit\n");
                send(new_fd, "bye", 4, 0);
                close(new_fd);
                continue;
            }
        }
        showclient();
    }

    for (i = 0; i < MAXCLINE; i++)
    {
        if (fd[i] != 0)
        {
            close(fd[i]);
        }
    }
    return 0;
}
```

代码中，使用 select 函数可以与多个 socket 通信，select 本质上都是同步 I/O，因为它们都需要在读写事件就绪后自己负责进行读写，也就是说这个读写过程是阻塞的。程序只是演示了 select 函数的使用，即使某个连接关闭以后也不会修改当前连接数，连接数达到最大值后会终止程序。程序使用了一个数组 fd，通信开始后把需要通信的多个 socket 描述符都放入此数组。首先生成一个叫作 sock_fd 的 socket 描述符，用于监听端口，将 sock_fd 和数组 fd 中不为 0 的描述符放入 select 将要检查的集合 fdsr 中，处理 fdsr 中可以接收数据的连接。如果是 sock_fd（见代码 if(FD-ISSET(sock-fd,&fdsr))），表明有新连接加入，将新加入连接的 socket 描述符放置到 fd 中。以后 select 再次返回的时候，可能是有数据要接收了，如果数据可读，则调用 recv 接收数据，并打印出来，然后反射给客户端。

（2）下面新建一个 Windows 桌面控制台应用程序作为客户端程序，工程名是 client。其代码很简单，就是接收用户输入，然后发送给服务器，再等待服务器端数据，如果收到就打印出来。代码和例 4.3 一样，这里不再赘述。

（3）保存工程并运行，先运行服务器，再运行客户端，可以发现服务器与客户端能相互通信了。客户端运行结果如图 4-14 所示。

图 4-14

服务器端显示信息如下：

```
listen port 8888
new connection client[1]192.168.0.167:5761
client amount:1
[0]:4 [1]:0 [2]:0 [3]:0 [4]:0

client[0] send:abc
client amount:1
[0]:4 [1]:0 [2]:0 [3]:0 [4]:0

client[0] close
client amount:0
[0]:0 [1]:0 [2]:0 [3]:0 [4]:0
```

4.5.3 基于 poll 的服务器

上一小节我们实现了基于 select 函数的 I/O 多路复用服务器。select 有个优点，就是目前几乎支持所有的平台，有着良好的跨平台性。但缺点也很明显，每次调用 select 函数时，都需要把 fd 集合从用户态复制到内核态，这个开销在 fd 很多时会很大，同时每次调用 select 都需要在内核遍历传递进来的所有 fd，这个开销在 fd 很多时也很大。另外，单个进程能够监视的文件描述符的数量存在最大限制，在 Linux 上一般为 1024，可以通过修改宏定义并重新编译内核的方式提升这一限制，但是这样也会造成效率的降低。为了突破这个限制，人们提出了通过 poll 系统调用来实现服务器。

poll 和 select 这两个系统调用函数的本质是一样的，poll 的机制与 select 在本质上没有多大差别，管理多个描述符也是通过轮询的方式，根据描述符的状态进行处理，但是 poll 没有最大文件描述符数量的限制（但是数量过大后性能也会下降）。poll 和 select 同样存在一个缺点：包含大量文件描述符的数组被整体复制于用户态和内核的地址空间之间，而不论这些文件描述符是否就绪，它的开销随着文件描述符数量的增加而线性增大。

poll 函数用来在指定时间内轮询一定数量的文件描述符，来测试其中是否有就绪者，它监测多个等待事件，若事件未发生，则进程睡眠，放弃 CPU 控制权；若监测的任何一个事件发生，则 poll 将唤醒睡眠的进程，并判断是什么等待事件发生，执行相应的操作。poll 函数退出后，structpollfd 变量的所有值被清零，需要重新设置。poll 函数声明如下：

```
#include <poll.h>
int poll(struct pollfd *fds, nfds_t nfds, int timeout);
```

其中参数 fds 指向一个结构体数组的第 0 个元素的指针，每个数组元素都是一个 struct pollfd 结构，用于指定测试某个给定的 fd 的条件；参数 nfds 用来指定第一个参数数组的元素个数；timeout 用于指定等待的毫秒数，无论 I/O 是否准备好，poll 都会返回，如果 timeout 赋值为-1，则表示永远等待，直到事件发生，如果赋值为 0，则表示立即返回，如果赋值为大于 0 的数，则表示等待指定数目的毫秒数。

如果 poll 函数成功，则返回结构体中 revents 域不为 0 的文件描述符个数；如果在超时前没有任何事件发生，则函数返回 0；如果函数失败，则返回-1，并设置 errno 为下列值之一：

- EBADF：一个或多个结构体中指定的文件描述符无效。

- EFAULT：fds 指针指向的地址超出进程的地址空间。
- EINTR：请求的事件之前产生一个信号，调用可以重新发起。
- EINVAL：nfds 参数超出 PLIMIT_NOFILE 值。
- ENOMEM：可用内存不足，无法完成请求。

结构体 pollfd 定义如下：

```
struct pollfd{
 int fd;              //文件描述符
 short events;        //等待的事件
 short revents;       //实际发生的事件
};
```

其中字段 fd 表示每一个 pollfd 结构体指定了一个被监视的文件描述符，可以传递多个结构体，指示 poll 监视多个文件描述符；events 指定监测 fd 的事件（输入、输出、错误），每一个事件有多个取值，如图 4-15 所示。

事件	常值	作为events的值	作为revents的值	说明
读事件	POLLIN	✔	✔	普通或优先带数据可读
	POLLRDNORM	✔	✔	普通数据可读
	POLLRDBAND	✔	✔	优先级带数据可读
	POLLPRI	✔	✔	高优先级数据可读
写事件	POLLOUT	✔	✔	普通或优先带数据可写
	POLLWRNORM	✔	✔	普通数据可写
	POLLWRBAND	✔	✔	优先级带数据可写
错误事件	POLLERR		✔	发生错误
	POLLHUP		✔	发生挂起
	POLLNVAL		✔	描述不是打开的文件

图 4-15

字段 revents 是文件描述符的操作结果事件，内核在调用返回时设置这个域。events 域中请求的任何事件都可能在 revents 域中返回。

注意： 每个结构体的 events 域由用户来设置，告诉内核我们关注的是什么；revents 域是 poll 函数返回时内核设置的，以说明对该描述符发生了什么事件。

可以看出，和 select 不一样，poll 没有使用低效的三个基于位的文件描述符集合，而是采用了一个单独的结构体 pollfd 数组，由 fds 指针指向这个数组。

对于 TCP 服务器来说，首先是 bind+listen+accept，然后处理客户端的连接是必不可少的，不过在使用 poll 的时候，accept 与客户端的读写数据都可以在事件触发后执行，客户端连接需要设置为非阻塞的，避免 read 和 write 的阻塞，基本流程如下：

步骤 01 利用库函数 socket、bind 和 listen 创建套接字 sd，并绑定和监听客户端的连接。

步骤 02 将 sd 加入 poll 的描述符集 fds 中，并且监听上面的 POLLIN 事件（读事件）。

步骤 03 调用 poll 等待描述符集中的事件，此时分为三种情况。第一种情况，若 fds[0].revents & POLLIN，则表示客户端请求建立连接，此时调用 accept 接收请求得到新连接 childSd，设置新连接时非阻塞的 fcntl(childSd, F_SETFL, O_NONBLOCK)，再将 childSd 加入 poll 的描述符集中，监听其上的 POLLIN 事件：fds[i].events = POLLIN。第二种情况，若其他套接字 tmpSd 上有 POLLIN 事件，则表示客户端发送请求数据，此时读取数据，若读取完则监听 tmpSd

上的读和写事件：fds[j].events = POLLIN | POLLOUT。读取时如果遇到 EAGAIN | EWOULDBLOCK，就表示会阻塞，需要停止读并等待下一次读事件。若 read 返回 0(EOF)，则表示连接已断开；否则，记录这次读取的数据，下一个读事件时继续执行读操作。第三种情况，若其他套接字 tmpSd 上有 POLLOUT 事件，则表示客户端可写，此时写入数据，若写入完，则清除 tmpSd 上的写事件。同样，写入时如果遇到 EAGAIN | EWOULDBLOCK，就表示会阻塞，需要停止写并等待下一次写事件；否则，下次写事件继续执行写操作。

由于套接字上写事件一般都是可行的，因此初始不监听 POLLOUT 事件，否则 poll 会不停报告套接字上可写。

下面我们基于 poll 函数实现一个 TCP 服务器。本例中的发送和接收数据并没有用 send 和 recv 函数（C 语言标准库提供的函数），而是用了 write 和 read 这两个系统调用函数（其实就是 Linux 系统提供的函数）。其中 write 函数用来发送数据，会把参数 buf 所指的内存写入 count 个字节到参数 fd 所指的文件内。write 函数声明如下：

```
ssize_t write (int fd, const void * buf, size_t count);
```

其中 fd 是个句柄，指向要写数据的目标，比如套接字或磁盘文件等；buf 指向要写的数据存放的缓冲区；count 是要写的数据个数。如果写顺利，则 write 会返回实际写入的字节数（len）。当有错误发生时则返回-1，错误代码存入 errno 中。

write 函数返回值一般不为 0，只有当如下情况发生时才会返回 0：write(fp, p1+len, (strlen(p1)-len)) 中第三参数为 0，此时 write 什么也不做，只返回 0。write 函数从 buf 写数据到 fd 中时，若 buf 中的数据无法一次性读完，那么第二次读 buf 中的数据时，其读位置指针（也就是第二个参数 buf）不会自动移动，需要程序员来控制，而不是简单地将 buf 首地址填入第二参数。可按如下格式实现读位置移动：write(fp, p1+len, (strlen(p1)-len))。这样 write 在第二次循环时便会从 p1+len 处写数据到 fp，以此类推，直至(strlen(p1)-len)变为 0。

在 write 一次可以写的最大数据范围内（内核定义了 BUFSIZ，8192），第三个参数 count 的大小最好为 buf 中数据的大小，以免出现错误。（经过笔者多次试验，write 一次能够写入的并不只有 8192 这么多，笔者尝试一次写入 81920000，结果也是可以的，看来它一次最大写入数据并不是 8192，但内核中确实有 BUFSIZ 这个参数。）

write 比 send 的用途更加广泛，它可以向套接字写数据（此时相当于发送数据），也可以向普通磁盘文件写数据，比如：

```
#include <string.h>
#include <stdio.h>
#include <fcntl.h>
int main()
{
  char *p1 = "This is a c test code";  //"This is a c test code"有21个字符
  volatile int len = 0;
  int fp = open("/home/test.txt", O_RDWR|O_CREAT);  //打开文件
  for(;;)
  {
     int n;
     if((n=write(fp, p1+len, (strlen(p1)-len)))== 0)   //if((n=write(fp, p1+len,
```

```
3)) == 0)
            {                                        //strlen(p1) = 21
                printf("n = %d \n", n);
                break;
            }
            len+=n;
        }
        return 0;
    }
```

下面看一下 read 函数，read 会把参数 fd 所指的文件传送 count 个字节到 buf 指针所指的内存中，声明如下：

```
    ssize_t read(int fd, void * buf, size_t count);
```

其中参数 fd 是个句柄，指向要读数据的目标，比如磁盘文件或套接字等；buf 存放读到的数据；count 表示想要读取的数据长度。函数返回值为实际读取到的字节数，如果返回 0，表示已到达文件尾或是无可读取的数据。若参数 count 为 0，则 read 不会有作用并返回 0。另外，以下情况返回值小于 count：

（1）读常规文件时，在读到 count 个字节之前已到达文件末尾。例如，距文件末尾还有 50 个字节而请求读 100 个字节，则 read 返回 50，下次 read 将返回 0。

（2）对于网络套接字接口，返回值可能小于 count，但这不是错误。

注意，执行 read 操作时 fd 中的数据如果小于要读取的数据，就会引起阻塞。以下情况执行 read 操作不会引起阻塞：

（1）常规文件不会阻塞，不管读到多少数据都会返回。

（2）从终端读不一定阻塞：如果从终端输入的数据没有换行符，则调用 read 读终端设备会阻塞，其他情况下不阻塞。

（3）从网络设备读不一定阻塞：如果网络上没有接收到数据包，则调用 read 会阻塞，除此之外读取的数值小于 count 也可能不阻塞。

【例 4.6】实现 poll 服务器

（1）首先打开 VC2017，首先新建一个 Linux 控制台工程，工程名是 srv，作为服务端。然后打开 main.cpp，输入如下代码：

```
    #include <unistd.h>
    #include <fcntl.h>
    #include <poll.h>
    #include <time.h>
    #include <sys/socket.h>
    #include <arpa/inet.h>
    #include <cstdio>
    #include <cstdlib>
    #include <errno.h>
    #include <cstring>
    #include <initializer_list>
```

```
using std::initializer_list;
#include <vector> //每个 stl 都需要对应的头文件
using std::vector;
void errExit()  //出错处理函数
{
    getchar();
    exit(-1);
}
//定义发送给客户端的字符串
const char resp[] = "HTTP/1.1 200\r\n\
Content-Type: application/json\r\n\
Content-Length: 13\r\n\
Date: Thu, 2 Aug 2021 04:02:00 GMT\r\n\
Keep-Alive: timeout=60\r\n\
Connection: keep-alive\r\n\r\n\
[HELLO WORLD]\r\n\r\n";

int main () {
    //创建套接字
    const int port = 8888;
    int sd, ret;
    sd = socket(AF_INET, SOCK_STREAM, 0);
    fprintf(stderr, "created socket\n");
    if (sd == -1)
        errExit();
    int opt = 1;
    //重用地址
    if (setsockopt(sd, SOL_SOCKET, SO_REUSEADDR, &opt, sizeof(int)) == -1)
        errExit();
    fprintf(stderr, "socket opt set\n");
    sockaddr_in addr;
    addr.sin_family = AF_INET, addr.sin_port = htons(port);
    addr.sin_addr.s_addr = INADDR_ANY;
    socklen_t addrLen = sizeof(addr);
    if (bind(sd, (sockaddr *)&addr, sizeof(addr)) == -1)
        errExit();
    fprintf(stderr, "socket binded\n");
    if (listen(sd, 1024) == -1)
        errExit();
    fprintf(stderr, "socket listen start\n");
    //套接字创建完毕
    //初始化监听列表
    //number of poll fds
    int currentFdNum = 1;
    pollfd *fds = static_cast<pollfd *>(calloc(100, sizeof(pollfd)));
    fds[0].fd = sd, fds[0].events = POLLIN;
    nfds_t nfds = 1;
    int timeout = -1;

    fprintf(stderr, "polling\n");
```

```
        while (1) {
            //执行 poll 操作
            ret = poll(fds, nfds, timeout);
            fprintf(stderr, "poll returned with ret value: %d\n", ret);
            if (ret == -1)
                errExit();
            else if (ret == 0) {
                fprintf(stderr, "return no data\n");
            }
            else { //ret > 0
             //got accept
                fprintf(stderr, "checking fds\n");
                //检查是否有新客户端建立连接
                if (fds[0].revents & POLLIN) {
                    sockaddr_in childAddr;
                    socklen_t childAddrLen;
                    int childSd = accept(sd, (sockaddr *)&childAddr,
&(childAddrLen));
                    if (childSd == -1)
                        errExit();
                    fprintf(stderr, "child got\n");
                    //set non_block
                    int flags = fcntl(childSd, F_GETFL);
                    //接收并设置为非阻塞
                    if (fcntl(childSd, F_SETFL, flags | O_NONBLOCK) == -1)
                        errExit();
                    fprintf(stderr, "child set nonblock\n");
                    //添加子进程到列表
                    //假如到 poll 的描述符集关心 POLLIN 事件
                    fds[currentFdNum].fd = childSd, fds[currentFdNum].events =
(POLLIN | POLLRDHUP);
                    nfds++, currentFdNum++;
                    fprintf(stderr, "child: %d pushed to poll list\n", currentFdNum
- 1);
                }
                //child read & write
                //检查其他描述符的事件
                for (int i = 1; i < currentFdNum; i++) {
                    if (fds[i].revents & (POLLHUP | POLLRDHUP | POLLNVAL)) {
                        //客户端描述符关闭
                        //设置 events=0, fd=-1，不再关心
                        //set not interested
                        fprintf(stderr, "child: %d shutdown\n", i);
                        close(fds[i].fd);
                        fds[i].events = 0;
                        fds[i].fd = -1;
                        continue;
                    }
                    // read
                    if (fds[i].revents & POLLIN) {
```

```
                    char buffer[1024] = {};
                    while (1) {
                        //读取请求数据
                        ret = read(fds[i].fd, buffer, 1024);
                        fprintf(stderr, "read on: %d returned with value: %d\n",
i, ret);
                        if (ret == 0) {
                        fprintf(stderr, "read returned 0(EOF) on: %d,
breaking\n", i);
                            break;
                        }
                        if (ret == -1) {
                            const int tmpErrno = errno;
                            //会阻塞，这里认为读取完毕
                            //实际需要检查读取数据是否完毕
                    if (tmpErrno == EWOULDBLOCK || tmpErrno == EAGAIN) {
                                fprintf(stderr, "read would block, stop
reading\n");
                                //read is over
                                //http pipe line? need to put resp into a queue
                                //可以监听写事件了 POLLOUT
                                fds[i].events |= POLLOUT;
                                break;
                            }
                            else {
                                errExit();
                            }
                        }
                    }
                }
                //write
                if (fds[i].revents & POLLOUT) {
                    //写事件，返回请求
                    ret = write(fds[i].fd, resp, sizeof(resp));  //写操作，即发
送数据
                    fprintf(stderr, "write on: %d returned with value: %d\n",
i, ret);
                    //这里需要处理 EAGAIN EWOULDBLOCK
                    if (ret == -1) {
                        errExit();
                    }
                    fds[i].events &= !(POLLOUT);
                }
            }
        }
    }
    return 0;
}
```

代码中，首先创建服务器端套接字，然后绑定监听，static_cast 是 C++中的标准运算符，相当于

传统的 C 语言里的强制转换。然后在 while 循环中调用 poll 函数执行 poll 操作，接着根据 fds[0].revents 来判断发生了何种事件，并进行相应处理，比如有客户端连接过来、收到数据、发送数据等。对于刚接收（accept）进来的客户端，则只接收读事件（POLLIN）。读取到一个读事件后，可以设为读和写（POLLIN | POLLOUT），然后就可以接收写事件了。

（2）再次打开另外一个 VC2017，新建一个 Windows 控制台工程，工程名是 client，该工程作为客户端。代码这里就不演示了，和例 4.3 相同。

（3）保存工程并运行。先运行服务端工程，然后运行客户端，并在客户端程序中输入一些字符串，比如“abc”，然后就可以收到服务器端的数据了。客户端运行结果如下：

```
please enter data:abc
server reply:HTTP/1.1 200
Content-Type: application/json
Content-Length: 13
Date: Thu, 2 Aug 2021 04:02:00 GMT
```

服务器端运行结果如下：

```
created socket
socket opt set
socket binded
socket listen start
polling
poll returned with ret value: 1
checking fds
child got
child set nonblock
child: 1 pushed to poll list
poll returned with ret value: 1
checking fds
read on: 1 returned with value: 50
read on: 1 returned with value: -1
read would block, stop reading
poll returned with ret value: 1
checking fds
write on: 1 returned with value: 170
poll returned with ret value: 1
checking fds
child: 1 shutdown
```

这里几乎把服务器端的每一步过程都打印出来了。

4.5.4　基于 epoll 的服务器

I/O 多路复用有很多种实现。在 Linux 上，2.4 内核前主要是 select 和 poll（目前在小规模服务器上还有用武之地，并且在维护老系统代码的时候，经常会碰到这两个函数，所以必须掌握），自 Linux 2.6 内核正式引入 epoll 以来，epoll 已经成为目前实现高性能网络服务器的必备技术。尽管它们的使用方法不尽相同，但是本质上却没有什么区别。epoll 是 Linux 下多路复用 I/O 接口 select/poll

的增强版本，epoll 能显著提高程序在大量并发连接中只有少量活跃的情况下的系统 CPU 利用率。select 使用轮询来处理，并随着监听 fd 数目的增加而降低效率；而 epoll 只需要监听那些已经准备好的队列集合中的文件描述符，效率较高。

epoll 是 Linux 内核中的一种可扩展的 I/O 事件处理机制，最早在 Linux 2.5.44 内核中引入，用于代替 POSIX select 和 poll 系统调用，并且在具有大量应用程序请求时能够获得较好的性能（此时被监视的文件描述符数目非常大，与旧的 select 和 poll 系统调用完成操作所需 O(*n*)不同，epoll 能在 O(1)时间内完成操作，所以性能相当高）。epoll 与 FreeBSD 的 kqueue 类似，都向用户空间提供自己的文件描述符来进行操作。通过 epoll 实现的服务器可以达到 Windows 下的完成端口服务器的效果。

在 Linux 没有实现 epoll 事件驱动机制之前，我们一般选择用 select 或者 poll 等 I/O 多路复用的方法来实现并发服务程序。但在大数据、高并发、集群等应用越来越广泛的年代，select 和 poll 的用武之地越来越有限，风头已经被 epoll 占尽。

高并发的核心解决方案是 1 个线程处理所有连接的“等待消息准备好”，在这一点上 epoll 和 select 是无争议的，但 select 预估错误了一件事：当数十万个并发连接存在时，可能每一毫秒只有数百个活跃的连接，其余数十万个连接在这一毫秒是非活跃的，select 的使用方法是返回的活跃连接==select（全部待监控的连接）。

什么时候会调用 select 方法呢？在我们认为需要找出有报文到达的活跃连接时，就应该调用。所以，select 在高并发时是会被频繁调用的。如此，这个频繁调用的方法就很有必要看看它是否有效率，因为它的轻微效率损失都会被“频繁”二字放大。它有效率损失吗？显而易见，全部待监控的连接是数以十万计的，返回的只是数百个活跃连接，这本身就是无效率的表现。被放大后就会发现，处理并发上万个连接时，select 就完全力不从心了。

此外，在 Linux 内核中，select 所用到的 FD_SET 是有限的，即内核中的参数__FD_SETSIZE 定义了每个 FD_SET 的句柄个数。

具体来讲，基于 select 函数的服务器主要有以下 4 个缺点：

（1）单个进程能够监视的文件描述符的数量存在最大限制，通常是 1024，当然这个数量可以更改数量，但由于 select 采用轮询的方式扫描文件描述符，因此文件描述符数量越多，性能越差（在 Linux 内核头文件中，有这样的定义：#define__FD_SETSIZE 1024）。

（2）内核/用户空间内存复制问题，select 需要复制大量的句柄数据结构，产生巨大的开销。

（3）select 返回的是含有整个句柄的数组，应用程序需要遍历整个数组才能发现哪些句柄发生了事件。

（4）select 的触发方式是水平触发，应用程序如果没有完成对一个已经就绪的文件描述符的 I/O 操作，那么之后每次 select 调用时还是会将这些文件描述符通知进程。

另外，内核中用轮询方法实现 select，即每次检测都会遍历所有 FD_SET 中的句柄，显然，select 函数执行时间与 FD_SET 中的句柄个数有一个比例关系，select 要检测的句柄数越多就会越费时。看到这里，读者可能要问：“你为什么不提 poll？”笔者认为 select 与 poll 在内部机制方面并没有太大的差异。

相比 select 机制，poll 使用链表保存文件描述符，因此没有了监视文件数量的限制，但其他三个缺点依然存在，即 poll 只是取消了最大监控文件描述符数量的限制，并没有从根本上解决 select

存在的问题。以 select 模型为例，假设我们的服务器需要支持 100 万的并发连接，在__FD_SETSIZE 为 1024 的情况下，我们至少需要开辟 1000 个进程才能实现 100 万的并发连接。除了进程间上下文切换的时间消耗外，内核/用户空间大量的内存复制、数组轮询等也都是系统难以承受的。因此，基于 select 模型的服务器程序，要达到 100 万级别的并发访问，是一个很难完成的任务。对此，epoll 上场了。

我们先来看一幅图，如图 4-16 所示。

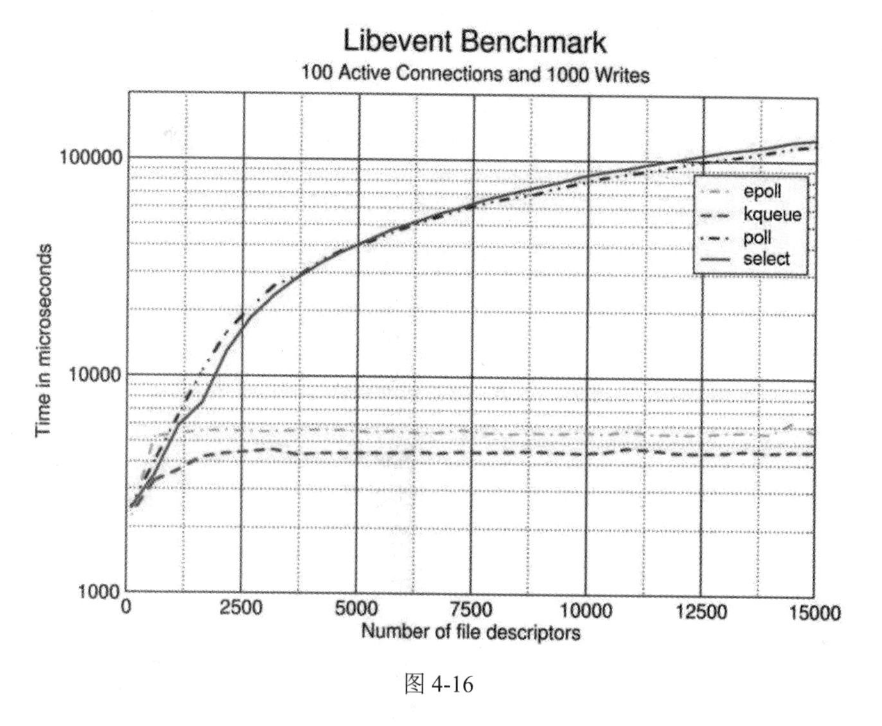

图 4-16

当并发连接数较小时，select 与 epoll 似乎并无多少差距。可是当并发连接数变大以后，select 就显得力不从心了。

epoll 高效的原因是使用了 3 个方法来实现 select 方法要做的事：

（1）通过函数 epoll_create 创建 epoll 描述符。

（2）通过函数 epoll_ctrl 添加或者删除所有待监控的连接。

（3）通过函数 epoll_wait 返回活跃连接。

与 select 相比，epoll 分清了频繁调用和不频繁调用的操作，例如，epoll_ctrl 是不太频繁调用的，而 epoll_wait 是非常频繁调用的。这时，epoll_wait 却几乎没有入参，这比 select 的效率高出一大截，而且，它也不会随着并发连接数的增加使得入参越发多起来，导致内核执行效率下降。

要深刻理解 epoll，首先得了解 epoll 的三大关键要素：mmap、红黑树、链表。epoll 是通过内核与用户空间 mmap 同一块内存实现的。mmap 将用户空间的一块地址和内核空间的一块地址同时映射到相同的一块物理内存地址（不管是用户空间还是内核空间都是虚拟地址，最终要通过地址映射来映射到物理地址上），使得这块物理内存对内核和用户均可见，减少用户态和内核态之间的数据交换。内核可以直接看到 epoll 监听的句柄，效率很高。红黑树将存储 epoll 所监听的套接字。mmap

出来的内存要保存 epoll 所监听的套接字，必然也得有一套数据结构，epoll 在实现上采用红黑树去存储所有套接字，当添加或者删除一个套接字时（epoll_ctl），都在红黑树上去处理，红黑树本身插入和删除性能比较好。通过 epoll_ctl 函数添加进来的事件都会被放在红黑树的某个节点内，所以，重复添加是没有用的。当把事件添加进来的时候时候会完成关键的一步，那就是该事件会与相应的设备（网卡）驱动程序建立回调关系，当相应的事件发生后，就会调用这个回调函数（该回调函数在内核中被称为 ep_poll_callback），将该事件添加到 rdlist 双向链表中。那么当我们调用 epoll_wait 时，epoll_wait 只需要检查 rdlist 双向链表中是否存在注册的事件，十分高效。这里只需将发生了的事件复制到用户态内存中即可。

红黑树和双链表数据结构，并结合回调机制，造就了 epoll 的高效。了解了 epoll 背后原理，我们再站在用户角度对比 select、poll 和 epoll 这三种 I/O 复用模式，如表 4-1 所示。

表4-1　对比select、poll和epoll这三种I/O复用模式

系统调用	select	poll	epoll
事件集合	用户通过 3 个参数分别传入感兴趣的可读、可写及异常等事件；内核通过对这些参数的在线修改来反馈其中的就绪事件，这使得用户每次调用 select 都要重置这 3 个参数	统一处理所有事件类型，因此只需要一个事件集参数。用户通过 pollfd.events 传入感兴趣的事件，内核通过修改 pollfd.revents 反馈其中就绪的事件	内核通过一个事件表直接管理用户感兴趣的所有事件，因此每次调用 epoll_wait 时，无须反复传入用户感兴趣的事件。epoll_wait 系统调用的参数 events 仅用来反馈就绪的事件
应用程序索引就绪文件描述符的时间复杂度	O(*n*)	O(*n*)	O(1)
最大支持文件描述符数	一般有最大值限制	65535	65535
工作模式	LT（水平触发）	LT	支持 ET（边缘触发）高效模式
内核实现和工作效率	采用轮询方式检测就绪事件，时间复杂度为 O(*n*)	采用轮询方式检测就绪事件，时间复杂度为 O(*n*)	采用回调方式检测就绪事件，时间复杂度为 O(1)

epoll 有两种工作方式：水平触发（LT）和边缘触发（ET）。

- 水平触发（LT）：默认的工作方式，如果一个描述符就绪，那么内核就会通知处理，如果不进行处理，则下一次内核还是会通知。
- 边缘触发（ET）：只支持非阻塞描述符。需要程序保证缓存区的数据全部被读取或者全部写出（因为 ET 模式下，描述符的就绪不会再次通知），因此需要发送非阻塞的描述符。对于读操作，如果 read 一次没有读尽 buffer 中的数据，那么下次将得不到读就绪的通知，造成 buffer 中已有的数据无机会读出，除非有新的数据再次到达。对于写操作，因为 ET 模式下的 fd 通常为非阻塞的，所以需要解决的问题就是如何保证将用户要求写的数据写完。

行文至此，想必各位读者都应该明了为什么 epoll 会成为 Linux 平台下实现高性能网络服务器的首选 I/O 复用调用。值得注意的是，epoll 并不是在所有的应用场景下都会比 select 和 poll 高效很多，尤其是当活动连接比较多、回调函数被触发得过于频繁的时候，epoll 的效率也会受到显著影响。因

此，epoll 特别适用于连接数量多，但活动连接较少的情况。而 select 和 poll 服务器也是有用武之地的，关键是弄清楚应用场景，选择合适的方法。

讲解完了 epoll 的机理，我们便能很容易地掌握 epoll 的用法了。一句话描述就是：三步曲。

第一步是创建一个 epoll 句柄。通过函数 epoll_create 创建一个 epoll 的句柄，函数声明如下：

```
int epoll_create(int size);
```

其中参数 size 用来告诉内核需要监听的文件描述符的数目，在 epoll 早期的实现中，监控文件描述符的组织并不是红黑树，而是 hash 表。这里的 size 实际上已经没有意义了。函数返回一个 epoll 句柄（底层由红黑树构成）。

当创建好 epoll 句柄后，它就是会占用一个句柄值，在 Linux 下如果查看/proc/进程 id/fd/，是能够看到这个 fd 的，因此在使用完 epoll 后，必须调用 close()，否则可能导致 fd 被耗尽。

第二步是通过函数 epoll_ctl 来控制 epoll 监控的文件描述符上的事件（注册、修改、删除），函数声明如下：

```
int epoll_ctl(int epfd, int op, int fd, struct epoll_event *event);
```

参数说明：参数 epfd 表示要操作的文件描述符，它是 epoll_create 的返回值。

- 第二个参数 op 表示动作，使用如下 3 个宏来表示：
  - EPOLL_CTL_ADD：注册新的 fd 到 epfd 中。
  - EPOLL_CTL_MOD：修改已经注册的 fd 的监听事件。
  - EPOLL_CTL_DEL：从 epfd 中删除一个 fd。
- 第三个参数 fd 是 op 实施的对象，即需要操作的文件描述符。
- 第四个参数 event 是告诉内核需要监听什么事件，events 可以是以下几个宏的集合：
  - EPOLLIN：表示对应的文件描述符可以读（包括对端 SOCKET 正常关闭）。
  - EPOLLOUT：表示对应的文件描述符可以写。
  - EPOLLPRI：表示对应的文件描述符有紧急的数据可读（这里应该表示有带外数据到来）。
  - EPOLLERR：表示对应的文件描述符发生错误。
  - EPOLLHUP：表示对应的文件描述符被挂断。
  - EPOLLET：将 EPOLL 设为边缘触发（Edge Triggered）模式，这是相对于水平触发（Level Triggered）来说的。
  - EPOLLONESHOT：只监听一次事件，当监听完这次事件之后，如果还需要继续监听这个 socket 的话，需要再次把这个 socket 加入 EPOLL 队列里。

struct epoll_event 结构定义如下：

```
typedef union epoll_data {
    void *ptr;
    int fd;
    __uint32_t u32;
    __uint64_t u64;
} epoll_data_t;
 //感兴趣的事件和被触发的事件
struct epoll_event {
```

```
    __uint32_t events; /* epoll events */
    epoll_data_t data; /* User data variable */
};
```

第三步调用 epoll_wait 函数，通过此调用收集在 epoll 监控中已经发生的事件，函数声明如下：

```
#include <sys/epoll.h>
int epoll_wait ( int epfd, struct epoll_event* events, int maxevents, int
timeout );
```

其中参数 epfd 表示要操作的文件描述符，它是 epoll_create 的返回值；events 指向检测到的事件集合，将所有就绪的事件从内核事件表中复制到它的第二个参数 events 指向的数组中；maxevents 指定最多监听多少个事件；timeout 指定 epoll 的超时时间，单位是毫秒。当 timeout 设置为-1 时，epoll_wait 调用将永远阻塞，直到某个事件发生、当 timeout 设置为 0 时，epoll_wait 调用将立即返回；当timeout设置为大于0的数时，表示指定的毫秒数。函数调用成功时返回就绪的文件描述符的个数，失败时返回-1 并设置 errno。

总之，epoll 在 select 和 poll（poll 和 select 基本一样，有少量改进）的基础上引入 eventpoll 作为中间层，使用了先进的数据结构，是一种高效的多路复用技术。

【例 4.7】实现 epoll 服务器

（1）首先打开 VC2017，新建一个 Linux 控制台工程，工程名是 srv，作为服务端。然后打开 main.cpp，输入如下代码：

```
#include <ctype.h>
#include <stdio.h>
#include <stdlib.h>
#include <string.h>
#include <netinet/in.h>
#include <arpa/inet.h>
#include <sys/epoll.h>
#include <errno.h>
#include <unistd.h> //for close

#define MAXLINE 80
#define SERV_PORT 8888
#define OPEN_MAX 1024

int main(int argc, char *argv[])
{
    int i, j, maxi, listenfd, connfd, sockfd;
    int nready, efd, res;
    ssize_t n;
    char buf[MAXLINE], str[INET_ADDRSTRLEN];
    socklen_t clilen;
    int client[OPEN_MAX];
    struct sockaddr_in cliaddr, servaddr;
    struct epoll_event tep, ep[OPEN_MAX];//存放接收的数据

    //网络 socket 初始化
```

```
    listenfd = socket(AF_INET, SOCK_STREAM, 0);
    bzero(&servaddr, sizeof(servaddr));
    servaddr.sin_family = AF_INET;
    servaddr.sin_addr.s_addr = htonl(INADDR_ANY);
    servaddr.sin_port = htons(SERV_PORT);
    if(-1==bind(listenfd, (struct sockaddr *) &servaddr, sizeof(servaddr)))
        perror("bind");
    if(-1==listen(listenfd, 20))
        perror("listen");
    puts("listen ok");

    for (i = 0; i < OPEN_MAX; i++)
        client[i] = -1;
    maxi = -1;//后面数据初始化赋值时，数据初始化为-1
    efd = epoll_create(OPEN_MAX); //创建 epoll 句柄，底层其实是创建了一个红黑树
    if (efd == -1)
        perror("epoll_create");

    //添加监听套接字
    tep.events = EPOLLIN;
    tep.data.fd = listenfd;
    res = epoll_ctl(efd, EPOLL_CTL_ADD, listenfd, &tep);//添加监听套接字，即注册
    if (res == -1) perror("epoll_ctl");
    for (; ; )
    {
        nready = epoll_wait(efd, ep, OPEN_MAX, -1);//阻塞监听
        if (nready == -1)   perror("epoll_wait");

        //如果有事件发生，就开始数据处理
        for (i = 0; i < nready; i++)
        {
            //是否是读事件
            if (!(ep[i].events & EPOLLIN))
                continue;

            //若处理的事件和文件描述符相等，则进行数据处理
            if (ep[i].data.fd == listenfd) //判断发生的事件是不是来自监听套接字
            {
                //接收客户端
                clilen = sizeof(cliaddr);
                connfd = accept(listenfd, (struct sockaddr *)&cliaddr,
&clilen);
                printf("received from %s at PORT %d\n",
                    inet_ntop(AF_INET, &cliaddr.sin_addr, str, sizeof(str)),
ntohs(cliaddr.sin_port));
                for (j = 0; j < OPEN_MAX; j++)
                    if (client[j] < 0)
                    {
                        //将通信套接字存放到client
                        client[j] = connfd;
```

```
                    break;
                }

            //是否到达最大值，保护判断
            if (j == OPEN_MAX)
                perror("too many clients");

            //更新 client 下标
            if (j > maxi)
                maxi = j;

            //添加通信套接字到树（底层是红黑树）上
            tep.events = EPOLLIN;
            tep.data.fd = connfd;
            res = epoll_ctl(efd, EPOLL_CTL_ADD, connfd, &tep);
            if (res == -1)
                perror("epoll_ctl");
        }
        else
        {
            sockfd = ep[i].data.fd;         //将 connfd 赋值给 socket
            n = read(sockfd, buf, MAXLINE); //读取数据
            if (n == 0)                     //无数据则删除该节点
            {
                //将 client 中对应的 fd 数据值恢复为-1
                for (j = 0; j <= maxi; j++)
                {
                    if (client[j] == sockfd)
                    {
                        client[j] = -1;
                        break;
                    }
                }
            res = epoll_ctl(efd, EPOLL_CTL_DEL, sockfd, NULL);//删除树节点
                if (res == -1)
                    perror("epoll_ctl");
                close(sockfd);
                printf("client[%d] closed connection\n", j);
            }
            else //有数据则写回数据
            {
                printf("recive client's data:%s\n",buf);
                //这里可以根据实际情况扩展，模拟对数据进行处理
                for (j = 0; j < n; j++)
                    buf[j] = toupper(buf[j]);   //简单地转为大写
                write(sockfd, buf, n);          //发送给客户端
            }
        }
    }
}
```

```
    close(listenfd);
    close(efd);
    return 0;
}
```

代码中，首先创建监听套接字 listenfd，然后绑定、监听。再创建 epoll 句柄，并通过函数 epoll_ctl 把监听套接字 listenfd 添加到 epoll 中，调用函数 epoll_wait 阻塞监听客户端的连接，一旦有客户端连接过来了，就判断发生的事件是不是来自监听套接字（ep[i].data.fd==listenfd），如果是的话，就调用 accept 接收客户端连接，并把与客户端连接的通信套接字 connfd 添加到 epoll 中，这样下一次客户端发数据过来时，就可以知道并用 read 读取了。最后把收到的数据转为大写后再发送给客户端。

（2）再次打开另外一个 VC2017，新建一个 Windows 控制台工程，工程名是 client，该工程作为客户端。代码就不演示了，和例 4.3 相同。

（3）保存工程并运行。先运行服务端工程，然后运行客户端工程，并在客户端程序中输入一些字符串，比如“abc”，随后就可以收到服务器端的数据了。客户端运行结果如下：

```
please enter data:abc
server reply:ABC
```

服务器端运行结果如下：

```
listen ok
received from 192.168.0.149 at PORT 10814
recive client's data:abc
client[0] closed connection
```

第 5 章

基于 libevent 的 FTP 服务器

libevent 是一个用 C 语言编写的、轻量级的开源高性能事件通知库，主要有以下几个亮点：

- 事件驱动（event-driven），高性能。
- 轻量级，专注于网络，不如 ACE 框架那么臃肿庞大。
- 源代码相当精炼、易读。
- 跨平台，支持 Windows、Linux、*BSD 和 macOS。
- 支持多种 I/O 多路复用技术，如 epoll、poll、dev/poll、select 和 kqueue 等。
- 支持 I/O、定时器和信号等事件。
- 注册事件优先级。

libevent 是一个事件通知库，内部使用 select、epoll、kqueue、IOCP 等系统调用管理事件机制。libevent 是用 C 语言编写的，而且几乎是无处不用函数指针。libevent 支持多线程编程。libevent 已经被广泛应用，作为不少知名软件的底层网络库，比如 memcached、Vomit、Nylon、Netchat 等。

事实上 libevent 本身就是一个典型的 Reactor 模型，理解 Reactor 模式是理解 libevent 的基石。下面先来简单介绍一下典型的事件驱动设计模式——Reactor 模式。

5.1 Reactor 模式

整个 libevent 本身就是一个 Reactor，因此本节将专门对 Reactor 模式进行必要的介绍，并列出 libevnet 中的几个重要组件和 Reactor 的对应关系。

首先来回想一下普通函数调用的机制：（1）程序调用某函数；（2）函数执行；（3）程序等待；（4）函数将结果和控制权返回给程序；（5）程序继续处理。

Reactor 中文翻译为“反应堆”，在计算机中表示一种事件驱动机制，它和普通函数调用的不同之处在于：应用程序不是主动地调用某个 API 函数完成处理，恰恰相反，Reactor 逆置了事件处理流程，应用程序需要提供相应的接口并注册到 Reactor 上，如果相应的事件发生，则 Reactor 将主动调用应用程序注册的接口，这些接口又称为“回调函数”。使用 libevent 也是向 libevent 框架注册相应的事件和回调函数，当这些事件发生时，libevent 会调用回调函数处理相应的事件（I/O 读写、定时和信号）。

用“好莱坞原则”来形容 Reactor 再合适不过了：不要打电话给我们，我们会打电话通知你。举个例子：你去应聘 xx 公司，“普通函数调用机制”公司的 HR 不会记你的联系方式，面试结束后，你只能自己打电话去问结果；而“Reactor”公司的 HR 就会先记下了你的联系方式，结果出来后会主动打电话通知你，你不用自己打电话去问结果，事实上你也不能打电话，因为你没有 HR 的联系方式。

5.1.1　Reactor 模式的优点

Reactor 模式是编写高性能网络服务器的必备技术之一，它具有如下的优点：

（1）响应快，不必为单个同步时间所阻塞，虽然 Reactor 本身依然是同步的。

（2）编程相对简单，可以最大程度地避免复杂的多线程及同步问题，并且避免了多线程/进程的切换开销。

（3）可扩展性，可以方便地通过增加 Reactor 实例个数来充分利用 CPU 资源。

（4）可复用性，Reactor 框架本身与具体事件处理逻辑无关，具有很高的复用性。

5.1.2　Reactor 模式框架

使用 Reactor 模型，必备的组件有事件源、事件多路分发机制、反应器和事件处理程序。Reactor 模型的整体框架图如图 5-1 所示。

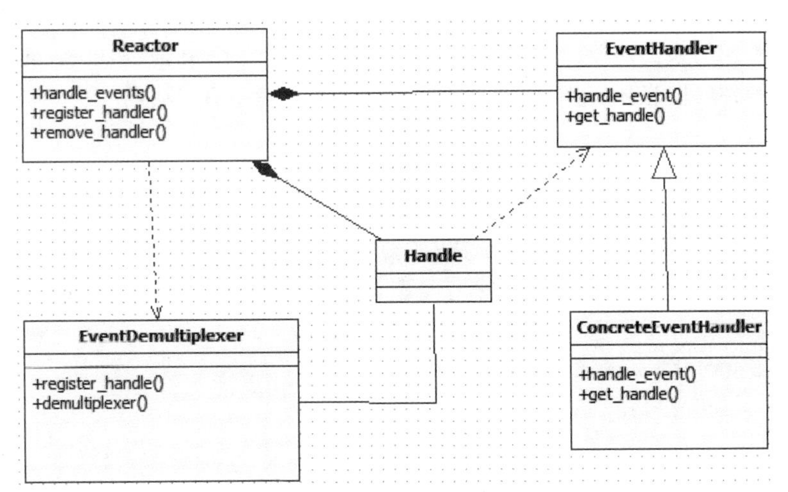

图 5-1

1）事件源

事件源在 Linux 上是文件描述符，在 Windows 上就是 Socket 或者 Handle，这里统一称为“句柄集”。程序在指定的句柄上注册关心的事件，比如 I/O 事件。

2）EventDemultiplexer（事件多路分发机制）

EventDemultiplexer 是由操作系统提供的 I/O 多路复用机制，比如 select 和 epoll。程序首先将它关心的句柄（事件源）及其事件注册到 EventDemultiplexer 上；当有事件到达时，EventDemultiplexer 会发出通知“在已经注册的句柄集中，一个或多个句柄的事件已经就绪”；程序收到通知后，就可以在非阻塞的情况下对事件进行处理了。

对应到 libevent 中，EventDemultiplexer 依然是 select、poll、epoll 等，但是 libevent 使用结构体 eventop 进行了封装，以统一的接口来支持这些 I/O 多路复用机制，达到了对外隐藏底层系统机制的目的。

3）Reactor（反应器）

Reactor 是事件管理的接口，内部使用 EventDemultiplexer 来注册、注销事件，并运行事件循环，当有事件进入“就绪”状态时，调用注册事件的回调函数处理事件。对应到 libevent 中，就是 event_base 结构体。一个典型的 Reactor 声明方式如下：

```
class Reactor
{
public:
    int register_handler(Event_Handler *pHandler, int event);
    int remove_handler(Event_Handler *pHandler, int event);
    void handle_events(timeval *ptv);
    //...
};
```

4）EventHandler（事件处理程序）

事件处理程序提供了一组接口，每个接口对应了一种类型的事件，供 Reactor 在相应的事件发生时调用，执行相应的事件处理。通常它会绑定一个有效的句柄。对应到 libevent 中，就是 event 结构体。下面是两种典型的 EventHandler 类的声明方式，二者各有优缺点。

```
class Event_Handler
{
public:
    virtual void handle_read() = 0;
    virtual void handle_write() = 0;
    virtual void handle_timeout() = 0;
    virtual void handle_close() = 0;
    virtual HANDLE get_handle() = 0;
    //...
};
class Event_Handler
{
public:
    //events maybe read/write/timeout/close .etc
    virtual void handle_events(int events) = 0;
    virtual HANDLE get_handle() = 0;
    //...
```

```
};
```

5.1.3　Reactor 事件处理流程

前面说过 Reactor 将事件流“逆置”了，那么使用 Reactor 模式后，事件控制流是什么样子的呢？可以参见如图 5-2 所示的序列图。

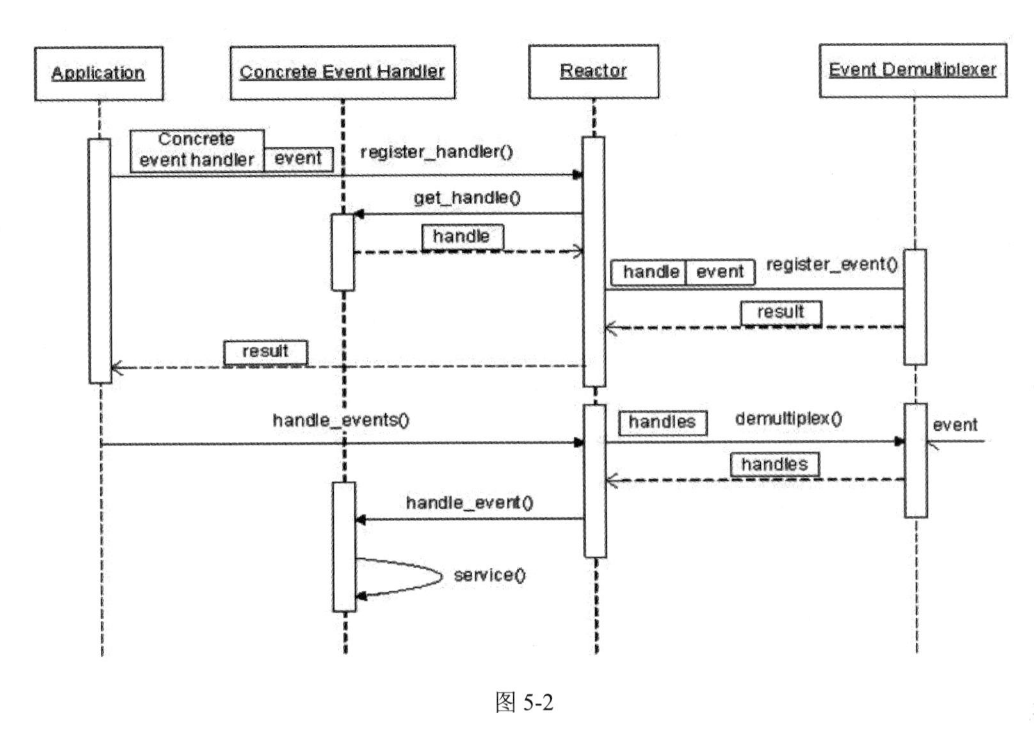

图 5-2

由于篇幅原因，本节只讲解 Reactor 的基本概念、框架和处理流程，对 Reactor 有了基本清晰的了解后，再来对比看 libevent 就更容易理解了。

5.2　使用 libevent 的基本流程

libevent 是一个优秀的事件驱动库，我们的目标是要学会它的基本使用方法。使用流程一般都是根据场景而变化的。一开始，我们可以在一个简单的场景中学习 libevent 的使用。下面来考虑一个最简单的场景——使用 libevent 设置定时器，应用程序只需要执行下面几个简单的步骤即可。

步骤 01 首先初始化 libevent 库，并保存返回的指针：

```
struct event_base * base = event_init();
```

实际上这一步相当于初始化一个 Reactor 实例，在初始化 libevent 后，就可以注册事件了。

步骤 02 初始化事件 event，设置回调函数和关注的事件：

```
evtimer_set(&ev, timer_cb, NULL);
```

事实上这等价于调用 event_set(&ev, -1, 0, timer_cb, NULL);。

event_set 的函数原型是：

```
void event_set(struct event *ev, int fd, short event, void (*cb)(int, short, void *), void *arg)
```

参数说明：

- ev：执行要初始化的 event 对象。
- fd：该 event 绑定的“句柄”，对于信号事件，它就是关注的信号。
- event：在 fd 上关注的事件类型，它可以是 EV_READ、EV_WRITE、EV_SIGNAL。
- cb：这是一个函数指针，当 fd 上的事件发生时，调用该函数进行处理，它有 3 个参数，调用时由 event_base 负责传入，按顺序实际上就是 event_set 时的 fd、event 和 arg。
- arg：传递给 cb 函数指针的参数。

由于定时事件不需要 fd，并且定时事件是根据添加时（event_add）的超时值设定的，因此这里 event 也不需要设置。

这一步相当于初始化一个 EventHandler，在 libevent 中事件类型保存在 event 结构体中。

注意：libevent 并不会管理 event 事件集合，这需要应用程序自行管理。

步骤 03 设置 event 从属的 event_base：

```
event_base_set(base, &ev);
```

这一步相当于指明 event 要注册到哪个 event_base 实例上。

步骤 04 正式添加事件：

```
event_add(&ev, timeout);
```

基本信息都已设置完成，只要简单地调用 event_add()函数即可完成事件的添加，其中 timeout 是定时值。这一步相当于调用 Reactor::register_handler()函数注册事件。

步骤 05 程序进入无限循环，等待就绪事件并执行事件处理：

```
event_base_dispatch(base);
```

上面例子的程序代码可以描述如下：

```
struct event ev;
struct timeval tv;
void time_cb(int fd, short event, void *argc)
{
    printf("timer wakeup/n");
    event_add(&ev, &tv); //reschedule timer
}
int main()
{
    struct event_base *base = event_init();
    tv.tv_sec = 10; //10s period
    tv.tv_usec = 0;
```

```
    evtimer_set(&ev, time_cb, NULL);
    event_add(&ev, &tv);
    event_base_dispatch(base);
}
```

当应用程序向 libevent 注册一个事件后，libevent 内部是怎样进行处理的呢？

（1）首先应用程序准备并初始化 event，设置好事件类型和回调函数；这对应于上述步骤 2 和步骤 3。

（2）向 libevent 添加该事件。对于定时事件，libevent 使用一个小根堆管理，key 为超时时间；对于 Signal 和 I/O 事件，libevent 将放入等待链表（wait list）中，这是一个双向链表结构。

（3）程序调用 event_base_dispatch()系列函数进入无限循环，等待事件。以 select()函数为例，每次循环前 libevent 会检查定时事件的最小超时时间 tv，根据 tv 设置 select()的最大等待时间，以便于后面及时处理超时事件；当 select()返回后，首先检查超时事件，然后检查 I/O 事件；libevent 将所有的就绪事件放入激活链表中，然后对激活链表中的事件调用事件的回调函数进行事件的处理。

本小节介绍了 libevent 的简单实用场景，并简单介绍了 libevent 的事件处理流程，读者应该对 libevent 有了基本的印象。

5.3　下载和编译 libevent

到官方网站 https://libevent.org/去下载 libevent 的源代码，然后放到 Linux 下进行编译，生成动态库 SO 文件，这样就可以在自己的程序中使用动态库提供的函数接口了。如果不想去官方网站下载，也可以在本节配套资源中的源码根目录下找到。

从官方网站下载下来的文件是 libevent-2.1.12-stable.tar.gz，我们把它上传到 Ubuntu20 下，然后解压：

```
tar zxvf libevent-2.1.12-stable.tar.gz
```

进入目录，并生成 Makefile 文件，命令如下：

```
cd libevent-2.1.12-stable/
./configure --prefix=/opt/libevent
```

这一步是用来生成编译时需要用的 Makefile 文件，其中，--prefix 用来指定 libevent 的安装目录。输入 make 进行编译，成功后再输入 make install，然后就可以看到 /opt/libevent 下面已经有文件生成了：

```
root@tom-virtual-machine:~/soft/libevent-2.1.12-stable# cd /opt/libevent/
root@tom-virtual-machine:/opt/libevent# ls
bin  include  lib
```

其中 include 是存放头文件的目录，lib 是存放动态库和静态库的目录。下面写一个小程序来测试 libevent 是否工作正常。

【例 5.1】第一个 libevent 程序

（1）在 Windows 打开自己喜爱的编辑器，输入如下代码：

```
#include <sys/types.h>
#include <event2/event-config.h>
#include <stdio.h>
#include <event.h>
struct event ev;
struct timeval tv;

void time_cb(int fd, short event, void *argc)
{
    printf("timer wakeup!\n");
    event_add(&ev, &tv);
}

int main()
{
    struct event_base *base = event_init();
    tv.tv_sec = 10;
    tv.tv_usec = 0;
    evtimer_set(&ev, time_cb, NULL);
    event_base_set(base, &ev);
    event_add(&ev, &tv);
    event_base_dispatch(base);
}
```

代码的功能是设置一个定时器，每隔 10 秒就打印一次“timer wakeup!”。

（2）保存文件为 test.c，然后上传到 Linux，并在命令行下编译：

```
gcc test.c -o testEvent -I /opt/libevent/include/ -L /opt/libevent/lib/ -levent
```

注意：-I 是大写的 i，不是小写的 L，用来指定头文件路径；-L 则是用来指定引用库的位置的。

（3）运行 testEvent：

```
root@tom-virtual-machine:/ex/mylibevent# ./testEvent
timer wakeup!
timer wakeup!
timer wakeup!
timer wakeup!
...
```

如果某些 Linux 上提示没找到库，则需要链接到系统目录，比如：

```
ln  -s /opt/libevent/lib/libevent.so /usr/lib64/libevent.so
```

至此，下载和编译 libevent 的工作就成功了。下面可以开始 FTP 服务器的开发了。

5.4　FTP 概述

1971 年，第一个 FTP 的 RFC（Request For Comments，是一系列以编号排定的文件，包含了关于 Internet 的几乎所有的重要的文字资料）由 A.K.Bhushan 提出，同一时期由 MIT 和 Havard 实现，即 RFC114。在随后的十几年中，FTP 协议的官方文档历经了数次修订，直到 1985 年，一个作用至今的 FTP 官方文档 RFC959 问世。如今所有关于 FTP 的研究与应用都是基于该文档的。FTP 服务有一个重要的特点就是其实现并不局限于某个平台，在 Windows、DOS、UNIX 平台下均可搭建 FTP 客户端及服务器，并实现互联互通。

5.4.1　FTP 的工作原理

文件传送协议（File Transfer Protocol，简称 FTP）是一个用于从一台主机传送文件到另外一台主机的协议，基于客户端/服务器（C/S）架构，用户通过一个支持 FTP 协议的客户端程序连接远程主机上的 FTP 服务器程序。用户通过客户端程序向服务器程序发出命令，服务器程序执行用户所发出的命令，并将执行的结果返回给客户端。比如说，用户发出一条命令，要求服务器向用户传送某一个文件的一份副本，服务器会响应这条命令，将指定文件传送至用户的机器上。客户端程序代表用户接收到这个文件，并将它存放在用户目录中。

FTP 系统和其他 C/S 系统的不同之处在于它在客户端和服务器之间同时建立两条连接来实现文件的传输，分别是控制连接和数据连接。当用户启动与远程主机间的一个 FTP 会话时，FTP 客户端首先发起建立一个与 FTP 服务器端口号 21 之间的控制连接，然后经由该控制连接把用户名和口令发送给服务器。客户端还经由该控制连接把本地临时分配的数据端口告知服务器，以便服务器发起建立一个从服务器端口号 20 到客户端指定端口之间的数据连接；用户执行的一些命令也由客户端通过控制连接发送给服务器，例如改变远程目录的命令。当用户每次请求传送文件时（不论哪个方向），FTP 都将在服务器端口号 20 上打开一个数据连接（其发起端既可能是服务器，也可能是客户端）。在数据连接上传送完本次请求需传送的文件之后，有可能关闭数据连接，到有文件传送请求时再重新打开。因此在 FTP 中，控制连接在整个用户会话期间一直打开着，而数据连接则有可能每次都为文件传送请求重新打开一次（即数据连接是非持久的）。

在整个会话期间，FTP 服务器必须维护关于用户的状态。具体地说，服务器必须把控制连接与特定的用户关联起来，必须随用户在远程目录树中的游动来跟踪其当前目录。为每个活跃的用户会话保持这些状态信息极大地限制了 FTP 能够同时维护的会话数。

5.4.2　FTP 的传输方式

FTP 的传输有两种方式：ASCII 传输方式和二进制传输方式。

1）ASCII 传输方式

假定用户正在复制的文件包含简单的 ASCII 码文本，如果在远程机器上运行的不是 Linux 式 UNIX，则当文件传输时 FTP 通常会自动地调整文件的内容，以便于把文件解释成另外那台计算机存储文本文件的格式。

但是常常有这样的情况，用户正在传输的文件包含的不是文本文件，它们可能是程序、数据库、字处理文件或者压缩文件。因此在复制任何非文本文件之前，用 binary 命令告诉 FTP 逐字复制。

2）二进制传输方式

在二进制传输中，保存文件的位序，以便原始文件和复制的文件是逐位一一对应的，即使目的地机器上包含位序列的文件是没意义的。例如，macintosh 以二进制方式传送可执行文件到 Windows 系统，在对方系统上，此文件不能执行。

在 ASCII 方式下传输二进制文件，即使不需要也仍会转译，这样做会损坏数据。（ASCII 方式一般假设每一字符的第一有效位无意义，因为 ASCII 字符组合不使用它。如果传输二进制文件，那么所有的位都是重要的。）

5.4.3 FTP 的工作方式

FTP 有两种不同的工作方式：PORT（主动）方式和 PASV（被动）方式。

在主动方式下，客户端先开启一个大于 1024 的随机端口，用来与服务器的 21 号端口建立控制连接，当用户需要传输数据时，在控制通道中通过 PORT 命令向服务器发送本地 IP 地址以及端口号，服务器会主动去连接客户端发送过来的指定端口，实现数据传输，然后在这条连接上面进行文件的上传或下载。

在被动方式下，建立控制连接的过程与主动方式基本一致，但在建立数据连接的时候，客户端通过控制连接发送 PASV 命令，随后服务器开启一个大于 1024 的随机端口，将 IP 地址和此端口号发送给客户端，然后客户端去连接服务器的该端口，从而建立数据传输链路。

总体来说，主动和被动是相对于服务器而言的，在建立数据连接的过程中，在主动方式下，服务器会主动请求连接到客户端的指定端口；在被动方式下，服务器在发送端口号给客户端后会被动地等待客户端连接到该端口。

当需要传送数据时，客户端开始监听端口 *N*+1，并在命令链路上用 PORT 命令发送 *N*+1 端口号到 FTP 服务器，于是服务器会从自己的数据端口（20）向客户端指定的数据端口（*N*+1）发送连接请求，建立一条数据链路来传送数据。

FTP 客户端与服务器之间仅使用 3 个命令就发起数据连接的创建：STOR（上传文件）、RETR（下载文件）和 LIST（接收一个扩展的文件目录）。客户端在发送这 3 个命令后会发送 PORT 或 PASV 命令来选择传输方式。当数据连接建立之后，FTP 客户端可以和服务器互相传送文件。当数据传送完毕，发送数据方发起数据连接的关闭，例如，处理完 STOR 命令后，客户端发起关闭，处理完 RETR 命令后，服务器发起关闭。

FTP 主动传输方式的具体步骤如下：

步骤 01 客户端与服务器的 21 号端口建立 TCP 连接，即控制连接。

步骤 02 当用户需要获取目录列表或传输文件的时候，客户端通过 PORT 命令向服务器发送本地 IP 地址以及端口号，期望服务器与该端口建立数据连接。

步骤 03 服务器与客户端该端口建立第二条 TCP 连接，即数据连接。

步骤 04 客户端和服务器通过该数据连接进行文件的发送和接收。

FTP 被动传输方式的具体步骤如下：

步骤01 客户端与服务器的 21 号端口建立 TCP 连接，即控制连接。

步骤02 当用户需要获取目录列表或传输文件的时候，客户端通过控制连接向服务器发送 PASV 命令，通知服务器采用被动传输方式。服务器收到 PASV 命令后随即开启一个大于 1024 的端口，然后将该端口号和 IP 地址通过控制连接发送给客户端。

步骤03 客户端与服务器该端口建立第二条 TCP 连接，即数据连接。

步骤04 客户端和服务器通过该数据连接进行文件的发送和接收。

总之，FTP 主动传输方式和被动传输方式各有特点，使用主动方式可以避免服务器端防火墙的干扰，而使用被动方式可以避免客户端防火墙的干扰。

5.4.4 FTP 命令

FTP 命令主要用于控制连接，根据命令功能的不同可分为访问控制命令、传输参数命令、FTP 服务命令。所有 FTP 命令都以网络虚拟终端（NVT）ASCII 文本的形式发送，都以 ASCII 回车或换行符结束。

限于篇幅，完整的标准 FTP 的命令不可能一一实现，本节只实现了一些基本的命令，并对这些命令做出详细说明。

常用的 FTP 访问控制命令如表 5-1 所示。

表5-1　常用的FTP访问控制命令

命令名称	功　能
USER username	登录用户的名称，参数 username 是登录用户名。USER 命令的参数是用来指定用户的 Telnet 字符串。它用来进行用户鉴定、服务器对赋予文件的系统访问权限。该命令通常是建立数据连接后（有些服务器需要）用户发出的第一个命令。有些服务器还需要通过 password 或 account 命令获取额外的鉴定信息。服务器允许用户为了改变访问控制和/或账户信息而发送新的 USER 命令。这会导致已经提供的用户，口令，账户信息被清空，重新开始登录。所有的传输参数均不改变，任何正在执行的传输进程在旧的访问控制参数下完成
PASS password	发出登录密码，参数 password 是登录该用户所需的密码。PASS 命令的参数是用来指定用户口令的 Telnet 字符串。此命令紧跟用户名命令，在某些站点它是完成访问控制不可缺少的一步。因为口令信息非常敏感，所以它的表示通常被“掩盖”起来或什么也不显示。服务器没有十分安全的方法达到这样的显示效果，因此，FTP 客户端进程有责任去隐藏敏感的口令信息
CWD pathname	改变工作路径，参数 pathname 是指定目录的路径名称。该命令允许用户在不改变它的登录和账户信息的状态下，为存储或下载文件而改变工作目录或数据集。传输参数不会改变。它的参数是指定目录的路径名或其他系统的文件集标志符
CDUP	回到上一层目录
REIN	恢复到初始登录状态
QUIT	退出登录，终止连接。该命令终止一个用户的登录状态，如果没有正在执行的文件传输，则服务器将关闭控制连接。如果有数据传输，则在得到传输响应后服务器关闭控制连接。如果用户进程正在向不同的用户传输数据，不希望对每个用户关闭然后再打开，则可以使用 REIN 命令代替 QUIT。对控制连接的意外关闭，可以导致服务器运行中止（ABOR）和退出登录（QUIT）

所有的数据传输参数都有默认值，仅当要改变默认的参数值时才使用传输参数命令指定数据传输的参数。默认值是最后一次指定的值，如果没有指定任何值，那么就使用标准的默认值，这意味着服务器必须“记住”合适的默认值。在 FTP 服务请求之后，命令的次序可以任意。常用的 FTP 传输参数命令如表 5-2 所示。

表5-2 常用的FTP传输参数命令

命令名称	功　　能
PORT h1,h2,h3,h4,p1,p2	主动传输方式参数为 IP 地址（h1,h2,h3,h4）和端口号（p1*256+p2）。客户端和服务器均有默认的数据端口，并且一般情况下，此命令和它的回应不是必需的。如果使用该命令，则参数由 32 位的 Internet 主机地址和 16 位的 TCP 端口地址串联组成。地址信息被分隔成 8 位一组，各组的值以十进制数（用字符串表示）来传输。各组之间用逗号分隔。一个端口命令： PORT h1,h2,h3,h4,p1,p2 这里 h1 是 Internet 主机地址的高 8 位
PASV	被动传输方式。该命令要求服务器在一个数据端口（不是默认的数据端口）监听以等待连接，而不是在接收到一个传输命令后就初始化。该命令的回应包含服务器正监听的主机地址和端口地址
TYPE type	确定传输数据类型（A=ASCII，I=Image，E=EBCDIC）。数据表示类型由用户指定，类型可以隐含地（比如 ASCII 或 EBCDIC）或明确地（比如本地字节）定义一个字节的长度，提供像“逻辑字节长度”这样的表示。注意，在数据连接上传输时使用的字节长度称为“传输字节长度”，和上面说的“逻辑字节长度”不要弄混，例如，NVT-ASCII 的逻辑字节长度是 8 位。如果数据类型是本地类型，那么 TYPE 命令必须在第二个参数中指定逻辑字节长度。传输字节长度通常是 8 位的。 ● ASCII 类型 这是所有 FTP 在执行时必须承认的默认类型。它主要用于传输文本文件。发送方把用内部字符表示的数据转换成标准的 8 位 NVT-ASCII 表示，接收方把数据从标准的格式转换成自己内部的表示形式。 与 NVT 标准保持一致，要在行结束处使用<CRLF>序列。使用标准的 NVT-ASCII 表示的意思是数据必须转换为 8 位的字节。 ● IMAGE 类型 数据以连续的位传输，并打包成 8 位的传输字节。接收站点必须以连续的位存储数据。 存储系统的文件结构（或者对于记录结构文件的每个记录）必须填充适当的分隔符，分隔符必须全部为零，填充在文件末尾（或每个记录的末尾），而且必须有识别出填充位的办法，以便接收方把它们分离出去。 填充的传输方法应该被充分地宣传，使得用户可以在存储站点处理文件。IMAGE 格式用于有效地传送和存储文件，以及传送二进制数据。推荐所有的 FTP 在执行时支持此类型。 ● EBCDIC 是 IBM 提出的字符编码方式

FTP 服务命令表示用户要求的文件传输或文件系统功能。FTP 服务命令的参数通常是一个路径名，路径名的语法必须符合服务器站点的规定和控制连接的语言规定。隐含的默认值是最后一次指定的设备、目录或文件名，或者本地用户自定义的标准默认值。命令顺序通常没有限制，只有“rename from”命令后面必须是“rename to”，重新启动命令后面必须是中断服务命令(比如，STOR 或 RETR)。除确定的报告回应外，FTP 服务命令的响应总是在数据连接上传输。常用的 FTP 服务命令如表 5-3 所示。

表5-3　常用的FTP服务命令

命令名称	功　能
LIST pathname	请求服务器发送列表信息。如果路径名指定了一个路径或其他的文件集，那么服务器会传送指定目录的文件列表。如果路径名指定了一个文件，那么服务器将传送文件的当前信息。不使用参数意味着使用用户当前的工作目录或默认目录。数据传输在数据连接上进行，使用 ASCII 类型或 EBCDIC 类型（用户必须保证表示类型是 ASCII 或 EBCDIC）。因为一个文件的信息从一个系统到另一个系统差别很大，所以此信息很难被程序自动识别，但对人类用户却很有用
RETR pathname	请求服务器向客户端发送指定文件。该命令让 server-DTP 用指定的路径名传送一个文件的副本到数据连接另一端的 server-DTP 或 user-DTP。该服务器站点上的文件状态和内容不受影响
STOR pathname	客户端向服务器上传指定文件。该命令让 server-DTP 通过数据连接接收数据传输，并且把数据存储为服务器站点上的一个文件。如果指定的路径名的文件在服务器站点上已经存在，那么它的内容将被传输的数据替换。如果指定的路径名的文件不存在，那么将在服务器站点上新建一个文件
ABOR	终止上一次 FTP 服务命令以及所有相关的数据传输
APPE pathname	客户端向服务器上传指定文件，若该文件已存在于服务器的指定路径下，则数据将会以追加的方式写入该文件；若不存在，则在该位置新建一个同名文件
DELE pathname	删除服务器上的指定文件。此命令从服务器站点上删除指定路径名的文件
REST marker	移动文件指针到指定的数据检验点。该命令的参数 marker 代表文件传送重新启动的服务器标记。此命令并不传送文件，而是跳到文件的指定数据检查点。此命令后应该紧跟合适的使数据重传的 FTP 服务命令
RMD pathname	此命令删除路径名中指定的目录（若是绝对路径），或者删除当前目录的子目录（若是相对路径）
SIZE remote-file	显示远程文件的大小
MKD pathname	此命令创建指定路径名的目录（如果是绝对路径），或在当前工作目录中创建子目录（如果是相对路径）
PWD	此命令在回应中返回当前工作目录名
CDUP	将当前目录改为服务器端根目录，不需要更改账号信息以及传输参数
RNFR filename	指定要重命名的文件的旧路径和文件名
RNTO filename	指定要重命名的文件的新路径和文件名

5.4.5　FTP 应答码

FTP 命令的回应是为了确保数据传输请求和过程同步，也是为了保证用户进程总能知道服务器的状态。每条指令最少产生一个回应，如果产生多个回应，则多个回应必须容易分辨。另外，有些指令是连续产生的，比如 USER、PASS 和 ACCT，或 RNFR 和 RNTO。如果此前指令已经成功，那么回应显示一个中间的状态。其中任何一个命令的失败会导致全部命令序列重新开始。

FTP 应答信息指的是服务器在执行完相关命令后返回给客户端的执行结果信息，客户端通过应答码能够及时了解服务器当前的工作状态。FTP 应答码是由三个数字外加一些文本组成的，不同数字组合代表不同的含义，客户端不用分析文本内容就可以知晓命令的执行情况。文本内容取决于服务器，不同情况下客户端会获得不一样的文本内容。

三个数字的每一位都有一定的含义：第一位表示服务器的响应是成功的、失败的还是不完全的；第二位表示该响应是针对哪一部分的，用户可以据此了解哪一部分出了问题；第三位表示在第二位的基础上添加的一些附加信息。例如，发送的第一个命令是 USER 加用户名，随后客户端收到应答码 331：应答码的第一位的 3 表示需要提供更多信息，第二位的 3 表示该应答是与认证相关的，与第三位的 1 一起，该应答码的含义是用户名正常，但是需要一个密码。若使用 x、y、z 来表示三位数字的 FTP 应答码，则根据前两位区分的不同应答码及其含义如表 5-4 所示。

表5-4　根据前两位区分的不同应答码及其含义

应　答　码	含义说明
1yz	确定预备应答。目前为止操作正常，但尚未完成
2yz	确定完成应答。操作完成并成功
3yz	确定中间应答。目前为止操作正常，但仍需后续操作
4yz	暂时拒绝完成应答。未接收命令，操作执行失败，但错误是暂时的，可以稍后继续发送命令
5yz	永久拒绝完成应答。命令不被接收，并且不再重试
x0z	格式错误
x1z	请求信息
x2z	控制或数据连接
x3z	认证和账户登录过程
x4z	未使用
x5z	文件系统状态

根据表 5-4 对应答码含义的规定，表 5-5 按照功能划分列举了常用的 FTP 应答码，并介绍了其具体含义。

表5-5　常用的FTP应答码及其含义

具体应答码	含义说明
200	指令成功
500	语法错误，未被承认的指令
501	因参数或变量导致的语法错误
502	指令未执行
110	重新开始标记应答
220	服务为新用户准备好
221	服务关闭控制连接，适当时退出
421	服务无效，关闭控制连接
125	数据连接已打开，开始传送数据
225	数据连接已打开，无传输正在进行
425	不能建立数据连接
226	关闭数据连接，请求文件操作成功

（续表）

具体应答码	含义说明
426	连接关闭，传输终止
227	进入被动模式（h1,h2,h3,h4,p1,p2）
331	用户名正确，需要口令
150	文件状态良好，打开数据连接
350	请求的文件操作需要进一步的指令
451	终止请求的操作，出现本地错误
452	未执行请求的操作，系统存储空间不足
552	请求的文件操作终止，存储分配溢出
553	请求的操作没有执行

5.5　开发 FTP 服务器

为了支持多个客户端同时相连，本例开发的 FTP 服务器使用了并发模型。并发模型可分为多进程模型、多线程模型和事件驱动模型三大类。

（1）多进程模型每接收一个连接就复刻一个子进程，在该子进程中处理连接的请求。该模型的特点是多进程占用系统资源多，进程切换的系统开销大，Linux 下最大进程数有限制，不利于处理大并发。

（2）多线程模型每接收一个连接就生成一个子线程，利用该子线程处理连接的请求。Linux 下有最大线程数限制（进程虚拟地址空间有限），进程的频繁创建和销毁造成系统开销大，同样不利于处理大并发。

（3）事件驱动模型在 Linux 下基于 select、poll 或 epoll 实现，程序的基本结构是一个事件循环结合非阻塞 I/O，以事件驱动和事件回调的方式实现业务逻辑，目前在高性能的网络程序中，使用得最广泛的就是这种并发模型，结合线程池，可避免线程的频繁创建和销毁的开销，能很好地处理高并发。线程池旨在减少创建和销毁线程的频率，维持一定合理数量的线程，并让空闲的线程重新承担新的执行任务。现今常见的高吞吐高并发系统往往是基于事件驱动的 I/O 多路复用模式设计的。事件驱动 I/O 也称作 I/O 多路复用，I/O 多路复用使得程序能同时监听多个文件描述符，在一个或更多文件描述符就绪前始终处于睡眠状态。Linux 下的 I/O 多路复用方案有 select、poll 和 epoll。如果处理的连接数不是很高的话，使用 select/poll/epoll 的服务器不一定比使用多线程阻塞 I/O 的服务器性能更好，select/poll/epoll 的优势并不是对单个连接能处理得更快，而是能处理更多的连接。

本服务器选用了事件驱动模型，并且基于 libevent 库。libevent 中，基于 event 和 event_base 已经可以写一个 CS 模型了，但是对于服务器端来说，仍然需要用户自行调用 socket、bind、listen、accept 等。这个过程有点烦琐，并且一些细节可能考虑不全，为此 libevent 推出了对应的封装函数，简化了整个监听的流程，用户只需在对应的回调函数里处理已完成连接的套接字即可。这些封装函数的主要优点如下：

（1）省去了用户手动注册事件的过程。

（2）省去了用户验证系统函数返回是否成功的过程。

（3）帮助用户省去了处理非阻塞套接字 accpet 的麻烦。

（4）整个过程一气呵成，用户只需关注业务逻辑即可，其他细节都由 libevent 来搞定。

【例 5.2】基于线程池的 FTP 服务器开发

（1）在 Windows 下打开自己喜爱的编辑器，新建文件 main.cpp。这个文件实现了 main 函数功能，首先初始化线程池，代码如下：

```
XThreadPoolGet->Init(10);
event_base *base = event_base_new();
if (!base)
    errmsg("main thread event_base_new error");
```

然后创建监听事件，代码如下：

```
    sockaddr_in sin;
    memset(&sin, 0, sizeof(sin));
    sin.sin_family = AF_INET;
    sin.sin_port = htons(SPORT);  //PORT 是要监听的服务器端口
    //创建监听事件
    evconnlistener *ev = evconnlistener_new_bind(
        base,                             //libevent 的上下文
        listen_cb,                        //接收到连接的回调函数
        base,                             //回调函数获取的参数 arg
        LEV_OPT_REUSEABLE|LEV_OPT_CLOSE_ON_FREE,        //地址重用
10,                                       //连接队列大小，对应 listen 函数
        (sockaddr*)&sin,                  //绑定的地址和端口
        sizeof(sin));

    if (base) {
        cout << "begin to listen..." << endl;
        event_base_dispatch(base);
    }
    if (ev)
        evconnlistener_free(ev);
    if (base)
        event_base_free(base);
    testout("server end");
```

这样 main 函数基本实现完毕，其中最重要的是把监听函数 listen_cb 作为回调函数注册给 libevent。用户只需要通过库函数 evconnlistener_new_bind 传递回调函数，在 aceept 成功后，在回调函数（这里是 listen_cb）里面处理已连接的套接字即可，省去了用户需要处理的一些列麻烦问题。函数 listen_cb 也在 main.cpp 中实现，代码如下：

```
    //等待连接的回调函数，一旦连接成功，就执行这个函数
    void listen_cb(struct evconnlistener *ev, evutil_socket_t s, struct sockaddr
*addr, int socklen, void *arg) {
        testout("main thread At listen_cb");
        sockaddr_in *sin = (sockaddr_in*)addr;
        XTask *task = XFtpFactory::Get()->CreateTask();//创建任务
        task->sock = s;  //此时的 s 就是已连接的套接字
```

```
    XThreadPoolGet->Dispatch(task);  //分配任务
}
```

我们把等待连接的工作放到线程池中，因此需要先创建任务，再分配任务。类 XFtpFactory 是任务类 XTask 的子类，该类的主要功能就是提供一个创建任务的函数 CreateTask，该函数每次接到一个新的连接时都新建一个任务流程。函数 Dispatch 用于在线程池中分配任务，其中 task 的成员变量 sock 保存已连接的套接字，以后处理任务的时候，就可以通过这个套接字和客户端进行交互了。

（2）新建文件 XFtpFactory.cpp 和 XFtpFactory.h，定义类 XFtpFactory。类 XFtpFactory 主要实现创建任务函数 CreateTask，该函数代码如下：

```
XTask *XFtpFactory::CreateTask() {
    testout("At XFtpFactory::CreateTask");
    XFtpServerCMD *x = new XFtpServerCMD();

    x->Reg("USER", new XFtpUSER());

    x->Reg("PORT", new XFtpPORT());

    XFtpTask *list = new XFtpLIST();
    x->Reg("PWD", list);
    x->Reg("LIST", list);
    x->Reg("CWD", list);
    x->Reg("CDUP", list);

    x->Reg("RETR", new XFtpRETR());

    x->Reg("STOR", new XFtpSTOR());

    return x;
}
```

该函数中，实例化了命令处理器（XFtpServerCMD 对象），并向命令处理器中添加要处理的 FTP 命令，比如 USER、PORT 等。其中，XFtpUSER 用于实现 USER 命令，目前该类只提供了一个虚函数 Parse，我们可以根据需要实现具体的登录认证，如果不实现也可以，那就默认都可以登录，并且直接返回“230 Login successsful.”；XFtpPORT 用于实现 PORT 命令，在其成员函数 Parse 中解析 IP 地址和端口号；FTP 命令 USER 和 PORT 是交互刚开始必须用到的命令，我们单独实现；一旦登录成功，后续命令就通过一个列表类 XFtpLIST 来实现，以方便管理；最后把和文件操作有关的命令（比如 PWD、LIST 等）进行注册。

（3）新建文件 XFtpUSER.h 和 XFtpUSER.cpp，并定义类 XFtpUSER，该类实现 FTP 的 USER 命令，成员函数就一个虚函数 Parse，代码如下：

```
void XFtpUSER::Parse(std::string, std::string) {
    testout("AT XFtpUSER::Parse");
    ResCMD("230 Login successsful.\r\n");
}
```

这里我们简单处理，不进行复杂的认证，如果需要认证，也可以重载虚函数。

（4）新建文件 XFtpPORT.h 和 XFtpPORT.cpp，并定义类 XFtpPORT，该类实现 FTP 的 PORT 命令，成员函数就一个虚函数 Parse，代码如下：

```
void XFtpPORT::Parse(string type, string msg) {
    testout("XFtpPORT::Parse");
    //PORT 127,0,0,1,70,96\r\n
    //PORT n1,n2,n3,n4,n5,n6\r\n
    //port = n5 * 256 + n6

    vector<string>vals;
    string tmp = "";
    for (int i = 5; i < msg.size(); i++) {
        if (msg[i] == ',' || msg[i] == '\r') {
            vals.push_back(tmp);
            tmp = "";
            continue;
        }
        tmp += msg[i];
    }
    if (vals.size() != 6) {
        ResCMD("501 Syntax error in parameters or arguments.");
        return;
    }
    //解析出 IP 地址和端口号，并设置在主要流程 cmdTask 下
    ip = vals[0] + "." + vals[1] + "." + vals[2] + "." + vals[3];
    port = atoi(vals[4].c_str()) * 256 + atoi(vals[5].c_str());
    cmdTask->ip = ip;
    cmdTask->port = port;
    testout("ip: " << ip);
    testout("port: " << port);
    ResCMD("200 PORT command success.");
}
```

该函数的主要功能是解析出 IP 地址和端口号，并设置在主要流程 cmdTask 下。最后向客户端返回信息“200 PORT command success.”。

（5）新建文件 XFtpLIST.h 和 XFtpLIST.cpp，并定义类 XFtpLIST，该类实现 FTP 的 LIST 命令，最重要的成员函数是 Parse，用于解析文件操作的相关命令，代码如下：

```
void XFtpLIST::Parse(std::string type, std::string msg) {
    testout("At XFtpLIST::Parse");
    string resmsg = "";
    if (type == "PWD") {
        //257 "/" is current directory.
        resmsg = "257 \"";
        resmsg += cmdTask->curDir;
        resmsg += "\" is current dir.";
        ResCMD(resmsg);
    }
    else if (type == "LIST") {
```

```
        //1 发送 150 命令回复
        //2 连接数据通道并通过数据通道发送数据
        //3 发送 226 命令回复完成
        //4 关闭连接
        //使用命令通道回复消息，使用数据通道发送目录
        // "-rwxrwxrwx 1 root root      418 Mar 21 16:10 XFtpFactory.cpp";
        string path = cmdTask->rootDir + cmdTask->curDir;
        testout("listpath: " << path);
        string listdata = GetListData(path);
        ConnectoPORT();
        ResCMD("150 Here coms the directory listing.");
        Send(listdata);
    }
    else if (type == "CWD") //切换目录
    {
        //取出命令中的路径
        //CWD test\r\n
        int pos = msg.rfind(" ") + 1;
        //去掉结尾的\r\n
        string path = msg.substr(pos, msg.size() - pos - 2);
        if (path[0] == '/') //绝对路径
        {
            cmdTask->curDir = path;
        }
        else
        {
            if (cmdTask->curDir[cmdTask->curDir.size() - 1] != '/')
                cmdTask->curDir += "/";
            cmdTask->curDir += path + "/";
        }
        if (cmdTask->curDir[cmdTask->curDir.size() - 1] != '/')
            cmdTask->curDir += "/";
        // /test/
        ResCMD("250 Directory succes chanaged.\r\n");

        //cmdTask->curDir +=
    }
    else if (type == "CDUP") //回到上层目录
    {
        if (msg[4] == '\r') {
            cmdTask->curDir = "/";
        }
        else {
            string path = cmdTask->curDir;
            //统一去掉结尾的 /
            if (path[path.size() - 1] == '/')
            {
                path = path.substr(0, path.size() - 1);
            }
            int pos = path.rfind("/");
```

```
                path = path.substr(0, pos);
                cmdTask->curDir = path;
                if (cmdTask->curDir[cmdTask->curDir.size() - 1] != '/')
                    cmdTask->curDir += "/";
            }
            ResCMD("250 Directory succes chanaged.\r\n");
        }
}
```

至此，FTP 的主要功能就已实现完毕，限于篇幅，其他一些辅助功能函数就不一一列出，具体可以参见本书配套提供的源码目录。另外，关于线程池的函数实现，我们前面章节也已实现过了，这里不再列出，详见源码。

（6）所有源码文件上传到 Linux 下进行编译和运行。因为文件众多，所以笔者用了一个 Makefile 文件，以后只需要一个 make 命令即可完成编译和链接。Makefile 文件内容如下：

```
GCC ?= g++
CCMODE = PROGRAM
INCLUDES =  -I/opt/libevent/include/
CFLAGS =  -Wall $(MACRO)
TARGET = ftpSrv
SRCS := $(wildcard *.cpp)
LIBS = -L /opt/libevent/lib/  -levent -lpthread

ifeq ($(CCMODE),PROGRAM)
$(TARGET): $(LINKS) $(SRCS)
    $(GCC) $(CFLAGS) $(INCLUDES) -o $(TARGET)  $(SRCS) $(LIBS)
    @chmod +x $(TARGET)
    @echo make $(TARGET) ok.
clean:
    rm -rf $(TARGET)
endif

clean:
    rm -f $(TARGET)

.PHONY:install
.PHONY:clean
```

这个 Makefile 文件的内容很简单，主要是编译器的设定（g++）、头文件和库的路径设定等，相信 Linux 初学者都可以看懂。

把所有源文件、头文件和 Makefile 文件上传到 Linux 的某个文件下，然后在源码根目录下执行 make 命令，此时会在同目录下生成可执行文件 ftpSrv，运行 ftpSrv：

```
root@tom-virtual-machine:~/ex/ftpSrv# ./ftpSrv
Create thread0
0 thread::Main() begin
Create thread1
1 thread::Main() begin
Create thread2
```

```
2 thread::Main() begin
Create thread3
3 thread::Main() begin
Create thread4
4 thread::Main() begin
Create thread5
5 thread::Main() begin
Create thread6
6 thread::Main() begin
Create thread7
7 thread::Main() begin
Create thread8
8 thread::Main() begin
Create thread9
9 thread::Main() begin
begin to listen...
```

可以看到，线程池中的 10 个线程都已经启动，并且服务器端已经在监听客户端的到来。下面实现客户端。

5.6 开发 FTP 客户端

本节主要介绍 FTP 客户端的设计过程和具体实现方法。首先进行需求分析，确定客户端的界面设计方案和工作流程设计方案。然后描述客户端程序框架，分为界面控制模块、命令处理模块和线程模块三个部分。最后介绍客户端主要功能的详细实现方法。

由于客户端通常是面向用户的，需要比较友好的用户界面，而且通常是运行在 Windows 操作系统上的，因此这里使用 VC++开发工具来开发客户端。这也是一线企业开发中常见的场景，即服务器端运行在 Linux 上，而客户端运行在 Windows 上。通过 Windows 客户端程序和 Linux 服务器端程序进行交互，也可以验证我们的 FTP 服务器程序是支持和 Windows 上的程序进行交互的。当然，这里不会使用很复杂的 VC 开发知识，只用到常见且比较简单的图形界面开发知识。希望每一个 Linux 服务器程序开发者都能学习一下简单的非 Linux 平台的客户端开发知识，这对于自测我们的 Linux 服务器程序来说是很有必要的，因为客户端的使用场景基本都是非 Linux 平台，比如 Windows、安卓等。本书主要介绍 Linux 网络编程的内容，限于篇幅，对于 Windows 开发只能简述。

5.6.1 客户端需求分析

一款优秀的 FTP 客户端应该具备以下特点：

（1）易于操作的图形界面，方便用户进行登录、上传和下载等各项操作。

（2）完善的功能，应该包括登录、退出、列出服务器端目录、文件的下载和上传、目录的下载和上传、文件或目录的删除、断点续传以及文件传输状态即时反馈等。

（3）稳定性高，保证文件的可靠传输，遇到突发情况程序不至于崩溃。

5.6.2 概要设计

在 FTP 客户端设计中主要使用 WinInet API 编程，无须考虑基本的通信协议和底层的数据传输工作，MFC 提供的 WinInet 类是对 WinInet API 函数的封装，它为用户提供了更加方便的编程接口。在该设计中，使用的类包括 CInternetSession 类、CFtpConnection 类和 CFtpFileFind 类，其中，CInternetSession 用于创建一个 Internet 会话，CftpConnection 完成文件操作，CftpFileFind 负责检索某一个目录下的所有文件和子目录。程序基本功能如下：

（1）登录到 FTP 服务器。

（2）检索 FTP 服务器上的目录和文件。

（3）根据 FTP 服务器给的权限相应地提供文件的上传、下载、重命名、删除等功能。

5.6.3 客户端工作流程设计

FTP 客户端的工作流程设计如下：

（1）用户输入用户名和密码进行登录操作。

（2）连接 FTP 服务器成功后发送 PORT 或 PASV 命令选择传输模式。

（3）发送 LIST 命令通知服务器将目录列表发送给客户端。

（4）服务器通过数据通道将远程目录信息发送给客户端，客户端对它进行解析并显示到对应的服务器目录列表框中。

（5）通过控制连接发送相应的命令进行文件的下载和上传、目录的下载和上传，以及目录的新建或删除等操作。

（6）启动下载或上传线程执行文件的下载和上传任务。

（7）在文件开始传输的时候开启定时器线程和状态统计线程。

（8）使用结束，断开与 FTP 服务器的连接。

如果是商用软件，那么这些功能通常都要实现，但这里主要是教学，因此抓住主要功能即可。

5.6.4 实现主界面

具体操作步骤如下：

步骤 01 打开 VC2017，新建一个单文档工程，工程名是 MyFtp。

步骤 02 为 CMyFtpView 类的视图窗口添加一个位图背景显示。把工程中 res 目录下的 background.bmp 导入资源视图，并设置其 ID 为 IDB_BITMAP2。为 CmyFtpView 添加 WM_ERASEBKGND 消息响应函数 OnEraseBkgnd，添加代码如下：

```
BOOL CMyFtpView::OnEraseBkgnd(CDC* pDC)     //用于添加背景图
{
    //TODO: Add your message handler code here and/or call default
    CBitmap bitmap;
    bitmap.LoadBitmap(IDB_BITMAP2);

    CDC dcCompatible;
```

```
    dcCompatible.CreateCompatibleDC(pDC);

    //创建与当前 DC(pDC)兼容的 DC，先用 dcCompatible 准备图像，再将数据复制到实际 DC 中
    dcCompatible.SelectObject(&bitmap);

    CRect rect;
    GetClientRect(&rect);//得到目的 DC 客户区大小，GetClientRect(&rect);
    //得到目的 DC 客户区大小，
    //pDC->BitBlt(0,0,rect.Width(),rect.Height(),&dcCompatible,0,0,SRCCOPY);
//实现 1:1 的复制

    BITMAP bmp;//结构体
    bitmap.GetBitmap(&bmp);
   pDC->StretchBlt(0,0,rect.Width(),rect.Height(),&dcCompatible,0,0,
        bmp.bmWidth,bmp.bmHeight,SRCCOPY);
    return true;
}
```

步骤 03 在主框架状态栏的右下角增加时间显示功能。首先为 CMainFrame 类（注意是 CMainFrame 类）设置一个定时器，然后为该类响应 WM_TIMER 消息，在 CMainFrame::OnTimer 函数中添加如下代码：

```
void CMainFrame::OnTimer(UINT nIDEvent)
{
    //TODO: Add your message handler code here and/or call default

    //用于在状态栏显示当前时间
    CTime t=CTime::GetCurrentTime();  //获取当前时间
    CString str=t.Format("%H:%M:%S");

    CClientDC dc(this);
CSize sz=dc.GetTextExtent(str);

m_wndStatusBar.SetPaneInfo(1,IDS_TIMER,SBPS_NORMAL,sz.cx);
    m_wndStatusBar.SetPaneText(1,str); //设置到状态栏的窗格上

    CFrameWnd::OnTimer(nIDEvent);
}
```

其中 IDS_TIMER 是添加的字符串资源的 ID。此时运行程序，会发现状态栏的右下角有时间显示了，如图 5-3 所示。

图 5-3

步骤 04 添加主菜单项"连接"，ID 为 IDM_CONNECT。为头文件 MyFtpView.h 中的类 CmyFtpView 添加如下成员变量：

```
CConnectDlg m_ConDlg;
CFtpDlg     m_FtpDlg;
```

```
    CString m_FtpWebSite;
    CString m_UserName;                      //用户名
    CString m_UserPwd;                       //口令

    CInternetSession* m_pSession;            //指向 Internet 会话
    CFtpConnection* m_pConnection;           //指向与 FTP 服务器的连接
    CFtpFileFind* m_pFileFind;               //用于对 FTP 服务器上的文件进行查找
```

其中，类 CConnectDlg 是登录对话框的类；类 CFtpDlg 是登录服务器成功后，进行文件操作界面的对话框类；m_FtpWebSite 是 FTP 服务器的地址，比如 127.0.0.1；m_pSession 是 CInternetSession 对象的指针，指向 Internet 会话。

为菜单“连接”添加视图类 CmyFtpView 的消息响应，代码如下：

```
void CMyFtpView::OnConnect()
{
    //TODO: Add your command handler code here
    //生成一个模态对话框
    if (IDOK==m_ConDlg.DoModal())
    {
        m_pConnection = NULL;
        m_pSession = NULL;

    m_FtpWebSite = m_ConDlg.m_FtpWebSite;
        m_UserName = m_ConDlg.m_UserName;
        m_UserPwd = m_ConDlg.m_UserPwd;

        m_pSession=new CInternetSession(AfxGetAppName(),
            1,
            PRE_CONFIG_INTERNET_ACCESS);
        try
        {
            //试图建立 FTP 连接
            SetTimer(1,1000,NULL);        //设置定时器，一秒发一次 WM_TIMER
            CString  str="正在连接中...";
            //向主对话框状态栏设置信息
            ((CMainFrame*)GetParent())->SetMessageText(str);
            //连接 FTP 服务器
            m_pConnection=m_pSession->GetFtpConnection(m_FtpWebSite,
    m_UserName,m_UserPwd);
        }
        catch (CInternetException* e) //错误处理
        {
            e->Delete();
            m_pConnection=NULL;
        }
    }
}
```

其中，m_ConDlg 是登录对话框对象，后面会添加登录对话框。另外，可以看到上面代码中启动了一个定时器，这个定时器每隔一秒发送一次 WM_TIMER 消息。我们为视图类添加 WM_TIMER

消息响应，代码如下：

```
void CMyFtpView::OnTimer(UINT nIDEvent)
{
    //在这里添加消息处理程序代码和（或）调用 default
    static int time_out=1;
    time_out++;
    if (m_pConnection == NULL)
    {
        CString  str="正在连接中...";
        ((CMainFrame*)GetParent())->SetMessageText(str);
        if (time_out>=60)
        {
            ((CMainFrame*)GetParent())->SetMessageText("连接超时!");
            KillTimer(1);
            MessageBox("连接超时!","超时",MB_OK);
        }
    }
    else
    {
        CString str="连接成功!";
        ((CMainFrame*)GetParent())->SetMessageText(str);
        KillTimer(1);
        //连接成功之后，不用定时器来监视连接情况
        //同时跳出操作对话框
        m_FtpDlg.m_pConnection = m_pConnection;
        //非模态对话框
        m_FtpDlg.Create(IDD_DIALOG2,this);
        m_FtpDlg.ShowWindow(SW_SHOW);
    }
    CView::OnTimer(nIDEvent);
}
```

代码一目了然，就是在状态栏上显示连接是否成功的信息。

步骤 05 添加主菜单项“退出客户端”，菜单 ID 为 IDM_EXIT，添加类 CMainFrame 的菜单消息处理函数：

```
void CMainFrame::OnExit()
{
    //在这里添加命令处理程序代码
    //退出程序的响应函数
   if(IDYES==MessageBox("确定要退出客户端吗?","警告",MB_YESNO|MB_ICONWARNING))
        CFrameWnd::OnClose();
}
```

为主框架右上角的退出按钮添加消息处理函数：

```
void CMainFrame::OnClose()
{
    //在这里添加消息处理程序代码和（或）调用 default
    //WM_CLOSE 的响应函数
    OnExit();
}
```

至此，主框架界面开发完毕。下面实现登录界面的开发。

5.6.5 实现登录界面

步骤 01 在工程 MyFtp 中添加一个对话框资源，界面设计如图 5-4 所示。

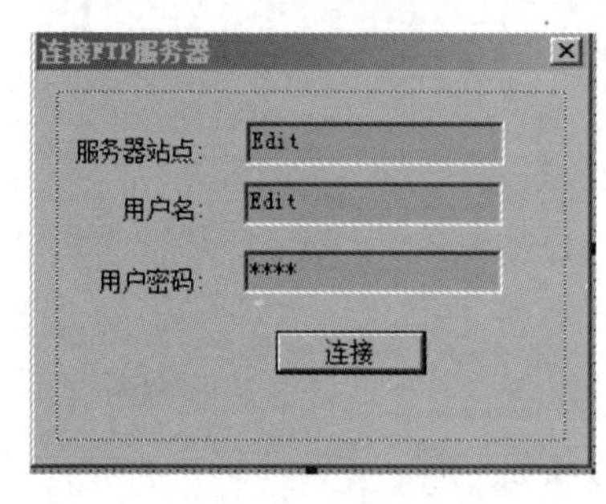

图 5-4

在图 5-4 中控件的 ID 具体可见工程源码（在本书配套下载资源中），这里不再赘述。

步骤 02 为“连接”按钮添加消息处理函数：

```
void CConnectDlg::OnConnect()
{
    //TODO: Add your control notification handler code here
    UpdateData();
    CDialog::OnOK();
}
```

这个函数没有真正去连接 FTP 服务器，主要起到关闭本对话框的作用。真正连接服务器的地方是在函数中 CMyFtpView::OnConnect()中。

5.6.6 实现登录后的操作界面

登录服务器成功后，将显示一个对话框，在这个对话框上可以进行 FTP 的常见操作，比如查询、下载文件、上传文件、删除文件和重命名文件等操作。这个对话框的设计步骤如下：

步骤 01 在工程 MyFtp 中新建一个对话框，对话框 ID 是 IDD_DIALOG2，然后拖拉控件设置对话框，如图 5-5 所示。

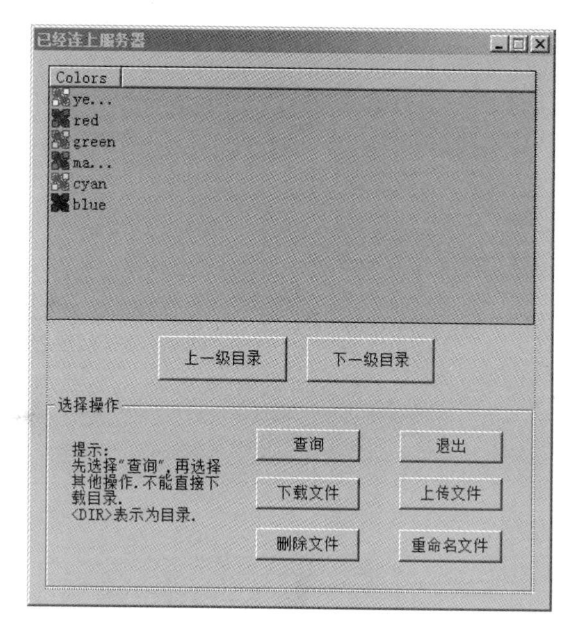

图 5-5

为这个对话框资源添加一个对话框类 CFtpDlg。下面为各个控件添加消息处理函数。

步骤 02 双击"上一级目录"按钮，添加消息处理函数：

```
//返回上一级目录
void CFtpDlg::OnLastdirectory()
{
    static CString  strCurrentDirectory;
    m_pConnection->GetCurrentDirectory(strCurrentDirectory); //得到当前目录
    if (strCurrentDirectory == "/")
        AfxMessageBox("已经是根目录了!",MB_OK | MB_ICONSTOP);
    else
    {
       GetLastDiretory(strCurrentDirectory);
       m_pConnection->SetCurrentDirectory(strCurrentDirectory); //设置当前目录
           ListContent("*");  //对当前目录进行查询
    }
}
```

步骤 03 双击"下一级目录"按钮，添加消息处理函数：

```
void CFtpDlg::OnNextdirectory()
{
    static CString  strCurrentDirectory, strSub;

m_pConnection->GetCurrentDirectory(strCurrentDirectory);
    strCurrentDirectory+="/";

    //得到所选择的文本
    int i=m_FtpFile.GetNextItem(-1,LVNI_SELECTED);
    strSub = m_FtpFile.GetItemText(i,0);
```

```
    if (i==-1) AfxMessageBox("没有选择目录!",MB_OK | MB_ICONQUESTION);
    else
    {
        if ("<DIR>"!=m_FtpFile.GetItemText(i,2))  //判断是不是目录
            AfxMessageBox("不是子目录!",MB_OK | MB_ICONSTOP);
        else
        {
            m_pConnection->SetCurrentDirectory(strCurrentDirectory+strSub);
//设置当前目录
            //对当前目录进行查询
            ListContent("*");
        }
    }
}
```

步骤 04 双击"查询"按钮，添加消息处理函数：

```
void CFtpDlg::OnQuary()  //得到服务器当前目录的文件列表
{
    ListContent("*");
}
```

其中函数 ListContent 定义如下：

```
//用于显示当前目录下所有的子目录与文件
void CFtpDlg::ListContent(LPCTSTR DirName)
{
    m_FtpFile.DeleteAllItems();
    BOOL bContinue;
    bContinue=m_pFileFind->FindFile(DirName);
    if (!bContinue)
    {
        //查找完毕，失败
        m_pFileFind->Close();
        m_pFileFind=NULL;
    }

    CString strFileName;
    CString strFileTime;
    CString strFileLength;

    while (bContinue)
    {
        bContinue = m_pFileFind->FindNextFile();

        strFileName = m_pFileFind->GetFileName(); //得到文件名
        //得到文件最后一次修改的时间
        FILETIME ft;
        m_pFileFind->GetLastWriteTime(&ft);
        CTime FileTime(ft);
        strFileTime = FileTime.Format("%y/%m/%d");
```

```
        if (m_pFileFind->IsDirectory())
        {
            //如果是目录，则不求大小，用<DIR>代替
            strFileLength = "<DIR>";
        }
        else
        {
            //得到文件大小
            if (m_pFileFind->GetLength() <1024)
            {
                strFileLength.Format("%d B",m_pFileFind->GetLength());
            }
            else
            {
                if (m_pFileFind->GetLength() < (1024*1024))
                    strFileLength.Format("%3.3f KB",
                    (LONGLONG)m_pFileFind->GetLength()/1024.0);
                else
                {
                    if   (m_pFileFind->GetLength()<(1024*1024*1024))
                        strFileLength.Format("%3.3f MB",
                        (LONGLONG)m_pFileFind->GetLength()/(1024*1024.0));
                    else
                        strFileLength.Format("%1.3f GB",

(LONGLONG)m_pFileFind->GetLength()/(1024.0*1024*1024));
                }
            }
        }
        int i=0;
      m_FtpFile.InsertItem(i,strFileName,0);
       m_FtpFile.SetItemText(i,1,strFileTime);
       m_FtpFile.SetItemText(i,2,strFileLength);
       i++;
    }
}
```

步骤 05 双击“下载文件”按钮，添加消息处理函数：

```
void CFtpDlg::OnDownload()
{
    //TODO: Add your control notification handler code here
    int i=m_FtpFile.GetNextItem(-1,LVNI_SELECTED); //得到当前选择项
    if (i==-1)
        AfxMessageBox("没有选择文件!",MB_OK | MB_ICONQUESTION);
    else
    {
    CString strType=m_FtpFile.GetItemText(i,2);   //得到选择项的类型
        if (strType!="<DIR>")   //选择的是文件
        {
            CString strDestName;
```

```
                CString strSourceName;
                strSourceName = m_FtpFile.GetItemText(i,0);//得到所要下载的文件名

                CFileDialog dlg(FALSE,"",strSourceName);
                if (dlg.DoModal()==IDOK)
                {
                    //获得下载文件在本地主机上存储的路径和名称
                    strDestName=dlg.GetPathName();

                    //调用 CFtpConnect 类中的 GetFile 函数下载文件
                    if (m_pConnection->GetFile(strSourceName,strDestName))
                        AfxMessageBox("下载成功！ ",MB_OK|MB_ICONINFORMATION);
                    else
                        AfxMessageBox("下载失败！ ",MB_OK|MB_ICONSTOP);
                }
            }
            else //选择的是目录
                AfxMessageBox("不能下载目录!\n 请重选!",MB_OK|MB_ICONSTOP);
        }
}
```

步骤 06 双击"删除文件"按钮，添加消息处理函数：

```
void CFtpDlg::OnDelete()//删除选择的文件
{
    //TODO: Add your control notification handler code here
    int i=m_FtpFile.GetNextItem(-1,LVNI_SELECTED);
    if (i==-1)
AfxMessageBox("没有选择文件!",MB_OK | MB_ICONQUESTION);
    else
    {
        CString  strFileName;
        strFileName = m_FtpFile.GetItemText(i,0);
        if ("<DIR>"==m_FtpFile.GetItemText(i,2))
            AfxMessageBox("不能删除目录!",MB_OK | MB_ICONSTOP);
        else
        {
            if (m_pConnection->Remove(strFileName))
                AfxMessageBox("删除成功！ ",MB_OK|MB_ICONINFORMATION);
            else
                AfxMessageBox("无法删除！ ",MB_OK|MB_ICONSTOP);
        }
    }
    OnQuary();
}
```

其中函数 OnQuary 定义如下：

```
//得到服务器当前目录的文件列表
void CFtpDlg::OnQuary()
{
    ListContent("*");
```

```
}
```

步骤 07 双击“退出”按钮，添加消息处理函数：

```
void CFtpDlg::OnExit()  //退出对话框响应函数
{
    //TODO: Add your control notification handler code here
    m_pConnection = NULL;
    m_pFileFind = NULL;
    DestroyWindow();
}
```

退出时调用销毁对话框的函数 DestroyWindow。

步骤 08 双击“上传文件”按钮，添加消息处理函数：

```
void CFtpDlg::OnUpload()
{
    CString strSourceName;
    CString strDestName;
    CFileDialog dlg(TRUE,"","*.*");
    if (dlg.DoModal()==IDOK)
    {
        //获得待上传的本地主机文件路径和文件名
        strSourceName = dlg.GetPathName();
        strDestName = dlg.GetFileName();

        //调用 CFtpConnect 类中的 PutFile 函数上传文件
        if (m_pConnection->PutFile(strSourceName,strDestName))
            AfxMessageBox("上传成功！",MB_OK|MB_ICONINFORMATION);
        else
            AfxMessageBox("上传失败！",MB_OK|MB_ICONSTOP);
    }
   OnQuary();
}
```

步骤 09 双击“重命名文件”按钮，添加消息处理函数：

```
void CFtpDlg::OnRename()
{
    //TODO: Add your control notification handler code here
    CString strNewName;
    CString strOldName;

    int i=m_FtpFile.GetNextItem(-1,LVNI_SELECTED); //得到 CListCtrl 被选中的项
    if (i==-1)
         AfxMessageBox("没有选择文件!",MB_OK | MB_ICONQUESTION);
    else
    {
    strOldName = m_FtpFile.GetItemText(i,0);//得到所选择的文件名
        CNewNameDlg dlg;
        if (dlg.DoModal()==IDOK)
```

```
        {
            strNewName=dlg.m_NewFileName;
            if (m_pConnection->Rename(strOldName,strNewName))
                AfxMessageBox("重命名成功！",MB_OK|MB_ICONINFORMATION);
            else
                AfxMessageBox("无法重命名！",MB_OK|MB_ICONSTOP);
        }
    }
    OnQuary();
}
```

其中，CnewNameDlg是让用户输入新的文件名的对话框，它对应的对话框ID为IDD_DIALOG3。

步骤 10 为对话框 CFtpDlg 添加初始化函数 OnInitDialog，代码如下：

```
BOOL CFtpDlg::OnInitDialog()
{
    CDialog::OnInitDialog();

    //设置 CListCtrl 对象的属性
    m_FtpFile.SetExtendedStyle(LVS_EX_FULLROWSELECT | LVS_EX_GRIDLINES);
    m_FtpFile.InsertColumn(0,"文件名",LVCFMT_CENTER,200);
    m_FtpFile.InsertColumn(1,"日期",LVCFMT_CENTER,100);
    m_FtpFile.InsertColumn(2,"字节数",LVCFMT_CENTER,100);
    m_pFileFind = new CFtpFileFind(m_pConnection);
    OnQuary();
    return TRUE;
}
```

至此，我们的 FTP 客户端开发完毕。

5.6.7 运行结果

首先确保 FTP 服务器端程序已经运行，然后在 VC 下运行客户端，运行结果如图 5-6 所示。

图 5-6

单击菜单栏中的“连接”命令，出现如图 5-7 所示的登录对话框。

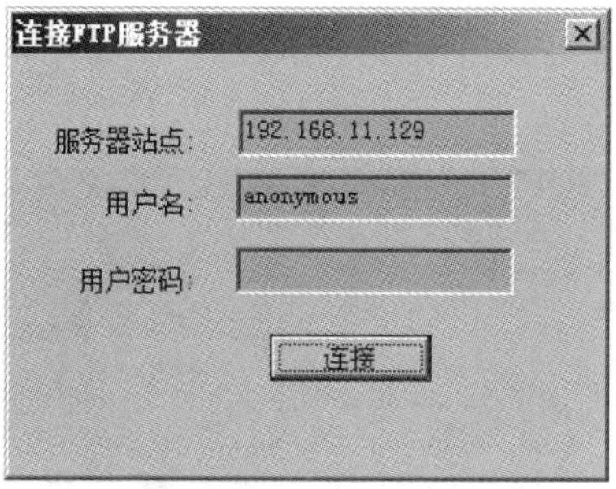

图 5-7

我们的 FTP 服务器是在 IP 地址为 192.168.11.129 的 Linux 上运行的，读者可以根据实际情况修改服务器站点 IP，然后单击“连接”按钮，如果出现如图 5-8 所示的对话框，就说明连接成功了。

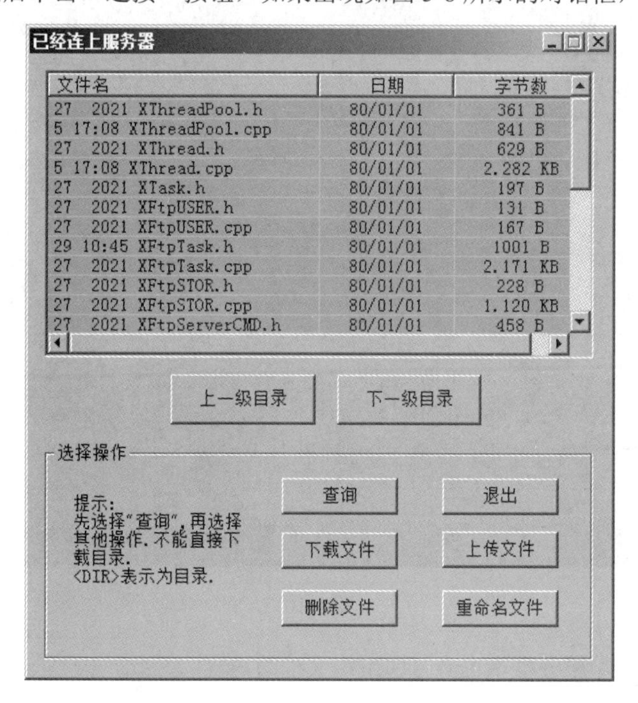

图 5-8

图 5-8 的列表控件中所显示的内容就是服务器上当前目录的文件夹和文件。选中某个文件，然后单击“下载文件”按钮，再选择要存放的路径，就可以将它下载到 Windows 下了，下载完成后出现如图 5-9 所示的提示。

图 5-9

以上这个过程，在服务器端也进行相应的打印输出，比如打印当前目录下的内容，如图 5-10 所示。

```
Recv CMD(16):USER anonymous
type is [USER]
ResCMD: 230 Login successsful.


Recv CMD(8):TYPE A
type is [TYPE]
parse object not found
ResCMD: 200 OK


Recv CMD(25):PORT 192,168,11,1,14,14
type is [PORT]
ResCMD: 200 PORT command success.

Recv CMD(6):LIST
type is [LIST]
ResCMD: 150 Here coms the directory listing.
总用量 264
-rwxr-xr-x 1 root root 169608 11月  23 08:46 ftpSrv
-rw-r--r-- 1 root root   2217 11月   5 12:39 main.cpp
-rw-r--r-- 1 root root    438 11月  23 08:40 makefile
-rw-r--r-- 1 root root    154 4月   27  2021 testUtil.h
-rw-r--r-- 1 root root    610 11月  19 17:09 XFtpFactory.cpp
-rw-r--r-- 1 root root    181 4月   27  2021 XFtpFactory.h
-rw-r--r-- 1 root root   2812 10月  28 12:39 XFtpLIST.cpp
-rw-r--r-- 1 root root    292 4月   27  2021 XFtpLIST.h
-rw-r--r-- 1 root root    865 4月   27  2021 XFtpPORT.cpp
-rw-r--r-- 1 root root    160 4月   27  2021 XFtpPORT.h
-rw-r--r-- 1 root root   1146 4月   27  2021 XFtpRETR.cpp
-rw-r--r-- 1 root root    272 4月   27  2021 XFtpRETR.h
-rw-r--r-- 1 root root   2352 4月   27  2021 XFtpServerCMD.cpp
-rw-r--r-- 1 root root    458 4月   27  2021 XFtpServerCMD.h
-rw-r--r-- 1 root root   1147 4月   27  2021 XFtpSTOR.cpp
-rw-r--r-- 1 root root    228 4月   27  2021 XFtpSTOR.h
-rw-r--r-- 1 root root   2223 4月   27  2021 XFtpTask.cpp
-rw-r--r-- 1 root root   1001 10月  29 10:45 XFtpTask.h
-rw-r--r-- 1 root root    167 4月   27  2021 XFtpUSER.cpp
-rw-r--r-- 1 root root    131 4月   27  2021 XFtpUSER.h
-rw-r--r-- 1 root root    197 4月   27  2021 XTask.h
-rw-r--r-- 1 root root   2337 11月   5 17:08 XThread.cpp
-rw-r--r-- 1 root root    629 4月   27  2021 XThread.h
-rw-r--r-- 1 root root    841 11月   5 17:08 XThreadPool.cpp
-rw-r--r-- 1 root root    361 4月   27  2021 XThreadPool.h
XFtpLIST BEV_EVENT_CONNECTED
ResCMD: 226 Transfer comlete

Recv CMD(5):PWD
type is [PWD]
ResCMD: 257 "/" is current dir.
```

图 5-10

另外，下载文件时，服务器端也会打印出该文件的内容。至此，FTP 服务器和客户端程序运行成功！

第6章

基于 epoll 的高并发聊天服务器

即时通信（Instant Message，IM）软件即所谓的聊天工具，即时通信软件主要用于文字信息的传递与文件传输，分为聊天服务器和聊天客户端两部分。使用 socket 建立通信渠道，使用多线程实现多台计算机同时进行信息的传递。通过一些轻松的注册和登录后，即可成功在局域网中即时聊天。

即时通信是一种可以让使用者在网络上建立某种私人聊天室（chatroom）的实时通信服务，大部分的即时通信服务提供了状态信息的特性：显示联络人名单、联络人是否在线和能否与联络人交谈。

目前，在互联网上受欢迎的即时通信软件包括 QQ、MSN Messenger、AOL Instant Messenger、Yahoo! Messenger、NET Messenger Service、Jabber、ICQ 等。通常 IM 服务会在使用者的通话清单（类似电话簿）上的某人连上 IM 时发出信息通知使用者，使用者可据此与此人通过互联网开始进行实时的文字通信。除了文字外，在频宽充足的前提下，大部分 IM 服务事实上也提供视频通信的能力。实时通信与电子邮件最大的不同在于不用等候，不需要每隔两分钟就单击一次"传送或接收"，只要两个人都在线，就能像多媒体电话一样传送文字、文件、声音、图像给对方，只要有网络，无论相距多远都能即时通信。

高并发编程的目的是让程序同时执行多个任务。如果程序是计算密集型的，则并发编程并没有什么优势，反而由于任务的切换而使效率降低。但如果程序是 I/O 密集型的，那就不同了。显然，聊天服务器的计算工作不是很密集，而和多用户打交道的输入与输出则是密集的。

6.1 系统平台的选择

6.1.1 应用系统平台模式的选择

所谓平台模式或计算结构是指应用系统的体系结构，简单地说就是系统的层次、模块结构。平台模式就是要描述清楚它不仅与软件有关，而且与硬件也有关系。按其发展过程将平台模式划分为

4 种：（1）主机—终端模式；（2）单机模式；（3）客户端/服务器模式（C/S 模式）；（4）浏览器/*N* 层服务器模式（B/nS 模式）。考虑到要在公司或某单位内部建立服务器，而且还要在每台计算机里安装相关的通信系统（客户端），因此这里选择研究的系统模式为上面所列的第三种，也就是目前常用的 C/S 模式。

6.1.2 C/S 模式介绍

客户端/服务器模式为 20 世纪 90 年代出现并迅速占据主导地位的一种计算模式，简称为 C/S 模式。它实际上就是把主机/终端模式中原来全部集中在主机部分的任务一分为二，保留在主机上的部分负责集中处理和汇总运算，成为服务器而下放到终端的部分负责为用户提供友好的交互界面，称为客户端。相对于以前的模式，C/S 模式最大的改进是不再把所有软件都装进一台计算机，而是把应用系统分成两个不同的角色和两个不同的地位：在运算能力较强的计算机上安装服务器端程序，在一般的 PC 上安装客户端程序。正是由于个人 PC 机的出现使得客户端/服务器模式成为可能，因为 PC 机具有一定的运算能力，用它代替主机—终端模式的哑终端后，就可以把主机端的一部分工作放在客户端完成，从而减轻了主机的负担，也增加了系统对用户的响应速度和响应能力。

客户端和服务器之间通过相应的网络协议进行通信：客户端向服务器发出数据请求，服务器将数据传送给客户端进行计算，计算完毕，计算结果可返回给服务器。这种模式的优点是充分利用了客户端的性能，使计算能力大大提高；另外，由于客户端和服务器之间的通信是通过网络协议进行的，是一种逻辑的联系，因此物理上在客户端和服务器两端是易于扩充的。

C/S 模式是目前占主流的网络计算模式，该模式的建立基于以下两点：

- 非对等作用。
- 通信完全是异步的。

该模式在操作过程中采取的是主动请示方式：服务器方要先启动，并根据请示提供相应服务。具体步骤如下：

步骤 01 打开一个通信通道，同时通知本地主机，服务器愿意在某一个公认地址上接收客户端请求。
步骤 02 等待某个客户端请求到达该端口。
步骤 03 接收到重复服务请求，处理该请求并发送应答信号。
步骤 04 返回步骤 02，等待另一客户端请求。
步骤 05 关闭该服务器。

客户端要根据请求提供相应服务，具体步骤如下：

步骤 01 打开一个通信通道，并连接到服务器所在主机的特定端口。
步骤 02 向服务器发送服务请求报文，等待并接收应答，继续提出请求。
步骤 03 请求结束后关闭通信通道并终止。

分布运算和分布管理是客户端/服务器模式的特点，其优点除了上面介绍的外，还有一个就是客户端能够提供丰富且友好的图形界面。缺点是分布管理较为烦琐；由于每个客户端上都要安装软件，因此当需要软件升级或维护时，工作量增大，作为独立的计算机客户端容易传染上计算机病毒。尽管有这些缺点，但是综合考虑，最后还是选择了 C/S 模式。

6.1.3 数据库系统的选择

数据库就是一个存储数据的仓库。为了方便数据的存储和管理，它将数据按照特定的规律存储在磁盘上。通过数据库管理系统，可以有效地组织和管理存储在数据库中的数据。现在可以使用的数据库有很多种，包括 MySQL、DB2、Informix、Oracle 和 SQL Server 等。基于满足需要、价格和技术三方面的考虑，本系统在分析开发过程中使用 MySQL 作为数据库系统。理由如下：

（1）MySQL 是一款免费软件，开放源代码无版本制约，自主性及使用成本低；性能卓越，服务稳定，很少出现异常宕机；软件体积小，安装使用简单且易于维护，维护成本低。

（2）使用 C 和 C++编写，并使用多种编译器进行测试，保证了源代码的可移植性。

（3）支持 AIX、FreeBSD、HP-UX、Linux、macOS、NovellNetware、OpenBSD、OS/2 Wrap、Solaris、Windows 等多种操作系统。

（4）为多种编程语言提供了 API。这些编程语言包括 C、C++、Python、Java、Perl、PHP、Eiffel、Ruby 和 TCL 等。

（5）支持多线程，充分利用 CPU 资源。

（6）优化的 SQL 查询算法，有效地提高查询速度。

（7）既能作为一个单独的应用程序应用在客户端服务器网络环境中，也能作为一个库嵌入其他的软件中。

（8）提供多语言支持，常见的编码如中文的 GB2312、BIG5，日文的 Shift_JIS 等都可以用作数据表名和数据列名。

（9）提供 TCP/IP、ODBC 和 JDBC 等多种数据库连接途径。

（10）提供用于管理、检查、优化数据库操作的管理工具。

（11）可以处理拥有上千万条记录的大型数据库。

（12）支持多种存储引擎。

（13）历史悠久，社区和用户非常活跃，遇到问题可以及时寻求帮助。品牌口碑效应好。

6.2 系统需求分析

本节对即时通信系统的需求进行分析。

1. 即时消息的一般需求

即时消息的一般需求包括格式需求、可靠性需求和性能需求。

1）格式需求

格式需求如下：

（1）所有实体必须至少使用一种消息格式。

（2）一般即时消息格式必须定义发信者和即时收件箱的标识。

（3）一般即时消息格式必须包含一个让接收者可以回消息的地址。

（4）一般即时消息格式应该包含其他通信方法和联系地址，例如电话号码、邮件地址等。

（5）一般即时信息格式必须允许对信息有效负载的编码和鉴别（非 ASCII 内容）。
（6）一般即时信息格式必须反映当前最好的国际化实践。
（7）一般即时信息格式必须反映当前最好的可用性实践。
（8）必须存在方法，在扩展一般即时消息格式时不影响原有的域。
（9）必须提供扩展和注册即时消息格式的模式的机制。

2）可靠性需求

协议必须存在机制，保证即时消息成功投递，或者投递失败时发信者能获得足够的信息。

3）性能需求

性能需求如下：

（1）即时消息的传输必须足够迅速。
（2）即时消息的内容必须足够丰富。
（3）即时消息的长度尽量足够长。

2. 即时消息的协议需求

协议是一系列的步骤，它包括双方或者多方，设计它的目的是要完成一项任务。即时通信协议参与的双方或者多方是即时通信的实体。协议必须是双方或者多方参与的，一方单独完成的就不算协议。在协议动作的过程中，双方必须交换信息，包括控制信息、状态信息等。这些信息的格式必须是协议参与方同意并且遵循的。好的协议要求清楚、完整，每一步都必须有明确的定义，并且不会引起误解；对每种可能的情况必须规定具体的动作。

3. 即时消息的安全需求

A 发送即时消息 M 给 B，有以下几种情况和相关需求：

（1）如果无法发送 M，那么 A 必须接到确认。
（2）如果 M 被投递了，那么 B 只能接收 M 一次。
（3）协议必须为 B 提供方法检查 A 是否发送了这条信息。
（4）协议必须允许 B 使用另一条即时信息回复信息。
（5）协议不能暴露 A 的 IP 地址。
（6）协议必须为 A 提供方法保证没有其他个体 C 可以看到 M 的内容。
（7）协议必须为 A 提供方法保证没有其他个体 C 可以篡改 M。
（8）协议必须为 B 提供方法鉴别 M 是否发生了篡改。
（9）B 必须能够阅读 M，B 可以防止 A 发送信息给他。
（10）协议必须允许 A 使用现在的数字签名标准对信息进行签名。

4. 即时信息的加密和鉴别

（1）协议必须提供方法保证通知和即时消息的置信度未被监听或者破坏。
（2）协议必须提供方法保证通知和即时消息的置信度未被重排序或者回放。
（3）协议必须提供方法保证通知和即时消息被正确的实体阅读。
（4）协议必须允许客户端自己使用方法确保信息不被截获、不被重放和解密。

5. 注册需求

（1）即时通信系统拥有多个账户，允许多个用户注册。
（2）一个用户可以注册多个 ID。
（3）注册所使用的账号类型为字母 ID。

6. 通信需求

（1）用户可以传输文本消息。
（2）用户可以传输 RTF 格式消息。
（3）用户可以传输多个文件/文件夹。
（4）用户可以加密/解密消息等。

6.3　系统总体设计

在这里我们将即时通信系统命名为 MyICQ，现在对该系统进行总体设计，是一个 3 层的 C/S 结构：数据库服务器→应用程序服务器→应用程序客户端，其分层结构如图 6-1 所示。

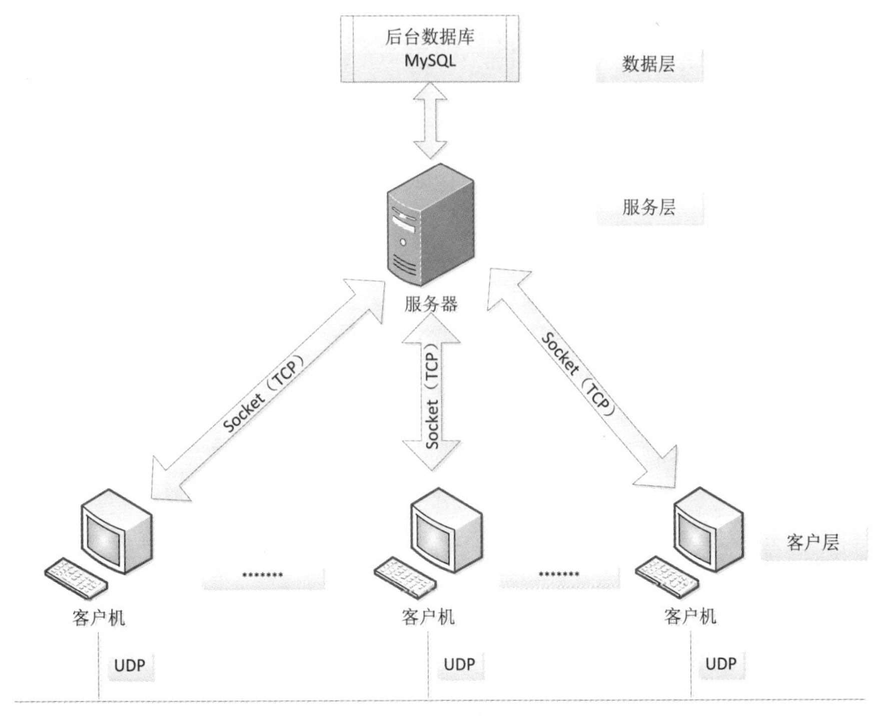

图 6-1

客户层也叫作应用表示层，也就是我们说的客户端，它是应用程序的用户接口部分。给即时通信工具设计一个客户层具有很多优点，是因为客户层承担着用户与应用之间的对话功能。它用于检查用户的输入数据，显示应用的输出数据。为了使用户能直接进行操作，客户层需要使用图形用户接口。如果通信用户变更，那么系统只需要改写显示控制和数据检查程序就可以了，而不会影响其他两层。数据检查的内容限于数据的形式和值的范围，不包括业务本身相关的处理逻辑。

服务层又叫作功能层，相当于应用的本体，它将具体的业务处理逻辑编入程序中。例如，用户需要检查数据，系统设法将检索要求的相关信息一次性地传送给功能层；用户登录后，聊天登录信息是由功能层处理过的检索结果数据，它也是一次性传送给表示层的。在应用设计中，必须避免在表示层和功能层之间进行多次的数据交换，这就需要尽可能地进行一次性的业务处理，达到优化整体设计的目的。

数据层就是 DBMS，本系统使用甲骨文公司的 MySQL 数据库服务器来管理数据。MySQL 能迅速执行大量数据的更新和检索，因此，从功能层传送到数据层的"要求"一般都使用 SQL 语言。

6.4 即时通信系统的实施原理

即时通信是一种使人们能在网上识别在线用户并与他们实时交换消息的技术，是自电子邮件发明以来迅速崛起的在线通信方式。IM 的出现和互联网有着密不可分的关系，IM 完全基于 TCP/IP 网络协议族实现，而 TCP/IP 协议族则是整个互联网得以实现的技术基础。最早出现的即时通信协议是 IRC（Internet Relay Chat），但是可惜的是它仅能单纯地使用文字、符号的方式通过互联网进行交谈和沟通。随着互联网的高度发展，即时通信也变得远不止聊天这么简单，自 1996 年第一个 IM 产品 ICQ 发明后，IM 的技术和功能也开始基本成型，语音、视频、文件共享、短信发送等高级信息交换功能都可以在 IM 工具上实现，于是功能强大的 IM 软件便足以搭建一个完整的通信交流平台。目前最具代表性的几款的 IM 通信软件有腾讯 QQ、MSN、Google Talk、Yahoo Messenger 等。

6.4.1 IM 的工作方式

IM 工作方式如下：登录 IM 通信服务器，获取一个自建立的历史的交流对象列表（类似 QQ 的好友列表），然后自身标志为在线状态，当好友列表中的某人在任何时候登录上线并试图通过计算机联系你时，IM 系统会发一个消息提醒你，然后你就能与他/她建立一个聊天会话通道，进行各种消息（如文字、语音等）的交流。

6.4.2 IM 的基本技术原理

IM 的基本技术原理如下：

（1）用户 A 输入自己的用户名和密码登录 IM 服务器，服务器通过读取用户数据库来验证用户身份。如果验证通过，则登记用户 A 的 IP 地址、IM 客户端软件的版本号及使用的 TCP/UDP 端口号，然后返回用户 A 登录成功的标志，此时用户 A 在 IM 系统中的状态为在线（Online Presence）。

（2）根据用户 A 存储在 IM 服务器上的好友列表（Buddy List），服务器将用户 A 在线的相关信息发送到同时在线的 IM 好友的 PC 机，这些信息包括在线状态、IP 地址、IM 客户端使用的 TCP 端口号等，IM 好友的客户端收到这些信息后，将在客户端软件的界面上显示这些信息。

（3）IM 服务器把用户 A 存储在服务器上的好友列表及相关信息回送到他的客户端，这些信息也包括在线状态、IP 地址、IM 客户端使用的 TCP 端口号等，用户 A 的 IM 客户端收到后将显示这些好友列表及其在线状态。

6.4.3　IM 的通信方式

1. 在线直接通信

如果用户 A 想与他的在线好友用户 B 聊天，那么他可以通过服务器发送过来的用户 B 的 IP 地址、TCP 端口号等信息，直接向用户 B 的 PC 机发出聊天信息，用户 B 的 IM 客户端软件收到信息后显示在屏幕上，然后用户 B 再直接回复信息到用户 A 的 PC 机，这样双方的即时文字消息就不在 IM 服务器中转，而是直接通过网络进行点对点的通信，即对等通信方式（Peer To peer）。

2. 在线代理通信

用户 A 与用户 B 的点对点通信由于防火墙、网络速度等原因难以建立或者速度很慢，IM 服务器将会主动提供消息中转服务，即用户 A 和用户 B 的即时消息全部先发送到 IM 服务器，再由 IM 服务器转发给对方。

3. 离线代理通信

用户 A 与用户 B 由于各种原因不能同时在线，此时如果用户 A 向用户 B 发送消息，那么 IM 服务器可以主动寄存用户 A 的消息，到下一次用户 B 登录的时候，自动将消息转发给用户 B。

4. 扩展方式通信

用户 A 可以通过 IM 服务器将信息以扩展的方式传递给用户 B，如用短信发送的方式将信息发送到用户 B 的手机，用传真发送方式将信息传递给用户 B 的电话机，以 Email 的方式将信息传递给用户 B 的电子邮箱等。

早期的 IM 系统，在 IM 客户端和 IM 服务器之间采用 UDP 协议通信，UDP 协议是不可靠的传输协议；而在 IM 客户端之间的直接通信中采用具备可靠传输能力的 TCP 协议。随着用户需求和技术环境的发展，目前主流的 IM 系统倾向于在 IM 客户端之间采用 UDP 协议，在 IM 客户端和 IM 服务器之间采用 TCP 协议。

即时通信方式相对于其他通信方式（如电话、传真、Email 等）的最大优势就是消息传达的即时性和精确性，只要消息传递双方均在网络上并且可以互通，则使用即时通信软件传递消息的传递延时仅为 1 秒。

6.5　功能模块划分

6.5.1　模块划分

即时通信工具也就是服务器端和客户端程序，只要分析清楚这两方面所要完成的任务，对设计来说，工作就等于完成了一半。即时通信系统的功能模块如图 6-2 所示。

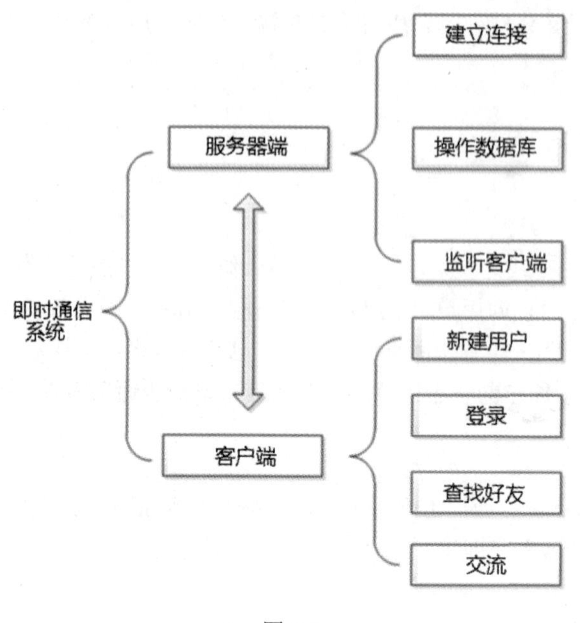

图 6-2

6.5.2 服务器端功能

由图 6-2 可知服务器端至少要有三大基本功能：建立连接、操作数据库和监听客户端。这三大功能的具体含义如下：

（1）建立一个 Serversocket 连接，不断监听是否有客户端连接或者断开连接。

（2）服务器端是一个信息发送中心，所有客户端的信息都传送到服务器端，再由服务器根据要求分发出去。

（3）数据库数据操作包括录入用户信息、修改用户信息、查找通信人员（好友）数据库的资料以及添加好友数据到数据库等。

6.5.3 客户端功能

客户端要完成四大功能：新建用户、用户登录、查找（添加）好友、通信交流。这些功能的含义如下：

（1）新建用户：客户端与服务器端建立通信信道，向服务器端发送新建用户的信息，接收来自服务器的信息进行注册。

（2）用户登录：客户端与服务器端建立通信信道，向服务器端发送信息，完成用户登录。

（3）查找好友：当然也包括了添加好友功能，这是客户端必须实现的功能。此外，用户通过客户端可以查找自己和好友的信息。

（4）通信交流：客户端可完成信息的编辑、发送和接收等功能。

上面的功能划分比较基本，我们还可以进一步细化，如图 6-3 所示。

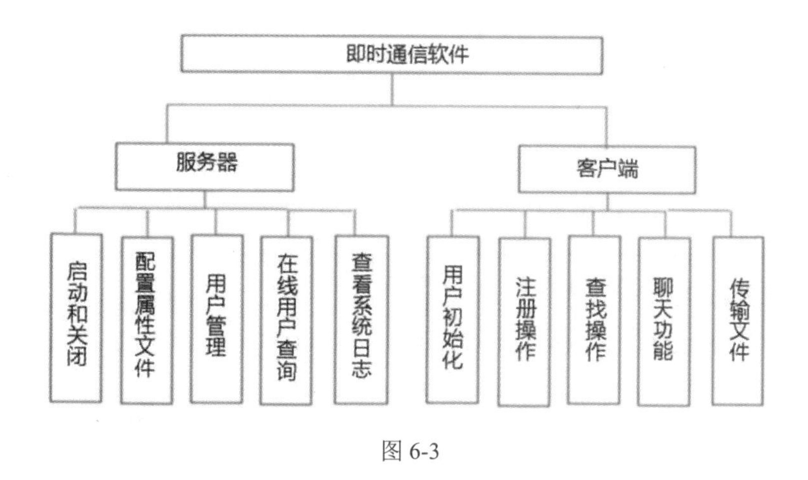

图 6-3

其实其他软件的设计也是这样，都是由粗到细，逐步细化和优化。

6.5.4 服务器端多线程

服务器端需要和多个客户端同时进行通信，简单地说这就是服务器端的多线程。如果服务器发现一个新的客户端与之建立了连接，就立即新建一个线程与该客户端进行通信。使用多线程的好处在于可以同时处理多个通信连接，不会因为数据排队等待而发生通信延迟或者丢失，可以很好地利用系统的性能。

服务器为每一个连接着的客户端建立一个线程。为了同时响应多个客户端，需要设计一个主线程来启动服务器端的多线程。主线程与进程结构类似，它在获得新连接时生成一个线程来处理这个连接。线程调度的速度快，占用资源少，可共享进程空间中的数据，因此服务器的响应速度较快，且 I/O 吞吐量较大。至于多线程编程的具体细节在 4.4 节已经阐述过了，这里不再赘述。

6.5.5 客户端的循环等待

客户端能够完成信息的接收和发送操作，这与服务器端的多线程概念不同，采用循环等待的方法来实现客户端。利用循环等待的方式，客户端首先接收用户输入的内容并将它们发送到服务器端，然后接收来自服务器端的信息，将它返回给客户端的用户。

6.6 数据库设计

完成了系统的总体设计后，现在介绍一下实现该即时通信系统的数据库——MySQL。MySQL数据库是目前运行速度最快的 SQL 语言数据库之一。

MySQL 是一款免费软件，任何人都可以从 MySQL 的官方网站下载该软件。MySQL 是一个真正的多用户、多线程的 SQL 数据库服务器。它是以客户端/服务器结构实现的，由一个服务器守护程序 mysqld 以及很多不同的客户程序和库组成。它能够快捷、有效和安全地处理大量的数据。相对于 Oracle 等数据库来说，MySQL 的使用非常简单。MySQL 的主要目标是快速、便捷和易用。

6.6.1 准备 MySQL 环境

准备 MySQL 环境的操作步骤如下：

步骤 01 到 MySQL 官方网站 https://dev.mysql.com/downloads/mysql/上去载最新版的 MySQL 安装包。打开网页后，首先选择操作系统，这里选择 Ubunt20.04，如图 6-4 所示。

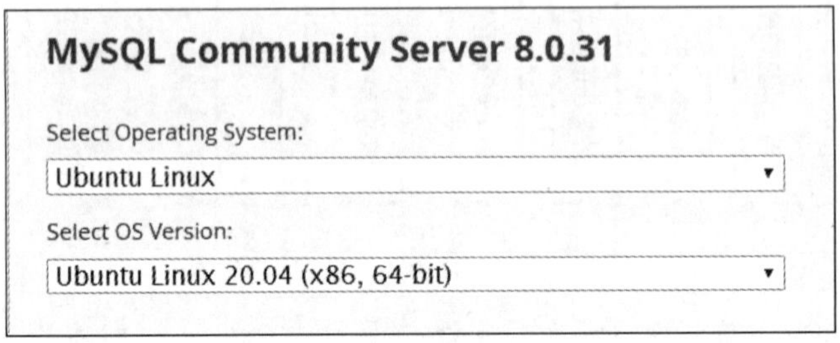

MySQL Community Server 8.0.31

Select Operating System:

Ubuntu Linux

Select OS Version:

Ubuntu Linux 20.04 (x86, 64-bit)

图 6-4

步骤 02 单击下方"DEB Bundle"右边的"Download"按钮，进入下一个网页。在该网页上会提示用户注册或登录，我们不用去注册或登录，可以直接单击下方的"No thanks, just start my download."文字链接进行下载，如图 6-5 所示。

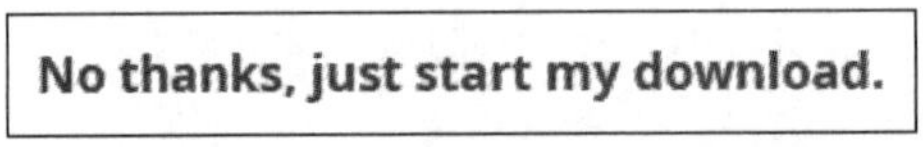

No thanks, just start my download.

图 6-5

下载下来的文件名是 mysql-server_8.0.31-1ubuntu20.04_amd64.deb-bundle.tar。当然，可能读者下载 MySQL 的时候其版本已经更新，这没关系，不影响使用。如果不想下载，也可以在本书配套的下载资源中的源码目录下"somesofts"子目录下找到该文件。

步骤 03 把这个文件上传到 Linux 系统中的某个空目录中去，由于解压后会出现很多文件，因此可以在 Linux 某路径下新建一个空文件夹，比如 mysql，然后把该文件上传到这个空文件夹中。进入该空文件夹并解压，命令如下：

```
cd mysql
tar -xvf mysql-server_8.0.31-1ubuntu20.04_amd64.deb-bundle.tar
```

解压之后将会得到一系列的.deb 包。

步骤 04 开始安装这些.deb 包：

```
dpkg -i *.deb
```

步骤 05 保持连网，继续使用下列命令：

```
apt-get -f install
```

稍等片刻，安装完成，提示输入 MySQL 的 root 账户的口令，如图 6-6 所示。

```
Please provide a strong password that will be set for the root account
socket based authentication.

Enter root password:
```

图 6-6

步骤 06 输入 123456，然后按 Enter 键；再次输入 123456，按 Enter 键后提示口令是否要加密，按 Enter 键保持默认。安装进程继续，稍等片刻，安装完成：

```
...
reading /usr/share/mecab/dic/ipadic/Noun.csv ... 60477
emitting double-array: 100% |###########################################|
reading /usr/share/mecab/dic/ipadic/matrix.def ... 1316x1316
emitting matrix      : 100% |###########################################|

done!
```

步骤 07 安装完毕后，MySQL 服务就自动开启了，我们可以通过命令查看其服务端口号：

```
root@tom-virtual-machine:~# netstat -tap | grep mysql
tcp6       0      0 [::]:33060              [::]:*                  LISTEN
20832/mysqld
tcp6       0      0 [::]:mysql              [::]:*                  LISTEN
20832/mysqld
```

此外，我们也要了解一下 MySQL 的一些文件默认位置：

```
客户端程序和脚本：/usr/bin
服务程序 mysqld 所在路径：/usr/sbin/
日志文件：/var/lib/mysql/
文档：/usr/share/doc/packages
头文件路径：/usr/include/mysql
库文件路径：/usr/lib/x86_64-linux-gnu/
错误消息和字符集文件：/usr/share/mysql
基准程序：/usr/share/sql-bench
```

在 x86_64 架构下，在/usr/lib/x86_64-linux-gnu 文件夹下默认存放的是 Gnu C/C++编译器的系统库，开发时，会自动搜索/usr/lib/x86_64-linux-gnu/目录，不必手动指定。开发所用的共享库是 libmysqlclient.so，我们用 ls 命令查看一下，可以发现它已经在/usr/lib/x86_64-linux-gnu/目录下了：

```
root@myub:~# ls /usr/lib/x86_64-linux-gnu/libmysqlclient.so
/usr/lib/x86_64-linux-gnu/libmysqlclient.so
```

头文件路径和库文件路径是编程时需要知道的，头文件路径是/usr/include/mysql。另外，如果要重启 MySQL 服务，则可以使用以下命令（基本不会使用）：

```
/etc/init.d/apparmor restart
/etc/init.d/mysql restart
```

至此，MySQL 环境就准备好了。

6.6.2 登录 MySQL

下面我们准备直接登录 MySQL，具体操作步骤如下：

步骤 01 输入如下命令：

```
mysql -uroot -p123456
```

其中 123456 是 root 账户的密码，此时将出现 MySQL 命令提示符，如图 6-7 所示。

```
root@tom-virtual-machine:~/soft/mysql8# mysql -uroot -p123456
mysql: [Warning] Using a password on the command line interface can be insecure.
Welcome to the MySQL monitor.  Commands end with ; or \g.
Your MySQL connection id is 9
Server version: 8.0.27 MySQL Community Server - GPL

Copyright (c) 2000, 2021, Oracle and/or its affiliates.

Oracle is a registered trademark of Oracle Corporation and/or its
affiliates. Other names may be trademarks of their respective
owners.

Type 'help;' or '\h' for help. Type '\c' to clear the current input statement.

mysql>
```

图 6-7

在 MySQL 命令提示符中可以输入一些 MySQL 命令，比如显示当前已有的数据的命令 show databases;（注意命令结尾处有一个英文分号），运行结果如图 6-8 所示。

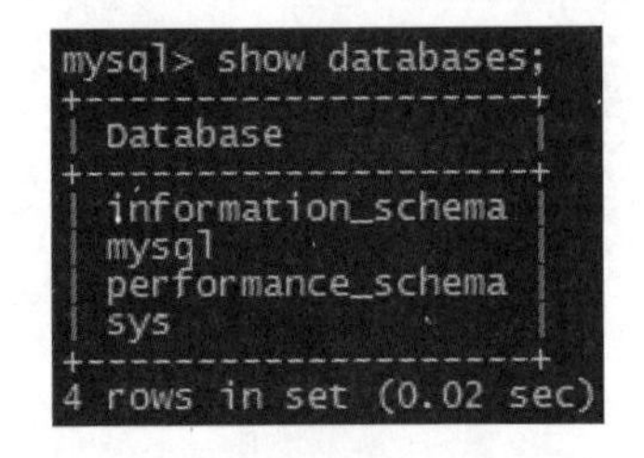

图 6-8

步骤 02 再用命令来创建一个数据库，数据库名是 test，命令如下：

```
mysql> create database test;
Query OK, 1 row affected (0.00 sec)
```

出现“OK”说明创建数据库成功，此时如果用命令 show databases;显示数据库，可以发现新增了一个名为 test 的数据库。

步骤 03 企业一线开发中，通常把很多 MySQL 命令放在一个文本文件中，这个文本文件的后缀名是 sql，通过一个 SQL 脚本文件就可以创建数据库和数据库中的表。SQL 脚本文件其实是一个文本文件，里面包含一到多个 SQL 命令的 SQL 语句集合，然后通过 source 命令来执行这个 SQL 脚本文件。这里我们在 Windows 下打开记事本，然后输入下列内容：

```
/*
 Source Server Type    : MySQL
 Date: 31/7/2022
*/
```

```
DROP DATABASE IF EXISTS test;
create database test default character set utf8 collate utf8_bin;

flush privileges;

use test;
SET NAMES utf8mb4;
SET FOREIGN_KEY_CHECKS = 0;

-- ----------------------------
-- Table structure for student
-- ----------------------------
DROP TABLE IF EXISTS `student`;
CREATE TABLE `student` (
  `id` tinyint  NOT NULL AUTO_INCREMENT COMMENT '学生id',
  `name` varchar(32) DEFAULT NULL COMMENT '学生名称',
  `age` smallint DEFAULT NULL COMMENT '年龄',
  `SETTIME` datetime NOT NULL COMMENT '入学时间',
  PRIMARY KEY (`id`)
) ENGINE=InnoDB DEFAULT CHARSET=utf8;

-- ----------------------------
-- Records of student
-- ----------------------------
BEGIN;
INSERT INTO `student` VALUES (1,'张三',23,'2020-09-30 14:18:32');
INSERT INTO `student` VALUES (2,'李四',22,'2020-09-30 15:18:32');
COMMIT;

SET FOREIGN_KEY_CHECKS = 1;
```

里面的内容不过多解释了，无非就是 SQL 语句的组合，相信学过数据库的读者都会很熟悉。

步骤 04 将记事本另存为文件，文件名是 mydb.sql，编码要选择 UTF-8，这个要注意，否则后面执行时会出现“Incorrect string value”之类的错误，这是因为在 Windows 系统中，默认使用的是 GBK 编码，而在 MySQL 数据库中使用 UTF-8 来存储数据。不信的话，可以找到 MySQL 的安装目录，然后打开其中的 my.ini 文件，找到 default-character=utf-8 就明白了。如果计算机上已经安装了 VSCode，也可以打开 VSCode 这个编辑器，按组合键 Ctrl+N 来新建一个文本文件，VSCode 新建的文本文件默认保存的格式是 UTF8，比记事本方便些。

步骤 05 SQL 脚本文件保存后，把它上传到 Linux 的某个路径（比如/root/soft/）下，然后就可以执行它了。登录 MySQL，在 MySQL 命令提示符下用 source 命令执行 mydb.sql：

```
mysql> source /root/soft/mydb.sql
Query OK, 1 row affected (0.01 sec)

Query OK, 1 row affected, 2 warnings (0.00 sec)
...
Query OK, 0 rows affected (0.00 sec)
```

看到没报错提示，说明执行成功了。此时我们可以用命令来查看新建的数据库及其表。

（1）查看所有数据库：

```
show databases;
```

（2）选择名为 test 的数据库：

```
use test;
```

（3）查看数据库中的表：

```
show tables;
```

（4）查看 student 表的结构：

```
desc student;
```

（5）查看 student 表的所有记录：

```
select * from student;
```

最终运行结果如图 6-9 所示。

```
mysql> show databases;
+--------------------+
| Database           |
+--------------------+
| information_schema |
| mysql              |
| performance_schema |
| sys                |
| test               |
+--------------------+
5 rows in set (0.00 sec)

mysql> use test;
Database changed
mysql> show tables;
+----------------+
| Tables_in_test |
+----------------+
| student        |
+----------------+
1 row in set (0.00 sec)

mysql> desc student;
+---------+-------------+------+-----+---------+----------------+
| Field   | Type        | Null | Key | Default | Extra          |
+---------+-------------+------+-----+---------+----------------+
| id      | tinyint     | NO   | PRI | NULL    | auto_increment |
| name    | varchar(32) | YES  |     | NULL    |                |
| age     | smallint    | YES  |     | NULL    |                |
| SETTIME | datetime    | NO   |     | NULL    |                |
+---------+-------------+------+-----+---------+----------------+
4 rows in set (0.00 sec)

mysql> select * from student;
+----+------+------+---------------------+
| id | name | age  | SETTIME             |
+----+------+------+---------------------+
|  1 | 张三 |   23 | 2020-09-30 14:18:32 |
|  2 | 李四 |   22 | 2020-09-30 15:18:32 |
+----+------+------+---------------------+
2 rows in set (0.01 sec)
```

图 6-9

如果要向表中插入某条记录，可以这样插入：

```
INSERT INTO `student`(name,age,SETTIME) VALUES ('王五',23,'2021-09-30
```

```
14:18:32');
```

如果要指定 id，也可以这样插入：

```
INSERT INTO `student` VALUES (3,'王五',23,'2021-09-30 14:18:32');
```

如果觉得某个表的数据乱了，可以用 SQL 语句删除表中的全部数据，比如：

```
delete from student;
```

至此，我们的 MySQL 数据库运行正常了，下面可以和它一起编程了。

6.6.3 Linux 下的 MySQL 的 C 编程

前面我们搭建了 MySQL 环境，现在可以通过 C 或 C++语言来操作 MySQL 数据库了。其实 MySQL 编程不难，因为官方提供了很多 API 函数，只要熟练使用这些函数，再加上一些基本的 SQL 语句，就可以对付简单的应用场景了。由于本书不是专门的 MySQL 编程书，因此这里只列举一些常用的 API 函数，如表 6-1 所示。

表6-1　常用API函数

函　数	说　明
mysql_affected_rows()	返回上次 UPDATE、DELETE 或 INSERT（更改、删除或插入）的行数
mysql_autocommit()	切换 autocommit 模式，ON/OFF
mysql_change_user()	更改打开连接上的用户和数据库
mysql_charset_name()	返回用于连接的默认字符集的名称
mysql_close()	关闭 server 连接
mysql_commit()	提交事务
mysql_connect()	连接到 MySQLserver 该函数已不再被重视，使用 mysql_real_connect()代替
mysql_create_db()	创建数据库。该函数已不再被重视，使用 SQL 语句 CREATE DATABASE 代替
mysql_data_seek()	在查询结果集中查找属性行编号
mysql_debug()	用给定的字符串运行 DBUG_PUSH
mysql_drop_db()	撤销数据库。该函数已不再被重视，使用 SQL 语句 DROP DATABASE 代替
mysql_dump_debug_info()	让服务器将调试信息写入日志
mysql_eof()	确定是否读取了结果集的最后一行。该函数已不再被重视。能够使用 mysql_errno()或 mysql_error()代替
mysql_errno()	返回上次调用的 MySQL 函数的错误编号
mysql_error()	返回上次调用的 MySQL 函数的错误消息
mysql_escape_string()	为了用在 SQL 语句中，对特殊字符进行转义处理
mysql_fetch_field()	返回下一个表字段的类型
mysql_fetch_field_direct()	给定字段编号，返回表字段的类型
mysql_fetch_fields()	返回全部字段结构的数组
mysql_fetch_lengths()	返回当前行中全部列的长度
mysql_fetch_row()	从结果集中获取下一行

（续表）

函　数	说　明
mysql_field_seek()	将列光标置于指定的列
mysql_field_count()	返回上次运行语句的结果列的数目
mysql_field_tell()	返回上次 mysql_fetch_field()所使用字段光标的位置
mysql_free_result()	释放结果集使用的内存
mysql_get_client_info()	以字符串形式返回客户端版本号信息
mysql_get_client_version()	以整数形式返回客户端版本号信息
mysql_get_host_info()	返回描写叙述连接的字符串
mysql_get_server_version()	以整数形式返回服务器的版本
mysql_get_proto_info()	返回连接所使用的协议版本号
mysql_get_server_info()	返回服务器的版本
mysql_info()	返回关于近期所运行查询的信息
mysql_init()	获取或初始化 MySQL 结构
mysql_insert_id()	返回上一个查询为 AUTO_INCREMENT 列生成的 ID
mysql_kill()	杀死给定的线程
mysql_library_end()	终于确定 MySQL C API 库
mysql_library_init()	初始化 MySQL C API 库
mysql_list_dbs()	返回与简单正则表达式匹配的数据库名称
mysql_list_fields()	返回与简单正则表达式匹配的字段名称
mysql_list_processes()	返回当前服务器线程的列表
mysql_list_tables()	返回与简单正则表达式匹配的表名
mysql_more_results()	检查是否还存在其他结果
mysql_next_result()	在多语句运行过程中返回/初始化下一个结果
mysql_num_fields()	返回结果集中的列数
mysql_num_rows()	返回结果集中的行数
mysql_options()	为 mysql_connect()设置连接选项
mysql_ping()	检查与服务器的连接是否工作，如有必要再连接一次
mysql_query()	运行指定为“以 Null 终结的字符串”的 SQL 查询
mysql_real_connect()	连接到 MySQL server
mysql_real_escape_string()	考虑到连接的当前字符集，为了在 SQL 语句中使用，对字符串中的特殊字符进行转义处理
mysql_real_query()	运行指定为计数字符串的 SQL 查询
mysql_refresh()	刷新或复位表和快速缓冲
mysql_reload()	通知服务器再次载入授权表
mysql_rollback()	回滚事务
mysql_row_seek()	使用从 mysql_row_tell()返回的值，查找结果集中的行偏移
mysql_row_tell()	返回行光标位置
mysql_select_db()	选择数据库
mysql_server_end()	终于确定嵌入式 server 库
mysql_server_init()	初始化嵌入式 server 库

（续表）

函 数	说 明
mysql_set_server_option()	为连接设置选项（如果多语句）
mysql_sqlstate()	返回关于上一个错误的 SQLSTATE 错误代码
mysql_shutdown()	关闭数据库 server
mysql_stat()	以字符串形式返回 server 状态
mysql_store_result()	检索完整的结果集至客户端
mysql_thread_id()	返回当前线程 ID
mysql_thread_safe()	假设客户端已编译为线程安全的，返回 1
mysql_use_result()	初始化逐行的结果集检索
mysql_warning_count()	返回上一个 SQL 语句的告警数

与 MySQL 交互时，应用程序应使用的一般性原则如下：

（1）通过调用 mysql_library_init()，初始化 MySQL 库。

（2）通过调用 mysql_init()初始化连接处理程序，并通过调用 mysql_real_connect()连接到服务器。

（3）发出 SQL 语句并处理其结果。

（4）通过调用 mysql_close()关闭与 MySQL server 的连接。

（5）通过调用 mysql_library_end()结束 MySQL 库的使用。

调用 mysql_library_init()和 mysql_library_end()的目的在于为 MySQL 库提供恰当的初始化和结束处理。假设不调用 mysql_library_end()，则内存块仍将保持分配状态，从而造成无效内存。

对于每一个非 SELECT 查询（比如 INSERT、UPDATE、DELETE），通过调用 mysql_affected_rows()可以发现有多少行已被改变（影响）。对于 SELECT 查询，可以检索作为结果集的行。

为了检测和通报错误，MySQL 提供了使用 mysql_errno()和 mysql_error()函数访问错误信息的机制。它们能返回关于近期调用的函数的错误代码或错误消息，这样我们就能推断错误是在何时出现的，以及错误是什么。

【例 6.1】查询数据库表

（1）在 Linux 下打开自己喜爱的编辑器，然后输入如下代码：

```
#include <stdio.h>
#include <string.h>
#include <mysql.h>
int main()
{
    MYSQL mysql;
    MYSQL_RES *res;
    MYSQL_ROW row;
    char *query;
    int flag, t;

    /*连接之前，先用 mysql_init 初始化 MYSQL 连接句柄*/
    mysql_init(&mysql);
```

```
    /*使用 mysql_real_connect 连接服务器，其参数依次为 MYSQL 句柄、服务器的 IP 地址、
    登录 mysql 的 username、password、要连接的数据库等*/
    if (!mysql_real_connect(&mysql, "localhost", "root", "123456", "test", 0,
NULL, 0))
        printf("Error connecting to Mysql!\n");
    else
        printf("Connected Mysql successful!\n");
    query = "select * from student";
     /*查询成功则返回 0*/
    flag = mysql_real_query(&mysql, query, (unsigned int)strlen(query));
    if(flag) {
        printf("Query failed!\n");
        return 0;
    }else {
        printf("[%s] made...\n", query);
    }
   /*mysql_store_result 将所有的查询结果读取到客户端*/
    res = mysql_store_result(&mysql);
    /*mysql_fetch_row 检索结果集的下一行*/
    do
    {
        row = mysql_fetch_row(res);
        if (row == 0)break;    //如果没有记录了，就跳出循环
       /*mysql_num_fields 返回结果集中的字段数目*/
        for (t = 0; t < mysql_num_fields(res); t++)
        {
            printf("%s\t", row[t]);
        }
        printf("\n");
    } while (1);

    /*关闭连接*/
    mysql_close(&mysql);
    return 0;
}
```

（2）保存文件为 test.c。为了方便地编译这个源文件，我们再编辑一个文本文件，文件名可以是 makefile，并在里面包括头文件和库文件路径。makefile 文件内容如下：

```
GCC ?= gcc
CCMODE = PROGRAM
INCLUDES =  -I/usr/include/mysql
CFLAGS =  -Wall $(MACRO)
TARGET = test
SRCS := $(wildcard *.c)
LIBS = -lmysqlclient

ifeq ($(CCMODE),PROGRAM)
$(TARGET): $(LINKS) $(SRCS)
    $(GCC) $(CFLAGS) $(INCLUDES) -o $(TARGET)  $(SRCS) $(LIBS)
    @chmod +x $(TARGET)
```

```
    @echo make $(TARGET) ok.
clean:
    rm -rf $(TARGET)
endif
```

其中，-I/usr/include/mysql 表示 MySQL 相关的头文件所在地路径。-lmysqlclient 表示要引用 MySQL 提供的共享库 libmysqlclient.so，这个库的路径通常在/usr/lib/x86_64-linux-gnu/下。

（3）把 test.c 和 makefile 文件上传到 Linux 中的某个文件夹中，然后直接输入 make 进行编译链接：

```
root@tom-virtual-machine:~/ex/net/test# make
gcc -Wall   -I/usr/include/mysql -o test  test.c    -lmysqlclient
make test ok.
```

（4）直接运行：

```
root@tom-virtual-machine:~/ex/net/test# ./test
Connected Mysql successful!
[select * from student] made...
1       张三    23      2020-09-30 14:18:32
2       李四    22      2020-09-30 15:18:32
```

运行成功，查询到了数据库表中的两条记录。

【例 6.2】插入数据库表

（1）在 Linux 下打开自己喜爱的编辑器，然后输入如下代码：

```
int insert()
{
    MYSQL mysql;
    MYSQL_RES *res;
    MYSQL_ROW row;
    char *query;
    int r, t,id=12;
    char buf[512] = "", cur_time[55] = "", szName[100] = "Jack2";
    mysql_init(&mysql);
    if (!mysql_real_connect(&mysql, "localhost", "root", "123456", "test", 0,
NULL, 0))
    {
        printf("Failed to connect to Mysql!\n");
        return 0;
    }
    else  printf("Connected to Mysql successfully!\n");

    GetDateTime(cur_time);
    sprintf(buf, "INSERT INTO student(name,age,SETTIME)
VALUES(\'%s\',%d,\'%s\')", szName, 27, cur_time);
    r = mysql_query(&mysql, buf);

    if (r) {
```

```
        printf("Insert data failure!\n");
        return 0;
    }
    else {
        printf("Insert data success!\n");
    }
    mysql_close(&mysql);
    return 0;
}
void main()
{
    insert();
    showTable();
}
```

先连接数据库，然后构造 insert 语句，并调用函数 mysql_query 执行该 SQL 语句，最后关闭数据库。其实这类代码撰写正确的 SQL 语句是关键。限于篇幅，显示表内数据的函数 showTable 不再列出。

（2）保存文件为 test.c，同时从例 6.1 中复制一份 makefile 文件到本例 test.c 的同一个目录，然后把这两个文件上传到 Linux 中，进行 make 编译，无误后运行，运行结果如下：

```
Connected to Mysql successfully!
Insert data success!
Connected Mysql successful!
[select * from student] made...
1       张三    23      2020-09-30 14:18:32
2       李四    22      2020-09-30 15:18:32
3       王五    23      2021-09-30 14:18:32
7       Tom     27      2021-12-03 15:21:32
8       Alice   27      2021-12-03 15:22:41
9       Mr Ag   27      2021-12-03 15:34:45
10      Mr Ag   27      2021-12-03 15:36:04
11      王五    23      2021-09-30 14:18:32
12      Jack2   27      2021-12-03 16:36:49
13      Jack2   27      2021-12-06 08:46:40
14      Jack2   27      2021-12-06 10:21:00
```

连续执行多次 insert，则会插入多条“Jack2”的记录。

6.6.4 聊天系统数据库设计

（1）首先准备好数据库。我们把数据库设计的脚本代码放在 SQL 脚本文件中，读者可以在本书配套的下载资源中的对应章节的目录下找到该文件，文件名是 chatdb.sql，部分代码如下：

```
DROP DATABASE IF EXISTS chatdb;
create database chatdb default character set utf8 collate utf8_bin;

flush privileges;
```

```
use chatdb;
SET NAMES utf8mb4;
SET FOREIGN_KEY_CHECKS = 0;


SET FOREIGN_KEY_CHECKS=0;

-- ----------------------------
-- Table structure for qqnum
-- ----------------------------
DROP TABLE IF EXISTS `qqnum`;
CREATE TABLE `qqnum` (
  `id` int(11) NOT NULL AUTO_INCREMENT,
  `name` varchar(50) DEFAULT NULL,
  PRIMARY KEY (`id`)
) ENGINE=InnoDB DEFAULT CHARSET=utf8;
```

其中，数据库名称是 chatdb，该表中的字段 name 表示用户名。

（2）把 sql 目录下的 chatdb.sql 上传到 Linux 中的某个路径，比如/root/ex/net/chatSrv，然后在终端上进入该目录，再登录 MySQL 服务器，最后执行该 SQL 文件，过程如下：

```
mysql -uroot -p123456
mysql> source /root/soft/chatdb.sql
Query OK, 1 row affected (0.04 sec)

Query OK, 1 row affected, 2 warnings (0.00 sec)

Query OK, 0 rows affected (0.00 sec)

Database changed
Query OK, 0 rows affected (0.00 sec)

Query OK, 0 rows affected (0.00 sec)

Query OK, 0 rows affected (0.00 sec)

Query OK, 0 rows affected, 1 warning (0.00 sec)

Query OK, 0 rows affected, 2 warnings (0.04 sec)
```

这样，表建立起来了，表 qqnum 存放所有的账号信息，当然现在它还是一个空表，如下所示：

```
mysql> use chatdb;
Database changed
mysql> show tables;
+-------------------+
| Tables_in_chatdb |
+-------------------+
| qqnum             |
+-------------------+
1 row in set (0.00 sec)
```

```
mysql> select * from qqnum;
Empty set (0.00 sec)
```

6.7 服务器端设计

作为 C/S 模式下的系统开发，服务器端程序的设计也是非常重要的。本节就服务器端的相关程序模块进行设计，并在一定程度上实现相关功能。客户端和服务器端是 TCP 连接并交互的，服务器端主要功能如下：

（1）接收客户端用户的注册，然后把注册信息保存到数据库表中。

（2）接收客户端用户的登录，用户登录成功后，就可以在聊天室里聊天了。

6.7.1 使用 epoll 模型

epoll 模型是 Linux 操作系统独有的 I/O 多路复用函数，是 select 的进化版本。作为强化版的 select，它能让内核应对众多的文件描述符。epoll 结构不仅可以处理大量的网络连接，而且在处理网络数据方面也有较好的性能。

epoll 相比于 select/poll，有以下优点：

（1）select 支撑的文件描述符数量是有限的，而 epoll 能同时处理大量的 socket 描述符，它所检测的事件数没有上限，只要我们提供的资源足够。

（2）selelct 每使用一次就要经历一次数据从用户空间到内核空间的复制，但是 epoll 只在注册的时候把文件描述符复制到内核，以后在等待描述符就绪过程中就不再进行数据的转移了，节省了数据在用户空间和内核空间多次复制所占用的时间，并且 epoll 还使用 mmap 让两个空间之间的数据复制更快速。

（3）select 只能判断有文件描述符就绪，但并不知道具体是哪一个就绪了，所以需要逐个访问集合中的描述符；epoll 在描述符就绪时，会调用一个与此套接字关联的函数，把该套接字存放到一个链表中，根据这个返回的到位链表就可以确切知道究竟是哪些描述符需要程序去进行处理。

综上所述，由于 epoll 不仅节省线程资源，而且相比 select 有众多优点，因此本章选择 epoll 模型来实现服务器端的高并发。

6.7.2 详细设计

我们的并发聊天室采用 epoll 通信模型，目前没有用到线程池，如果以后并发需求大了，很容易就可以扩展到线程池+epoll 模型的方式。服务器端收到客户端连接后，就开始等待客户端的请求，具体请求是通过客户端发来的命令来实现的，具体命令如下：

```
#define CL_CMD_REG 'r'  //客户端请求注册命令
#define CL_CMD_LOGIN 'l'  //客户端请求登录命令
#define CL_CMD_CHAT 'c'  //客户端请求聊天命令
```

这几个命令号，服务器端和客户端必须一致。命令号是包含在通信协议中的，通信协议是服务器端和客户端相互理解对方请求的手段。为了照顾初学者，这里的协议设计尽可能简单明了，但也可以应对交互的需要了。

客户端发送给服务器端的协议：

命令号（一个字符）	,	参数（字符串，长度不定）

比如"r,Tom"表示客户端要求注册的用户名是 Tom。

服务端发送给客户端的协议：

命令号（一个字符）	,	返回结果（字符串，长度不定）

比如"r,ok"表示注册成功。其中的逗号是分隔符，当然也可以用其他字符来分隔。

当客户端连接到服务器端的协议后，就可以判断命令号，然后进行相应处理，比如：

```
switch(code)
{
    case CL_CMD_REG:   //注册命令处理
        ...
    case CL_CMD_LOGIN: //登录命令处理
        ...
   case CL_CMD_CHAT://聊天命令处理
        ...
}
```

当每个命令都处理完毕后，必须发送一个字符串给客户端。

【例 6.3】高并发聊天服务器端的详细设计

（1）在 Linux 下打开自己喜爱的文本编辑器，输入如下代码：

```
#include <stdio.h>
#include <stdlib.h>
#include <string.h>
#include <netinet/in.h>
#include <arpa/inet.h>
#include <sys/epoll.h>
#include <errno.h>
#include <unistd.h> //for close
#define MAXLINE 80
#define SERV_PORT 8000
#define CL_CMD_REG 'r'
#define CL_CMD_LOGIN 'l'
#define CL_CMD_CHAT 'c'
int GetName(char str [], char szName [])
{
    //char str[] ="a,b,c,d*e";
    const char * split = ",";
    char * p;
    p = strtok(str, split);
    int i = 0;
```

```
    while (p != NULL)
    {
        printf("%s\n", p);
        if (i == 1) sprintf(szName, p);
        i++;
        p = strtok(NULL, split);
    }
}
//查找字符串中某个字符出现的次数
int countChar(const char *p, const char chr)
{
    int count = 0, i = 0;
    while (*(p + i))
    {
        if (p[i] == chr)//字符串数组存放在一块内存区域中，按索引查找字符，指针本身不变
            ++count;
        ++i;//按数组的索引值找到对应指针变量的值
    }
    //printf("字符串中 w 出现的次数：%d",count);
    return count;
}
int main(int argc, char *argv [])
{
    ssize_t n;
    char szName[255] = "", szPwd[128] = "", repBuf[512] = "";
    int i, j, maxi, listenfd, connfd, sockfd;
    int nready, efd, res;

    char buf[MAXLINE], str[INET_ADDRSTRLEN];
    socklen_t clilen;
    int client[FOPEN_MAX];
    struct sockaddr_in cliaddr, servaddr;
    struct epoll_event tep, ep[FOPEN_MAX];//存放接收的数据
    //网络 socket 初始化
    listenfd = socket(AF_INET, SOCK_STREAM, 0);
    bzero(&servaddr, sizeof(servaddr));
    servaddr.sin_family = AF_INET;
    servaddr.sin_addr.s_addr = htonl(INADDR_ANY);
    servaddr.sin_port = htons(SERV_PORT);
    if (-1 == bind(listenfd, (struct sockaddr *) &servaddr, sizeof(servaddr)))
        perror("bind");
    if (-1 == listen(listenfd, 20))
        perror("listen");
    puts("listen ok");
    for (i = 0; i < FOPEN_MAX; i++)
        client[i] = -1;
    maxi = -1;//后面数据初始化赋值时，数据初始化为-1
    efd = epoll_create(FOPEN_MAX); //创建 epoll 句柄，底层其实是创建了一个红黑树
    if (efd == -1)
        perror("epoll_create");
```

```
        //添加监听套接字
    tep.events = EPOLLIN;
    tep.data.fd = listenfd;
    res = epoll_ctl(efd, EPOLL_CTL_ADD, listenfd, &tep); //添加监听套接字，即注
册
    if (res == -1) perror("epoll_ctl");
    for (;;)
    {
        nready = epoll_wait(efd, ep, FOPEN_MAX, -1);//阻塞监听
        if (nready == -1)   perror("epoll_wait");

        //如果有事件发生，就开始数据处理
        for (i = 0; i < nready; i++)
        {
            //是否是读事件
            if (!(ep[i].events & EPOLLIN))
                continue;

            //若处理的事件和文件描述符相等，则进行数据处理
            if (ep[i].data.fd == listenfd) //判断发生的事件是不是来自监听套接字
            {
                //接收客户端请求
                clilen = sizeof(cliaddr);
                connfd = accept(listenfd, (struct sockaddr *)&cliaddr,
&clilen);
                printf("received from %s at PORT %d\n",
                    inet_ntop(AF_INET, &cliaddr.sin_addr, str, sizeof(str)),
                    ntohs(cliaddr.sin_port));
                for (j = 0; j < FOPEN_MAX; j++)
                    if (client[j] < 0)
                    {
                        //将通信套接字存放到 client
                        client[j] = connfd;
                        break;
                    }
                //是否到达最大值 保护判断
                if (j == FOPEN_MAX)
                    perror("too many clients");
                //更新 client 下标
                if (j > maxi)
                    maxi = j;
                //添加通信套接字到树（底层是红黑树）上
                tep.events = EPOLLIN;
                tep.data.fd = connfd;
                res = epoll_ctl(efd, EPOLL_CTL_ADD, connfd, &tep);
                if (res == -1)
                    perror("epoll_ctl");
            }
            else
            {
```

```
sockfd = ep[i].data.fd;//将 connfd 赋值给 socket
n = read(sockfd, buf, MAXLINE);//读取数据
if (n == 0) //无数据则删除该节点
{
    //将 client 中对应的 fd 数据值恢复为-1
    for (j = 0; j <= maxi; j++)
    {
        if (client[j] == sockfd)
        {
            client[j] = -1;
            break;
        }
    }
    res = epoll_ctl(efd, EPOLL_CTL_DEL, sockfd, NULL);//删除树
节点

    if (res == -1)
        perror("epoll_ctl");
    close(sockfd);
    printf("client[%d] closed connection\n", j);
}
else //有数据则写回数据
{
    printf("recive client's data:%s\n", buf);
    char code = buf[0];
    switch (code)
    {
    case CL_CMD_REG:  //注册命令处理
        if (1 != countChar(buf, ','))
        {
            puts("invalid protocal!");
            break;
        }
        GetName(buf, szName);
        //判断名字是否重复
        if (IsExist(szName))
        {
            sprintf(repBuf, "r,exist");
        }
        else
        {
            insert(szName);
            showTable();
            sprintf(repBuf, "r,ok");
            printf("reg ok,%s\n", szName);
        }
        write(sockfd, repBuf, strlen(repBuf));//回复客户端
        break;
    case CL_CMD_LOGIN: //登录命令处理
        if (1 != countChar(buf, ','))
        {
```

```
                        puts("invalid protocal!");
                        break;
                    }

                    GetName(buf, szName);
                    //判断是否注册过，即是否存在
                    if (IsExist(szName))
                    {
                        sprintf(repBuf, "l,ok");
                        printf("login ok,%s\n", szName);
                    }
                    else sprintf(repBuf, "l,noexist");
                    write(sockfd, repBuf, strlen(repBuf));//回复客户端
                    break;
                case CL_CMD_CHAT://聊天命令处理
                    puts("send all");
                    //群发
                    for (i = 0;i <= maxi;i++)
                        if (client[i] != -1)
                            write(client[i], buf + 2, n);//写回客户端，+2 表示去掉命令头(c,)，这样只发送聊天内容
                    break;
                }//switch
            }
        }
    }
    }
    close(listenfd);
    close(efd);
    return 0;
}
```

上述代码实现了通信功能和命令处理功能，笔者对代码进行了详细的注释。保存文件为 chatSrv.c。

（2）再新建一个名称为 mydb.c 的 C 文件，该文件主要封装和数据库打交道的功能，比如保存用户名、判断用户是否存在等。输入如下代码：

```
#include <stdio.h>
#include <string.h>
#include <mysql.h>
#include <time.h>
//注册用户名
int insert(char szName[])  //参数 szName 是要注册的用户名
{
    MYSQL mysql;
    MYSQL_RES *res;
    MYSQL_ROW row;
    char *query;
    int r, t,id=12;
    char buf[512] = "", cur_time[55] = "";
    mysql_init(&mysql);
```

```
    if (!mysql_real_connect(&mysql, "localhost", "root", "123456", "chatdb", 0,
NULL, 0))
    {
        printf("Failed to connect to Mysql!\n");
        return 0;
    }
    else  printf("Connected to Mysql successfully!\n");
    sprintf(buf, "INSERT INTO qqnum(name) VALUES(\'%s\')", szName);
    r = mysql_query(&mysql, buf);

    if (r) {
        printf("Insert data failure!\n");
        return 0;
    }
    else {
        printf("Insert data success!\n");
    }
    mysql_close(&mysql);
    return 0;
}
//判断用户是否存在
int IsExist(char szName[]) //参数 szName 是要判断的用户名，通过它来查询数据库表
{
    MYSQL mysql;
    MYSQL_RES *res;
    MYSQL_ROW row;
    char *query;
    int r, t,id=12;
    char buf[512] = "", cur_time[55] = "";
    mysql_init(&mysql);
    if (!mysql_real_connect(&mysql, "localhost", "root", "123456", "chatdb", 0,
NULL, 0))
    {
        printf("Failed to connect to Mysql!\n");
        res = -1;
        goto end;
    }
    else  printf("Connected to Mysql successfully!\n");

    sprintf(buf, "select name from qqnum where name ='%s'", szName);
    if (mysql_query(&mysql, buf)) //执行查询
    {
        res =-1;
        goto end;
    }
    MYSQL_RES *result = mysql_store_result(&mysql);
    if (result == NULL)
    {
        res =-1;
        goto end;
```

```
    }
    MYSQL_FIELD *field;
    row = mysql_fetch_row(result);
    if(row>0)
    {
        printf("%s\n", row[0]);
        res = 1;
        goto end;
    }
    else res = 0;//不存在
end:
    mysql_close(&mysql);
    return res;
}
int showTable()   //显示数据库表中的内容
{
    MYSQL mysql;
    MYSQL_RES *res;
    MYSQL_ROW row;
    char *query;
    int flag, t;
    /*连接之前，先用 mysql_init 初始化 MySQL 连接句柄*/
    mysql_init(&mysql);
    /*使用 mysql_real_connect 连接 server，其参数依次为 MYSQL 句柄、server 的 IP 地址、
    登录 MySQL 的 username、password、要连接的数据库等*/
    if (!mysql_real_connect(&mysql, "localhost", "root", "123456", "chatdb", 0,
NULL, 0))
        printf("Error connecting to Mysql!\n");
    else
        printf("Connected Mysql successful!\n");
    query = "select * from qqnum";
      /*查询成功则返回 0*/
    flag = mysql_real_query(&mysql, query, (unsigned int)strlen(query));
    if(flag) {
        printf("Query failed!\n");
        return 0;
    }else {
        printf("[%s] made...\n", query);
    }
   /*mysql_store_result 将所有的查询结果读取到 client*/
    res = mysql_store_result(&mysql);
    /*mysql_fetch_row 检索结果集的下一行*/
    do
    {
        row = mysql_fetch_row(res);
        if (row == 0)break;
       /*mysql_num_fields 返回结果集中的字段数目*/
        for (t = 0; t < mysql_num_fields(res); t++)
        {
            printf("%s\t", row[t]);
```

```
        }
        printf("\n");
    } while (1);
    /*关闭连接*/
    mysql_close(&mysql);
    return 0;
}
```

上述代码中总共有 3 个函数，分别是插入用户名、判断用户名是否存在和显示所有表记录。

（3）编写 makefile 文件，并把这 3 个文件一起上传到 Linux 中，然后 make 编译并运行，运行结果如下：

```
root@tom-virtual-machine:~/ex/net/chatSrv# ./chatSrv
Chat server is running...
```

此时服务器端运行成功了，正在等待客户端的连接。下面进入客户端的设计和实现。

6.8 客户端设计

客户端需要考虑友好的人机界面，所以一般都运行在 Windows 下，并且要实现图形化程序界面，比如对话框等。因此整套系统的通信是在 Linux 和 Windows 之间进行，这也是常见的应用场景，企业一线开发中，客户端几乎没有运行在 Linux 下的。

客户端的主要功能如下：

（1）提供注册界面，供用户输入注册信息，然后把注册信息以 TCP 方式发送给服务器进行注册登记（其实在服务器端就是写入数据库）。

（2）注册成功后，提供登录界面，让用户输入登录信息进行登录，登录时主要输入用户名，并以 TCP 方式发送给服务器端。服务器端检查用户名是否存在后，并将反馈结果发送给客户端。

（3）用户登录成功后，就可以发送聊天信息，然后所有在线的人都可以看到该聊天信息。

我们的客户端将在 VC2017 上开发，通信架构基于 MFC 的 CSocket，因此需要一点 VC++编程知识。笔者在这里再三强调，一个 Linux 服务器开发者是必须学会 VC 开发的，因为几乎 90%的网络软件都是 Linux 和 Windows 相互通信，即使为了自测我们的 Linux 服务器程序，也要会 Windows 客户端编程知识。

由于默认情况下，VC2017 不安装 MFC，因此在安装 VC2017 的时候勾选 MFC。具体操作：打开 VC2017 安装程序，找到“使用 C++的桌面开发”，勾选它，然后在右边勾选“用于 x86 和 x64 的 Visual C++ MFC”复选框，如图 6-10 所示。

☑ 用于 x86 和 x64 的 Visual C++ MFC

图 6-10

然后安装即可。为了方便读者，笔者把 VC2017 的在线安装程序放到了随书资源的 somesofts

子目录下。

【例 6.4】即时通信系统客户端的详细设计

（1）打开 VC2017，新建一个 MFC 对话框工程，工程名为 client。

（2）切换到资源视图，打开对话框编辑器。因为这个对话框是登录用的对话框，所以在对话框中添加 1 个 IP 控件、2 个编辑控件和 2 个按钮。上方的编辑控件用来输入服务器端口，并为它添加整型变量 m_nServPort；下方的编辑控件用来输入用户昵称，并为它添加 CString 类型变量 m_strName；为 IP 控件添加控件变量 m_ip；2 个按钮控件的标题分别设置为“注册”和“登录服务器”；最后设置对话框的标题为“注册登录对话框”，最终设计后的对话框界面如图 6-11 所示。

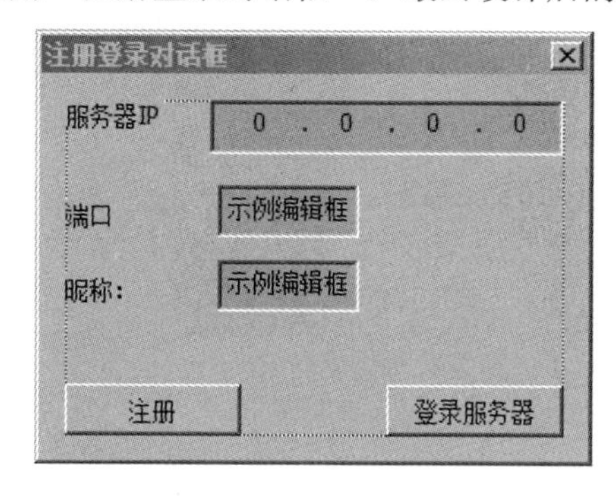

图 6-11

再添加一个对话框，设置对话框的 ID 为 IDD_CHAT_DIALOG，因为该对话框的作用是显示聊天记录和发送信息。所以在对话框上面添加一个列表框、一个编辑控件和一个按钮。列表框用来显示聊天记录，编辑控件用来输入要发送的信息，按钮标题为“发送”。为列表框添加控件变量 m_lst，为编辑框添加 CString 类型变量 m_strSendContent，再对话框添加类 CDlgChat。最终对话框的设计界面如图 6-12 所示。

图 6-12

（3）切换到类视图，选中工程 client，然后添加一个 MFC 类 CClientSocket，基类为 CSocket。

（4）为 CclientApp 添加成员变量：

```
CString m_strName;
CClientSocket m_clinetsock;
```

同时在 client.h 开头包含头文件：

```
#include "ClientSocket.h"
```

在 CclientApp::InitInstance()中添加套接字库初始化的代码和 CClientSocket 对象创建代码：

```
    WSADATA wsd;
    AfxSocketInit(&wsd);
    m_clinetsock.Create();
```

（5）切换到资源视图，打开“注册登录对话框”，为“登录服务器”按钮添加事件处理函数，代码如下：

```
void CclientDlg::OnBnClickedButton1()  //登录处理
{
    //TODO:  在此添加控件通知处理程序代码
    CString strIP, strPort;
    UINT port;

    UpdateData();
    if (m_ip.IsBlank() || m_nServPort < 1024 || m_strName.IsEmpty())
    {
        AfxMessageBox(_T("请设置服务器信息"));
        return;
    }
    BYTE nf1, nf2, nf3, nf4;
    m_ip.GetAddress(nf1, nf2, nf3, nf4);
    strIP.Format(_T("%d.%d.%d.%d"), nf1, nf2, nf3, nf4);

    theApp.m_strName = m_strName;

    if (!gbcon)
    {
        if (theApp.m_clinetsock.Connect(strIP, m_nServPort))
        {
            gbcon = 1;
            //AfxMessageBox(_T("连接服务器成功!"));

        }
        else
        {
            AfxMessageBox(_T("连接服务器失败!"));
        }
    }
    CString strInfo;
    strInfo.Format("%c,%s", CL_CMD_LOGIN, m_strName);
   int len = theApp.m_clinetsock.Send(strInfo.GetBuffer(strInfo.GetLength()),
2 * strInfo.GetLength());

    if (SOCKET_ERROR == len)
        AfxMessageBox(_T("发送错误"));
}
```

代码中，首先把控件里的 IP 地址格式化存放到 strIP 中，并把用户输入的用户名保存到 theApp.m_strName。然后通过全局变量 gbcon 判断当前是否已经连接服务器了，这样可以不用每次都发起连接，如果没有连接，则调用 Connect 函数进行服务器连接。连接成功后，就把登录命令号（CL_CMD_LOGIN）和登录用户名组成一个字符串，通过函数 Send 发送给服务器，服务器会判断该用户名是否已经注册，如果注册过了，就允许登录成功，如果没有注册过，则会向客户端提示登录失败。

注意：登录结果的反馈是在其他函数（OnReceive）中获得，后面我们会添加该函数。

再切换到资源视图，打开“注册登录对话框”编辑器，为“注册”按钮添加事件处理函数，代码如下：

```
    void CclientDlg::OnBnClickedButtonReg()
    {
        //TODO: 在此添加控件通知处理程序代码
        CString strIP, strPort;
        UINT port;
        UpdateData();
        if (m_ip.IsBlank() || m_nServPort < 1024 || m_strName.IsEmpty())
        {
            AfxMessageBox(_T("请设置服务器信息"));
            return;
        }
        BYTE nf1, nf2, nf3, nf4;
        m_ip.GetAddress(nf1, nf2, nf3, nf4);
        strIP.Format(_T("%d.%d.%d.%d"), nf1, nf2, nf3, nf4);
        theApp.m_strName = m_strName;

        if (!gbcon)
        {
            if (theApp.m_clinetsock.Connect(strIP, m_nServPort))
            {
                gbcon = 1;
                //AfxMessageBox(_T("连接服务器成功!"));
            }
            else
            {
                AfxMessageBox(_T("连接服务器失败!"));
                return;
            }
        }
        //--------注册---------
        CString strInfo;
        strInfo.Format("%c,%s", CL_CMD_REG, m_strName);
        int len = theApp.m_clinetsock.Send(strInfo. GetBuffer(strInfo.
GetLength()), 2 * strInfo.GetLength());
        if (SOCKET_ERROR == len)
            AfxMessageBox(_T("发送错误"));
    }
```

代码逻辑同登录过程类似，也是先获取控件上的信息，然后连接服务器（如果已经连接了，则不需要再连）。连接成功后，就把注册命令号（CL_CMD_REG）和待注册的用户名组成一个字符串，通过函数 Send 发送给服务器，服务器首先判断该用户名是否已经注册过了，如果注册过了，就会提示客户端该用户名已经注册，否则就把该用户名存入数据库表中，并提示客户端注册成功。同样，服务器返回给客户端的信息是在 OnReceive 中获得。

（6）为类 CClientSocket 添加成员变量：

```
CDlgChat *m_pDlg; //保存聊天对话框指针，这样收到数据后可以显示在对话框上的列表框里
```

再添加成员函数 SetWnd，该函数就传一个 CDlgChat 指针进来，代码如下：

```
void CClientSocket::SetWnd(CDlgChat *pDlg)
{
    m_pDlg = pDlg;
}
```

下面准备重载 CClientSocket 的虚函数 OnReceive，打开类视图，选中类 CClientSocket，在该类的属性视图上添加 OnReceive 函数，如图 6-13 所示。

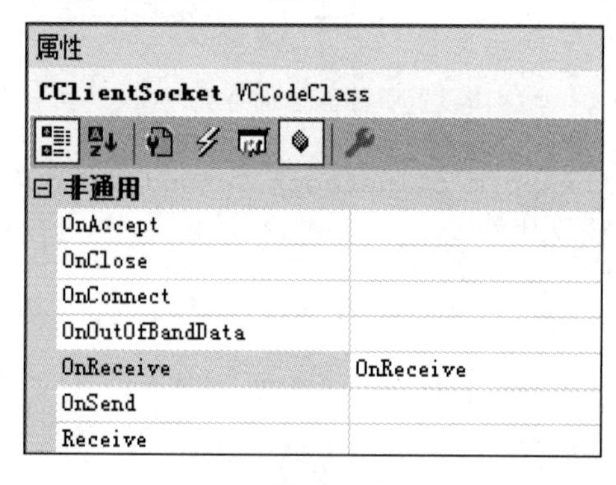

图 6-13

我们在该函数里接收服务器发来的数据，代码如下：

```
void CClientSocket::OnReceive(int nErrorCode)
{
    //TODO: 在此添加专用代码和/或调用基类
    CString str;
    char buffer[2048], rep[128] = "";
    if (m_pDlg) //m_pDlg 指向聊天对话框
    {
        int len = Receive(buffer, 2048);
        if (len != -1)
        {
            buffer[len] = '\0';
            buffer[len+1] = '\0';
            str.Format(_T("%s"), buffer);
            m_pDlg->m_lst.AddString(str); //把发来的聊天内容加入列表框中
        }
    }
    else
```

```
    {
        //注册回复
        int len = Receive(buffer, 2048);
        if (len != -1)
        {
            buffer[len] = '\0';
            buffer[len + 1] = '\0';
            str.Format(_T("%s"), buffer);
            if (buffer[0] == 'r')
            {
                GetReply(buffer, rep);
                if(strcmp("ok", rep)==0)
                    AfxMessageBox("注册成功");
                else if(strcmp("exist",rep)==0)
                    AfxMessageBox("注册失败，用户名已经存在!");
            }
            else if (buffer[0] == 'l')
            {
                GetReply(buffer, rep);
                if (strcmp("noexist", rep) == 0)
                    AfxMessageBox("登录失败，用户名不存在，请先注册.");
                else if (strcmp("ok", rep) == 0)
                {
                    AfxMessageBox("登录成功");
                    CDlgChat dlg;
                    theApp.m_clinetsock.SetWnd(&dlg);
                    dlg.DoModal();
                }
            }
        }
    }
    CSocket::OnReceive(nErrorCode);
}
```

代码中，如果聊天对话框的指针 m_pDlg 非空，则说明已经登录服务器成功并且聊天对话框创建过了，此时收到的服务器数据都是聊天的内容，我们把聊天的内容通过函数 AddString 加入列表框中。如果指针 m_pDlg 是空的，则说明服务器发来的数据是针对注册命令的回复或者是针对登录命令的回复，我们通过收到的数据的第一个字节（buffer[0]）来判断到底是注册回复还是登录回复，从而进行不同的处理。函数 GetReply 是自定义函数，用来拆分服务器发来的数据，代码如下：

```
void GetReply(char str[], char reply[])
{
    const char * split = ",";
    char * p;
    p = strtok(str, split);
    int i = 0;
    while (p != NULL)
    {
        printf("%s\n", p);
        if (i == 1) sprintf(reply, p);
        i++;
        p = strtok(NULL, split);
    }
```

```
}
```

服务器发来的命令回复数据以逗号相隔，第一个字节是 l 或 r，l 表示登录命令的回复，r 表示注册命令的回复。第二个字节就是逗号，逗号后面就是具体的命令结果，比如注册成功就是“ok”，那么完整的注册成功回复字符串就是“r,ok"。同样，如果注册失败，那么完整的回复字符串就是“r,exist”，表示该用户名已经注册过了，请重新更换用户名。登录的回复也类似，比如登录成功，完整的回复字符串就是“r,ok”，而因为用户名不存在导致的登录失败，其完整的回复字符串就是“r, noexist”。

（7）实现聊天对话框的发送信息功能。切换到资源视图，打开“聊天对话框”编辑器，为“发送”按钮添加事件处理函数，代码如下：

```
void CDlgChat::OnBnClickedButton1()
{
    //TODO:  在此添加控件通知处理程序代码
    CString  strInfo;
    int len;
    UpdateData();
    if (m_strSendContent.IsEmpty())
        AfxMessageBox(_T("发送内容不能为空"));
    else
    {
        strInfo.Format(_T("%s 说:%s"), theApp.m_strName, m_strSendContent);
        //发送数据，注意一个字符占两个字节，所以要乘以 2
       len = theApp.m_clinetsock.Send(strInfo.GetBuffer(strInfo.GetLength()),
2 * strInfo.GetLength());
        if (SOCKET_ERROR == len)
            AfxMessageBox(_T("发送错误"));
    }
}
```

代码逻辑就是获取用户在编辑框中输入的内容，然后通过 Send 函数发送给服务端。

（8）保存工程并运行两个客户端进程。第一个客户端进程可以直接按组合键 Ctrl+F5（非调试方式运行）运行，运行结果如图 6-14 所示。

因为笔者以前已经注册过了，所以这里直接单击“登录服务器”按钮，此时提示“登录成功”，然后直接进入聊天对话框，如图 6-15 所示。

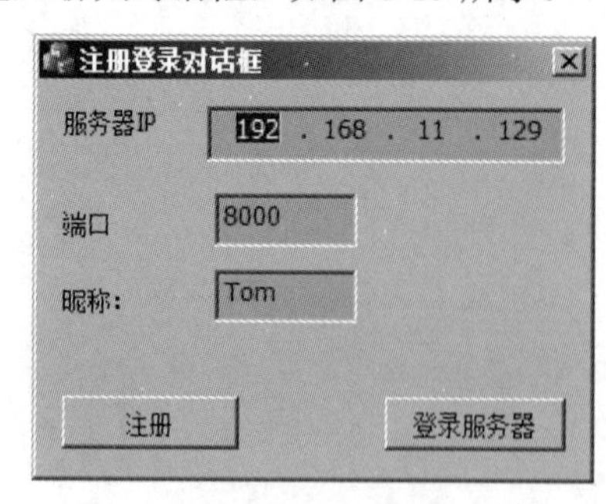

图 6-14

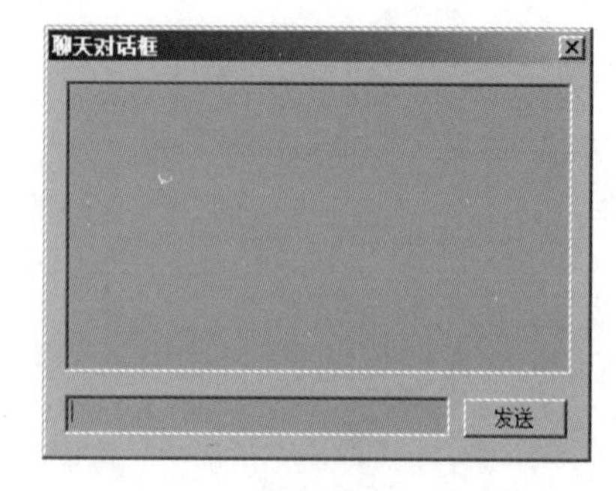

图 6-15

下面运行第二个客户端进程，在 VC 中，先切换到“解决方案资源管理器”，然后右击 client，在快捷菜单上选择“调试”→“启动新实例”命令，如图 6-16 所示。

图 6-16

此时就可以运行第二个客户端程序了，运行结果如图 6-17 所示。

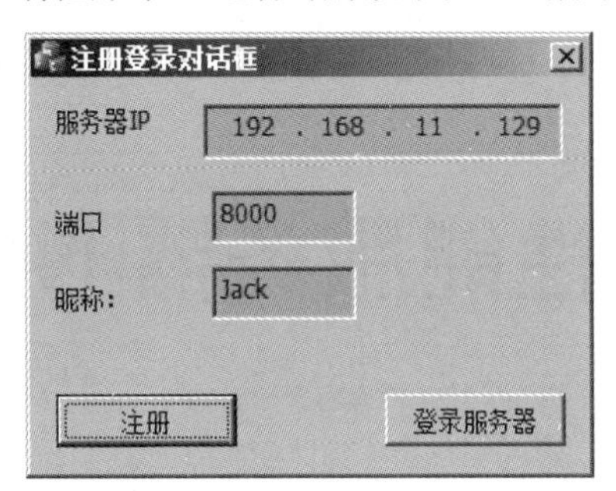

图 6-17

如果 Jack 已经注册过，则可以直接单击“登录服务器”按钮，否则要先注册。成功登录服务器后，也会出现聊天对话框，在编辑框中输入一些信息后单击“发送”按钮，Tom 那里的聊天对话框就可以收到消息了。同样，Tom 也可以在编辑框中输入信息并发送，Jack 那里也会收到信息。最终聊天的运行如图 6-18 所示。

图 6-18

至此，高并发聊天系统实现成功了。由于服务端采用了 epoll 模型，可以支持非常多的客户端同时聊天，因此再要多几个聊天客户端一起运行也是可以的。

第 7 章

高性能服务器 Nginx 架构解析

随着互联网的广泛普及，人们的生活方式和生活水平都发生了巨大的变化，从 PC 时代到移动互联网时代，再到 5G 时代，用户数的指数级增长以及请求的多样化导致了庞大的并发访问量和业务处理的复杂性，传统的服务器架构已经难以应对海量的并发请求。即时通信、在线视频、实时互动等形式使得网站后台系统要面对数以百万计的用户访问，这给服务器的性能带来了巨大的压力和严峻的考验。Nginx 作为一款轻量级的 Web 服务器，其优秀的架构设计使它不仅具有高性能、高稳定性和高扩展性，还拥有强大的并发处理能力。在实际使用中，Nginx 通常作为反向代理服务器实现服务器集群的负载均衡功能。因此深入 Nginx 源码内部研究其框架运行机制、反向代理功能和负载均衡技术，并在其基础上进行开发和优化具有重要意义。

本章对 Nginx 架构进行研究，从模块化设计、事件驱动、进程模型和内存池设计四个方面进行整体架构的剖析，研究 Nginx 中的信号机制、优异的反向代理功能和负载均衡技术。upstream 机制作为 Nginx 实现负载均衡的基础，使 Nginx 能够突破单机的限制，将负载转发给后端服务器集群，因此本章还将对 Nginx 的 HTTP 处理框架以及负载转发的 upstream 机制进行深入的研究。

7.1 什么是 Nginx

Nginx（engine x）是一个高性能的 HTTP 和反向代理服务器，也是一个 IMAP/POP3/SMTP 服务器。Nginx 是由 Igor Sysoev 为俄罗斯访问量第二的 Rambler.ru 站点（俄文：Рамблер）开发的。它也是一种轻量级的 Web 服务器，可以作为独立的服务器部署网站（类似 Tomcat）。它高性能和低消耗内存的结构受到很多大公司的青睐，如淘宝网站架设。

7.2 Nginx 的下载和安装

可以到 Nginx 官方网站(http://nginx.org/en/download.html)去下载 Nginx，它有 Linux 和 Windows 两个版本。

Nginx 的 Linux 版本的下载和安装步骤如下：

步骤 01 打开 Nginx 官方网站，选择 Linux 版本，如图 7-1 所示。

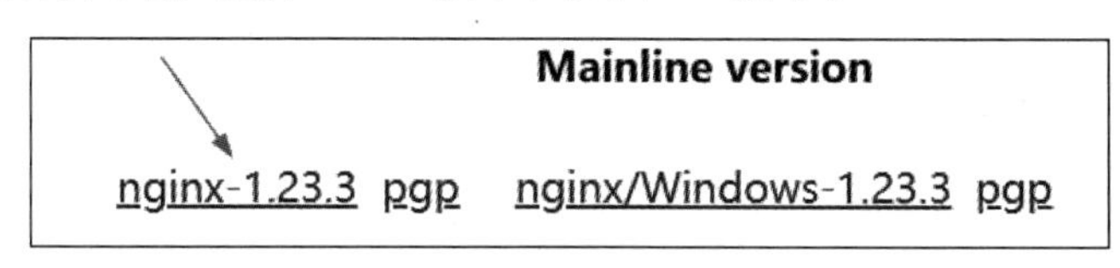

图 7-1

步骤 02 单击 nginx-1.23.3 直接下载源码，在分析 Nginx 内部原理的时候肯定会用到源码，下载下来的文件是 nginx-1.23.3.tar.gz。如果仅仅是安装，可以直接在线安装：

```
apt-get install nginx
```

步骤 03 安装后，查看 Nginx 是否安装成功：

```
# nginx -v
nginx version: nginx/1.18.0 (Ubuntu)
```

可见，在线默认安装的版本不是最新的。

步骤 04 如果想以源码方式安装最新版本，可以先卸载 apt-get 安装的 Nginx，命令如下：

```
apt-get --purge autoremove nginx
```

步骤 05 卸载后，可以通过源码包来安装 Nginx，但先要安装依赖包：

```
apt-get install gcc
apt-get install libpcre3 libpcre3-dev
apt-get install zlib1g zlib1g-dev
sudo apt-get install openssl
sudo apt-get install libssl-dev
```

步骤 06 再安装 Nginx，假设源码包存放在/root/soft 下，则先进入/root/soft 再解压：

```
cd /root/soft
tar -xvf nginx-1.23.3.tar.gz
```

步骤 07 然后进入 nginx-1.23.3 文件夹，开始配置、编译和安装：

```
cd nginx-1.23.3/
./configure
make
make install
```

此时在/usr/local 下可以看到有一个 nginx 文件夹了。

步骤 08 进入/usr/local/nginx/sbin，并启动程序：

```
cd /usr/local/nginx/sbin
./nginx
```

步骤 09 查看 Nginx 的版本：

```
./nginx -v
nginx version: nginx/1.23.3
```

显示的是最新版本了。此时我们到宿主机 Windows 下打开浏览器，并输入 Ubuntu 的 IP 地址，就可以访问 Nginx 的首页了，如图 7-2 所示。

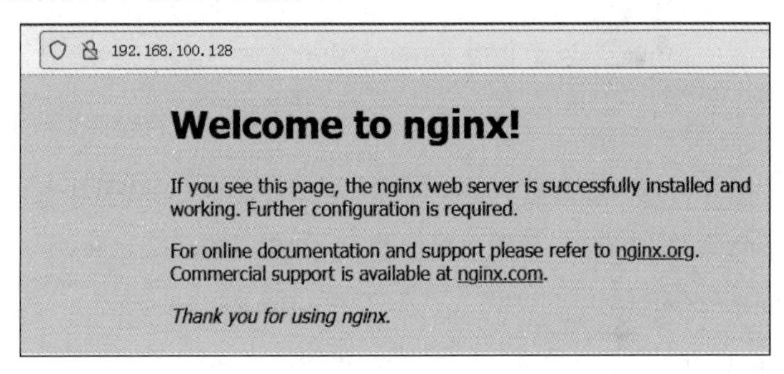

图 7-2

至此，Nginx 的环境建立完毕。下面我们要探索 Nginx 的内部架构和原理，为以后基于 Nginx 进行二次开发打好基础。

7.3 为何要研究 Nginx

从 20 世纪 70 年代初互联网的起步到现在 5G 时代的到来，几十年来互联网技术蓬勃发展。高速发展的互联网深刻改变了人们传统的生活方式，社交、电商、搜索等都极大地改善和方便了人们的日常生活。无论是现在政府机构的数字化办公、金融机构的科技化转型、工业生产上的物联网体系，还是智慧城市的建设发展都与快速发展的互联网密切相关。随着网络服务的进一步普及，互联网覆盖范围的进一步扩大，网民数量日趋增多，越来越多的用户体验到了互联网技术带来的便利。与此同时，随着越来越多的人使用互联网，爆炸式增长的网络请求也给热门网站的服务器带来了巨大的压力。电商平台的双十一购物节、12306 网站的抢票、微博的热搜等实时网络事件都能在短时间内给网站带来巨大的并发访问量，这对服务器的负载能力提出了更为严苛的要求。

针对如此大数量的并发请求，可以通过提高服务器硬件性能来缓解负载压力，但是这一方案需要一定的成本，并且与日俱增的并发访问量也更迫切地需要一种更好的解决方案。在实际应用场景中通常采用多服务器策略，将多台相互独立的服务器通过特定的连接方式组合成一个服务器集群，共同分担负载压力，将集群系统作为一个整体为用户提供服务。由于集群系统中的服务器相互独立，即使其中一台服务器发生故障，也不会影响整体服务的运行，通过将故障服务器上的请求分发给其他正常运行的服务器，大大降低了故障带来的损失，提高了集群系统的可靠性。负载均衡是集群技术的关键，通过负载均衡技术合理地分发用户请求给集群服务器节点，使集群中的服务器资源得到充分利用。通过在服务器上安装和配置软件的方式来实现软件层面的负载均衡，与基于硬件的负载均衡相比，这种方案不需要额外的负载均衡设备，成本较低，配置灵活，可扩展性更强。

近年来，国内外越来越多的企业使用轻量级 Web 服务器进行软件层面上的负载转发，通过一定的转发策略将请求分发给后端服务器节点进行处理。Nginx 是一款轻量级的高性能 Web 服务器，运行稳定、模块化设计、可扩展性强、配置灵活、资源消耗低，并且代码开源，具有出众的反向代理功能和优秀的负载转发机制。这些都使得 Nginx 受到越来越多的开发者的关注。不同于传统的多进程和多线程的 Web 服务器，Nginx 采用了事件驱动架构，独特的进程模型极大地减少了进程间的切换，异步地处理网络请求，内存消耗小，充分利用服务器硬件资源，能够从容地应对高并发压力。

经过多年的发展，Nginx 官方和众多开源爱好者不断地为 Nginx 开发出丰富的功能模块，使得 Nginx 不仅可以作为优秀的 HTTP 和反向代理服务器，还可以作为电子邮件代理服务器，在功能上已经可以与 Apache 服务器媲美。随着通信技术的提高，快速增长的互联网用户群产生了海量的并发请求，并且不再满足传统的文字和图像信息，对网络服务有着越来越高的体验需求，这些都促使在大流量服务的使用场景中用 Nginx 取代其他 Web 服务器。其中，Nginx 作为反向代理和负载均衡服务器向后端服务器集群转发请求是目前很多大型网站所采用的方案。而 Nginx 作为后端服务器集群的反向代理和其负载均衡策略的实现都是基于 Nginx 的 upstream 机制。此外，Nginx 是由 C 语言编写，虽然源码中通过模块化设计、void*和函数指针的使用实现了面向对象的一些特性，但代码的复用性和可维护性仍有所欠缺。因此研究 Nginx 服务器的源码、HTTP 框架的运行机制、upstream 机制，对源码进行优化改进，开发出新的负载转发模块，都具有非常重要的意义。

当前，Nginx 正蓬勃发展，如日中天。在 2019 年 10 月 Netraft 发布的 Web Server Survey 中，Nginx 已经超越 Apache 和 Microsoft 的 IIS，成为服务器市场的第一名。Netraft 对于 Web 服务器的市场调查结果如图 7-3 所示。

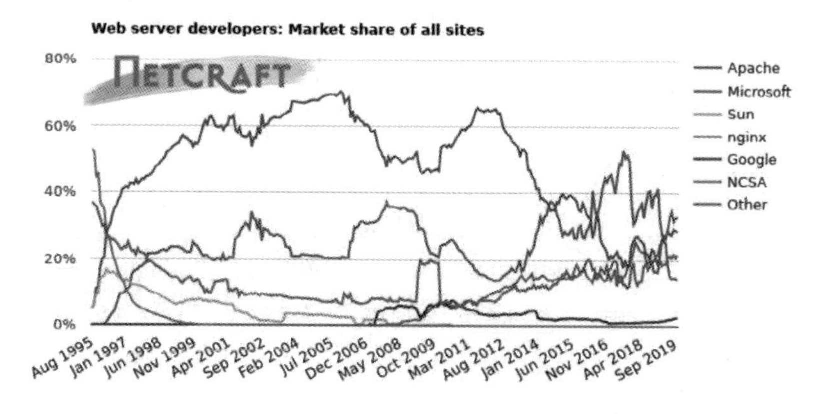

Developer	September 2019	Percent	October 2019	Percent	Change
nginx	422,048,243	32.69%	427,719,289	32.88%	0.19
Apache	374,739,321	29.02%	372,604,250	28.64%	-0.38
Microsoft	189,991,312	14.71%	183,224,187	14.08%	-0.63
Google	33,058,930	2.56%	34,861,968	2.68%	0.12

图 7-3

Web 服务器是一种可以向发出请求的客户端响应数据的程序。Apache、IIS、Nginx 都是 Web 服务器，通过 HTTP 协议为浏览器等客户端程序提供各种网络服务。然而，由于这些 Web 服务器在设计阶段就受到许多局限，例如当时的互联网用户规模、网络带宽、产品特点等局限，并且各自的定位与发展方向都不尽相同，使得每一款 Web 服务器的特点与应用场合都很鲜明。

1995 年，著名的 Apache 服务器诞生了，它是 Apache 软件基金会的一个开源服务器，可以在大多数的操作系统中稳定运行。Apache 稳定、开源、跨平台的优势使它迅速兴起。在它兴起的年代，网络服务的基础设施远远比不上今天，互联网用户群也远远低于今天的规模，因此 Apache 被设计成一个不支持高并发的多进程服务器。为了应对高并发的场景，Apache 增加了多线程、多核心等新特性，但基本架构无法改变。由于 Apache 是多进程服务器，当大量的并发请求同时访问服务器时，Apache 会创建多个进程来处理，导致内存消耗高，频繁的进程间切换也导致了很大的系统开销，这些弊端都使得 Apache 对于高并发场景的处理要逊色于 Nginx。相较于 Windows，类 UNIX 操作系统作为服务器在安全性和稳定性上都要更优。而 IIS 服务器是微软开发的一款基于 Windows 操作系统的服务器，因此在实际的使用场景中，IIS 会有所欠缺。

21 世纪初，随着 C10K 问题的出现，为了解决传统多进程或多线程服务器单机性能不足的局限，操作系统引入了高效的异步 I/O 机制。在此基础上，新的服务器模型逐渐涌现出来，而轻量级 Web 服务器 Nginx 便是其中的佼佼者，可以无阻塞地处理数以万计的并发请求。

Nginx 兴起以后逐渐被阿里、腾讯、百度、Google、GitHub、Hulu 等国内外知名企业和网站采用，并对其源码进行二次开发，实现更强大的功能。在国外，Google 基于 Nginx 开发了 ngx_pagespeed 扩展模块，该模块能有效减少页面等待时间，通过优化传输带宽、域名映射、降低请求等操作提高了网站的加载速度。随着 Nginx 的逐渐壮大，其开发团队推出了商业版的 Nginx Plus，在 Nginx 的基础上提供更高级的功能。在国内，Nginx 优秀的性能也吸引了众多知名企业，很多大型网站也将 Nginx 作为它们的服务器选择。国内电商平台淘宝网开发的 Tengine 服务器项目，是在 Nginx 源码的基础上添加了很多高级功能和特性，增强了负载监控，开发了一致性哈希模块、会话保持模块，拥有更强大的负载均衡能力，能够更好地应对高并发场景。新浪公司开源的 Ncache 缓存系统部署方便，使用简单，它也是在 Nginx 源码的基础上进行开发的，能有效提升缓存响应速度，在高并发场景下也能稳定运行。

网络服务覆盖规模的扩大导致了互联网用户数的激增，用户数的庞大和用户请求的多样化给服务器带来了巨大的访问压力。热点事件和特定节日带来的高并发场景迫切需要高性能的 Web 服务器。只有研究高性能的 Web 服务器，从源码的角度对它进行分析，并根据特定需求做出进一步的设计优化和开发，才能在控制硬件资源成本的同时给用户提供更好的体验。因此研究高性能的 Web 服务器具有一定的经济价值和社会价值。

7.4 Nginx 概述

Nginx 是由俄罗斯工程师 Igor Sysoev 编写的 Web 服务器。作为 Web 服务器的后起之秀，Nginx 能够得到顶级互联网公司的青睐，拥有庞大的用户群体，是因为它具有以下特点：

（1）响应更快。正常情况下单次请求会得到更快的响应，在高峰期也能迅速响应数以万计的并发请求。

（2）高扩展性。Nginx 本身是模块化的架构体系，由一个一个的模块组成，这些不同的模块分别实现不同的功能，模块间的耦合度很低。Nginx 模块化的设计体系使得所有模块的开发都遵循一致的开发规范，开发者们也可以编写满足自己需求的第三方模块嵌入 Nginx 的工作流中，通过自定义的扩展模块能让 Nginx 更好地提供网络服务。

（3）高可靠性。Nginx 框架代码的优秀设计保证了服务器的可靠性、稳定性。独特的进程模型保证了每个 worker 进程相对独立，即使 worker 进程发生严重错误也能快速恢复。为了减小模块间的相互影响，各个功能模块之间做到了完全解耦。内存池的设计也避免了内存碎片和资源泄漏。因此，越来越多的企业在其网站服务器上部署 Nginx。

（4）低内存消耗。Nginx 由 C 语言编写，源码中采用了很多节约资源的实现技巧，自行实现了数组、链表等基本数据结构，充分利用了系统资源。独特的 one master/multi workers 进程模型降低了进程和线程切换带来的系统开销，最大限度地将内存用来处理网络服务，提高了并发能力。

（5）高性能。Nginx 采用事件驱动模型，同时实现了请求的多阶段异步处理，极大地提高了网络性能，能够无阻塞地处理数以万计的并发请求。这无疑会使 Nginx 受到越来越多的青睐。

（6）热部署。Nginx 中大量使用了信号机制，master 进程和 worker 进程相互独立，通过信号进行通信。这样的信号机制使得 Nginx 能在不停止服务的情况下更新配置项，升级可执行文件，实现了服务器的热部署。

（7）最自由的 BSD 许可协议。用户不仅可以免费使用 Nginx，还能在自己的项目中对 Nginx 源码进行修改，然后发布。这使得 Nginx 受到广大开发者的欢迎，同时，广大开发者也可以对 Nginx 进行改进，为 Nginx 贡献自己的力量。

当然 Nginx 的优点远不止这些，作为轻量级的 Web 服务器它的安装和配置都很方便，能够实现复杂的功能，支持自定义日志格式和平滑升级，能满足大部分的应用场景，这也得益于其拥有的大量的官方功能模块和第三方功能模块。在实际的项目开发中，为了满足需求可以开发自己的模块集成进 Nginx，还支持模块与 Lua 等脚本语言的集成。这些优秀的特性都促使轻量级 Web 服务器 Nginx 被越来越多的人关注。

7.5　Nginx 服务器设计原则

Nginx 是一个功能堪比 Apache 的 Web 服务器，然而在设计之初时，为了使它能够适应互联网用户的高速增长及其带来的多样化需求，在基本功能需求之外，还制定了许多约束，主要包括以下几个方面：性能、可伸缩性、简单性、可配置性、可见性、可移植性和可靠性等。

1）性能

性能主要分为以下三个方面：

第一方面，网络性能。网络性能不是针对一个用户而言的，而是针对 Nginx 服务而言的。网络性能是指在不同负载下，Web 服务在网络通信上的吞吐量，而带宽这个概念，就是指在特定的网络连接上可以达到的最大吞吐量。因此，网络性能肯定会受制于带宽，当然更多的是受制于 Web 服务的软件架构。在大多数场景下，随着服务器上并发连接数的增加，网络性能都会有所下降。目前，我们在研究网络性能时，更多的是研究高并发场景。例如，在几万或者几十万并发连接下，要求服务器仍然可以保持较高的网络吞吐量，而不是当并发连接数达到一定数量时，服务器的 CPU 等资源大都浪费在进程间切换、休眠、等待等其他活动上，导致吞吐量大幅下降。

第二方面，单次请求的延迟性。单次请求的延迟性与网络性能的差别很明显，这里只是针对一个用户而言的。对于 Web 服务器，延迟性就是指服务器从初次接收到一个用户请求到返回响应期间持续的时间。在低并发和高并发连接数量下，服务器单个请求的平均延迟时间肯定是不同的。Nginx 在设计时更应该考虑的是在高并发下如何保持平均时延性，使它不要上升得太快。

第三方面，网络效率就是使用网络的效率。例如，使用长连接（keepalive）代替短连接以减少建立、关闭连接带来的网络交互，使用压缩算法来增加相同吞吐量下的信息携带量，使用缓存来减少网络交互次数等，它们都可以提高网络效率。

2）可伸缩性

可伸缩性指架构可以通过添加组件来提升服务，或者允许组件之间具有交互功能。一般可以通过简化组件、降低组件间的耦合度、将服务分散到许多组件等方法来改善可伸缩性。可伸缩性受到组件间的交互频率，以及组件对一个请求使用的是同步还是异步的方式来处理等条件的制约。

3）简单性

简单性通常是指组件的简单程度，每个组件越简单，就越容易被理解和实现，也就越容易被验证（被测试）。一般，我们通过分离关注点原则来设计组件，对于整体架构来说，通常使用通用性原则，统一组件的接口，这样就减少了架构中的变数。

4）可配置性

可配置性就是在当前架构下对系统功能做出修改的难易程度，对于 Web 服务器来说，它还包括动态的可修改性，也就是部署好 Web 服务器后可以在不停止、不重启服务的前提下，提供给用户不同的、符合需求的功能。可修改性可以进一步分解为可进化性、可扩展性、可定制性、可配置性和可重用性。

5）可见性

在 Web 服务器这个应用场景中，可见性通常是指一些关键组件的运行情况可以被监控的程度。例如，服务中正在交互的网络连接数、缓存的使用情况等。通过这种监控，可以改善服务的性能，尤其是可靠性。

6）可移值性

可移植性是指服务可以跨平台运行，即 Nginx 能够运行在主流的操作系统下（Linux 或者 Windows），这也是当下 Nginx 被大规模使用的必要条件。

7）可靠性

可靠性可以看作在服务出现部分故障时，一个架构受到系统层面的故障影响的程度。可以通过以下方法提高可靠性：避免单点故障、增加冗余、允许监视，以及用可恢复的动作来缩小故障的范围。

7.6　整体架构研究

Nginx 精巧的设计令人折服，Nginx 处理高并发的能力是由其优秀的软件架构和其采用的最新的事件处理机制（epoll 机制）所决定的。本节将从模块化设计、事件驱动、进程模型和内存池设计四个方面来探索 Nginx 的整体架构。

7.6.1　模块化设计体系

Nginx 是一个高度模块化的系统，由一个个不同功能的模块组成。Nginx 框架定义了六种类型的模块，分别是 core 模块、conf 模块、event 模块、stream 模块、http 模块和 mail 模块，所有的 Nginx 模块都必须属于这六类模块。Nginx 常用的五类模块之间的分层次，多类别的设计如图 7-4 所示。

图 7-4

无论是官方功能模块还是第三方功能模块，所有的模块设计都遵循着统一的接口规范。ngx_module_t 结构体作为所有模块的通用接口，描述了整个模块的所有信息。部分模块和 ngx_module_t 接口的关系如图 7-5 所示。

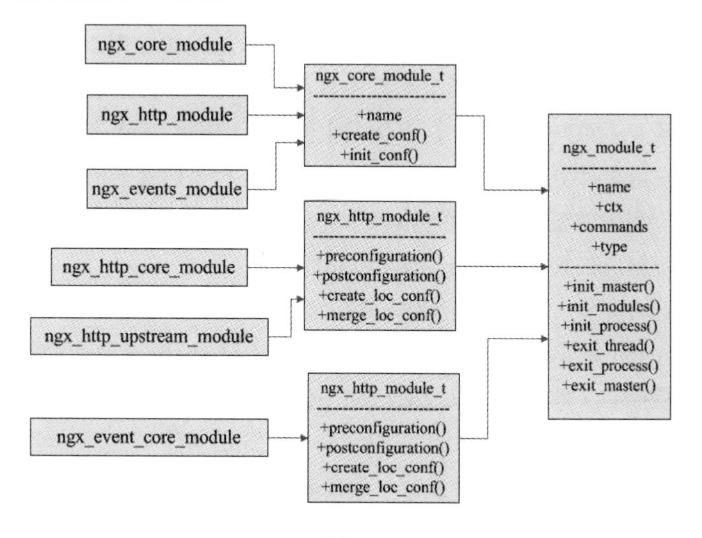

图 7-5

Nginx 的所有模块之间是分层次的，core 模块中又有 6 个具体的模块，除了图 7-4 中列出的 ngx_mail_module、ngx_http_module、ngx_events_module、ngx_core_module 这 4 种主要的核心模块，还有 ngx_errlog_module、ngx_openssl_module 模块。Nginx 分层次的模块设计使得各模块更专注于自己的业务。core 模块直接与 Nginx 框架进行交互，Nginx 框架通过 core 模块来调用 ngx_http_module 等其他模块，而 ngx_http_module 和 ngx_events_module 这些基础模块再自行实现自己的处理逻辑。对于 ngx_http_module 来说，它只负责把 http 模块组织管理起来，接入 Nginx 框架，相当于是 Nginx 框架和 http 模块之间的中间层，真正的 HTTP 业务逻辑由 HTTP 核心模块 ngx_http_core_module 来实现。ngx_mail_module 和 ngx_events_module 也分别扮演 Nginx 框架与 mail 模块和 event 模块之间的中间层，将真正实现业务逻辑的模块接入 Nginx 框架。

conf 模块是 Nginx 最底层的模块，也是所有模块的基础，在启动 Nginx 时读取配置文件 nginx.conf 就需要 conf 模块来发挥作用，实现最基本的配置项解析功能。

ngx_module_t 结构体的成员很多，图 7-5 中列出了几个重要的成员，其中，成员 name 标记模块的名字；成员 ctx 是一个 void*指针，可以指向任何类型的数据，用于表示不同模块的通用性接口，类似于 C++中的多态，函数指针 ctx 可以指向 core 模块的 ngx_core_module_t，也可以指向 http 模块的 ngx_http_module_t，还可以指向 event 模块的 ngx_event_module_t；type 成员则起到了类型标记的作用，给模块提供了很大的灵活性，这也是 Nginx 使用 C 语言实现面向对象的一个技巧。ngx_command_t 类型的 commands 数组指针保存了本模块的配置指令信息，在 ngx_command_t 结构体中包含了配置指令的名字、指令的作用域和类型，以及指令解析的函数指针等参数。ngx_module_t 结构体中定义的 7 个回调函数主要负责进程、线程的初始化和模块的退出。图 7-5 所示 core 模块将 ctx 实例化为 ngx_core_module_t，模块类型 type 是 NGX_CORE_MODULE。core 模块通常不处理具体的业务，只负责构建子系统，结构体中的两个函数指针 create_conf 和 init_conf 仅用于创建和初始化配置结构体。

7.6.2 事件驱动模型

事件是一种通知机制，当有 I/O 事件发生时系统会通知进程去处理。而事件驱动模型其实是一种防止事件堆积的解决方案。事件驱动模型通常由事件收集器、事件发送器和事件处理器组成。事件收集器负责收集事件发生源产生的事件，事件发生源主要有网络 I/O 和定时器；事件发送器负责将收集的所有事件分发给事件处理器；事件处理器则会消费自己所注册的事件，负责具体事件的响应。事件收集器不断检测当前要处理的事件信息，并通过事件发送器将事件分发给事件处理器，从而调用相应的事件消费模块来处理事件，如图 7-6 所示。

Nginx 基于事件驱动模型来处理网络请求，对于高并发的网络 I/O 处理，Nginx 采用 epoll 这种 I/O 多路复用的方式。epoll 是非常优秀的事件驱动模型，通过 epoll_create 函数在 Linux 内核建立一个事件表，记录需要监控的文件描述符以及对应的 I/O 事件，这个事件表以红黑树的形式被维护在操作系统内核中；通过 epoll_ctl 操作这个事件表，向内核注册新的描述符或是改变某个文件描述符的状态，实际上就是对红黑树的节点进行操作。当有事件发生时，epoll_wait 函数以链表的形式返回就绪事件的集合。在传统的 Web 服务器中，事件发送器每传递一个请求，系统就创建一个新的进程或者线程来调用事件处理器处理请求，这种方式造成系统开销过大，影响服务器的性能。Nginx 采用请求队列的形式异步地完成事件处理，工作线程从请求队列中读取事件后根据事件的类型调用相应的消费模块，对于可读事件通过读事件的消费模块执行处理，对于可写事件通过写事件的消费模块执行处理。网络 I/O 处理模型如图 7-7 所示。

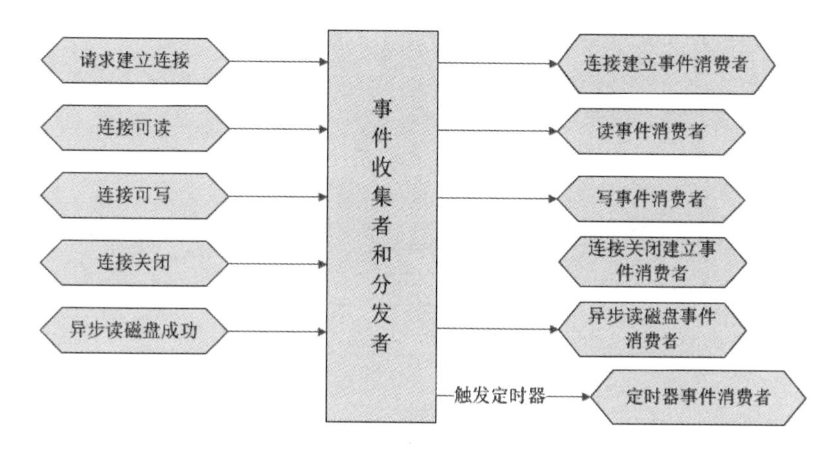

图 7-6

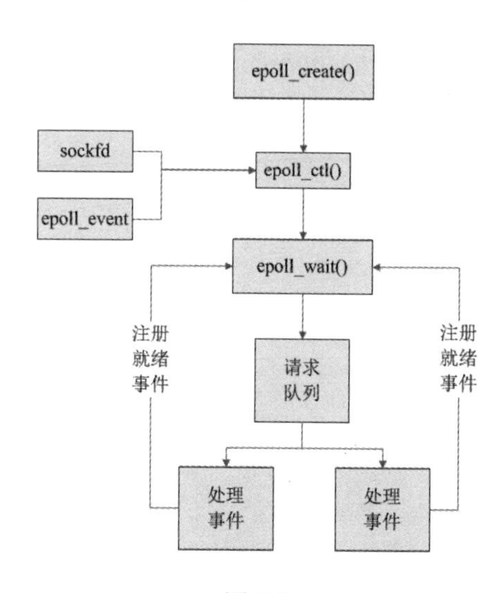

图 7-7

定时器作为事件来源，也是 Nginx 事件驱动模型中的重要组件。真实的网络环境中可能出现连接中断的情况，为了避免无效的连接一直占用服务器资源，就需要通过定时器检测出超时事件并进行超时处理，也可以使用定时器来延后请求中耗时的操作，提高服务器整体的效率。定时器不属于 I/O 事件，不能通过 epoll 等系统调用来处理，在 Nginx 中使用自定义的红黑树这一数据结构来管理定时器对象。红黑树是一种平衡二叉树，内部的存储是有序的，在事件结构体 ngx_event_t 中定义了红黑树节点 timer，当事件产生时，会将时间戳作为红黑树节点的 key 插入红黑树中，这样就可以把需要超时检测的事件有序地存储在红黑树中。在定时器红黑树中所有事件按照时间戳从小到大排序，只要将最小节点的 key 与当前时间进行比较，就能检测出是否存在超时事件，流程图如图 7-8 所示。

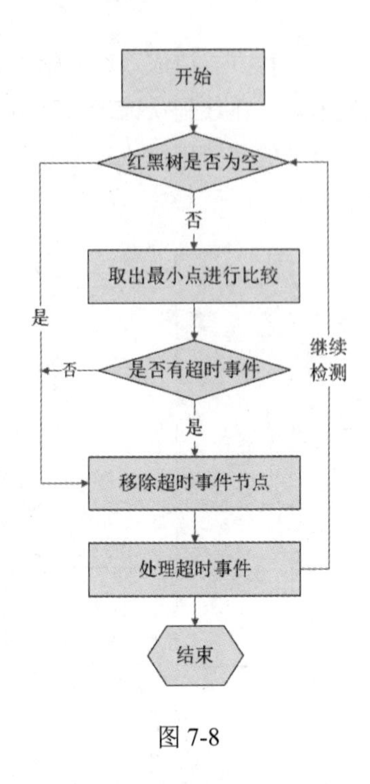

图 7-8

如果检测出超时事件，则将超时事件的 timedout 标志位置为 1，然后进行超时事件的处理。

7.6.3 进程模型

Nginx 独特的进程池设计是 Nginx 性能优秀的基础，保障了 Nginx 的高可用性和高稳定性。通常情况下，Nginx 启动后会创建一个 master 进程，再由这个 master 进程复刻出多个 worker 进程。Nginx 进程模型如图 7-9 所示。

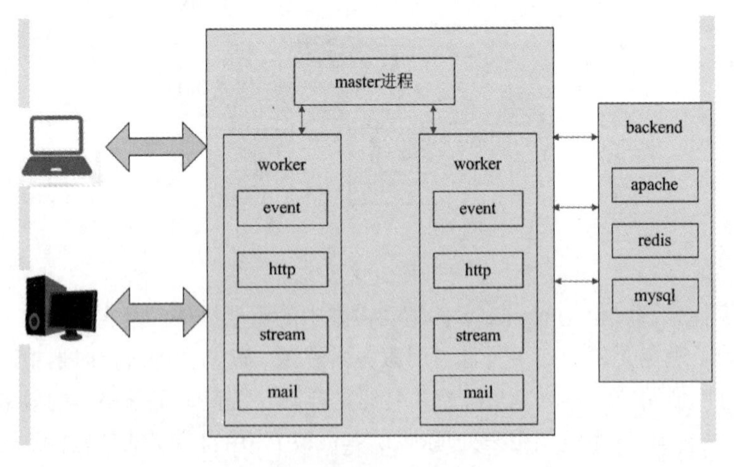

图 7-9

master 进程不负责处理网络请求，只负责监控和管理复刻出的 worker 进程，通过 UNIX 信号与 worker 进程进行通信，当程序发生错误致使 worker 进程退出时，master 进程会重新复刻出新的 worker 进程来继续工作，维持进程池的稳定。此外，master 进程通过接收外界的信号来执行 Nginx 服务运行中的程序升级、重启、配置项修改等操作。不同的信号对应着不同的操作，这种设计使得动态可扩展性和动态可定制性比较容易实现。而多个 worker 进程主要负责网络请求的处理并与后端的 Redis、MySQL 等服务进行通信。每个 worker 进程平等竞争客户端的请求，通过 7.6.2 节介绍的异步非阻塞事件机制来高效地处理请求。为了保证一个请求只被一个 worker 进程处理，避免惊群效应，Nginx 使用了进程互斥锁 ngx_accept_mutex，使得抢到互斥锁的进程才能注册监听事件并通过 accept 系统调用接收连接，再将请求处理后的响应发送给客户端。worker 进程的数量也可以通过配置文件 nginx.conf 进行设置，一般可将进程数设置为 CPU 的核心数，这样能最大限度地减少进程上下文切换所带来的开销。

7.6.4　内存池设计

内存池是大型软件开发中常用的一种技术，通过一次性向操作系统申请大块内存，再将大块内存切分成内存块并以链表的形式串联起来，形成内存池。当程序结束后，将分配给应用程序的内存块挂回到内存池链表中，这样可以很好地减少系统调用次数，大大降低了 CPU 资源的消耗，而且能够很好地避免内存碎片和内存泄漏。

Nginx 的内存池设计得非常精妙，它在满足小块内存申请的同时，也能处理大块内存的申请请求，同时还允许挂载自己的数据区域及对应的数据清理操作。Nginx 设计的内存池结构如图 7-10 所示。

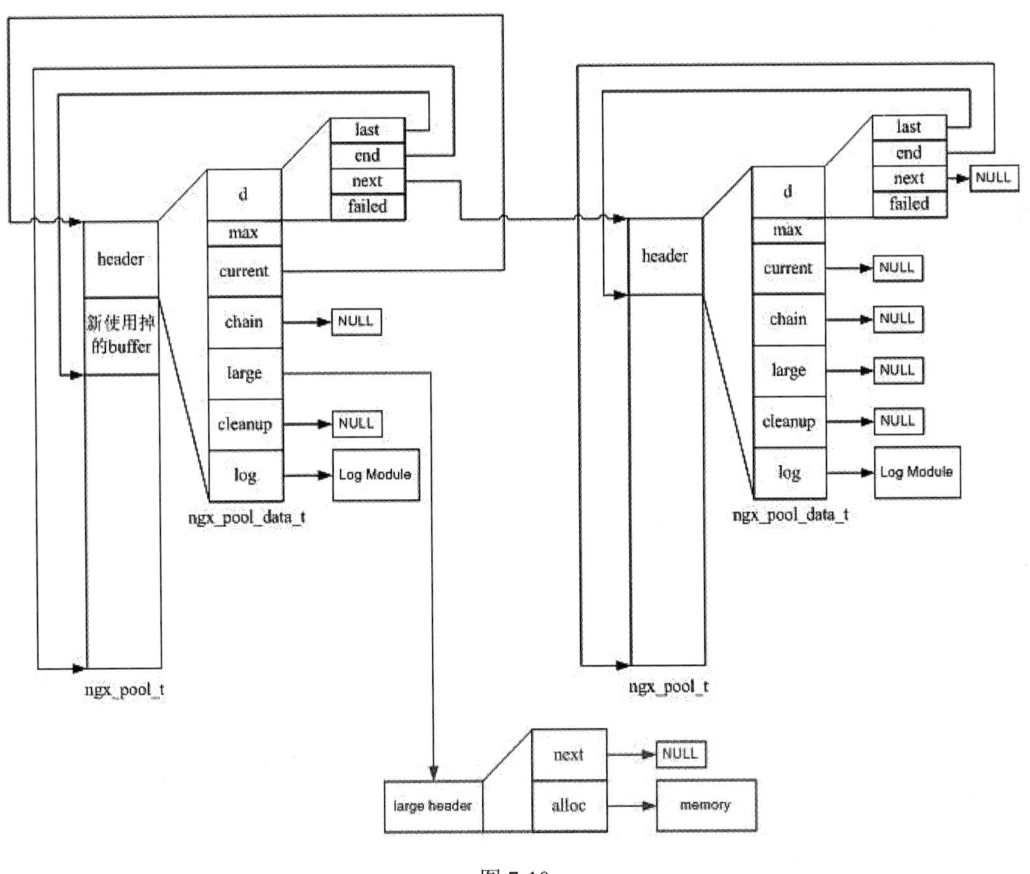

图 7-10

ngx_pool_data_t 结构体和 ngx_pool_t 结构体构成了内存池链表。在内存数据块 ngx_pool_data_t 中，last 指针指向当前内存的结束位置，即内存块未使用区域的起始位置，end 指针指向当前内存块的结束位置，next 指向内存链表中下一个内存块，failed 记录内存分配失败次数。在内存池结构体 ngx_pool_t 中，有一个内存数据块 ngx_pool_data_t 的成员，它相当于内存链表的头节点，结构体成员 max 表示内存数据块的最大值，current 指针指向当前的内存块，large 指针指向维护的大块内存链表，当程序需要分配的内存空间超过 max 时，需要使用 large 指针指向的大块内存链表。Nginx 内存池设计的精巧之处正在于此：当申请大块内存时，调用 ngx_pcalloc 函数从堆上开辟内存挂载到 large 指针指向的大块内存链表上；当申请小块内存时，从内存池取得的数据块维护在 ngx_pool_data_t 数据块上。当内存池满了后，Nginx 扩容内存池的方法是再分配一个内存池，然后链接到 ngx_pool_data_t 的 next 指针上。

Nginx 会为每一个 TCP/HTTP 连接请求创建一个独立的内存池，也就是 ngx_pool_t 对象。在处理请求的整个过程中可以通过 ngx_pool_t 对象在内存池中任意开辟内存，不必担心内存的释放问题。当请求结束时，Nginx 会自动销毁 ngx_pool_t 对象，并释放内存池和它拥有的所有内存。Nginx 框架会自动管理内存池的生命周期，当一个请求结束时，内存池里的内存会完全归还给系统。但是内存只是系统资源的一个方面，其他的系统资源并不会随着内存池的销毁而一并释放，如果不做特殊的操作就有可能造成资源泄漏。为了避免内存泄漏，Nginx 通过 ngx_pool_t 结构体中 cleanup 指针指向的 ngx_pool_cleanup_t 结构体链表实现资源的清理操作，这类似于 C++里的析构函数，在对象销毁时自动调用析构函数，执行对应的资源销毁动作。ngx_pool_cleanup_t 结构体的成员 handler 保存了清理函数，它是一个函数指针；成员 data 是一个 void*指针，通常指向需释放的资源。Nginx 会在销毁内存池时把 data 传递给 handler。例如打开的文件描述符作为资源挂载到了内存池上，此时回调函数 handler 则设置为关闭文件描述符的函数，当内存池释放时，执行 handler 则实现了资源的清理，这样才能避免资源泄露。在 ngx_pool_cleanup_t 中还有一个 next 指针成员，多个对象可以使用这个指针连接成一个单向链表。当内存池销毁时，Nginx 会逐个执行链表里的清理函数，释放所有的资源。

Nginx 内存池的精妙设计令人折服，它不仅有效减少了频繁向系统开辟内存带来的系统调用开销，提高了内存利用率和程序性能，还不用担心内存申请后的释放问题，通过类似析构函数的清理机制使模块开发更集中在处理逻辑层面。

7.7 Nginx 重要的数据结构

为了做到跨平台，Nginx 定义封装了一些基本的数据结构。由于 Nginx 对内存分配比较节省（只有保证低内存消耗，才可能实现十万甚至百万级别的同时并发连接数），因此 Nginx 数据结构天生都是尽可能少地占有内存。本节将简要介绍 Nginx 的几个基本的数据结构。

7.7.1 ngx_str_t 数据结构

在 Nginx 源码目录的 src/core 下面的 ngx_string.h|c 里面包含了字符串的封装，以及字符串相关操作的 API。Nginx 提供了带有长度的字符结构 ngx_str_t，它的原型如下：

```
typedef struct {
```

```
    size_t len;
    u_char *data;
}ngx_str_t;
```

ngx_str_t 只有两个成员，其中 data 指向字符串的起始地址，len 表示字符串的有效长度。注意，ngx_str_t 的 data 成员不是指向普通的字符串，因为这段字符串未必会以“\0”作为结尾，所以使用时必须根据 len 来使用 data 成员。在写 Nginx 代码时，处理字符串的方法和我们平时使用的有很大的不同，但要时刻记住，字符串不以“\0”结束，尽量使用 Nginx 提供的字符串操作相关的 API 来操作字符串。那么，Nginx 这样做有什么好处呢？首先，通过 len 来表示字符串长度，减少计算字符串长度的次数。其次，Nginx 可以重复引用一段字符串内存，data 可以指向任意内存，len 表示字符串长度，而不用去复制一份自己的字符串（如果要以“\0”结束而不能更改原字符串，那么势必要复制一段字符串）。接下来，看看 Nginx 提供的字符串操作相关的 API。

```
    #define ngx_string(str)     { sizeof(str) - 1, (u_char *) str }
```

ngx_string(str)是一个宏，它通过一个以“\0”结尾的普通字符串 str 构造一个 Nginx 的字符串，鉴于其中采用 sizeof 操作符计算字符串长度，因此参数必须是一个常量字符串。

```
    #define ngx_null_string     { 0, NULL }
```

定义变量时，使用 ngx_null_string 初始化字符串为空字符串，符串的长度为 0，data 为 NULL。

```
    #define ngx_str_set(str, text)    (str)->len = sizeof(text) - 1; (str)->data =
(u_char *) text
```

ngx_str_set 用于设置字符串 str 为 text，由于使用 sizeof 计算长度，因此 text 必须为常量字符串。

```
    #define ngx_str_null(str)    (str)->len = 0; (str)->data = NULL
```

ngx_str_null 用于设置字符串 str 为空串，长度为 0，data 为 NULL。

7.7.2 ngx_array_t 数据结构

ngx_array_t 就和 C++语言的 STL 中的 Vector 容器一样是一个动态数组。它们在数组的大小达到预分配内存的上限时，就会重新分配数组大小，一般会设置成原来长度的两倍，然后把数组中的数据复制到新的数组中，最后释放原来数组占用的内存。具备了这个特点之后，ngx_array_t 动态数组的用处就大多了，而且它内置了 Nginx 封装的内存池，因此，动态数组分配的内存也是从内存池中分配的。

```
    typedef struct ngx_array_s      ngx_array_t;
    struct ngx_array_s {
        void        *elts;
        ngx_uint_t   nelts;
        size_t       size;
        ngx_uint_t   nalloc;
        ngx_pool_t  *pool;
    };
```

参数说明：

- elts：向实际的数据存储区域。
- nelts：数组实际元素个数。
- size：数组单个元素的大小，单位是字节。
- nalloc：数组的容量。表示该数组在不引发扩容的前提下，可以最多存储的元素的个数。当 nelts 增长到达 nalloc 时，如果再往此数组中存储元素，就会引发数组的扩容。数组的容量大小将会扩展到原有容量的 2 倍。实际上是分配一块新的内存，这块新的内存的大小是原有内存大小的 2 倍。原有的数据会被复制到新的内存中。
- pool：该数组用来分配内存的内存池。

7.7.3 ngx_pool_t 数据结构

ngx_pool_t 是一个非常重要的数据结构，在很多重要的场合都有使用，很多重要的数据结构也都在使用它。ngx_pool_t 相关结构及操作被定义在文件 src/core/ngx_palloc.h|c 中，定义如下：

```
typedef struct ngx_pool_s       ngx_pool_t;

struct ngx_pool_s {
    ngx_pool_data_t       d;
    size_t               max;
    ngx_pool_t          *current;
    ngx_chain_t          *chain;
    ngx_pool_large_t      *large;
    ngx_pool_cleanup_t    *cleanup;
    ngx_log_t            *log;
};
```

那么它究竟是什么呢？简而言之，它提供了一种机制，帮助管理系统资源（如文件、内存等），使得对这些资源的使用和释放可以统一进行，免除了使用过程中对各种各样资源什么时候释放、是否遗漏了释放的担心。

比如对于内存的管理，如果我们需要使用内存，那么总是从一个 ngx_pool_t 的对象中获取内存，在最终的某个时刻再销毁这个 ngx_pool_t 对象，所有内存就都被释放了。这样我们就不必对这些内存进行 malloc 和 free 的操作，不用担心是否某块被 malloc 出来的内存没有被释放。因为当 ngx_pool_t 对象被销毁的时候，所有从这个对象中分配出来的内存都会被统一释放掉。

再比如要使用一系列的文件，打开以后，最终需要都关闭，那么就把这些文件统一登记到一个 ngx_pool_t 对象中，当这个 ngx_pool_t 对象被销毁的时候，所有这些文件都将被关闭。

从上面举的两个例子中可以看出，使用 ngx_pool_t 这个数据结构的时候，所有资源都在这个对象被销毁时统一进行了释放，因此带来一个问题，就是这些资源的生存周期（或者说被占用的时间）跟 ngx_pool_t 的生存周期基本一致（ngx_pool_t 也提供了少量操作可以提前释放资源）。从最高效的角度来说，这并不是最好的。比如，需要依次使用 A、B、C 三个资源，且使用 B 的时候 A 不会再被使用，使用 C 的时候 A 和 B 都不会再被使用。如果不使用 ngx_pool_t 来管理这三个资源，那我们可能从系统里面申请 A，使用 A，然后再释放 A；接着申请 B，使用 B，然后释放 B；最后申请 C，使用 C，然后释放 C。但是当使用一个 ngx_pool_t 对象来管理这三个资源的时候，A、B 和 C 的释放是在最后一起发生的，也就是在使用完 C 以后。诚然，这在客观上增加了程序在一段时间内的资源使用量，但是这也减轻了程序员分别管理三个资源的生命周期的工作。这也就是有所得必有所失的道理。实际上这是一个取舍的问题，要看在具体的情况下更在乎的是哪个。

可以看一下 Nginx 中一个典型的使用 ngx_pool_t 的场景，对于 Nginx 处理的每个 HTTPRequest，Nginx 会生成一个 ngx_pool_t 对象与这个 HTTP Request 关联，处理过程中需要申请的所有资源都从这个 ngx_pool_t 对象中获取，当这个 HTTP Request 处理完成以后，在处理过程中申请的所有资源都将随着这个关联的 ngx_pool_t 对象的销毁而被释放。

7.8　反向代理和负载均衡

在实际的应用场景中，Ngnix 常常被配置为反向代理服务器进行负载的分发，通过负载均衡策略将请求分发给上游服务器。

7.8.1　Nginx 反向代理功能

在没有代理的情况下，客户端直接与后端服务器进行通信，而在实际的应用场景中，客户端可能访问受限，无法直接向目标主机发起请求，或者出于安全考虑，不会让客户端直接和后端服务器通信，这时就需要用到代理服务器。客户端将请求先发送给代理服务器，代理服务器接收任务请求后再向目标主机发出请求，并将目标主机返回的响应数据转发给客户端。根据应用场景的不同，代理分为正向代理和反向代理。正向代理架构在客户端和目标服务器之间，代理的对象是客户端。反向代理架构在服务端，与后端服务器处在同一网络，将客户端的任务请求以一定的分发策略转发给内部网络的其他服务器节点。当后端服务器处理结束后，将响应数据通过反向代理服务器返回给请求连接的客户端。对于客户端来说，并不知道真正处理请求的服务器地址，这对于后端服务器来说也起到了一定的保护作用。通过在暴露给客户端的反向代理服务器上设限，还能过滤一部分不安全的信息，起到防火墙的作用。

Nginx 在实际的使用中常常被用作反向代理服务器，不同于其他的反向代理服务器，Nginx 的反向代理功能有它自己的特点。Nginx 作为反向代理服务器如图 7-11 所示。

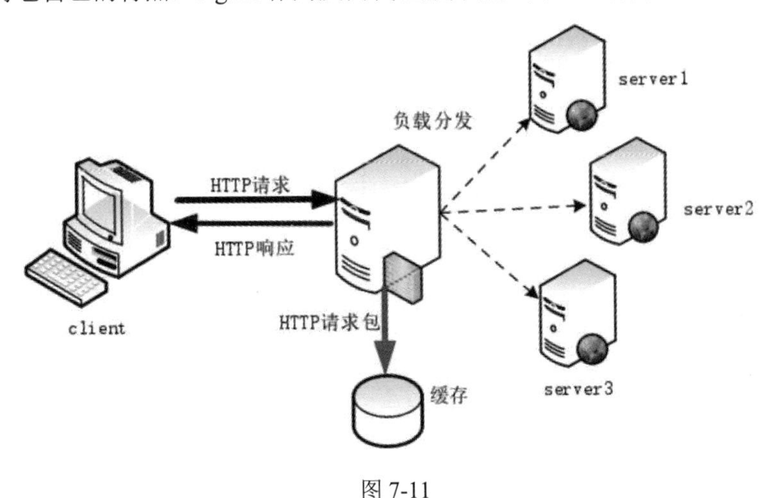

图 7-11

为了避免相同的页面请求资源频繁地访问后端服务器，Nginx 的反向代理模块实现了缓存功能，当互联网上的客户端发来 HTTP 请求时，先把用户的请求完整地接收到 Nginx 的缓存中，再与上游服务器建立连接转发请求，由于是内网，因此这个转发过程会执行得很快。这样，一个客户端请求占用上游服务器的连接时间就会非常短，也就是说，Nginx 的这种反向代理方案降低了上游服务器的并发压力。当后端服务器发来响应时，先将响应完整地存储在缓存中，再将响应返回给客户端。这样设计的好处在于当客户端下一次访问相同资源时，Nginx 的反向代理模块可以直接从缓存中将资源发送给客户端。当然 Nginx 缓存的时间和容量也是有限的，反向代理模块的缓存功能主要用于缓存体积较小的页面资源。除了缓存功能，Nginx 反向代理的独特之处还在于通过不同的模块实现了不同的代理方式，这也是 Nginx 模块化设计的具体实现，可以在配置文件中通过 proxy_pass 指令调用 ngx_http_proxy_module 模块实现简单的反向代理，也可以通过 fastcgi_pass 指令调用 fastcgi 模块实现动态内容的代理。

7.8.2 负载均衡的配置

在实际使用场景中，为了提升后端服务器集群的处理效率，Nginx 在作为反向代理服务器向上游服务器集群转发请求时，会根据一定的负载均衡策略将请求分发给集群中的服务器，尤其在网络负载过大时，Nginx 的负载分发策略就显得更为重要。Nginx 中常见的负载均衡算法主要有加权轮询、最小连接数、ip_hash 和 url_hash 算法。通过在配置文件 nginx.conf 中配置不同的算法指令就能调用不同的负载均衡算法，实现请求向上游服务器集群的分发。当客户端的请求传递到 Nginx 的 HTTP 框架时，框架中的 upstream 机制将请求向上游服务器转发，通过封装在 upstream 机制中的 load-balance 模块按照配置文件中的算法指令选择对应的实现算法进行负载的分发，将请求转发给集群中的服务器节点。加权轮询算法按照在配置文件中预先设置的权重将请求分发给各个服务器节点，当各个服务器节点的权重相同时，就变成了默认的轮询算法。在最小连接数算法中，负载均衡模块会为每个后端服务器节点维护一个连接数变量，当后端服务器节点收到一条请求的时候，该变量就加 1；当服务器节点发送响应时，该变量就减 1。当收到请求时，最小连接数算法会选取具有最小连接数的服务器节点，并将任务请求转发给该节点。ip_hash 算法和 url_hash 算法类似，都是通过哈希运算后的结果来选择后端服务器，不同的是 ip_hash 算法对请求的 IP 地址进行哈希运算，url_hash 算法对请求的 URL 进行哈希运算。ip_hash 算法的优势在于能使同一用户的 session 落在同一服务器上，避免客户端 cookie 验证失败等问题。

Nginx 的 load-balance 模块是封装在 upstream 框架中的，只是抽象出了负载均衡算法的实现。upstream 框架提供了全异步、高性能的转发机制，Nginx 需要通过 upstream 机制才能访问上游服务器，因此负载均衡的配置指令必须在 upstream 作用域内。ip_hash 算法在 nginx.conf 文件中的配置如下：

```
upstream backend {
 ip_hash;
 server 192.168.168.161;
 server 192.168.168.162;
 server 192.168.168.163;
}
server {
 listen 80;
 location / {
```

```
    proxy_pass http://backend;
  }
}
```

Nginx 默认使用轮询算法，当请求进入 Nginx 处理框架时，通过 proxy_pass 指令实现代理转发，进入 upstream 机制，根据配置文件中 upstream 作用域内的 ip_hash 指令调用 ngx_http_upstream_get_ip_hash_peer 函数执行 ip_hash 算法，从配置文件中的后端服务器列表中选择对应的服务器节点，将请求分发出去。

7.9 信号机制

信号是 Linux 操作系统里进程通信的一种重要手段，很多比较重要的应用程序都需要处理信号。Nginx 的启动、退出和进程间通信都大量使用了信号机制。

7.9.1 启动 Nginx

Nginx 框架的核心代码围绕着结构体 ngx_cycle_t 展开，无论是 master 进程还是 worker 进程，都拥有唯一的 ngx_cycle_t 结构体。ngx_cycle_t 结构体如下：

```
typedef struct ngx_cycle_s ngx_cycle_t;
struct ngx_cycle_s {
   void                ****conf_ctx;      //配置数据的起始存储位置
   ngx_pool_t             *pool;          //内存池对象
   ngx_log_t              *log;           //日志对象
   ngx_module_t          **modules;       //模块指针数组
   ngx_cycle_t            *old_cycle;     //保存临时 ngx_cycle_t 对象
   ngx_str_t               conf_file;     //启动时配置文件
 ...
};
volatile ngx_cycle_t* ngx_cycle;   //指针指向当前的 ngx_cycle_t 对象
```

结构体成员都是 Nginx 运行时必需的重要数据。

Nginx 是用 C 语言编写的程序，可以从 main 函数入手，通过 gdb 调试归纳出 main 函数流程，如图 7-12 所示。

Nginx 启动时先解析命令行参数，初始化时间、日志、内存池等基本功能，然后根据命令行参数创建临时的 ngx_cycle_t 对象，初始化静态模块数组 ngx_modules，再调用 ngx_init_cycle 函数创建真正的 ngx_cycle_t 对象，解析配置文件、启动监听窗口等。如果使用了-s 参数，则在发送信号后退出。-t 参数则用于检查默认的配置文件。Nginx 启动后，进程内部循环处理事件，只有收到停止信号或发生异常时才退出循环，结束 main 函数。

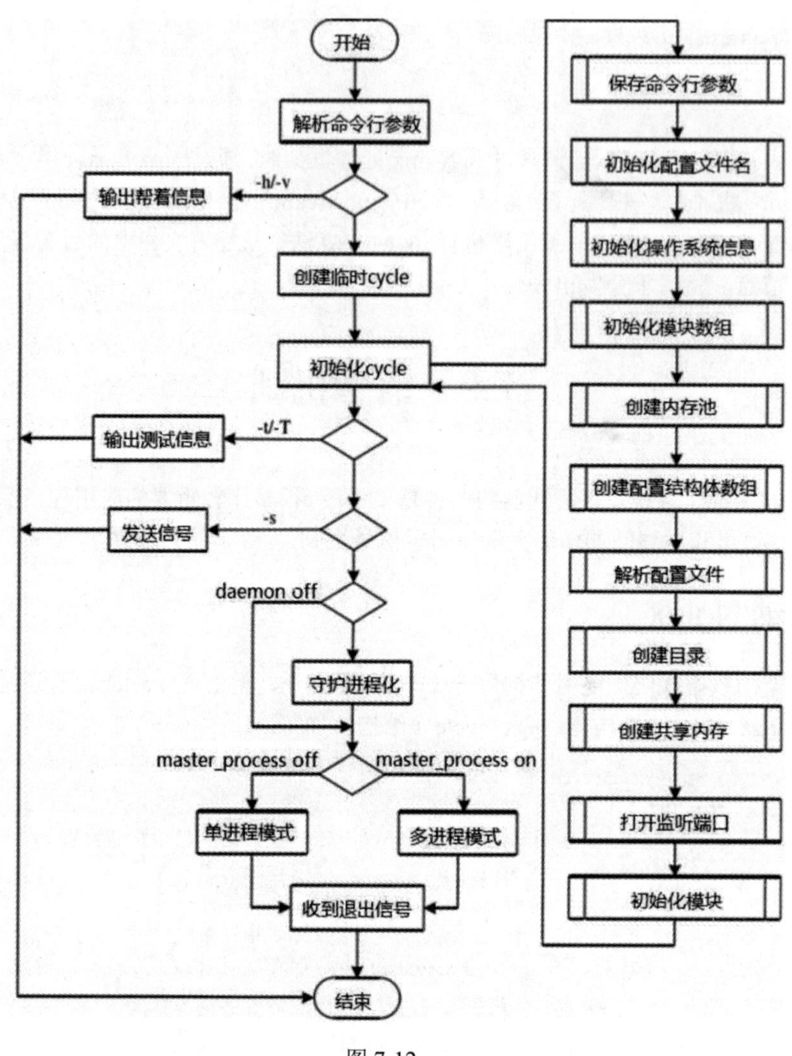

图 7-12

7.9.2 进程管理

为了使信号处理函数尽量简单，Nginx 为可处理的信号都设置了对应的全局变量：

```
//定义在 os/unix/ngx_process_cycle.c
sig_atomic_t  ngx_reap;              //SIGCHLD，子进程状态变化
sig_atomic_t  ngx_sigalrm;           //SIGALRM，更新时间的信号
sig_atomic_t  ngx_terminate;         //SIGTERM，终止信号
sig_atomic_t  ngx_quit;              //正常退出
sig_atomic_t  ngx_reconfigure;       //reload 重新加载配置文件
```

当收到信号时调用 ngx_signal_handler 函数，通过 switch 语句设置信号所对应的全局变量，执行一个简单的赋值操作。

master 进程的工作流程如图 7-13 所示。通过接收外界的信号实现重启、热启动、配置项修改和进程间管理等操作。

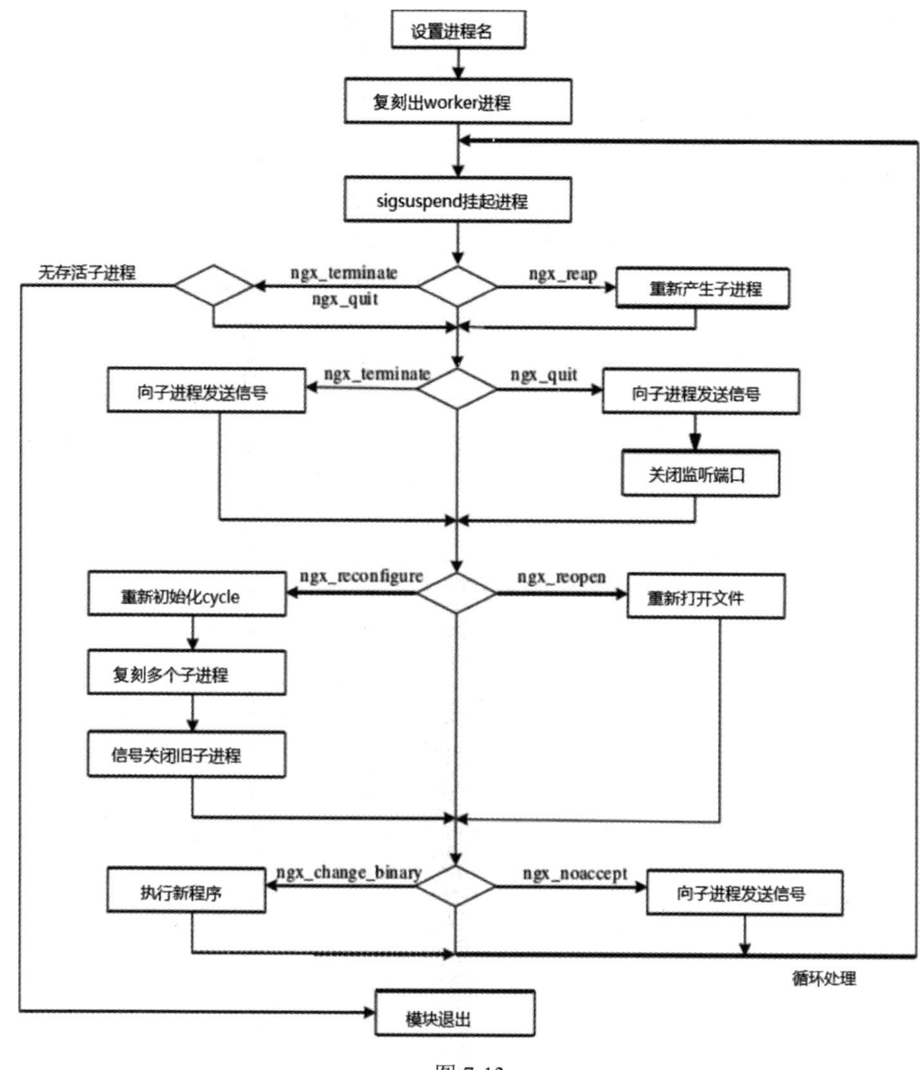

图 7-13

Nginx 通过命令行参数-s signal 可以快速停止或者重启 Nginx，代码如下：

```
/usr/local/nginx/sbin/nginx - s quit        #处理完当前连接再停止 Nginx
/usr/local/nginx/sbin/nginx - s stop        #强制立即停止 Nginx
/usr/local/nginx/sbin/nginx - s reload      #重启 Nginx
```

signal 的值可以是 quit、stop、reload。当识别到命令行参数是-s quit 时，master 进程向所有 worker 进程发送 SIGQUIT 信号，要求它们处理完连接后再停止运行，随后继续调用 sigsuspend 阻塞等待子进程结束的 SIGCHLD 信号。当命令行参数是-s stop 时，master 进程收到 SIGTERM 信号，随后开启计时器，超时后，无论 worker 进程是否完成工作都直接发送 SIGKILL 信号强制终止。

Nginx 能够做到热启动也是利用了信号机制，当命令行参数为-s reload 时，系统发送 SIGHUP 信号，把当前的 ngx_cycle_t 对象作为参数传递给 ngx_init_cycle 函数，创建出一个新的 ngx_cycle_t 对象。新的 ngx_cycle_t 对象完全复制当前 ngx_cycle_t 对象的命令行参数、工作目录，并更新配置文件，之后 ngx_cycle 全局指针就指向新的 ngx_cycle_t 对象，再用新的 ngx_cycle_t 对象生成一批新的 worker 进程，随后向旧子进程发送 SIGQUIT 信号，关闭旧子进程，实现热启动。

Nginx 在管理 master 和 worker 进程时使用信号进行进程间通信，维护进程间的关系。Nginx 启动后调用 ngx_start_worker_processes 函数启动 worker 进程，每个 worker 进程执行 ngx_worker_process_cycle 函数中的循环来处理网络事件和定时器事件，对外提供 Web 服务。启动 worker 进程之后，master 进程进入 for 循环，执行系统调用 sigsuspend，挂起进程，不占用 CPU，只有收到信号时才被唤醒，检查 ngx_signal_handler 所设置的信号对应的全局变量，决定具体的进程管理行为。

Nginx 能快速恢复崩溃的 worker 进程也是得益于信号机制。当收到 SIGCHLD 信号时，意味着这时有子进程状态发生变化，最大的可能就是异常退出，真正的原因已经由函数 ngx_signal_handler 保存在进程数组 ngx_processes 里，因此 Nginx 调用函数 ngx_reap_children 找到被意外结束的进程，并重新产生子进程。通过这种方式，master 进程维护了进程池的稳定性，保证了即使有 worker 进程意外崩溃也能迅速恢复，这就是 Nginx 能够稳定运行的原因所在。

7.10 HTTP 框架解析

Nginx 的 HTTP 框架是由 core 模块的 ngx_http_module 和 http 模块的 ngx_http_core_module、ngx_http_upstream_module 共同定义的。ngx_http_module 只负责组织其他 http 模块接入 Nginx 框架，ngx_http_core_module 实现具体的请求处理，而 ngx_http_upstream_module 负责将请求向上游服务器转发，使请求处理能力超越单机的限制。http 模块是目前 Nginx 中数量最多的模块，按照功能可以分为请求处理模块 handler、过滤模块 filter、请求转发模块 upstream 和实现负载均衡算法的 load-balancc 模块。

7.10.1 HTTP 框架工作流程

Nginx 事件框架主要针对的是传输层的 TCP 连接。作为 Web 服务器，http 模块需要处理的则是 HTTP 请求，HTTP 框架必须针对基于 TCP 的事件框架解决好 HTTP 的网络传输、解析、组装等问题。http 模块自身的处理逻辑比较复杂，如果能使 http 模块在处理业务的同时不用过多地关心网络事件的处理，那将大大提高开发效率。Nginx 的 HTTP 框架可以屏蔽事件驱动架构，更专注于业务的处理。

Nginx 的配置文件 nginx.conf 以块的形式定义了层次关系，分成了 main/http/server/location 四个层次，对应到框架内部的存储也是如此，不同的层次使用不同的内存区域保存配置信息，区域之间以指针连接表示层次关系。HTTP 框架中，ngx_http_module 模块调用 ngx_http_block 函数获取 nginx.conf 文件中对应的配置项并进行解析，完成 HTTP 框架的初始化。Nginx 还在框架处理流程中接入了 11 个不同阶段的处理，实现请求处理过程中的不同功能，例如权限检查、重定向、缓存、记录访问日志等，进一步使得 HTTP 处理流程更加精细。

HTTP 框架的工作流程如图 7-14 所示。

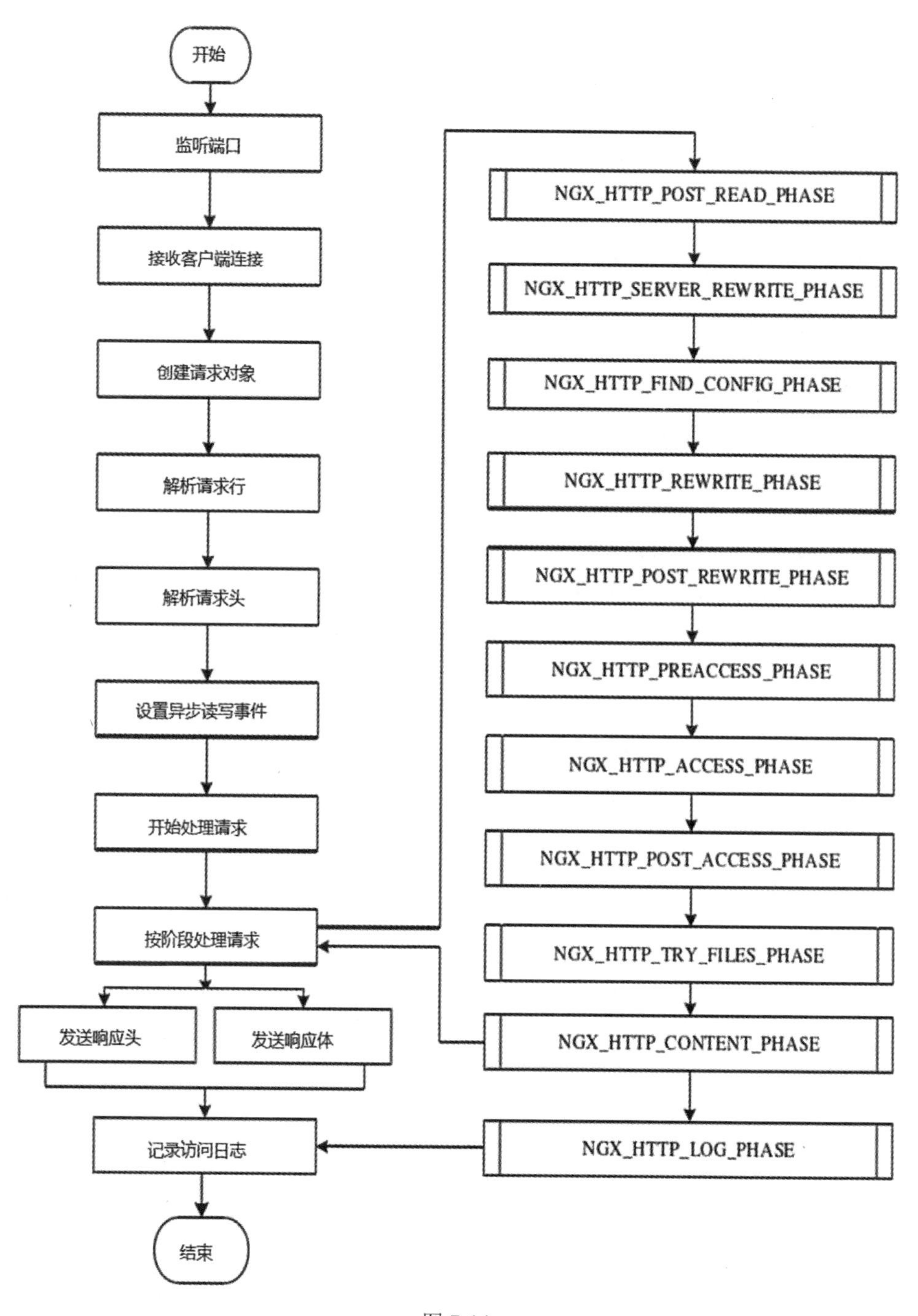

图 7-14

HTTP 框架在初始化时会对事件模块中的监听结构体 ngx_listening_t 进行设置，将 ngx_listening_t 结构体中的 handler 方法设置为 ngx_http_init_connection。当客户端发出新的 HTTP 连接请求时，Nginx 的事件模块对此进行处理，通过 accept 系统调用来接收请求，然后调用监听结构体中的 handler 方法，这样新的 HTTP 连接就会进入 HTTP 框架进行后续的处理。TCP 连接建立后，当 epoll_wait 返回事件时，设置 ngx_event_t 中的 handler 方法为 ngx_http_wait_request_handler，然后调用函数

ngx_http_create_request 创建请求对象。初始化请求后，将调用函数 ngx_http_process_request_line 解析请求行，由于内核套接字缓冲区不一定能一次性读完请求行，因此该方法可能会被多次调用，而后将接收的数据存储在请求结构体中。当请求行接收完毕后，调用 ngx_http_process_request_headers 函数解析请求头。对于请求体的处理设置异步的读写。随后开始真正地处理请求，通过 ngx_http_core_run_phases 的调用，HTTP 框架处理流程进入细分的 11 个阶段，经过不同阶段的处理后产生最终的响应数据。响应头和响应体则分别经过过滤引擎的处理再发送出去。

7.10.2 处理引擎

handler 模块直接处理客户端的请求，产生响应数据。在接收完请求头数据后，HTTP 框架开始进行请求的处理。为了更精细地控制 HTTP 流程，Nginx 划分了如图 7-14 所示的 11 个阶段，相互协作以流水线的方式处理请求。Nginx 源码中以枚举的形式定义了这 11 个阶段，所有的 handler 模块都必须工作在这 11 个阶段中的一个或几个。其中需要在接收完请求头之后立刻处理的逻辑可以在 POST_READ 阶段注册处理函数，它位于 URI 重写之前（实际上除了 realip 模块，很少有模块会注册在该阶段）。SERVER_REWRITE 阶段执行于 server 块内、location 块外，在此阶段，Nginx 会根据主机号和端口号找到对应的虚拟主机配置。FIND_CONFIG 阶段在重定向的时候重写 URI 来查找对应的 location。HTTP_REWRITE 执行 location 内的重写命令。POST_REWRITE 执行于重写后，检查上一阶段是否做了 URI 重写，如果没有重写，就直接进入下一阶段，如果有重写，就跳转到 FIND_CONFIG 阶段重新执行。PREACCESS 阶段在访问权限控制阶段之前，用于控制访问频率、连接数等。ACCESS 阶段控制是否允许请求进入服务器。POST_ACCESS 阶段根据上一阶段的处理结果进行相应处理。TRY_FILES 阶段为访问静态文件而设置。CONTENT 阶段处理 HTTP 请求内容，并生成响应发送到客户端，大部分的模块都会工作在 CONTENT 阶段。LOG 阶段主要记录访问日志。

Nginx 的 ngx_http_core_module 模块管理着所有的 handlcr 模块，它定义了请求的处理阶段，把所有的 handler 模块组织成一条流水线，使用一个处理引擎来驱动模块处理 HTTP 请求，产生响应内容。

Nginx 定义了函数指针 ngx_http_handler_pt，任何 handler 模块想要处理 HTTP 请求都必须实现这个函数，如以下代码所示：

```
typedef ngx_int_t(*ngx_http_handler_pt)(ngx_http_request_t* r);
typedef struct {
 ngx_array_t  handlers;
} ngx_http_phase_t;
typedef struct {
 ...
 ngx_http_phase_t  phases[NGX_HTTP_LOG_PHASE + 1];
} ngx_http_core_main_conf_t;
```

Nginx 使用 ngx_http_phase_t 结构体存储每个阶段可用的处理函数，它实际上是动态数组 ngx_array_t，元素类型是 ngx_http_handler_pt，存储实际的处理函数。phases 数组是处理阶段数组，里面包含 11 个阶段的 ngx_http_phase_t 结构体，是模块注册 handler 通用的方式，在解析完 http 块后，ngx_http_block 函数会调用所有模块的 postconfiguration 函数指针执行模块的初始化工作，在这里模块可以向 phases 数组添加元素，把自己的 ngx_http_handler_pt 方法注册到合适的阶段。随后 Nginx 框架会遍历 phases 数组，按照 11 个不同的阶段去匹配具体的执行函数。

当 HTTP 框架接收完请求头数据之后，Nginx 随即调用 ngx_http_core_run_phases 函数来启动处理引擎，通过遍历引擎数组，逐个调用数组中的处理方法，实现 HTTP 框架的处理引擎机制。

7.10.3 过滤引擎

filter 模块主要对 hander 模块产生的数据进行过滤处理。Nginx 把过滤处理细分为响应头处理和响应体处理两种，定义了如下代码所示的两个函数指针：

```
    typedef ngx_int_t(*ngx_http_output_header_filter_pt)(ngx_http_request_t* r);
//过滤响应头
    //过滤响应体
    typedef ngx_int_t(*ngx_http_output_body_filter_pt)(ngx_http_request_t* r,
ngx_chain_t* chain);
```

函数 ngx_http_output_header_filter_pt 处理响应头，头信息已经包含在了 ngx_http_request_t 结构里，所以不需要其他参数。函数 ngx_http_output_body_filter_pt 处理响应体，需要外部传递给它待输出的数据。filter 模块必须实现这两个函数以达到过滤处理的目的，但如果只处理响应头，那么就无须实现 ngx_http_output_body_filter_pt。

Nginx 定义了过滤函数链表的头节点，将过滤函数组成了顺序链表，代码如下：

```
    ngx_http_output_header_filter_pt  ngx_http_top_header_filter;
    ngx_http_output_body_filter_pt    ngx_http_top_body_filter;
```

通过这种方式，每个 filter 模块在配置解析时都会把自己的过滤函数插入链表头，同时内部又保存了原来的头节点。在过滤函数执行的最后，只需调用原头节点函数指针就可以让数据继续流到后面的过滤模块，完成过滤链表的执行。

Nginx 过滤链表的构造发生在配置解析的 postconfiguration 函数指针调用阶段。在顺序遍历 modules 模块数组时，获取 ngx_module_t 结构体中对应 http 模块的函数表 ctx，也就是 ngx_http_module_t 结构体的地址，调用其中的 postconfiguration 函数指针执行模块的初始化操作，完成过滤链表的构造，过滤链表的模块可以在编译之后的 objs/ngx_modules.c 文件中查看。

所有模块的响应内容要返回给客户端，都必须调用如下代码所示的接口：

```
    ngx_http_top_header_filter(r);  //启动响应头过滤
    ngx_http_top_body_filter(r, in); //启动响应体过滤
```

当 handler 模块生成了响应内容，调用函数 ngx_http_send_header 发送响应头时，就会通过这两行代码所示的方式启动响应头过滤链表。当 HTTP 请求产生响应数据时，响应头数据会由响应头过滤函数进行修改、添加或者删除等操作，之后再进行响应体过滤。响应头过滤函数一般用于过滤模块的初始化工作。

7.11 upstream 机制的实现

upstream 机制能够让 Nginx 跨越单机的限制，访问任意的第三方应用服务器并收发数据。它既

属于 HTTP 框架的一部分，又能完成网络数据的接收、处理和转发，可以处理所有基于 TCP 的应用层协议，提供了全异步、高性能的请求转发机制。使用 upstream 机制时必须构造 ngx_http_upstream_t 结构体。ngx_http_upstream_t 定义了 9 个回调函数，其中最核心的 7 个回调函数如表 7-1 所示。

表7-1 ngx_http_upstream_t的7个回调函数

回调函数	函数功能
create_request	生成发送给后端服务器的请求数据
reinit_request	重新初始化工作状态
process_header	解析后端返回的响应头
abort_request	客户端放弃请求时调用
finalize_request	正常完成请求后调用
input_filter_init	为 input_filter 做准备工作
input_filter	处理响应体

这些函数需要由 upstream 模块实现特定的功能后，才能与上游服务器进行通信。回调函数 create_request 在 upstream 机制启动时被调用，生成能够与上游服务器正确通信的请求数据，例如 HTTP 请求头、Memcached 命令等，upstream 框架在连接上游服务器成功后就会发送请求。如果连接上游失败，函数 reinit_request 则在重连前执行初始化操作。process_header 用来解析从上游服务器接收到的响应头数据。input_filter_init 进行过滤响应体前的初始化。input_filter 用来过滤后端服务器返回的响应正文。函数 finalize_request 在正常完成与后端服务器的请求后调用，进行请求结束时的收尾工作，一般不执行具体的操作。

通常我们会在配置文件里使用 upstream 指令配置上游服务器列表，由 upstream 模块框架使用负载均衡算法在服务器列表里选择合适的服务器节点，将请求转发到该服务器节点，获得响应后再发送给客户端。Nginx 的负载均衡算法封装在 load-balance 模块中，load-balance 模块是从 upstream 框架里抽象出的一种特殊的 http 模块，不处理任何数据，只是实现了负载均衡算法，例如 ip_hash、url_hash 等。load-balance 模块的配置指令只能出现在 upstream 块里，结构体 ngx_peer_connection_t 定义了 load-balance 模块实现负载均衡算法的回调函数和相关字段，代码如下：

```
struct ngx_http_upstream_s {
 ngx_peer_connection_t peer;      //使用算法连接服务器
 ...
};
typedef struct ngx_peer_connection_s ngx_peer_connection_t;
typedef ngx_int_t (*ngx_event_get_peer_pt)(ngx_peer_connection_t *pc, void
*data);
typedef void (*ngx_event_free_peer_pt)(ngx_peer_connection_t *pc, void *data,
ngx_uint_t state);

struct ngx_peer_connection_s {
    ngx_connection_t              *connection;     //TCP 连接对象
    struct sockaddr               *sockaddr;     //socket 地址
    ngx_uint_t                    tries;         //重试次数
```

```
    ngx_event_get_peer_pt         get;          //具体执行算法的函数指针
    ngx_event_free_peer_pt        free;
    void                         *data;         //传入 get 函数指针的参数 data
  ...
};
```

初始化 load-balance 模块后，设置函数指针 get 的回调就可以执行具体的负载均衡算法，选择匹配到的上游服务器进行转发。在模块的初始化时，会默认使用轮询算法 ngx_http_upstream_init_round_robin。

ngx_http_upstream_module 是 upstream 框架的实现模块，完成了大部分的底层网络收发逻辑和 Nginx 处理流程，工作在 NGX_HTTP_CONTENT_PHASE 阶段，使用负载均衡算法选择后端服务器，向上游发起 TCP 连接，获取响应数据，再通过回调函数来处理上游服务器返回的数据，将处理后的数据再转发给下游的客户端。upstream 框架不仅可以支持 HTTP 协议，还可以支持 FastCGI、Memcached 等任意协议，非常灵活。整个请求转发机制的工作流程如图 7-15 所示。

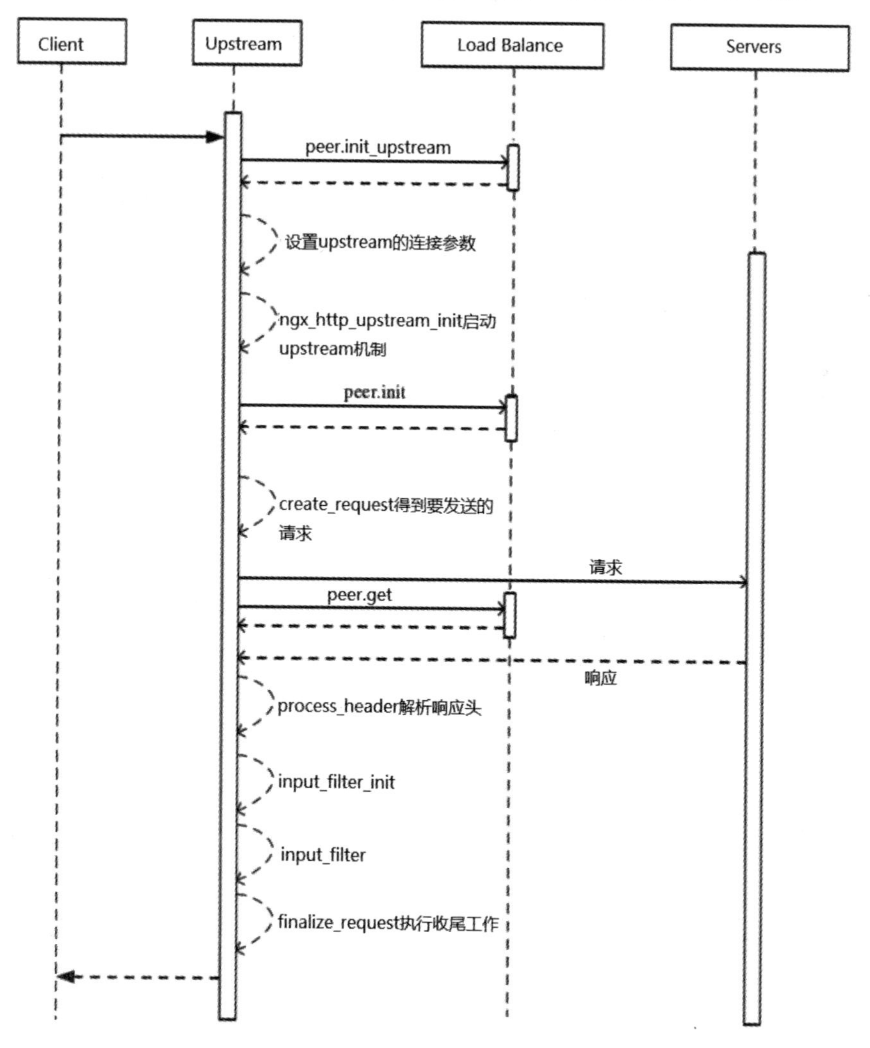

图 7-15

upstream 框架首先对负载均衡模块进行初始化，然后设置 upstream 的连接参数，启动 upstream 机制后通过回调函数对请求进行转发处理。upstream 框架启动后会从配置文件 nginx.conf 中查找 upstream 作用域的配置，调用 peer.init 初始化配置文件中设置的负载均衡算法，再通过 peer.get 执行具体的负载均衡算法。

至此，我们从源码的角度深入地研究了 Nginx 里的信号机制，通过信号实现了重启、配置项修改、热部署和进程管理等操作；剖析了 Nginx 中 HTTP 框架的处理流程以及 upstream 机制的实现；详细研究了 Nginx 从启动到建立连接请求、解析 HTTP 请求、向上游服务器的转发、请求的处理、响应数据的过滤处理，再到客户端接收应答的整个过程。

第 8 章

DPDK 开发环境的搭建

本章开始我们就要慢慢进入 DPDK（数据平面开发套件）实战了。俗话说：“实践出真知。”可见实践的重要性。为了照顾初学者，笔者尽量讲得细一些。另外，为了照顾广大学生，笔者没有在高端机器上搭建 DPDK 环境，而是利用虚拟机环境，这样基本一台 PC 就可以了，节省了资金成本。其实，技能学好了，以后企业实干的时候，碰到高端主机和高性能网卡、CPU 等也就不怕了，因为方法和程序基本都是类似的。当然，本章介绍的方法也可以在真实机器上搭建，只要把和虚拟机配置相关的选项忽略掉即可。

8.1 检查装备

在开发之前，先要检查装备。

8.1.1 基本硬件要求

DPDK 是 Intel 公司推出的强悍技术，不是随便一台计算机配置就可以运行起来的。首先最好有一台性能还不错的 x86 计算机（x86 泛指一系列基于 Intel 8086 且向后兼容的中央处理器指令集架构，目前 x86 指令架构的处理器主要有 Intel CPU 和 AMD CPU），因为我们要安装虚拟机 Linux 操作系统。当然 DPDK 除了支持 x86 CPU 外，还支持 ARM 和 PPC 处理器，以后读者开发嵌入式项目时可能会遇到 DPDK 在这两种架构的处理器上运行，现在我们只需要 x86 PC 即可。

还有就是要留意 BIOS 设置，对于大多数平台，使用基本的 DPDK 功能不需要特殊的 BIOS 设置，但是，对于附加的 HPET 定时器和电源管理功能，以及小数据包的高性能，可能需要更改 BIOS 设置（这里我们先心里有数）。另外，如果启用了 UEFI 安全引导，那么 Linux 内核可能会禁止在系统上使用 UIO，因此建议不要启动 UEFI 安全引导，这个可以在 BIOS 中设置。相信读者安装操作系统的时候已经知道 UEFI 所在的位置了，不同的计算机，UEFI 所在位置不同。

最后就是网卡，一般大厂商的网卡都是支持的，比如 Cisco、华为、Intel、Broadcom、Marvell、NXP、Atomic Rules、Amazon 等出厂的网卡都支持。

8.1.2 操作系统要求

目前，官方已经在以下操作系统上成功测试过 DPDK20.11，这些操作系统是 CentOS 8.2、Fedora

33、FreeBSD 12.1、OpenWRT 19.07.3、Red Hat Enterprise Linux Server release 8.2、Suse 15 SP1、Ubuntu 18.04、Ubuntu 20.04、Ubuntu 20.10。我们首先选用的操作系统是 Ubuntu 20.04，然后是 CentOS 和国产操作系统。

8.1.3 编译 DPDK 的要求

DPDK 是开源软件，通常需要编译后才能使用，因此需要一些编译工具的支持。首先当然是 Linux 平台下基于 C 语言的通用开发工具套件，包括 GNU 编译器集合、GNU 调试器以及编译软件所需的其他开发库和工具，并且要求 gcc 是 4.9 以上，或 clang 版本 3.4 以上。如果读者使用的是较新的 Linux 发行版，比如 ubuntu 19 以上，应该没问题。如果当前使用的 Linux 系统不满足的话，则建议在线一键安装，比如对于 RHEL/Fedora 系统，可以使用如下命令：

```
dnf groupinstall "Development Tools"
```

默认的 RHEL/Fedora 存储库包含一个名为“Development Tools”的软件包组，其中包括 GNU 编译器集合，GNU 调试器以及编译软件所需的其他开发库和工具。CentOS 属于 RHEL，当然也可以用该命令。

对于 Ubuntu/Debian 系统，可以使用如下命令进行安装：

```
apt install build-essential
```

除了 C 语言通用开发工具套件外，还需要系统要有 Python 3.5 或以上版本；跨平台的构建系统 Meson 达到 0.47.1 以上，Meson 是用 Python 语言开发的构建工具，编译需要 Ninja（用 C++实现）命令，Meson 旨在开发最具可用性和快速性的构建系统，大部分 Linux 发行版默认包含 meson 或 ninja-build 包，如果 meson 或 ninja-build 包的版本低于最低要求版本，那么可以从 Python 的“pip”存储库安装最新版本，命令如下：

```
pip3 install meson ninja
```

最后，还需要用于处理 NUMA（Non Uniform Memory Access，非统一内存访问）的库。在 RHEL/Fedora 系统上，可以用命令 numactl-devel 下载安装；在 Debian/Ubuntu 上可以用命令 libnuma-dev 下载安装。

如果要构建内核模块，当然还需要 Linux 内核头文件或源代码。

8.1.4 运行 DPDK 应用程序的要求

笔者当前使用的最新版本的 DPDK 为 DPDK20.11，它所需的 Linux 内核版本要求大于或等于 3.16，注意：由于 CentOS 7.6 的内核版本是 3.10.0，因此不要在 CentOS 7.6 上去运行 DPDK20.11。这一点 Ubuntu 20.04 是可以满足的，其他 Linux 版本也可以用（但会比较麻烦和辛苦）。另外内核版本尽量用最新的 Linux 版本。可以用命令 uname -r 来查看所使用的 Linux 版本。

以上几小节便是编译运行 DPDK 所需要的一些基本条件，其实很容易满足，只要选择一个较新的 Linux 发行版即可。这里笔者准备采用 Ubuntu 20.04，它的内核版本已经高于 5 了，足够满足条件了：

```
root@tom-virtual-machine:~/桌面# uname -r
```

```
5.4.0-42-generic
```

可以看到，Linux 已经是内核 5.4 了。Ubuntu 20.04 是 Ubuntu 的下一个长期支持版本，而 Linux 5.4 是 Linux 内核的最新长期支持版本。下面我们来部署 Ubuntu 20.04，为了方便调试，在虚拟机下安装 Ubuntu 20.04。

8.2　虚拟机下编译安装 DPDK20

读者学游泳时，开始都比较紧张，喜欢先在浅水区练练胆，熟悉熟悉水环境。学软件也是如此，我们可以先在虚拟机下熟悉熟悉，另外，多多利用虚拟机也是为了照顾没有更多台计算机的读者。这里使用 VMware15 虚拟机软件，调研了几款虚拟机发现在 Windows 下只有 VMware 能模拟出多队列的网卡。虚拟机中使用的操作系统是 Ubuntu 20.04，具体安装步骤在前面章节中已经介绍过了，这里不再赘述。我们可以直接对虚拟机进行硬件配置。

另外，如果是在企业一线开发环境中，则通常会配置多个万兆网卡供 DPDK 进行业务处理，然后再配置一些千兆网卡用作管理网口，管理网口通常可以通过远程方式来对业务系统进行配置，比如 DPDK 防火墙的配置、DPDK VPN 的配置等。当然，我们不可能用如此豪华的配置去学习，为了照顾学习者，笔者尽量用最小的配置来讲解，读者最主要的是弄懂原理和操作步骤，这样以后在真实的一线开发环境中就能很快上手。

8.2.1　为何要配置硬件

DPDK 主要用到三个技术点，分别为 CPU 亲和性、大页内存、用户空间 IO（Userspace I/O，UIO），因此我们主要配置的硬件有 CPU、内存和网卡，只有硬件配置好了，才能发挥 DPDK 的优势。

CPU 亲和性机制是多核 CPU 发展的结果。在越来越多核心的 CPU 机器上，提高外设以及程序工作效率的最直观想法就是让各个 CPU 核心各自干专门的事情，比如两个网卡 eth0 和 eth1 都收包，可以让 cpu0 专心处理 eth0，cpu1 专心处理 eth1，没必要 cpu0 一会儿处理 eth0，一会儿又去处理 eth1；还有一个网卡多队列的情况也是如此；等等。DPDK 利用 CPU 亲和性主要是将控制面线程以及各个数据面线程绑定到不同的 CPU，减少了来回反复调度的性能消耗，各个线程只有一个 while 循环，专心致志地做事，互不干扰（当然还是有通信的，比如控制面接收用户配置，转而传递给数据面的参数设置等）。

大页内存主要是为了提高内存使用效率，而 UIO 是实现用户空间下驱动程序的支撑机制。由于 DPDK 是应用层平台，因此与此紧密相连的网卡驱动程序（当然，主要是 Intel 自身的千兆 igb 与万兆 ixgbe 驱动程序）都通过 UIO 机制运行在用户态下。

这样看来，DPDK 并不高深，用到的东西也都是 Linux 本身提供的特性。还有额外的内存池、环形缓存等，虽然封装得很好，但的确都是非常熟悉的内容。

8.2.2　配置 CPU

在配置 CPU 之前，先要了解 CPU 的物理 CPU（即 CPU 芯片）、核（处理器核心）和逻辑 CPU

的概念。这就是笔者的风格，不是简单地教读者操作，而是要在操作的同时知道操作背后的原理。

一个物理封装的 CPU（通过 physical id 区分判断）可以有多个核（通过 core id 区分判断），而每个核可以有多个逻辑 CPU（通过 processor 区分判断）。一个核通过多个逻辑 CPU 实现该核自己的超线程技术。

针对 DPDK 的开发，我们要进行一些设置。首先是 CPU 核心，这里配置 4 个（至少有 2 个以上的核心），方便后续程序做线程孤立和绑定。方法是打开“虚拟机设置”对话框，在对话框左边选择“处理器”，在右边设置“处理器数量”为 4，如图 8-1 所示。

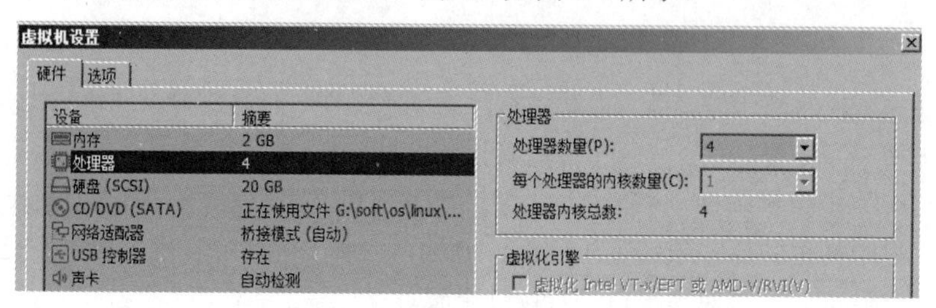

图 8-1

然后重启虚拟机 Ubuntu，并在虚拟机 Ubuntu 的命令行下查看物理 CPU 数(即 CPU 芯片个数)：

```
root@tom-virtual-machine:~# cat /proc/cpuinfo| grep "physical id"| sort| uniq|
wc -l
4
```

输出是 4，表示有 4 个物理 CPU，这和图 8-1 中设置的处理器数量是一致的。下面再看一下 cpu cores，即每个物理 CPU 中核的个数：

```
root@tom-virtual-machine:~# cat /proc/cpuinfo| grep "cpu cores"
cpu cores       : 1
cpu cores       : 1
cpu cores       : 1
cpu cores       : 1
```

可以看到每个物理 CPU 有 1 个核，即 cpu cores 为 1。下面再看一下逻辑处理器数，逻辑处理器数英文名是 logical processors，即俗称的“逻辑 CPU 数”，我们只需要寻找关键字“processors”，然后就能统计出逻辑 CPU 的数目，命令如下：

```
root@tom-virtual-machine:~# cat /proc/cpuinfo| grep "processor"| wc -l
4
```

8.2.3 配置内存

这里内存配置为 4GB，是为了配置大页内存，建议有条件的话就多配置一些。关于大页内存的概念，我们稍后再讲。配置内存容量也是在“虚拟机设置”对话框中进行，如图 8-2 所示。

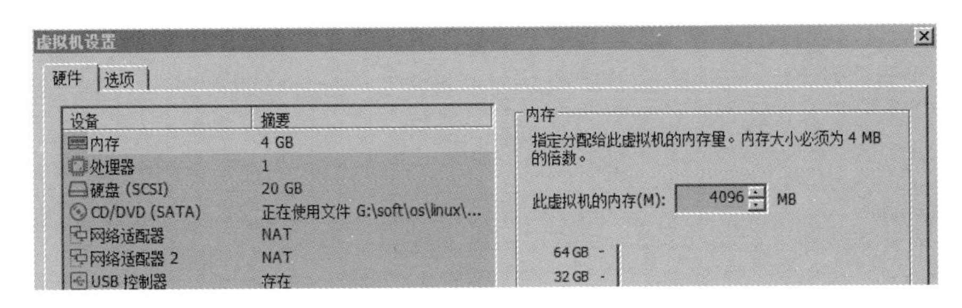

图 8-2

如果读者没有这么大的物理内存，也可以配置为 2GB，这样以后永久设置大页内存的时候不要用 1024，要用小一点的数，比如 16。

8.2.4　添加网卡

内存设置完毕后，还要配置网卡。通常需要两块网卡，一块用于 DPDK 实验，另一块用于和宿主系统进行通信。用于 DPDK 实验的那块网卡会抛弃原来操作系统自带的内核网卡驱动，转而绑定 DPDK 兼容的驱动，因此操作系统会不再认识这块网卡，而 DPDK 却会认识，所以该网卡只能在 DPDK 程序中使用，和宿主机的网络通信就只能依靠另外一块网卡了。真正的一线开发中，一般会配置一块万兆网卡给 DPDK 使用。当前学习阶段不可能有此条件。

另外，DPDK 也是挑网卡的。我们知道 VMware 的网络适配器类型有多种，例如 Intel E1000、VMXNET、VMXNET2 (Enhanced)、VMXNET3 等。就性能而言，一般 VMXNET3 要优于 E1000。默认情况下，VMware15 使用的网卡是 Intel E1000 网卡，1000 则代表 1Gb/s 的速率，即该网卡是一块千兆网卡（千兆网卡是指单位面积时间内，数据流量达到 1000Mbps（约为 1Gbps）速度的网络适配卡，千兆网卡理论上的最大传输速度是 1024Mb/s=128MByte/s），相对来说是一个比较复杂、功能繁多的网卡。可以打开虚拟机操作系统安装目录下的 Ubuntu20.04.vmx，在最后一行可以看到：

```
ethernet0.virtualDev = "e1000"
```

说明当前安装的网卡型号正是 Intel E1000 网卡。

如果以后要用到多队列，可以使用 VMXNET3，它是一种支持多队列的网卡。

注意：DPDK 绑定网卡之后原来的网络驱动就没用了，原先的协议栈中网络层及 IP 地址之类的全都会失效，若还想连网则建议多准备一块网卡。

这里我们为虚拟机配置了两块网卡，一块是 ens33，另外一块是 ens38，ens38 是在操作系统安装完毕后再通过 VMWare 手工添加的，ens38 后续会作为 DPDK 的专用网卡，因此我们的终端窗口通过 ens33 连接到虚拟机。

虚拟机 Ubuntu 安装后，就有一块默认的网卡 ens33 了，我们设置它和主机的连接方式为 NAT。然后再添加一块网卡，打开“虚拟机设置”对话框，在设备列表选中“网络适配器”，接着单击对话框下方的“添加”按钮就可以一步步添加了。这里也把新添加的网卡设置为 NAT 方式。

目前，DPDK 支持以下 Intel 公司的网卡：

```
e1000 (82540, 82545, 82546)
e1000e (82571, 82572, 82573, 82574, 82583, ICH8, ICH9, ICH10, PCH, PCH2, I217,
```

```
I218, I219)
    igb (82573, 82576, 82580, I210, I211, I350, I354, DH89xx)
    igc (I225)
    ixgbe (82598, 82599, X520, X540, X550)
    i40e (X710, XL710, X722, XXV710)
    ice (E810)
    fm10k (FM10420)
    ipn3ke (PAC N3000)
    ifc (IFC)
```

有时虽然绑定成功了，但如果不是被 DPDK 支持的网卡，也依旧无法被 DPDK 识别。

8.2.5 安装和使用 Meson

DPDK 从 20.11 开始，对编译机制做出了很大改动，不再支持 make 方式，只支持使用 Meson 作为构建工具。下面先来简单熟悉一下 Meson。不过一切操作之前，首先要把虚拟机 Ubuntu 恢复到未安装到 DPDK19 之前（有的读者可能前面已经做过 DPDK19 的安装了），也就是恢复为一个干净的 Ubuntu。

Meson 是一个跨平台的构建系统，特点是快速和对用户友好。它支持许多语言和编译器，包括 GCC、Clang 和 Visual Studio；提供简单但强大的声明式语言来描述构建；原生支持最新的工具和框架，如 Qt5、代码覆盖率、单元测试和预编译头文件等；利用一组优化技术来快速编译代码，包括增量编译和完全编译。

安装 Meson 前必须确认是否已经安装 Python 3.5 及以上版，这是因为 Meson 依赖于 Python 3 和 Ninja。我们可以用命令查看当前系统（Ubuntu 20.04）自带的 Python 版本，输入命令如下：

```
root@tom-virtual-machine:~/soft/dpdk-20.11# python3 --version
Python 3.8.5
```

可以看到，Ubuntu 20.04 自带的 Python 版本是满足要求的。但光有 Python 3 还不够，还需要 pip3，pip3 是 Python 3 的包管理工具，该工具提供了对 Python 包查找、下载、安装、卸载的功能。输入如下命令来查看 pip3 的版本号：

```
root@tom-virtual-machine:~/soft/dpdk-20.11# pip3 -V
Command 'pip3' not found, but can be installed with:
apt install python3-pip
```

提示没有找到 pip3，那我们可以输入如下命令来在线安装 pip3：

```
apt install python3-pip
```

稍等片刻安装完成，此时再次查看 pip3 的版本号：

```
root@tom-virtual-machine:~/soft/dpdk-20.11# pip3 -V
pip 20.0.2 from /usr/lib/python3/dist-packages/pip (python 3.8)
```

现在可以看到，pip3 已经安装好了。前面的 20.0.2 是 pip3 的版本号，后面括号内的 3.8 是对应的 Python 3 的版本号。

注意：Ubuntu 系统自带的 Python 3 可能不是最新版本，如果想安装最新版本，那么千万不要卸载 Ubuntu 自带的 Python 3，否则可能会引起系统的崩溃。

下面还需要一个小工具 Ninja，Ninja 是 Google 的一名程序员推出的注重速度的构建工具。通常 Unix/Linux 上的程序是通过 make/Makefile 来构建编译的，而 Ninja 通过将编译任务并行组织，大大提高了构建速度。在传统的 C/C++等项目构建时，通常会采用 make 和 Makefile 来进行整个项目的编译构建，通过 Makefile 文件中指定的编译所依赖的规则使得程序的构建变得非常简单，并且在复杂项目中可以避免由于少部分源码修改而造成的很多不必要的重编译。但是它仍然不够好，因为它大而且复杂，有时候我们并不需要 make 那么强大的功能，相反我们需要更灵活、速度更快的编译工具。Ninja 作为一个新型的编译工具，小巧而又高效，它就是为此而生。目前我们只需要了解 Ninja 是一把快速构建系统的“小李飞刀”，它短小快速。在线安装 Ninja 的命令如下：

```
apt-get install ninja-build
```

稍等片刻安装完成，查看其版本号：

```
root@tom-virtual-machine:~/soft/dpdk-20.11# ninja --version
1.10.0
```

下面可以正式开始安装 Meson 了，输入命令如下：

```
pip3 install --user meson
```

其中，--user 代表仅该用户的安装，安装后仅该用户可用。出于安全考虑，尽量使用该命令进行安装。而 pip3 install packagename 代表进行全局安装，安装后全局可用，如果是信任的安装包可用使用该命令进行安装。

稍等片刻便会提示“Successfully installed meson-0.56.0”，说明安装成功。此时会在路径/root/.local/bin/下生成一个可执行程序 meson，查看其版本号：

```
root@tom-virtual-machine:~# /root/.local/bin/meson -v
0.56.0
```

为了能在任意目录下执行 meson，可以做一个软链接到/usr/bin/下：

```
ln -sf /root/.local/bin/meson /usr/bin/meson
```

这样就可以在任意目录下执行 meson 了。万一没生效，可以先到/usr/bin 下执行 meson -v，然后就可以在其他任意目录下执行 meson 了：

```
root@tom-virtual-machine:~# meson -v
0.56.0
```

至此，Meson 安装成功了，我们可以用它来编译一个 C 语言文件。

【例 8.1】使用 Meson 构建 Linux 程序

（1）在 Ubuntu 下打开终端窗口，然后在命令行下输入命令 gedit 来打开文本编辑器，接着在编辑器中输入如下代码：

```
#include <stdio.h>
int main()
{
```

```
    printf("Hello world from meson!\n");
    return 0;
}
```

保存文件到某个路径（比如/root/ex，ex 是自己建立的文件夹），文件名是 test.c，再关闭 gedit 编辑器。

在终端窗口的命令行下进入 test.c 所在路径，并输入命令 gedit 打开编辑器，输入如下内容：

```
project('test','c')
executable('demo','test.c')
```

其中，demo 是最终生成的可执行文件的名称。将文件保存在同路径下，文件名是 meson.build，这是个构建描述文件。最后关闭文本编辑器。现在当前路径下就有两个文件了：

```
root@tom-virtual-machine:~/ex# ls
meson.build  test.c
```

（2）相关文件已经准备好，可以用 Meson 来构建了。注意，Meson 不是用来编译（编译要用 ninja 命令），而是用来制作构建系统。在命令行下输入命令 meson build：

```
root@tom-virtual-machine:~/ex# meson build
The Meson build system
Version: 0.56.0
Source dir: /root/ex
Build dir: /root/ex/build
Build type: native build
Project name: test
Project version: undefined
C compiler for the host machine: cc (gcc 9.3.0 "cc (Ubuntu 9.3.0-17ubuntu1~20.04)
9.3.0")
C linker for the host machine: cc ld.bfd 2.34
Host machine cpu family: x86_64
Host machine cpu: x86_64
Build targets in project: 1

Found ninja-1.10.0 at /usr/bin/ninja
```

没有提示错误，说明构建系统制作成功，并且在同路径下生成了一个 build 文件夹。meson 后面的 build 只是一个目录名称，该目录用来存放构建出来的文件，也可以用其他名字作为目录名称，而且该目录会自动创建。

进入 build 目录，用 ls 命令查看目录内容，内容如下：

```
root@tom-virtual-machine:~/ex/build# ls
build.ninja  compile_commands.json  meson-info  meson-logs  meson-private
```

然后在 build 目录下输入 ninja 命令进行编译（真正的编译才刚刚开始）：

```
root@tom-virtual-machine:~/ex/build# ninja
[2/2] Linking target demo
```

Njnja 相当于 make，因此会编译代码，生成可执行文件 demo。此时可以看到 build 目录下有一个可执行文件 demo，我们运行它：

```
root@tom-virtual-machine:~/ex/build# ./demo
Hello world from meson!
```

8.2.6 下载并解压 DPDK

可以到 DPDK 官方网站 http://core.dpdk.org/download/上去下载最新版的 DPDK，这里下载的版本是 20.11.0，下载下来的文件是 dpdk-20.11.tar.xz，这是个压缩文件。

把这个压缩文件上传到虚拟机 Ubuntu 中，然后在命令行下用 tar 命令解压：

```
tar xJf dpdk-20.11.tar.xz
```

这样就可以得到一个文件夹 dpdk-20.11 了。可以进入该目录查看下面的子文件夹和文件。其中几个重要的子文件夹的解释如下：

（1）lib 子文件夹：存放 DPDK 库的源码。

（2）drivers 子文件夹：存放 DPDK 轮询模式驱动程序的源码。

（3）app 子文件夹：存放 DPDK 应用程序的源码（自动测试）。

（4）config、buildtools 等子文件夹：用于配置构建，包括与框架相关的脚本和配置。

8.2.7 配置构建、编译和安装

Meson、Ninja 和 DPDK 源码已经准备好，现在可以正式编译 DPDK 源码了。编译之前，先要配置构建系统，在命令行下进入 dpdk-20.11 目录，然后输入如下命令：

```
root@tom-virtual-machine:~/soft/dpdk-20.11#meson mybuild
```

mybuild 的意思是构建出来的文件都存放在 mybuild 目录中，mybuild 目录会自动创建。很快构建完毕，出现如下提示：

```
Build targets in project: 1057

Found ninja-1.10.0 at /usr/bin/ninja
```

此时我们可以在 dpdk-20.11 主目录下发现有一个 mybuild 文件夹，该文件夹最终将存放编译后的各类文件，比如动态库文件、应用程序的可执行文件等，目前只是建立了一些文件夹和符号链接文件（可以去 lib 子目录下查看）。

现在可以进行编译了，在命令行下进入源码主目录 dpdk-20.11，再输入 ninja -C mybuild，稍等片刻，编译完成，代码如下：

```
root@tom-virtual-machine:~/soft/dpdk-20.11# ninja -C mybuild
ninja: Entering directory `mybuild'
[2671/2671] Linking target examples/dpdk-vmdq_dcb
root@tom-virtual-machine:~/soft/dpdk-20.11#
```

其中-C 的意思是在做任何其他事情之前，先切换到 DIR；-C 后面加要切换的目录名称，这里是名为 mybuild 的目录，也就是先进入 mybuild 目录再编译。当然也可以手动进入 mybuild 目录，然

后直接输入 ninja 即可，笔者在这里用了-C 纯粹是为了拓宽读者的知识面。

编译完毕后，mybuild 就变得沉甸甸了，里面存放了大量编译后的 DPDK 库文件和可执行文件，比如进入 lib 子目录可以看到很多.so 和.a 文件。下面简单了解一下常用的一些库：

```
lib
+-- librte_cmdline.a 和 librte_cmdline.so      #命令行接口库
+-- librte_eal.a 和 librte_eal.so              #环境抽象层库
+-- librte_ethdev.a 和 librte_ethdev.so        #轮询模式驱动程序的通用接口库
+-- librte_hash.a 和 librte_hash.so            #哈希库
+-- librte_kni.a 和 librte_kni.so              #内核网卡接口
+-- librte_lpm.a 和 librte_lpm.so              #最长前缀匹配库
+-- librte_mbuf.a 和 librte_mbuf.so            #包控制 mbuf 操作库
+-- librte_mempool.a 和 librte_mempool.so      #内存池管理器（固定大小的对象）
+-- librte_meter.a 和 librte_meter.so          #QoS 计量库
+-- librte_net.a 和 librte_net.so              #各种 IP 相关报头
+-- librte_power.a 和 librte_power.so          #电源管理库
+-- librte_ring.a 和 librte_ring.so            #软件环（充当无锁 FIFO）
+-- librte_sched.a 和 librte_sched.so          #QoS 调度程序库
+-- librte_timer.a 和 librte_timer.so          #计时器库
```

注意：为了方便版本更新，.so 文件基本都是符号连接文件，真正的共享库都是带版本号的，比如：

```
root@tom-virtual-machine:~/soft/dpdk-20.11/mybuild/lib# ll librte_timer.so*
lrwxrwxrwx 1 root root    18 12月 23 13:30 librte_timer.so -> librte_timer.so.21*
lrwxrwxrwx 1 root root    20 12月 23 13:30 librte_timer.so.21 ->
librte_timer.so.21.0*
-rwxr-xr-x 1 root root 26416 12月 23 14:20 librte_timer.so.21.0*
```

librte_timer.so 指向了共享库 librte_timer.so.21.0。

这些库文件只是存放在这里也是不行的，必须让需要它们的各个应用程序知道，怎么办呢？通常是将这些库文件存放到系统路径上去，这个工作是安装要做的，安装不但会复制库到系统路径，还会复制头文件、命令程序到系统路径。

准备开始安装了，在命令行下进入 dpdk-20.11/mybuild 目录，然后输入如下命令：

```
root@tom-virtual-machine:~/soft/dpdk-20.11/mybuild# ninja install
```

安装很快完成。我们可以看一下部分安装过程，比如复制头文件：

```
...
Installing /root/soft/dpdk-20.11/lib/librte_net/rte_ip.h to
/usr/local/include
Installing /root/soft/dpdk-20.11/lib/librte_net/rte_tcp.h to
/usr/local/include
Installing /root/soft/dpdk-20.11/lib/librte_net/rte_udp.h to
/usr/local/include
Installing /root/soft/dpdk-20.11/lib/librte_net/rte_esp.h to
/usr/local/include
...
```

然后在/usr/local/include 下就可以看到这些头文件：

```
root@tom-virtual-machine:~# cd /usr/local/include
root@tom-virtual-machine:/usr/local/include# ll rte_ip.h rte_tcp.h rte_udp.h
rte_esp.h
-rw-r--r-- 1 root root   642 11月 28 02:48 rte_esp.h
-rw-r--r-- 1 root root 14905 11月 28 02:48 rte_ip.h
-rw-r--r-- 1 root root  1473 11月 28 02:48 rte_tcp.h
-rw-r--r-- 1 root root   707 11月 28 02:48 rte_udp.h
...
```

再比如，一些静态库和共享库也会存放到系统路径/usr/local/lib/x86_64-linux-gnu/下，安装过程如下：

```
...
Installing lib/librte_meter.so.21.0 to /usr/local/lib/x86_64-linux-gnu
Installing lib/librte_ethdev.a to /usr/local/lib/x86_64-linux-gnu
Installing lib/librte_ethdev.so.21.0 to /usr/local/lib/x86_64-linux-gnu
Installing lib/librte_pci.a to /usr/local/lib/x86_64-linux-gnu
Installing lib/librte_pci.so.21.0 to /usr/local/lib/x86_64-linux-gnu
Installing lib/librte_cmdline.a to /usr/local/lib/x86_64-linux-gnu
Installing lib/librte_cmdline.so.21.0 to /usr/local/lib/x86_64-linux-gnu
Installing lib/librte_metrics.a to /usr/local/lib/x86_64-linux-gnu
Installing lib/librte_metrics.so.21.0 to /usr/local/lib/x86_64-linux-gnu
Installing lib/librte_hash.a to /usr/local/lib/x86_64-linux-gnu
Installing lib/librte_hash.so.21.0 to /usr/local/lib/x86_64-linux-gnu
...
```

然后在/usr/local/lib/x86_64-linux-gnu 下可以找到这些库：

```
root@tom-virtual-machine:/usr/local/lib/x86_64-linux-gnu# ls librte_timer.*
librte_timer.a  librte_timer.so  librte_timer.so.21  librte_timer.so.21.0
```

再比如，一些驱动库会存放到/usr/local/lib/x86_64-linux-gnu/dpdk/pmds-21.0/下，我们可以在安装过程看到这一点，如图 8-3 所示。

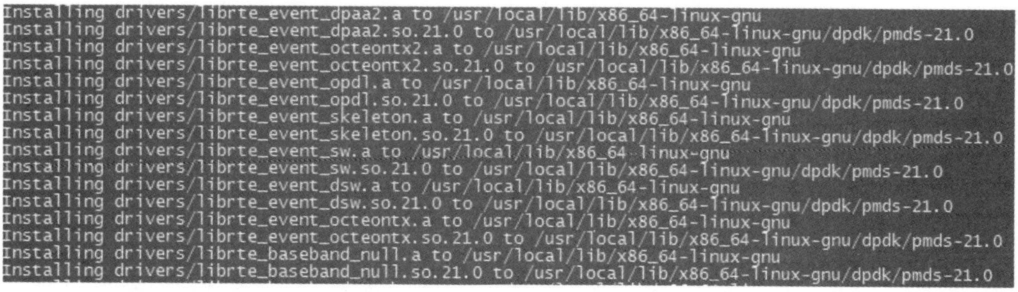

```
Installing drivers/librte_event_dpaa2.a to /usr/local/lib/x86_64-linux-gnu
Installing drivers/librte_event_dpaa2.so.21.0 to /usr/local/lib/x86_64-linux-gnu/dpdk/pmds-21.0
Installing drivers/librte_event_octeontx2.a to /usr/local/lib/x86_64-linux-gnu
Installing drivers/librte_event_octeontx2.so.21.0 to /usr/local/lib/x86_64-linux-gnu/dpdk/pmds-21.0
Installing drivers/librte_event_opdl.a to /usr/local/lib/x86_64-linux-gnu
Installing drivers/librte_event_opdl.so.21.0 to /usr/local/lib/x86_64-linux-gnu/dpdk/pmds-21.0
Installing drivers/librte_event_skeleton.a to /usr/local/lib/x86_64-linux-gnu
Installing drivers/librte_event_skeleton.so.21.0 to /usr/local/lib/x86_64-linux-gnu/dpdk/pmds-21.0
Installing drivers/librte_event_sw.a to /usr/local/lib/x86_64-linux-gnu
Installing drivers/librte_event_sw.so.21.0 to /usr/local/lib/x86_64-linux-gnu/dpdk/pmds-21.0
Installing drivers/librte_event_dsw.a to /usr/local/lib/x86_64-linux-gnu
Installing drivers/librte_event_dsw.so.21.0 to /usr/local/lib/x86_64-linux-gnu/dpdk/pmds-21.0
Installing drivers/librte_event_octeontx.a to /usr/local/lib/x86_64-linux-gnu
Installing drivers/librte_event_octeontx.so.21.0 to /usr/local/lib/x86_64-linux-gnu/dpdk/pmds-21.0
Installing drivers/librte_baseband_null.a to /usr/local/lib/x86_64-linux-gnu
Installing drivers/librte_baseband_null.so.21.0 to /usr/local/lib/x86_64-linux-gnu/dpdk/pmds-21.0
```

图 8-3

最后，再看一下应用程序存放的路径，安装过程如下：

```
Installing app/dpdk-pdump to /usr/local/bin
Installing app/dpdk-proc-info to /usr/local/bin
Installing app/dpdk-test-acl to /usr/local/bin
```

```
Installing app/dpdk-test-bbdev to /usr/local/bin
Installing app/dpdk-test-cmdline to /usr/local/bin
Installing app/dpdk-test-compress-perf to /usr/local/bin
Installing app/dpdk-test-crypto-perf to /usr/local/bin
Installing app/dpdk-test-eventdev to /usr/local/bin
Installing app/dpdk-test-fib to /usr/local/bin
Installing app/dpdk-test-flow-perf to /usr/local/bin
Installing app/dpdk-test-pipeline to /usr/local/bin
Installing app/dpdk-testpmd to /usr/local/bin
Installing app/dpdk-test-regex to /usr/local/bin
Installing app/dpdk-test-sad to /usr/local/bin
Installing app/test/dpdk-test to /usr/local/bin
```

很明显是将安装程序复制到/usr/local/bin/下，然后我们在/usr/local/bin/下就可以看到很多与 DPDK 相关的应用程序文件，如图 8-4 所示。

```
root@tom-virtual-machine:/usr/local/lib/x86_64-linux-gnu# cd /usr/local/bin
root@tom-virtual-machine:/usr/local/bin# ls
dpdk-devbind.py     dpdk-proc-info      dpdk-test-bbdev            dpdk-test-eventdev     dpdk-testpmd
dpdk-hugepages.py   dpdk-telemetry.py   dpdk-test-cmdline          dpdk-test-fib          dpdk-test-regex
dpdk-pdump          dpdk-test           dpdk-test-compress-perf    dpdk-test-flow-perf    dpdk-test-sad
dpdk-pmdinfo.py     dpdk-test-acl       dpdk-test-crypto-perf      dpdk-test-pipeline
root@tom-virtual-machine:/usr/local/bin#
```

图 8-4

介绍这么多，只为了让读者能了解各大开发所需要的文件存放的位置。

最后还需要输入 ldconfig 命令来更新系统动态库缓存，直接输入命令 ldconfig 即可：

```
ldconfig
```

该命令是一个动态链接库管理命令，其目的是让动态链接库为系统所共享。

ninja install 和 ldconfig 命令通常需要以 root 用户身份运行，ninja install 这一步骤编译后的一些库复制到最终的系统路径下。

DPDK 默认会安装在/usr/local/目录，其中库文件会在/usr/local/lib/x86_64-linux-gnu/下面，执行 ldconfig 是为了让 ld.so 更新 cache，这样依赖它的应用程序在运行时就可以找到它了。注意，在某些 Linux 发行版上（例如 Fedora 或 Redhat），/usr/local 中的路径不在加载程序的默认路径中，因此，在这些发行版中，在运行 ldconfig 之前，应该把/usr/local/lib 和/usr/local/lib64 添加到/etc/ld.so.conf 文件中，然后再运行 ldconfig 命令。最后可以通过 ldconfig-p 来检查安装后的 DPDK 库是不是已经在 cache 里了，这里不再赘述。

8.2.8 第一个基于 DPDK20 的 DPDK 程序

上一节我们已经编译出 DPDK 开发所需要的库了，现在可以正式基于这些 DPDK 库进行开发了。所谓 Windows 下开发，就是我们的编码工作在 Windows 下进行，用的工具是 Windows 下的编码工具；编译工作也是在 Windows 下发指令给远程 Linux 进行；调试工作也是在 Windows 下发指令给远程 Linux。这三大工作可以在强大的 VC2017 中一气呵成。

DPDK 相当于一个开发套件，我们可以基于它来开发高性能网络程序。当然，千里之行，始于足下。与学习 C 语言时一样，开发的第一个 DPDK 程序仍然是 Hello world 程序。

【例 8.2】实现第一个 DPDK 程序

（1）打开 VC2017，新建一个 Linux 控制台工程，工程名是 test。

（2）打开 main.cpp，输入如下代码：

```
#include <stdio.h>
#include <string.h>
#include <stdint.h>
#include <errno.h>
#include <sys/queue.h>
#include <rte_eal.h>
#include <rte_debug.h>

int main(int argc,char *argv[])
{
    int ret;

    ret = rte_eal_init(argc, argv);
    if (ret < 0) rte_panic("Cannot init EAL\n");
    else puts("Hello world from DPDK!");

   return 0;
}
```

代码很简单，就调用了两个 DPDK 库函数，一个是 EAL（the Environment Abstraction Layer）初始化函数 rte_eal_init，该函数声明在 rte_eal.h 中；另外一个函数是 rte_panic，该函数提供严重不可恢复错误的通知，并终止异常执行，它声明在 rte_debug.h 中。rte_eal_init 函数通常在其他 DPDK 库函数前面执行，因此可以把它放在应用程序的 main 函数中执行，另外在多核处理器中，该函数只在主核上执行。

（3）添加依赖库。首先在 VC2017 中打开本工程属性，然后在属性对话框的左边展开“配置属性”→“链接器”选项，并选中“输入”，然后在右边“库依赖项”旁输入“rte_eal”，librte_eal.a 就是我们要链接的库，该库提供了 rte_eal_init 和 rte_panic 的实现；另外前缀 lib 和后缀.a 不需要输入，VC 是很智能的，如图 8-5 所示。

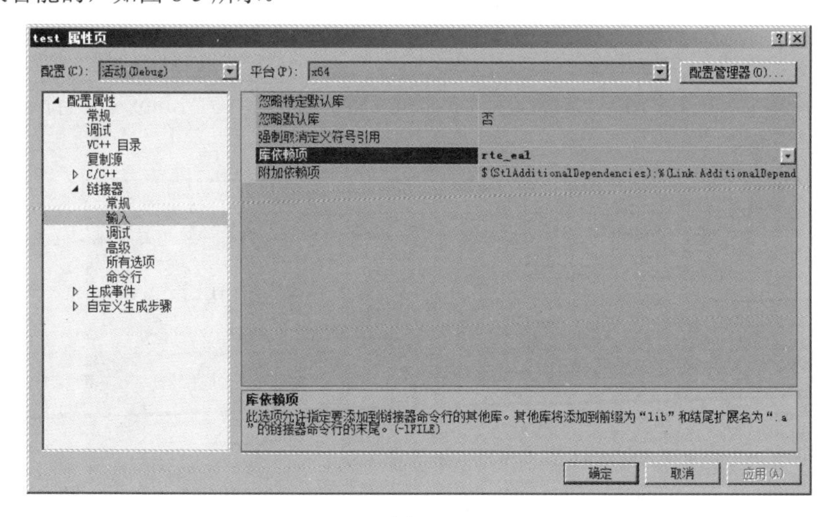

图 8-5

单击“确定”按钮，关闭 test 属性页对话框，依赖的静态库就添加完毕了。下面可以准备编译运行了。为了方便查看运行结果，先要打开“Linux 控制台”窗口，方法是单击主菜单栏中的“调试”→“Linux 控制台”命令，此时就可以在主界面的下方看到“Linux 控制台窗口”，如图 8-6 所示。

Linux 控制台窗口
即时窗口 代码定义窗口 输出 查找符号结果 错误列表 Linux 控制台窗口

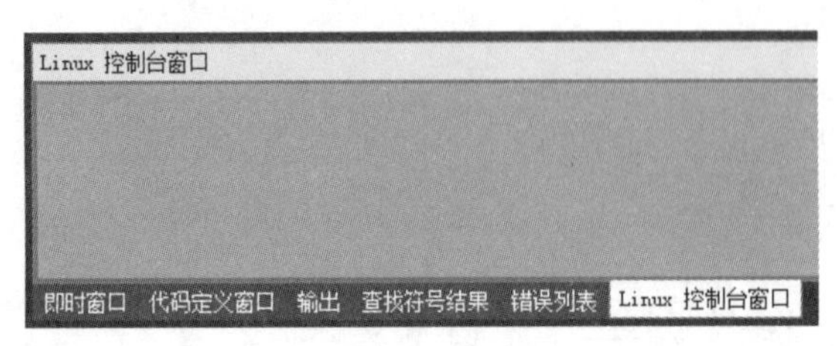

图 8-6

现在还没有运行，因此并没有内容。下面开始编译，在 VC2017 中单击菜单栏中的“生成”→“生成解决方案”选项或者直接按 F7 键，并在远程 Linux 主机上生成一个可执行程序。生成的意思就是编译和链接，稍等片刻，生成成功，在 VC2017 下方的“输出”窗口中可以看到生成过程的信息提示，如图 8-7 所示。

输出
显示输出来源(S): 生成
1>------ 已启动生成: 项目: test, 配置: Debug x64 ------
1>Validating sources
1>Copying sources remotely to '192.168.0.118'
1>Validating architecture
1>Starting remote build
1>Compiling sources:
1>main.cpp
1>Linking objects
1>test.vcxproj -> E:\ebook\linux\ref\highNet\code\ch03\3.5\test\test\bin\x64\Debug\test.out
========== 生成: 成功 1 个，失败 0 个，最新 0 个，跳过 0 个 ==========
即时窗口 代码定义窗口 输出 查找符号结果 错误列表 Linux 控制台窗口

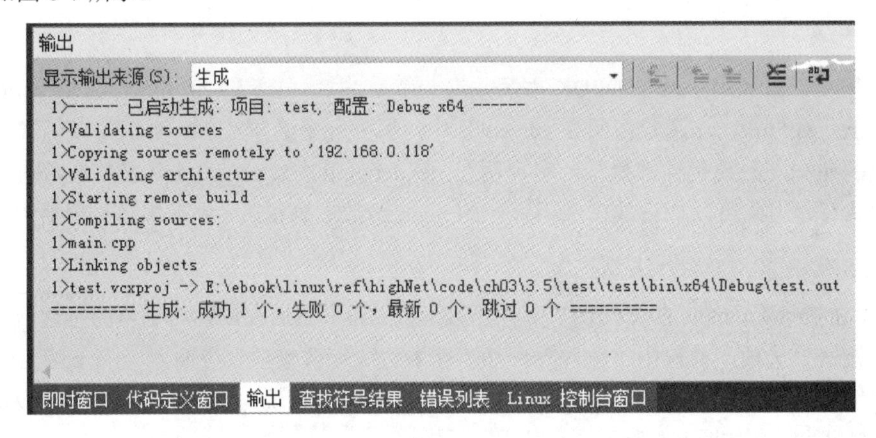

图 8-7

生成成功了，可执行文件是 test.out。下面我们可以用调试方式运行它。在 VC2017 中单击主菜单栏中的“调试”→“开始调试”选项或者直接按 F5 键，此时会在“Linux 控制台窗口”上输出运行结果，如图 8-8 所示。

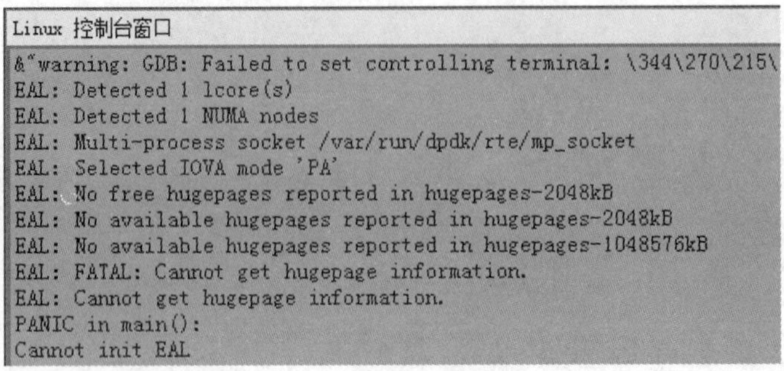

Linux 控制台窗口
&"warning: GDB: Failed to set controlling terminal: \344\270\215\
EAL: Detected 1 lcore(s)
EAL: Detected 1 NUMA nodes
EAL: Multi-process socket /var/run/dpdk/rte/mp_socket
EAL: Selected IOVA mode 'PA'
EAL: No free hugepages reported in hugepages-2048kB
EAL: No available hugepages reported in hugepages-2048kB
EAL: No available hugepages reported in hugepages-1048576kB
EAL: FATAL: Cannot get hugepage information.
EAL: Cannot get hugepage information.
PANIC in main():
Cannot init EAL

图 8-8

虽然看起来好像发生了异常情况，运行到 if 那一行停下来了，如图 8-9 所示。

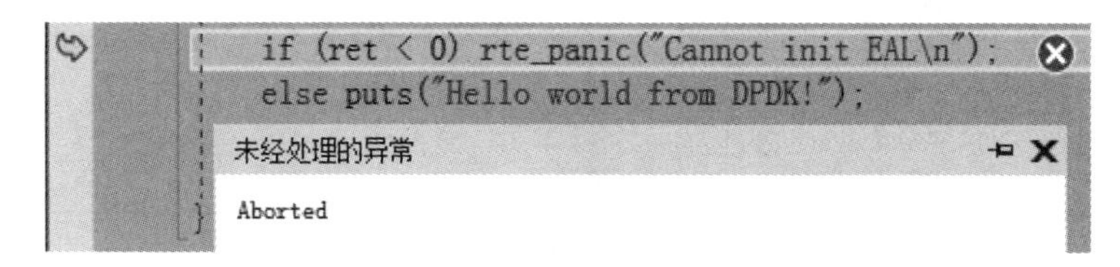

图 8-9

但的确也算运行起来了，至少说明代码本身和链接的库等都没问题，并且还打印出了程序中 rte_panic 函数的输出内容，即“Cannot init EAL”，说明程序是运行起来了，只是运行的过程中发生了一些问题。什么问题呢？我们可以看一下 Linux 控制台窗口中的提示：

```
EAL: No free hugepages reported in hugepages-2048kB
EAL: No available hugepages reported in hugepages-2048kB
EAL: No available hugepages reported in hugepages-1048576kB
EAL: FATAL: Cannot get hugepage information.
EAL: Cannot get hugepage information.
```

提示我们没有空闲的大页内存。看来我们还要进行一些设置，先单击菜单“调试”→“停止调试”或按组合键 Shift+F5 停止本程序。

其实笔者也可以先设置好大页内存，再开发本程序，这样一个完美的 Hello world 程序一下子就出来了，读者也会觉得很轻松。但笔者故意没有这样做，就是要测试一下 VC 是否能报出这个异常来，以此检验其调试功能（开发环境的一个重要功能）是否有效。笔者认为，第一个程序的主要目的是检验我们搭建的开发环境是否成功，包括碰到异常错误情况时能否停止执行，能否人性化地输出出错提示信息等。看来 VC 做到了，这说明我们基于 VC 的 DPDK 开发环境搭建起来了，下面可以进一步深入了解 DPDK 开发的相关知识点。

8.2.9 大页内存及其设置

为了让我们的 Hello world 程序运行起来，必须设置大页内存。DPDK 为了追求性能，使用了一些常用的性能优化手段，大页内存便是其中之一。大页内存简单来说就是通过增大操作系统页的大小来减少页表，从而避免快表的缺失。大页内存可以算作一种非常通用的优化技术，应用范围很广，针对不同的应用程序最多可能带来 50%的性能提升，优化效果还是非常明显的。但大页内存也有适用范围，若程序耗费内存很小或者程序的访存局部性很好，则大页内存很难获得性能提升，因此，如果我们面临的程序优化问题有上述两个特点，则不要考虑大页内存。

1. 页表和快表

大页内存的原理涉及操作系统的虚拟地址到物理地址的转换过程。操作系统为了能同时运行多个进程，会为每个进程提供一个虚拟的进程空间，在 32 位操作系统上，进程空间大小约为 4GB（2^{32}B），在 64 位操作系统上，进程空间为 2^{64}B（实际可能小于这个值）。在很长一段时间内，笔者对此都非常疑惑：这样不就会导致多个进程访存的冲突吗？比如，两个进程都访问地址 0x00000010 的时候。事实上，每个进程的进程空间都是虚拟的，两个进程访问相同的虚拟地址，但是转换到物理地址之后是不同的。这个转换就通过页表来实现，涉及的知识是操作系统的分页存储管理。

分页存储管理将进程的虚拟地址空间分成若干个页，并为各页加以编号。相应地，物理内存空间也分成若干个块，同样加以编号。页和块的大小相同。假设每一页的大小是 4KB，则 32 位系统中分页地址结构如图 8-10 所示。

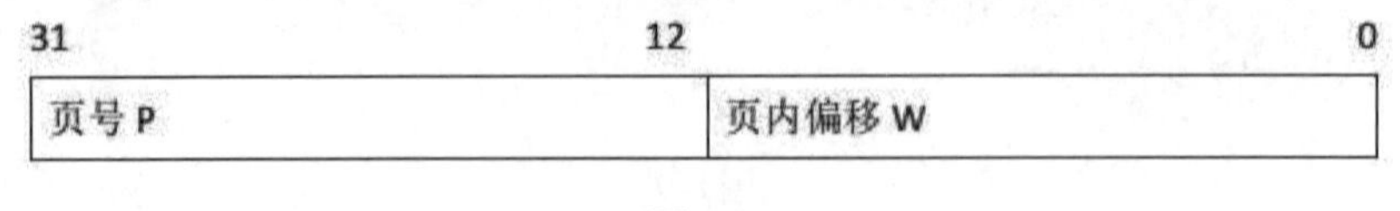

图 8-10

为了保证进程能在内存中找到虚拟页对应的实际物理块，需要为每个进程维护一个页表。页表记录了每一个虚拟页在内存中对应的物理块号，如图 8-11 所示。

用户程序

0 页
1 页
2 页
...
n 页

页号	块号
0	2
1	3
2	6
3	8
4	10
...	...

页表

内存

0
1
2
3
4
5
6
7
8
9

图 8-11

在配置好了页表后，进程执行时，通过查找页表即可找到每页在内存中的物理块号。在操作系统中设置一个页表寄存器，其中存放了页表在内存的始址和页表的长度。进程未执行时，页表的始址和页表长度存放在本进程的 PCB 中；当调度程序调度该进程时，才将这两个数据装入页表寄存器。当进程要访问某个虚拟地址中的数据时，分页地址变换机构会自动地将有效地址（相对地址）分为页号和页内地址两部分，再以页号为索引去检索页表，查找操作由硬件执行。若给定的页号没有超出页表长度，则将页号和页表项长度的乘积与页表始址相加，得到该表项在页表中的位置，从中得到该页的物理块地址，并将之装入物理地址寄存器中。与此同时，将有效地址寄存器中的页内地址传送至物理地址寄存器的块内地址字段中。这样便完成了从虚拟地址到物理地址的变换。

进程通过虚拟地址访问内存，但是 CPU 必须把它转换成物理内存地址才能真正访问内存。在 Linux 中，内存都是以页的形式划分的，默认情况下每页的大小是 4KB，这就意味着如果物理内存很大，那么页的条目将会非常多，会影响 CPU 的检索效率。

为了提高地址变换速度，可在地址变换机构中增设一个具有并行查找能力的特殊高速缓存，这就是快表，也称为转换检测缓冲区（Translation Lookaside Buffer，TLB），用以存放当前访问的那些页表项，即用来缓存一部分经常访问的页表内容。具有快表的地址变换机构如图 8-12 所示。

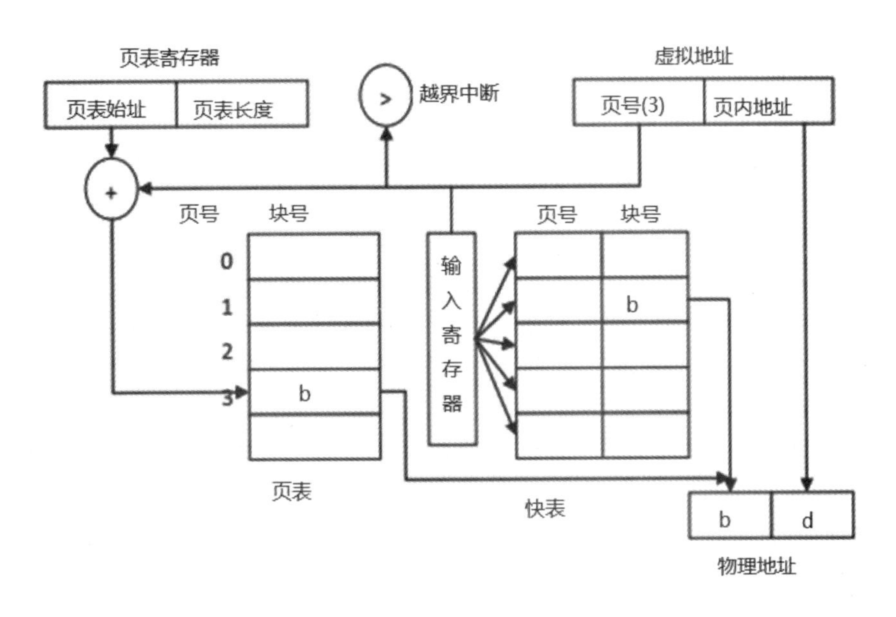

图 8-12

由于成本的关系，快表不可能做得很大，通常只存放 16~512 个页表项。

上述地址变换机构对中小程序来说运行非常好，快表的命中率非常高，因此不会带来多少性能损失，但是当程序耗费的内存很大，而且快表命中率不高时，问题就来了。

2. 小页的困境

现代的计算机系统都支持非常大的虚拟地址空间（2^{32}~2^{64}）。在这样的环境下，页表就变得非常庞大。例如，页大小为 4KB，对占用 40GB 内存的程序来说，页表大小为 10MB，而且还要求空间是连续的。为了解决空间连续问题，引入了二级或者三级页表，但是这更加影响性能，因为如果快表缺失，那么访问页表的次数由两次变为三次或者四次。由于程序可以访问的内存空间很大，因此如果程序的访存局部性不好，就会导致快表一直缺失，从而严重影响性能。

此外，由于页表项有 10MB 之多，而快表只能缓存几百页，因此即使程序的访存性能很好，在大内存耗费情况下，快表缺失的概率也很大。那么，有什么好的方法可以解决快表缺失吗？可采取的办法只能是增加页的大小，即大页内存。假设我们将页大小变为 1GB，那么 40GB 内存的页表项就只有 40，快表完全不会缺失，即使缺失，由于表项很少，可以采用一级页表，因此缺失只会导致两次访存。这就是大页内存可以优化程序性能的根本原因——快表几乎不缺失。

在前面提到，如果要优化的程序耗费内存很少，或者访存局部性很好，那么大页内存的优化效果就会很不明显，现在我们应该明白其中缘由。如果程序耗费内存很少，比如只有几兆字节，则页表项也很少，快表很有可能会完全缓存，即使缺失也可以通过一级页表替换；如果程序访存局部性也很好，那么在一段时间内，程序都访问相邻的内存，快表缺失的概率也很小。所以上述两种情况下，快表很难缺失，大页内存就体现不出优势。

总之，快表是有限的，当超出快表的存储极限时，就会发生快表不命中（miss），之后，操作系统就会命令 CPU 去访问内存上的页表。如果频繁地出现 TLB 不命中，程序的性能就会下降得很快。

为了让快表可以存储更多的页地址映射关系，就调大内存分页大小。如果一个页的大小为 4MB，对比一个 4KB 大小的页，前者可以让快表多存储 1000 个页地址映射关系，性能的提升是比较可观的。

以上调优方法是现代不少系统（比如 Java 的 JVM 调优）性能调优的基本思路。具体到 Intel 架构处理器和 DPDK 系统也是如此。现代 CPU 架构中，内存管理并不以单个字节进行，而是以页为单位，即虚拟和物理连续的内存块。这些内存块通常（但不是必须）存储在 RAM 中。在 Inter®64 和 IA-32 架构上，标准系统的页面大小为 4KB。基于安全性和通用性的考虑，软件的应用程序访问的内存位置使用的是操作系统分配的虚拟地址。运行代码时，该虚拟地址需要被转换为硬件使用的物理地址。这种转换是操作系统通过页表转换来完成的，页表在分页粒度级别上（即 4KB 一个粒度）将虚拟地址映射到物理地址。为了提高性能，最近一次使用的若干页面地址被保存页表中。每一分页都占有快表的一个条目。如果用户的代码访问（或最近访问过）16KB 的内存，即 4 页，那么这些页面很有可能会在快表缓存中。如果其中一个页面不在快表缓存中，则尝试访问该页面中包含的地址将导致快表查询失败，也就是说，操作系统写入快表的页地址必须是在它的全局页表中进行查询操作获取的。因此，快表查询失败的代价也相对较高（某些情况下代价会非常高），所以最好将当前活动的所有页面都置于快表中以尽可能减少快表查询失败。然而，快表的大小有限，而且实际上非常小，和 DPDK 通常处理的数据量（有时高达几十吉字节）相比，在任一给定的时刻，4KB 标准页面大小的快表所覆盖的内存量（几兆字节）是微不足道的。这意味着，如果 DPDK 采用常规内存，那么使用 DPDK 的应用会因为快表频繁的查询失败而在性能上大打折扣。

为解决这个问题，DPDK 依赖标准大页。从名字中很容易猜到，标准大页类似于普通的页面，只是会更大。有多大呢？在 Inter®64 和 1A-32 架构上，目前可用的两种大页大小为 2MB 和 1GB。也就是说，单个页面可以覆盖 2MB 或 1GB 大小的整个物理和虚拟连续的存储区域。这两种页面大小 DPDK 都支持。有了这样的页面大小，就可以更容易地覆盖大内存区域，也同时避免了快表查询失败。反过来，在处理大内存区域时，更少的快表查询失败也会使性能得到提升，DPDK 的用例通常如此。快表内存覆盖量的比较如图 8-13 所示。

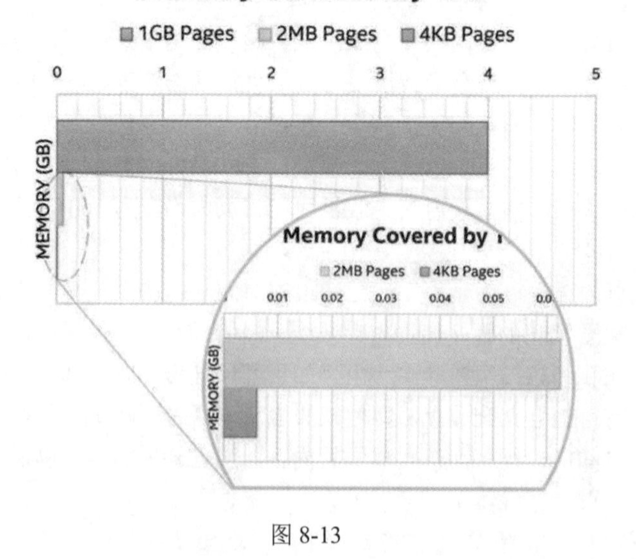

图 8-13

大页内存是一种非常有效的减少快表不命中的方式，让我们来进行一个简单的计算。2013 年发布的 Intel Haswell i7-4770 是当年的民用旗舰 CPU，它在使用 64 位 Windows 系统时，可以提供 1024

长度的 TLB，如果内存页的大小是 4KB，那么总缓存内存容量为 4MB，如果内存页的大小是 2MB，那么总缓存内存容量为 2GB。显然后者的快表不命中概率会低得多。DPDK 支持 1GB 的内存分页配置，这种模式下，一次性缓存的内存容量高达 1TB，绝对够用了。不过大页内存的效果没有理论上那么惊人，DPDK 实测有 10%~15%的性能提升，原因依旧是那个天生就带的涡轮——局部性。另外，虽然 DPDK 支持 FreeBSD 和 Windows，但目前大多数与内存相关的功能仅适用于 Linux。

由于 DPDK 性能的要求和内存的大量使用，自然需要引入大页的概念。Linux 操作系统采用了基于 hugetlbfs 的 2MB 或者 1GB 的大页面的支持。修改内核参数即可预留大页。DPDK 使用大页内存的初衷是为包处理的缓冲区分配更大的内存池，降低页表的查询负载，提高快表的命中率，减少虚拟页地址到物理页地址的转换时间。大内存页最好在启动的时候进行分配，这样可以避免物理空间中有太多的碎片。

总之，大页内存的作用就是减少页的切换，页表项减少，产生缺页中断的次数也就减少了；还有就是降低快表的不命中次数。

最后以一个例子来说明为什么要使用大页内存。假设 32 位 Linux 操作系统上的物理内存为 100GB，每个页大小为 4KB，每个页表项占用 4B，系统上一共运行着 2000 个进程，则这 2000 个进程的页表需要占用多少内存呢？

每个进程页表项总条数：100×1024×1024KB / 4KB = 26214400 条。

每个进程页表大小：26214400×4 = 104857600B = 100MB。

2000 个进程一共需要占用内存：2000×100MB = 200000MB = 195GB。

2000 个进程的页表空间就需要占用 195GB 物理内存大小，而真实物理内存只有 100GB，还没运行完这些进程，系统就因为内存不足而崩溃了，严重的直接宕机。

如果使用了大页内存会如何呢？假设 32 位 Linux 操作系统上的物理内存为 100GB，现在每个页大小为 2MB，每个页表项占用 4B，系统上一共运行着 2000 个进程，则这 2000 个进程的页表需要占用多少内存呢？

每个进程页表项总条数：100×1024MB /2MB = 51200 条。

每个进程页表大小：51200×4B = 204800B = 200KB。

2000 个进程一共需要占用内存：1×200KB = 200KB。

可以看到同样是 2000 个进程，同样是管理 100GB 的物理内存，结果却大不相同。使用传统的 4KB 大小的页，开销竟然会达到惊人的 195GB；而使用 2MB 的大页内存，开销只有 200KB。没有看错，2000 个进程页表总空间一共就只占用 200KB，而不是 2000×200KB。这是因为共享内存的缘故，在使用大页内存时，这些大页内存存放在共享内存中，大页表也存放到共享内存中，所以不管系统有多少个进程，都将共享这些大页内存以及大页表。因此 4KB 页大小时，每个进程都有一个属于自己的页表；而 2MB 的大页，系统只有一个大页表，所有进程共享这个大页表。

我们可以总结一下使用大页内存的好处：

1）避免使用 swap

所有大页以及大页表都以共享内存的形式存放在共享内存中，永远都不会因为内存不足而导致被交换到磁盘 swap 分区中。而 Linux 系统默认的 4KB 大小页面，是有可能被交换到 swap 分区的。通过共享内存的方式，使得所有大页以及页表都存在内存中，避免了被换出内存而造成的很大的性能抖动。

2）减少页表开销

由于所有进程都共享一个大页表，减少了页表的开销，无形中减少了内存空间的占用，使系统能支持更多的进程同时运行。

3）减轻快表的压力

我们知道快表是直接缓存虚拟地址与物理地址的映射关系的，用于提升性能，省去了查找页表的减少开销，但是如果出现大量的快表不命中，则必然会给系统的性能带来较大的负面影响，尤其对于连续的读操作。使用大页内存能大量减少页表项的数量，也就意味着访问同样多的内容需要的页表项会更少，而通常快表的槽位是有限的，一般只有 512 个，所以更少的页表项也就意味着更高的快表的命中率。

4）减轻查内存的压力

每一次对内存的访问实际上都是由两次抽象的内存操作组成。如果只使用更大的页面，那总页面个数自然就减少了，原本在页表访问的瓶颈也得以避免。页表项数量减少，使得很多页表的查询就不需要了。例如申请 2MB 空间，如果是 4KB 页面，则一共需要查询 512 个页面，现在每个页为 2MB，则只需要查询一个页就可以了。

3. 判断是否支持大页内存

Linux 操作系统的大页内存的大小主要分为 2MB 和 1GB。可以从 CPU 的标识（flags）中查看支持的大内存页的类型。如果有“pse”的标识，则说明支持 2MB 的大内存页；如果有“pdpe1gb”的标识，则说明支持 1GB 的大内存页，64 位机建议使用 1GB 的大页内存。在命令行下输入命令“cat /proc/cpuinfo”，然后查找 flags，或直接输入“cat /proc/cpuinfo|grep flags”，如下所示：

```
    flags       : fpu vme de pse tsc msr pae mce cx8 apic sep mtrr pge mca cmov pat
pse36 clflush mmx fxsr sse sse2 ss syscall nx pdpe1gb rdtscp lm constant_tsc
arch_perfmon nopl xtopology tsc_reliable nonstop_tsc cpuid pni pclmulqdq ssse3 fma
cx16 pcid sse4_1 sse4_2 x2apic movbe popcnt tsc_deadline_timer aes xsave avx f16c
rdrand hypervisor lahf_lm abm 3dnowprefetch cpuid_fault invpcid_single pti fsgsbase
tsc_adjust bmi1 avx2 smep bmi2 invpcid mpx rdseed adx smap clflushopt xsaveopt xsavec
xsaves arat
```

可以看到 flags 后面有 pse 标识，说明支持 2MB 的大页内存。

也可以通过如下命令判断当前系统支持的是何种大页内存：

```
root@tom-virtual-machine:~/桌面# cat /proc/meminfo | grep Huge
AnonHugePages:         0 KB
ShmemHugePages:        0 KB
FileHugePages:         0 KB
HugePages_Total:       0
HugePages_Free:        0
HugePages_Rsvd:        0
HugePages_Surp:        0
Hugepagesize:       2048 KB
Hugetlb:               0 KB
root@tom-virtual-machine:~/桌面#
```

如果有 HugePage 字样的输出内容，说明操作系统是支持大页内存。HugePages_Total 表示分配的页面数目（现在还没有分配，所以是 0），和 Hugepagesize 相乘后得到所分配的内存大小；HugePages_Free 表示从来没有被使用过的 HugePages 数目，注意，即使程序已经分配了这部分内存，但是如果没有实际写入，那么看到的还是 0（这是很容易误解的地方）；HugePages_Rsvd 为已经被分配预留但是还没有使用的 HugePages 的数目；Hugepagesize 就是默认的大内存页的大小；Hugetlb 是记录在 TLB 中的条目，并指向 HugePages。

4. 临时设置 2MB 大页内存

下面我们来临时设置 Linux 下的大页内存个数。顾名思义，临时设置的意思就是重启后会失效。例如系统想要设置 16 个大页，每个大页的大小为 2MB，即将 16 写入下面这个文件中：

```
echo 16 > /sys/kernel/mm/hugepages/hugepages-2048kB/nr_hugepages
```

后面的 2048KB 表示页面大小是 2MB，即设置 16 个大页，每个大页 2MB。

注意：如果设置的大页个数太大，则系统会根据当前物理内存的容量自动设置（笔者现在虚拟机 Ubuntu 的物理内存是 4GB），内核中是通过函数 set_max_huge_pages 来设置具体大页数的，如果读者有兴趣，可以查看内核中的该函数。

上面的命令有时候在一些新版国产操作系统上不会生效，因此也可以这样写：

```
echo 16 > /proc/sys/vm/nr_hugepages
```

注意：16 两边都有空格。

设置完，一定要再次查看内存信息（不能想当然地认为肯定会设置成功）：

```
root@tom-virtual-machine:~/桌面# grep Huge /proc/meminfo
AnonHugePages:         0 KB
ShmemHugePages:        0 KB
FileHugePages:         0 KB
HugePages_Total:      16
HugePages_Free:       16
HugePages_Rsvd:        0
HugePages_Surp:        0
Hugepagesize:       2048 KB
Hugetlb:           32768 KB
```

HugePages_Total 变为 16 了，这就是我们分配的大页个数，即现在一共有 16 个大页，它和 Hugepagesize（每个大页的尺寸，即 2048KB）相乘后得到所分配的内存大小，即（16×2048）/1024=32768MB。再次强调，设置完毕后后，一定要查看 HugePages_Total 是否大于 0 了，千万不能想当然地认为一定会设置成功，否则到了编程阶段出现内存分配失败，就又得回过来想！这些都是笔者的经验教训。

上面两种方式针对的都是单 NUMA 节点的系统，如果是多 NUMA 节点系统，并希望强制分配给指定的 NUMA 节点，应该这样做：

```
echo
1024 >/sys/devices/system/node/node0/hugepages/hugepages-2048kB/nr_hugepages
```

```
echo 1024 >
/sys/devices/system/node/node1/hugepages/hugepages-2048kB/nr_hugepages
```

分别分配给 node0 和 node1 两个 NUMA 节点。多 NUMA 节点通常用在内存大的服务器中。如果是配置比较低的 PC 机，一般不好设置，但不影响我们的 Hello world 程序，此时再次运行第一个 DPDK 程序（例 8.2），可以发现成功了，“Linux 控制台窗口”的输出如图 8-14 所示。

```
Linux 控制台窗口
&"warning: GDB: Failed to set controlling terminal: \344\270\
EAL: Detected 1 lcore(s)
EAL: Detected 1 NUMA nodes
EAL: Multi-process socket /var/run/dpdk/rte/mp_socket
EAL: Selected IOVA mode 'PA'
EAL: No available hugepages reported in hugepages-1048576kB
EAL: Probing VFIO support...
EAL: VFIO support initialized
EAL: No legacy callbacks, legacy socket not created
Hello world from DPDK!
```

图 8-14

DPDK 程序探测到系统分配大页内存了（注意，只是探测到，但没真正使用，因为没有写使用代码），亲切的“Hello world from DPDK!”终于出来了。

注意：“EAL: No available hugepages reported in hugepages-1048576kB”不是错误，只是一句信息提示，提示我们没有可用的 1GB 大页内存，这是当然的，因为我们配置的大页内存是 2MB 的。

好了，临时设置大页内存结束，如果不想每次重启都要重新设置，可以使用永久设置法。

5. 永久设置 2MB 大页内存

在虚拟机 Ubuntu 中打开文件/etc/default/grub，找到 GRUB_CMDLINE_LINUX=""，然后把 default_hugepagesz=2M hugepagesz=2M hugepages=1024 添加到分号中，如下所示：

```
GRUB_CMDLINE_LINUX="default_hugepagesz=2M hugepagesz=2M hugepages=1024"
```

这样我们分配了 1024 个 2MB 大页内存。

注意：当前虚拟机 Ubuntu 要分配 4GB 内存，如果是 2GB 的话，可能重启会进不去。

保存文件后退出，然后在命令行执行更新启动参数配置/boot/grub/grub.cfg 的命令：

```
update-grub
```

然后重新启动，这样每次进入系统就不必重新配置大页内存了。此时可以查看到大页内存（HugePages_Total）一共有 1024 个了，命令如下：

```
root@tom-virtual-machine:~/ex/test/build# grep Huge /proc/meminfo
AnonHugePages:         0 KB
ShmemHugePages:        0 KB
FileHugePages:         0 KB
HugePages_Total:    1024
HugePages_Free:     1023
HugePages_Rsvd:        0
HugePages_Surp:        0
Hugepagesize:       2048 KB
```

```
Hugetlb:          2097152 KB
```

6. 永久设置 1GB 大页内存

现在我们准备永久设置 1 页的 1GB 大页内存。在虚拟机 Ubuntu 中，打开文件/etc/default/grub，找到 GRUB_CMDLINE_LINUX="",然后把 default_hugepagesz=1G hugepagesz=1G hugepages=1 添加到分号中，如下所示：

```
GRUB_CMDLINE_LINUX="default_hugepagesz=1G hugepagesz=1G hugepages=1"
```

这样我们就分配了 1 个 1GB 大页内存。

注意： 当前虚拟机 Ubuntu 至少要分配 4GB 内存，如果是 2GB 的话，可能重启会进不去或重启失败。

保存文件后退出，在命令行执行更新启动参数配置/boot/grub/grub.cfg 的命令：

```
update-grub
```

然后重新启动，这样每次进入系统就不必重新配置大页内存了。此时可以查看到 1GB（1GB=1048576KB）大页内存（HugePages_Total）一共有 1 个，命令如下：

```
root@tom-virtual-machine:~# grep Huge /proc/meminfo
AnonHugePages:         0 KB
ShmemHugePages:        0 KB
FileHugePages:         0 KB
HugePages_Total:       1
HugePages_Free:        1
HugePages_Rsvd:        0
HugePages_Surp:        0
Hugepagesize:    1048576 KB
Hugetlb:         1048576 KB
```

注意： 如果不想永久设置大页内存，可以打开文件/etc/default/grub，恢复 GRUB_CMDLINE_LINUX=""，保存并退出后，再次执行命令 update-grub，最后重启。

7. 挂载大页内存

设置完大页内存个数后，为了让大页内存生效，需要挂载大页内存文件系统，例如将 hugetlbfs 挂载到/mnt/huge。刚挂载完时/mnt/huge 目录是空的，里面没有一个文件，直到有进程以共享内存方式使用了这个大页内存系统，才会在这个目录下创建大页内存文件。大页内存的分配在系统启动后应尽快进行，以防止内存分散在物理内存中。挂载命令如下：

```
mkdir /mnt/huge
mount -t hugetlbfs nodev /mnt/huge
```

8. 大页内存的使用

当应用进程想要使用大页内存时，可以自己实现大页内存的使用方式，例如通过 mmap、shamt 等共享内存映射的方式。目前 DPDK 通过共享内存的方式打开/mnt/huge 目录下的每个大页，然后进行共享内存映射，实现了一套大页内存使用库，来替代普通的 malloc、free 系统调用。或者可以使用 libhugetlbfs.so 这个库来实现内存的分配与释放，进程只需要链接 libhugetlbfs.so 库，使用库中实现的接口来申请内存、释放内存、替代传统的 malloc、free 等系统调用。

8.2.10 绑定网卡

要启动 DPDK 网络功能，需要两个必备的要求：（1）预留大页内存；（2）加载 PMD 驱动和绑定网卡。前面我们编译出来的 Hello world 程序并不依赖于网络，所以它在运行前只是预留了大页内存，并没有加载内核驱动以及绑定网卡设备。那么对于基于 DPDK 实现的网络功能，就必须做驱动的加载和网卡的绑定。

1. 为何要绑定网卡

1.6 节分析了内核的弊端，内核是导致性能瓶颈的原因所在，要解决问题需要绕过内核。因此主流解决方案都是旁路网卡 I/O，绕过内核直接在用户态收发包来解决内核的瓶颈。或许有人不懂旁路的含义，别想得太深了，就是旁边另外一条路径的意思，如图 8-15 所示。

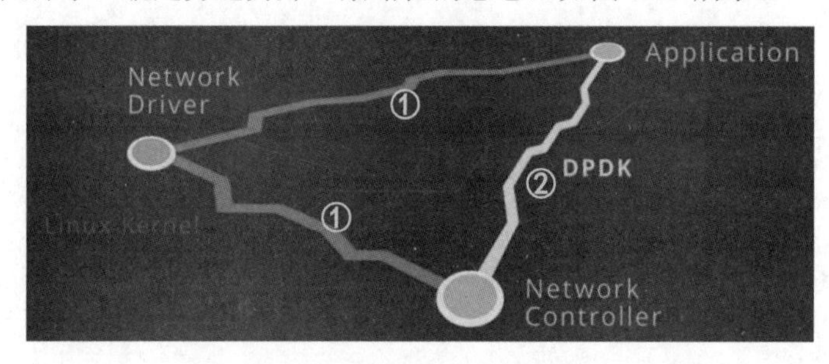

图 8-15

图中①标识的路径就是老路，②标识的路径就是所谓的旁路。下面，我们看一下 DPDK 旁路内部原理，如图 8-16 所示。

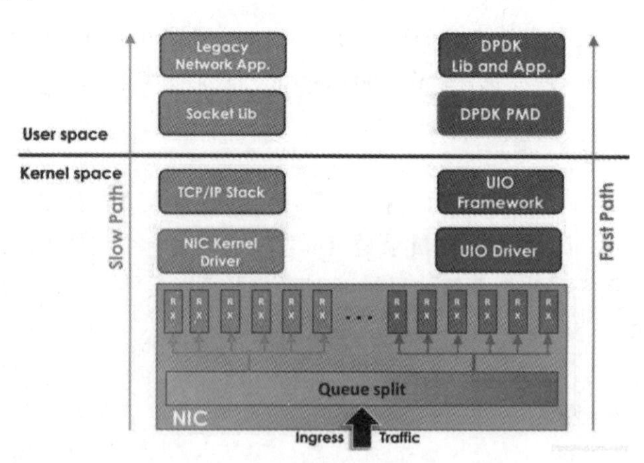

图 8-16

图中，左边是原来的传统方式，即数据从下面的网卡→网卡驱动（NIC Kernel Driver）→协议栈（TCP/IP Stack）→Socket 接口（Socket lib）→业务（App）。

右边是 DPDK 的方式，借助 Linux 提供的 UIO 机制实现旁路数据，使得数据从网卡→DPDK 轮询模式驱动（DPDK PMD，这个驱动运行在用户空间）→DPDK 基础库（DPDK Lib）→业务。

DPDK 的 UIO 驱动屏蔽了硬件发出的中断，然后在用户态采用主动轮询的方式，这种模式被称为 PMD（Poll Mode Driver）。

PMD 是 DPDK 在用户态实现的网卡驱动程序，但实际上还是会依赖于内核提供的支持。其中 UIO 内核模块是内核提供的用户态驱动框架，而 IGB_UIO（igb_uio.ko）是 DPDK 用于与 UIO 交互的内核模块，通过 IGB_UIO 来绑定指定的 PCI 网卡设备给用户态的 PMD 使用。IGB_UIO 借助 UIO 技术来截获中断，并重设中断回调行为，从而绕过内核协议栈后续的处理流程，并且 IGB_UIO 会在内核初始化的过程中将网卡硬件寄存器映射到用户态。

IGB_UIO 内核模块的主要功能之一就是注册一个 PCI 设备。通过 DPDK 提供的 Python 脚本 dpdk-devbind 来完成，当执行 dpdk-devbind 来绑定网卡时，会通过 sysfs 与内核交互，让内核使用指定的驱动程序（例如 igb_uio）来绑定网卡。IGB_UIO 内核模块的另一个主要功能就是让用户态的 PMD 网卡驱动程序得以与 UIO 进行交互。当用户加载 igb_uio 驱动时，原先被内核驱动接管的网卡将转移到 igb_uio 驱动，以此来屏蔽原生的内核驱动以及内核协议栈。

UIO 机制使得 DPDK 可以在用户态收发网卡数据。UIO 驱动在内核层，PMD 驱动在用户态，使用时，通常先要用命令 modprob 载入 UIO 驱动模块。

2. 用户态驱动

设备驱动可以运行在内核态，也可以运行在用户态。不管用户态驱动还是内核态驱动，它们都有各自的缺点。内核态驱动的问题是系统调用开销大、学习曲线陡峭、接口稳定性差、调试困难、bug 致命、编程语言选择受限，而用户态驱动面临的挑战是如何中断处理、如何 DMA、如何管理设备的依赖关系、无法使用内核服务等。为了优化性能，或者为了隔离故障，或者为了逃避开源许可证的约束，不管是基于何种目的，Linux 都已有多种用户态驱动的实现，如 UIO、VFIO、USB 用户态驱动等。它们在处理中断、DMA、设备依赖管理等方面的设计方案和实现细节上各有千秋。

1）UIO 用户态驱动

UIO 是运行在用户空间的 I/O 技术。Linux 系统中一般的驱动设备都运行在内核空间，而在用户空间用应用程序调用即可；UIO 机制则是将驱动的很少一部分运行在内核空间，而在用户空间实现驱动的绝大多数功能。使用 UIO 可以避免设备的驱动程序需要随着内核的更新而更新的问题，有 Linux 开发经验的读者都知道，如果内核更新了，那么驱动也要重新编译。DPDK 的 UIO 驱动框架如图 8-17 所示。

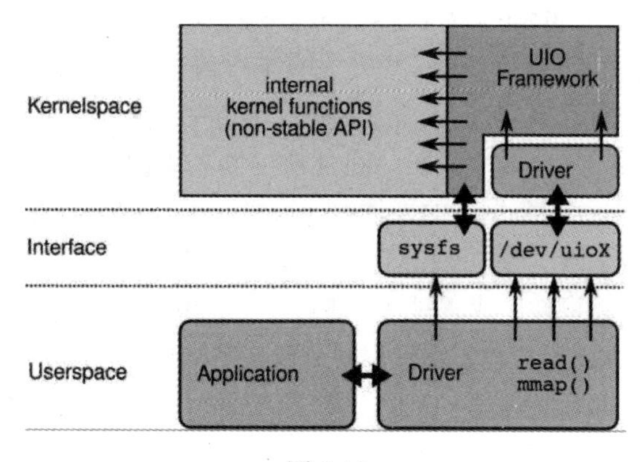

图 8-17

系统加载 igb_uio 驱动后，每当有网卡和 igb_uio 驱动进行绑定时，就会在/dev 目录下创建一个 UIO 设备，例如/dev/uio1。UIO 设备是一个接口层，用于将 PCI 网卡的内存空间以及网卡的 IO 空间暴露给应用层。通过这种方式，应用层访问 UIO 设备就相当于访问网卡。具体来说，当有网卡和 UIO 驱动绑定时，被内核加载的 igb_uio 驱动会将 PCI 网卡的内存空间、IO 空间保存在 UIO 目录下，（例如/sys/class/uio/uio1/maps），同时也会保存到 PCI 设备目录下的 uio 文件中。这样应用层就可以访问这两个文件中的任意一个文件里面保存的地址空间，然后通过 mmap 将文件中保存网卡的物理内存映射成虚拟地址，应用层访问这个虚拟地址空间就相当于访问 PCI 设备了。

从图 8-17 中可以看出，DPDK 的 UIO 驱动框架由用户态驱动 PMD（在 Userspace 中）、运行在内核态的 igb_uio 驱动，以及 Linux 的 UIO 框架组成。用户态驱动 PMD 通过轮询的方式直接从网卡收发报文，将内核旁路了，绕过了内核协议栈，避免了内核和应用层之间的复制性能；内核态驱动 igb_uio 用于将 PCI 网卡的内存空间、IO 空间暴露给应用层，供应用层访问，同时会处理网卡的硬件中断（控制中断而不是数据中断）；Linux UIO 框架（UIO Framework）提供了一些给 igb_uio 驱动调用的接口，例如 uio_open 打开 UIO，uio_release 关闭 UIO，uio_read 从 UIO 读取数据，uio_write 往 UIO 写入数据。Linux UIO 框架的代码在内核源码 drivers/uio/uio.c 文件中实现。Linux UIO 框架也会调用内核提供的其他 API 接口函数。

应用层 PMD 通过 read 系统调用来访问/dev/uiox 设备，进而调用 igb_uio 驱动中的接口，igb_uio 驱动最终会调用 Linux UIO 框架提供的接口。

PMD 用户态驱动通过轮询的方式，直接从网卡收发报文，将内核旁路了，绕过了协议栈。那为什么还要实现 UIO 呢？在某些情况下应用层想要知道网卡的状态之类的信息，就需要网卡硬件中断的支持。硬件中断只能在内核上完成，目前 DPDK 的实现方式是在内核态 igb_uio 驱动上实现小部分硬件中断（例如统计硬件中断的次数），然后唤醒应用层注册到 epoll 中的/dev/uiox 中断，进而由应用层来完成大部分的中断处理过程（例如获取网卡状态等）。

有一个疑问：是不是网卡报文到来时，产生的硬件中断也会到/dev/uiox 中断来呢？肯定是不会的，因为这个/dev/uiox 中断只是控制中断，网卡报文收发的数据中断是不会触发到这里来的。为什么数据中断就不能唤醒 epoll 事件呢，DPDK 是如何区分数据中断与控制中断的？那是因为在 PMD 驱动中，调用 igb_intr_enable 接口开启 UIO 中断功能，设置中断的时候，是可以指定中断掩码的，例如指定 E1000_ICR_LSC 网卡状态改变中断掩码，E1000_ICR_RXQ0 接收网卡报文中断掩码；E1000_ICR_TXQ0 发送网卡报文中断掩码等。如果某些掩码没指定，就不会触发相应的中断。DPDK 的用户态 PMD 驱动中只指定了 E1000_ICR_LSC 网卡状态改变中断掩码，网卡收发报文中断被禁用了，只有网卡状态改变才会触发 epoll 事件，因此当有来自网卡的报文时，产生的硬件中断是不会唤醒 epoll 事件的。这些中断源码在 e1000_defines.h 文件中定义。

另一个需要注意的地方是，igb_uio 驱动在注册中断处理回调时，会将中断处理函数设置为 igbuio_pci_irqhandler，也就是将正常网卡的硬件中断给拦截了，这也是用户态驱动 PMD 能够直接访问网卡的原因。得益于拦截了网卡的中断回调，在中断发生时，Linux UIO 框架会唤醒 epoll 事件，进而应用层能够读取网卡中断事件，或者对网卡进行一些控制操作。拦截硬件中断处理回调只对网卡的控制操作有效，对于 PMD 用户态驱动轮询网卡报文是没有影响的。也就是说 igb_uio 驱动不管有没有拦截硬件中断回调，都不影响 PMD 的轮询。拦截硬件中断回调，只是为了应用层能够响应硬件中断，并对网卡做些控制操作。

因为对于设备中断的应答必须在内核空间进行，所以在内核空间中有一小部分代码用来应答中断和禁止中断，其余的工作全部留给用户空间处理。如果用户空间要等待一个设备中断，那它只需要简单地阻塞在对/dev/uioX 的 read()操作上，当设备产生中断时，read()操作立即返回。UIO 也实现了 poll()系统调用，我们可以使用 select()来等待中断的发生。select()有一个超时参数，可以用来实现在有限时间内等待中断。这些都是具体的 UIO 驱动编程了，读者了解即可。

UIO 的特点如下：

（1）一个 UIO 设备最多支持 5 个 mem 和 portio 空间的 mmap 映射。
（2）UIO 设备的中断用户态通信机制基于 wait_queue 实现。
（3）一个 UIO 设备只支持一个中断号注册，支持中断共享。

总的来说，UIO 框架适用于简单设备的驱动，因为它不支持 DMA，不支持多个中断线，缺乏逻辑设备抽象能力。

总之，UIO 是用户空间下驱动程序的支持机制。DPDK 使用 UIO 机制使网卡驱动程序运行在用户态，并采用轮询和零复制方式从网卡收取报文，提高收发报文的性能。UIO 旁路了内核，主动轮询去掉硬中断，从而 DPDK 可以在用户态做收发包处理，带来零复制、无系统调用的好处，同步处理减少上下文切换带来的 Cache Miss。

值得注意的是，如果计算机启用了 UEFI 安全引导，那么 Linux 内核可能会禁止在系统上使用 UIO，因此应如果要用 UIO，建议先在 BIOS 中去掉 UEFI 安全引导。

2）VFIO 用户态驱动

UIO 的出现允许将驱动程序用到用户态空间里实现，但 UIO 有它的不足之处，如不支持 DMA、中断等。VFIO 作为 UIO 的升级版，主要就是解决这个问题。

此外，随着虚拟化的出现，IOMMU（Input/Output Memory Management Unit）也随之出现。IOMMU 是一个内存管理单元（Memory Management Unit），它的作用是连接 DMA-capable I/O 总线（Direct Memory Access-capable I/O Bus）和主存（Main Memory）。传统的内存管理单元会把 CPU 访问的虚拟地址转化成实际的物理地址，而 IOMMU 则是把设备（device）访问的虚拟地址转换成物理地址。IOMMU 为每个直通的设备分配独立的页表，因此不同的直通设备，彼此之间相互隔离。

有一些场景，多个 PCI 设备之间是相互联系的，它们互相组成一个功能实体，彼此之间是可以相互访问的，因此 IOMMU 针对这些设备是行不通的，随之出现了 VFIO 技术。VFIO 兼顾了 UIO 和 IOMMU 的优点，在 VFIO 里，直通的最小单元不再是某个单独的设备了，而是分布在同一个组的所有设备。总之，相比于 UIO，VFIO 更为强健和安全。不过，如果要通过 VFIO 绑定网卡，那么机器配置要求就比较高，比如需要 IOMMU 的支持等。还是为了照顾广大学生读者，本书通过 UIO 来绑定网卡。

最后总结两种驱动类型：igb_uio 主要作为轻量级内核模块 UIO 提供给设备。如果想要比 UIO 更健壮更安全的内核模块，那么可以采用 vfio-pci，它基于 IOMMU 的安全保护。

3. 通过 UIO 绑定网卡

绑定操作其实很简单，DPDK 提供了一个 Python 脚本程序文件 dpdk-devbind.py，这个脚本文件在源码目录的 usertools 子目录下可以找到。如果已经安装了 DPDK，则在/usr/local/bin/下也可以找到 dpdk-devbind.py（如果做了前面的编译安装 DPDK，则应该是能找到的），在图 8-4 中可以看到。

因此，既可以在源码的 usertools 目录下执行该脚本，也可以在任意目录下执行该脚本（此时执行的是/usr/local/bin/下的脚本），当然前提是要有 root 权限。文件 dpdk-devbind.py 旨在操作设备与其驱动程序的绑定关系、查询设备与其驱动程序的绑定关系（即查询设备是和内核驱动绑定在一起，还是和 UIO 或 VFIO 驱动绑定在一起，或者没有和驱动绑定一起，此时是 nodrv）、绑定设备驱动和解绑设备驱动，等等。反正功能很强大，有兴趣的读者可以打开这个脚本文件看看。

脚本文件 dpdk-devbind.py 使用选项-s 或--status 可以查询设备与驱动的绑定关系。在 dpdk-devbind.py 显示绑定关系之前，用主函数先验证一下系统是否具有 DPDK 支持的驱动，代码如下：

```
#DPDK 支持的驱动
dpdk_drivers = ["igb_uio", "vfio-pci", "uio_pci_generic"]
```

这 3 个模块都可以提供 UIO 功能，uio_pci_generic 最基本，vfio-pci 最安全和强大（但预置要求多），不过它依赖于依赖于 IOMMU。igb_uio 驱动就是前面讲解的 UIOI 用户态驱动。vfio-pci 就是 VFIO 用户态驱动；uio_pci_generic 也是 Linux 内核提供的可以提供 UIO 能力的标准模块，但对于不支持传统中断的设备，必须使用 igb_uio 来替代 uio_pci_generic 模块。DPDK 1.7 版本提供 VFIO 支持，所以，对于支持 VFIO 的平台，可选择 UIO，也可以不用。此外，现在计算机都会启用 UEFI（Unified Extensible Firmware Interface 统一的可扩展固件接口）安全引导，而 Linux 内核可能会禁止在系统上使用 UIO，因此，由 DPDK 使用的设备应绑定到 vfio-pci 内核模块，而不是 igb_uio 或 uio_pci_generic。

dpdk-devbind.py 脚本程序会遍历/sys/module 目录下的模块文件，检查 dpdk_drivers 字符数组定义的 3 种驱动是否存在。dpdk-devbind.py 脚本文件中的函数 check_module 的最后，会更新 dpdk_drivers，使它仅包含系统已加载的驱动模块。如果在参数选项中使用-b 或--bind 指定了要绑定的驱动，但是模块未加载，则退出程序。因此在绑定之前通常要加载这 3 个驱动之一。如果--bind 要绑定的驱动程序并非 DPDK 的 dpdk_drivers 中指定的任意一个，也允许进行绑定，但是会打印一个警告信息。

由于我们要把系统的一块网卡让 DPDK 接管而不让操作系统接管，因此系统至少要有两块网卡，否则一块网卡脱离操作系统后，就无法通过终端工具连接到该网卡了。绑定网卡前，先在虚拟机中增加一块网卡（如果当前仅有一块的网卡的话），然后就可以开始绑定了。在虚拟机 Ubuntu 中绑定网卡到 UIO 驱动的步骤如下：

步骤 01 查看绑定用户态驱动前的设备状态，在命令行下输入如下命令：

```
    root@tom-virtual-machine:~# dpdk-devbind.py -s

    Network devices using kernel driver
    ===================================
    0000:02:01.0 '82545EM Gigabit Ethernet Controller (Copper) 100f' if=ens33
drv=e1000 unused=vfio-pci *Active*
    0000:02:06.0 '82545EM Gigabit Ethernet Controller (Copper) 100f' if=ens38
drv=e1000 unused=vfio-pci *Active*

    No 'Baseband' devices detected
    ==============================
```

```
...
```

笔者已经将 dpdk-devbind.py 所在的路径存放在系统 PATH 中了，因此可以在任意目录下直接执行 dpdk-devbind.py。如果没有这样做，则要先进入该脚本文件所在目录，然后执行./ dpdk-devbind.py -s。可以看到，当前网络设备用的是内核驱动（Network devices using kernel driver）；发现了两块网卡，分别是 ens33 和 ens38，其中 ens33 是虚拟机 Ubuntu 自带的，ens38 是笔者后来添加的。另外，if 是网络接口的意思，这两块网卡当前用的驱动是 Intel 提供的 e1000，这是个内核态驱动（因此操作系统内核能认识）；unused 表示某个驱动程序已经在操作系统中存在了，但未使用，现在显示的是 vfio-pci，并没有 UIO 驱动，似乎 DPDK 默认想让用户使用 vfio-pci。为了降低读者的学习成本，本节使用 UIO 驱动来绑定网卡，没有 UIO 驱动不要紧，我们找源码来，自己编译一个 UIO 驱动出来。

步骤 02 加载 igb_uio 驱动模块。

DPDK 提供了 igb_uio.ko 驱动的源码，需要到官网上去下载，笔者已经为读者下载好了，并放到随书源码根目录下，读者只要将它复制到 Linux 系统中去 make 一下，即可生成 igb_uio.ko 文件，注意，因为是驱动，所以一定要先 make，然后到 igb_uio 所在的目录下就可以加载 igb_uio 驱动模块了：

```
root@tom-virtual-machine:~/soft/igb_uio# modprobe uio
root@tom-virtual-machine:~/soft/igb_uio# insmod igb_uio.ko
```

modprobe 是 Linux 的一个命令，可载入指定的个别模块，或是载入一组相依的模块（这一步是必不可少的），然后再用 insmod 命令加载驱动模块。前面通过 dpdk-devbind.py 知道，dpdk_drivers 数组定义了 3 种用户态驱动，现在又加载了 igb_uio 驱动模块，这样支持 VFIO 驱动的网卡就可以在用户态下直接使用了，否则网卡使用的驱动是内核态下的，导致每次使用网卡还要经过内核态，简直浪费时间。

步骤 03 查看绑定用户态驱动前的设备状态，在命令行下输入如下命令：

```
root@tom-virtual-machine:~# dpdk-devbind -s

Network devices using kernel driver
===================================
0000:02:01.0 '82545EM Gigabit Ethernet Controller (Copper) 100f' if=ens33
drv=e1000 unused=igb_uio,vfio-pci *Active*
0000:02:06.0 '82545EM Gigabit Ethernet Controller (Copper) 100f' if=ens38
drv=e1000 unused=igb_uio,vfio-pci *Active*

No 'Baseband' devices detected
==============================
...
```

可以看到发生了一点变化，未使用（unused）的驱动模块变为 2 个了，即 igb_uio 和 vfio-pci，说明系统已经加载了这两个驱动模块，但未使用，也就是未和网卡绑定。下面要把网卡绑定到用户态驱动程序 UIO 上去，即让 e1000 这个内核驱动到“unused=”后面去，“drv=”后面变为 igb_uio。

步骤 04 停止网卡。

注意，停止网卡前，确保当前操作系统至少有两块网卡，比如笔者当前有两块网卡，一块是ens33，另外一块是新添加的ens38。然后执行命令：

```
ifconfig ens38 down
```

ens38 是要停止的网卡的名称，down 表示停止网卡。这一步是必须的，不停止网卡，绑定不会成功。

步骤05 通过 UIO 绑定网卡。

在命令行下输入如下命令：

```
root@tom-virtual-machine:~# dpdk-devbind.py -b=igb_uio  0000:02:06.0
root@tom-virtual-machine:~#
```

其中，-b 表示绑定（bind）的意思；后面的数字是步骤 03 显示的网卡那一行开头的数字。如果要解绑网卡，则用选项-u 代替-b 即可。

注意：如果是 DPDK19，则-b 后面的等于号用空格来代替。

步骤06 再次确认状态。

此时再检查状态：

```
root@tom-virtual-machine:~# dpdk-devbind -s

Network devices using DPDK-compatible driver
============================================
0000:02:06.0 '82545EM Gigabit Ethernet Controller (Copper) 100f' drv=igb_uio
unused=e1000,vfio-pci

Network devices using kernel driver
===================================
0000:02:01.0 '82545EM Gigabit Ethernet Controller (Copper) 100f' if=ens33
drv=e1000 unused=igb_uio,vfio-pci *Active*
...
```

可以看到网络设备使用的是 DPDK 驱动了（Network devices using DPDK-compatible driver），并且从 drv 后面可以看到驱动名称是 igb_uio；而未使用（unused）的驱动是 e1000 和 vfio-pci，一个是内核网卡驱动 e1000，另外一个是高端用户态驱动 vfio-pci，它们都处于未使用状态。至此，绑定网卡到 UIO 驱动成功。

8.2.11 实现一个稍复杂的命令行工具

我们的第一个 DPDK 程序比较简单，而且没什么实用性，至多只能检测开发环境是否正常。现在我们来开发一个具有实用功能的命令行程序，该程序模拟一个命令行，用户可以输入自定义的命令，然后执行相应的功能，比如用户输入 help，则显示一段和帮助相关的文字。DPDK 提供了一些库函数来方便用户构造这样一个命令行工具，该命令行工具可以为程序添加命令行实现。

本节实现的是一个最基本的命令行工具程序，读者可以根据此程序进行扩展，添加自己的命令。

这个命令行工具程序可以作为以后发布DPDK程序的用户界面，让用户通过命令来操作DPDK程序。

有的命令只有一个动作参数，有的命令包括动作参数、动作对象参数以及动作对象的值参数，等等。比如有这样一条命令：add ip 192.168.0.2。其中，add是命令（即动作参数，动作参数就是告诉程序要干什么），表示一个动作；ip是add添加的对象（即动作对象参数）；192.168.0.2是给对象ip添加的具体值（动作对象的值参数）。那么我们如何把这样一条命令做成DPDK命令行程序呢？由以下四步实现：

步骤01 定义命令参数。我们定义一个结构体，来表示该条命令的每个参数（或称字段），结构体定义如下：

```
struct cmd_obj_add_result {
    cmdline_fixed_string_t action;        //表示命令动作名称
    cmdline_fixed_string_t name;          //表示命令操作对象的名称
    cmdline_ipaddr_t ip;                  //表示用户输入具体的 ip 值
};
```

命令动作名称和对象名称都是字符串，所以用DPDK自带的字符串类型cmdline_fixed_string_t来定义；ip表示具体的ip值，用DPDK自带的IP地址类型cmdline_ipaddr_t来定义，这些自带类型现在不必深究，拿来用即可。结构体cmd_obj_add_result用于存储该条命令的3个参数。

步骤02 初始化命令参数。该条命令中有3个标识符，分别是add、ip和具体的ip值（比如192.168.0.2）。定义令牌的目的是把命令中的标识符和命令结构体中的字段联系起来，比如将add和命令结构体的字段action联系起来，我们可以这样定义add令牌：

```
cmdline_parse_token_string_t cmd_obj_action_add =
    TOKEN_STRING_INITIALIZER(struct cmd_obj_add_result, action, "add");
```

通过宏TOKEN_STRING_INITIALIZER用字符串“add”初始化命令结构体字段action，这样用户输入命令的第一个标识符就只能是“add”了。如果用其他标识符，比如“insert”，那么用户就必须这样输入：insert ip 192.168.0.2。cmdline_parse_token_string_t是DPDK自带的表示字符串类型的令牌类型，我们拿来用即可。cmd_obj_action_add是字符串令牌变量名称。

我们再定义第二个令牌，即初始化命令结构体中的字段ip：

```
cmdline_parse_token_string_t cmd_obj_name =
TOKEN_STRING_INITIALIZER(struct cmd_obj_add_result, name,"serv-ip");
```

TOKEN_STRING_INITIALIZER的第三个参数"serv-ip"就是用户输入的ip，如果写成大写IP，则用户输入的时候，也要用大写。如果允许用户输入任意字符的标识符，则直接使用NULL即可，这样用户输入"add myip 192.168.0.2"或"add server-ip 192.168.0.2"等都可以了。

最后定义本命令的最后一个令牌：

```
cmdline_parse_token_ipaddr_t cmd_obj_ip =
    TOKEN_IPADDR_INITIALIZER(struct cmd_obj_add_result, ip);
```

cmdline_parse_token_ipaddr_t是DPDK自带的IP令牌类型，cmd_obj_ip是令牌变量名。宏TOKEN_IPADDR_INITIALIZER用于初始化命令结构体中的ip字段，该宏只有两个参数，并没有出现第三个参数，这个很好理解，因为具体的IP值是让用户来输入的，没必要具体关联某个IP值到

ip 字段。

步骤 03 定义并初始化命令结构体：

```
cmdline_parse_inst_t cmd_obj_add = {
    .f = cmd_obj_add_parsed,  /* function to call */
    .data = NULL,      /* 2nd arg of func */
    .help_str = "Add an object (name, val)",
    .tokens = {        /* token list, NULL terminated */
        (void *)&cmd_obj_action_add,
        (void *)&cmd_obj_name,
        (void *)&cmd_obj_ip,
        NULL,
    },
};
```

cmdline_parse_inst_t 是 DPDK 自带的命令结构类型，用来定义条命令。cmd_obj_add 是结构体变量名，其第一个字段 f 指向命令处理函数，这里函数名是 cmd_obj_add_parsed，这个是自定义函数，用来响应用户输完命令后按 Enter 键的后续操作，该函数我们稍后定义；字段 data 指向的是传给函数 cmd_obj_add_parsed 的参数，这里不需要传参数，因此为 NULL；字段 help_str 表示对该命令的解释说明；tokens 是一个令牌数组，每个元素都是前面定义好的令牌元素，其实就是整条命令的所有参数，注意最后以 NULL 结束。

步骤 04 定义命令响应函数。用户输入命令，肯定需要响应，响应的过程就在这个响应函数中实现。上一步给出了响应函数名 cmd_obj_add_parsed，现在来实现该函数，定义如下：

```
static void cmd_obj_add_parsed(void *parsed_result, struct cmdline *cl,
                __rte_unused void *data)
{
    //将传递的参数转换为 cmd_obj_add_result 结构体
    struct cmd_obj_add_result *res = parsed_result;
    struct object *o;
    char ip_str[INET6_ADDRSTRLEN];  //用于存储用户输入的 ip，支持 IPv6

    SLIST_FOREACH(o, &global_obj_list, next) { //遍历列表，判断对象是否添加过
        if (!strcmp(res->name, o->name)) { //res->name 是传入的对象名
            cmdline_printf(cl, "Object %s already exist\n", res->name);
            return;  //如果已经添加过了，则直接返回
        }
    }
    //用户输入的添加对象是新的，那就添加进全局列表中
    //分配 object 结构指针（这里用到了一个比较巧妙的做法，对指针 0 进行取值再用 sizeof 求取
大小）
    o = malloc(sizeof(*o));  //分配对象空间
    if (!o) {
        cmdline_printf(cl, "mem error\n");
        return;  //分配空间失败，则直接返回
    }
    strlcpy(o->name, res->name, sizeof(o->name));  //复制对象名称，即填充 name
    o->ip = res->ip;   //保存用户输入的 ip，即填充 ip 地址
```

```
    SLIST_INSERT_HEAD(&global_obj_list, o, next);//把新的添加对象插入全局列表中
   //格式化 IP 字符串，即将 ip 地址转换成方便查看的点分十进制并且打印
    if (o->ip.family == AF_INET) //若输入的 ip 是 IPv4 地址，则组成 IPv4 格式的字符串
        snprintf(ip_str, sizeof(ip_str), NIPQUAD_FMT,
            NIPQUAD(o->ip.addr.ipv4));
    else //若输入的 ip 是 IPv6 地址，则组成 IPv6 格式的字符串
        snprintf(ip_str, sizeof(ip_str), NIP6_FMT,
            NIP6(o->ip.addr.ipv6));
    //输入结果，告诉用户添加成功了，cmdline_printf 是 DPDK 自带的输出函数
    cmdline_printf(cl, "Object %s added, ip=%s\n",
             o->name, ip_str);
}
```

这个函数逻辑比较简单，就是把用户添加的对象保存在一个全局列表里，如果新添加的对象已经存在，则直接返回，否则就添加进全局列表中。命令响应函数的第 1、2 个参数形式是固定的，第 3 个参数 data 才是我们传递给函数的参数，当然也可以不传内容。在 SLIST_FOREACH 循环中，判断用户输入的对象（也就是 add 后面的那个参数）是否添加过，其中 res->name 是传入的对象名，o->name 是循环中列表当前的对象名。遍历循环后，如果判断出对象没有被添加过，则分配内存空间，并将它添加进全局列表中，最后格式化 IP 地址字符串并输出结果。

完成以上四步，一条命令就算彻底定义好了。命令行程序通常包含多条命令，我们需要把这些命令存储起来，DPDK 提供了一个 cmdline_parse_ctx_t 结构体类型，用于定义数组，保存多条命令，比如：

```
cmdline_parse_ctx_t main_ctx[] = {
    (cmdline_parse_inst_t *)&cmd_obj_del_show,
    (cmdline_parse_inst_t *)&cmd_obj_add,
    (cmdline_parse_inst_t *)&cmd_help,
    (cmdline_parse_inst_t *)&cmd_quit,
    NULL,
};
```

一共有 4 条命令，其中 cmd_obj_add 是刚才定义过的，另外 3 条命令可以在下面的例子代码中找到，定义过程类似。

【例 8.3】实现 DPDK 命令行工具程序

（1）打开 VC2017，新建一个 Linux 控制台工程，工程名是 test。

（2）向工程添加一个 main.c 文件，并输入如下代码：

```
#include <stdio.h>
#include <string.h>
#include <stdint.h>
#include <errno.h>
#include <sys/queue.h>

#include <cmdline_rdline.h>
#include <cmdline_parse.h>
#include <cmdline_socket.h>
#include <cmdline.h>
```

```
#include <rte_memory.h>
#include <rte_eal.h>
#include <rte_debug.h>

#include "commands.h"
int main(int argc, char **argv)
{
    int ret;
    struct cmdline *cl;

    ret = rte_eal_init(argc, argv);  //初始化环境抽象层(EAL)
    if (ret < 0)
        rte_panic("Cannot init EAL\n");

    cl = cmdline_stdin_new(main_ctx, "example> ");   //初始化一个命令行
    if (cl == NULL)
        rte_panic("Cannot create cmdline instance\n");
    cmdline_interact(cl);         //在用户输入 Ctrl+D 时返回
    cmdline_stdin_exit(cl);       //退出命令行，释放资源和配置

    return 0;
}
```

代码中首先调用库函数 rte_eal_init，所有 DPDK 程序都必须初始化环境抽象层（EAL）。然后调用库函数 cmdline_stdin_new 初始化命令行，相当于创建一个命令行，其中的第二个参数"example>"为命令行启动时的提示符，第一个参数 main_ctx 是一个存放所有命令结构体的数组。cmdline_stdin_new 函数功能比较多，很多初始化操作都在 cmdline_stdin_new 中执行，比如设置命令行输入的有效性检查函数(cmdline_valid_buffer)、设置命令行完成函数(cmdline_complete_buffer)、分配命令行结构体空间、一些回调函数指针初始化、设置提示符（这里是"example>"），等等。当 cmdline_stdin_new 成功返回后，将得到一个已经初始化好的 cmdline 结构体指针，随后将它传入库函数 cmdline_interact 中。当 cmdline_stdin_new 执行完后，"example>"就会出现了。

在内部函数 cmdline_valid_buffer 中，将执行命令行分析，该函数的代码如下：

```
cmdline_valid_buffer(struct rdline *rdl, const char *buf,
            __rte_unused unsigned int size)
{
    struct cmdline *cl = rdl->opaque;
    int ret;
    ret = cmdline_parse(cl, buf);
    if (ret == CMDLINE_PARSE_AMBIGUOUS)
        cmdline_printf(cl, "Ambiguous command\n");
    else if (ret == CMDLINE_PARSE_NOMATCH)
        cmdline_printf(cl, "Command not found\n");
    else if (ret == CMDLINE_PARSE_BAD_ARGS)
        cmdline_printf(cl, "Bad arguments\n"); //当输入不准确时候，打印提示一下
}
```

函数 cmdline_parse 用于具体解析命令行的输入，此外还会执行设置好的命令行解析回调函数。

介绍这个的目的主要是让读者知道，当命令行回车后，不是马上执行设置的命令行处理函数，而是先执行命令行解析回调函数，通常可以把一些输入有效性检查放在这个回调函数中，当输入不准确时，就打印出“Bad arguments”。除了命令行解析回调函数外，其实还有几个回调函数，具体函数形式都在 cmdline_token_ops 结构体中声明好了：

```
struct cmdline_token_ops {
    /** parse(token ptr, buf, res pts, buf len) */
    int (*parse)(cmdline_parse_token_hdr_t *, const char *, void *,
        unsigned int);
    /** return the num of possible choices for this token */
    int (*complete_get_nb)(cmdline_parse_token_hdr_t *);
    /** return the elt x for this token (token, idx, dstbuf, size) */
    int (*complete_get_elt)(cmdline_parse_token_hdr_t *, int, char *,
        unsigned int);
    /** get help for this token (token, dstbuf, size) */
    int (*get_help)(cmdline_parse_token_hdr_t *, char *, unsigned int);
};
```

而这个 cmdline_token_ops 结构体的初始化又是在宏 TOKEN_XXX_INITIALIZER 中实现的，比如字符串的 TOKEN_STRING_INITIALIZER 的定义如下：

```
#define TOKEN_STRING_INITIALIZER(structure, field, string)  \
{                                                     \
    /* hdr */                                           \
    {                                                 \
        &cmdline_token_string_ops,        /* ops */          \
        offsetof(structure, field),       /* offset */        \
    },                                                \
    /* string_data */                                     \
    {                                                 \
        string,                       /* str */          \
    },                                                \
}
```

cmdline_token_string_ops 里会具体设置回调函数，定义如下：

```
struct cmdline_token_ops cmdline_token_string_ops = {
    .parse = cmdline_parse_string,
    .complete_get_nb = cmdline_complete_get_nb_string,
    .complete_get_elt = cmdline_complete_get_elt_string,
    .get_help = cmdline_get_help_string,
};
```

读者是不是觉得有点头晕？没关系，DPDK 已经帮我们都做好了关于字符串的这些操作了，IP 地址也帮我们做好了。那我们可不可以自己也来做一个对象（类型）的回调函数呢？勇士的答案当然是要，暂且休息，回到主流程上来。

库函数 cmdline_interact 从标准输入设备上读入数据(比如这里从 example>后面读取用户输入的字符)，并把输入的字符传入命令行 cmdline 结构体，此时 DPDK 将执行命令行解析回调函数（cmdline_token_ops.parse 所指的函数），如果没问题再执行命令处理函数。当用户输入 Ctrl+D 时返回，从命令行中退出，后续库函数 cmdline_stdin_exit 将得到执行，并释放资源和配置，整个程序结束。

（3）在工程中添加 commands.h，并输入如下代码：

```
#ifndef _COMMANDS_H_
#define _COMMANDS_H_

extern cmdline_parse_ctx_t main_ctx[];

#endif /* _COMMANDS_H_ */
```

代码比较简单，就是声明了一个 main_ctx 结构体数组，以方便在 main.c 中引用。

然后再添加 commands.c 文件，该文件用来定义具体的命令，并实现命令处理函数。command.c 中定义了命令上下文数组 main_ctx：

```
cmdline_parse_ctx_t main_ctx[] = {
    (cmdline_parse_inst_t *)&cmd_obj_del_show,
    (cmdline_parse_inst_t *)&cmd_obj_add,
    (cmdline_parse_inst_t *)&cmd_help,
    NULL,
};
```

一共有 3 条命令，其中 cmd_obj_add cadd 命令，前面已经讲解过了。Help 命令就是显示一段帮助文字，命令 del 和 show 都是对列表中的某个对象进行操作，前者是删除列表中的某个对象，后者是显示列表中某个对象的值，由于这两条命令都需要用户输入对象的名称（也就是添加时候的对象名称，比如 ip），因此可以把这两条命令放在一个结构体 cmd_obj_del_show 中实现。要实现 del 和 show 命令，老规矩还是 4 步曲（这里就简述了，因为前面已经详述过了）：

第一步，定义命令参数。我们定义一个结构体，来表示该条命令的每个参数（或称字段），结构体定义如下：

```
struct cmd_obj_del_show_result {
    cmdline_fixed_string_t action; //表示命令动作名称
    struct object *obj;     //表示命令操作对象，这样不是对象名称，是对象
};
```

注意：为了演示自定义命令行解析回调函数，这里没有用对象名称（对象名称是字符串形式，命令行解析函数 DPDK 已经帮我们做好了），用了一个自定义的结构体 struct object，这个结构体后面会专门在文件中定义，这里先实现 4 步曲。

第二步，初始化命令参数。该条命令中有两个标识符，比如“del 对象”，或者“show 对象”。定义令牌的目的是把命令中的标识符和命令结构体中的字段联系起来，比如将“show”或者“del”和命令结构体的字段 action 联系起来。可以这样定义 show 和 del 令牌：

```
cmdline_parse_token_string_t cmd_obj_action =
    TOKEN_STRING_INITIALIZER(struct cmd_obj_del_show_result,
                action, "show#del");
```

通过宏 TOKEN_STRING_INITIALIZER 用字符串“show”或者“del”初始化命令结构体字段

action，这样用户输入命令的第一个标识符只能是“show”或“del”。我们再定义第二个令牌，即初始化命令结构体中的字段 obj：

```
parse_token_obj_list_t cmd_obj_obj =
    TOKEN_OBJ_LIST_INITIALIZER(struct cmd_obj_del_show_result, obj,
                &global_obj_list);
```

TOKEN_OBJ_LIST_INITIALIZER 是我们自定义的宏，稍后会实现；obj 是 cmd_obj_del_show_result 中的字段；global_obj_list 是一个全局列表，保存当前所有对象，定义如下：

```
struct object_list global_obj_list;
```

第三步，定义并初始化命令结构体：

```
cmdline_parse_inst_t cmd_obj_del_show = {
    .f = cmd_obj_del_show_parsed,  /* function to call */
    .data = NULL,      /* 2nd arg of func */
    .help_str = "Show/del an object",
    .tokens = {        /* token list, NULL terminated */
        (void *)&cmd_obj_action,
        (void *)&cmd_obj_obj,
        NULL,
    },
};
```

第四步，定义命令响应函数。上一步给出的响应函数名是 cmd_obj_del_show_parsed，现在来实现该函数，定义如下：

```
static void cmd_obj_del_show_parsed(void *parsed_result,
                   struct cmdline *cl,
                   __rte_unused void *data)
{
    struct cmd_obj_del_show_result *res = parsed_result;
    char ip_str[INET6_ADDRSTRLEN];
    //格式化 IP 字符串，并存于字符串 ip_str 中，方便以后显示
    if (res->obj->ip.family == AF_INET)
        snprintf(ip_str, sizeof(ip_str), NIPQUAD_FMT,
             NIPQUAD(res->obj->ip.addr.ipv4));
    else
        snprintf(ip_str, sizeof(ip_str), NIP6_FMT,
             NIP6(res->obj->ip.addr.ipv6));

    if (strcmp(res->action, "del") == 0) {
        SLIST_REMOVE(&global_obj_list, res->obj, object, next); //删除对象
        cmdline_printf(cl, "Object %s removed, ip=%s\n",
                 res->obj->name, ip_str);
        free(res->obj);
    }
    else if (strcmp(res->action, "show") == 0) {
        cmdline_printf(cl, "Object %s, ip=%s\n",  //显示对象的 IP 地址
                 res->obj->name, ip_str);
    }
```

```
}
```

代码很简单，如果是del命令，就利用宏SLIST_REMOVE在列表中删除匹配的对象，如果是show命令，就显示该对象的ip值。

好了，del和show命令全部定义完毕，现在要实现对象和列表操作了。至于help命令，就不再赘述了，它非常简单，输出一段文字而已，具体可以参见随书源码。

（4）现在开始定义对象和对象列表操作。在工程中添加头文件parse_obj_list.h，首先在该文件中定义对象结构体：

```
#define OBJ_NAME_LEN_MAX 64          //对象名的最大长度
struct object {
    SLIST_ENTRY(object) next;        //指向一个对象结构体的指针
    char name[OBJ_NAME_LEN_MAX];     //存储对象名称
    cmdline_ipaddr_t ip;             //存储 ip
};
```

然后定义对象结构体列表：

```
SLIST_HEAD(object_list, object);
```

宏SLIST_ENTRY和SLIST_HEAD都是DPDK自定义的，直接拿来用即可。

接着用对象类表定义令牌列表

```
/* data is a pointer to a list */
struct token_obj_list_data {
    struct object_list *list;
};

struct token_obj_list {
    struct cmdline_token_hdr hdr;  //定义头部结构体变量
    struct token_obj_list_data obj_list_data; //定义令牌列表对象数据
};
typedef struct token_obj_list parse_token_obj_list_t; //定义一个类型
```

声明几个回调函数：

```
int parse_obj_list(cmdline_parse_token_hdr_t *tk, const char *srcbuf, void
*res,unsigned ressize);
int complete_get_nb_obj_list(cmdline_parse_token_hdr_t *tk);
int complete_get_elt_obj_list(cmdline_parse_token_hdr_t *tk, int idx,
                char *dstbuf, unsigned int size);
int get_help_obj_list(cmdline_parse_token_hdr_t *tk, char *dstbuf, unsigned int
size);
```

最重要的是parse_obj_list函数，该函数在命令处理函数之前调用，用于分析用户输入是否正确。

最后定义令牌对象列表的初始化宏：

```
#define TOKEN_OBJ_LIST_INITIALIZER(structure, field, obj_list_ptr)  \
{                                  \
    .hdr = {                             \
        .ops = &token_obj_list_ops,           \
```

```
        .offset = offsetof(structure, field),           \
    },                          \
        .obj_list_data = {                  \
        .list = obj_list_ptr,                   \
    },                          \
}
```

最重要的是结构体 token_obj_list_ops，它存储回调函数的具体函数名。我们可以在工程中添加一个源文件 parse_obj_list.c，并实现 token_obj_list_ops：

```
struct cmdline_token_ops token_obj_list_ops = {
    .parse = parse_obj_list,
    .complete_get_nb = complete_get_nb_obj_list,
    .complete_get_elt = complete_get_elt_obj_list,
    .get_help = get_help_obj_list,
};
```

这里演示一下命令行解析函数 parse_obj_list，该函数定义如下：

```
int parse_obj_list(cmdline_parse_token_hdr_t *tk, const char *buf, void *res,
    unsigned ressize)
{
    struct token_obj_list *tk2 = (struct token_obj_list *)tk;
    struct token_obj_list_data *tkd = &tk2->obj_list_data;
    struct object *o;
    unsigned int token_len = 0;

    if (*buf == 0)
        return -1;

    if (res && ressize < sizeof(struct object *))
        return -1;
    //判断命令行是否结束
    while(!cmdline_isendoftoken(buf[token_len]))
        token_len++;
    //遍历查找对象是否存在
    SLIST_FOREACH(o, tkd->list, next) {
        if (token_len != strnlen(o->name, OBJ_NAME_LEN_MAX))
            continue;
        if (strncmp(buf, o->name, token_len)) //检查匹配
            continue;
        break;
    }
    if (!o) /* not found */
        return -1;

    /* store the address of object in structure */
    if (res)
        *(struct object **)res = o; //存储对象值

    return token_len;
```

```
}
```

代码比较简单，首先判断命令行是否结束，然后遍历查找对象是否存在，如果没找到就返回-1，否则就把该对象的 ip 地址存储在 res 中，以便在命令处理函数中使用。最后返回令牌长度，函数结束。

其他几个回调函数比较简单，用处不是很大，只要有实现即可，这里不再赘述。

（5）保存工程并运行，运行结果如图 8-18 所示。

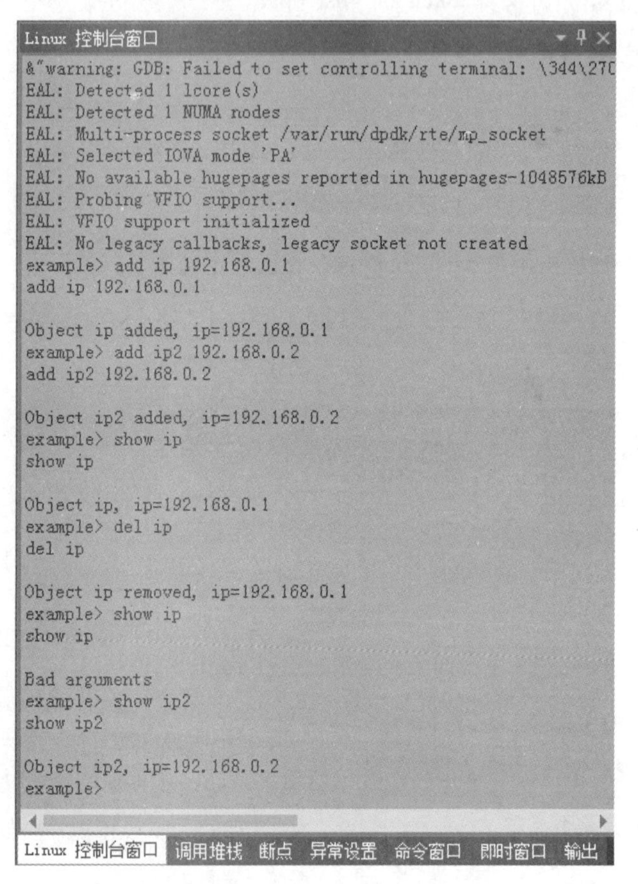

图 8-18

可以看到，首先添加了两个对象，即 ip 和 ip2，然后显示了对象 ip，接着删除了 ip，再显示对象 ip 的时候就提示 Bad arguments 了（因为已经被我们删除了，不在列表中），显示对象 ip2 时，则能正常显示其值。如果要结束程序，可以单击 VC 在菜单栏上的停止调试命令。如果是在 Linux 的命令行下执行的，那么可以按组合键 Ctrl+D 来结束程序，若用 root 账号登录，则工程在 Linux 中的位置通常是在/root/projects/下。

至此，稍复杂的 DPDK 程序完成了。读者可以按照示例添加一些简单的小命令，比如 quit，实现命令行的优雅退出。

8.3　虚拟机下命令方式建立 DPDK19 环境

对于学习者，不建议一上来就按照官方最新版来学习，因为最新版往往没有经过实际的考验，或许多有很多漏洞，而且资料也少，出了问题基本只能自己摸索。建议把主要学习精力放在业界主流版本上，这样一旦进入企业工作，尤其在维护已有项目的时候就会很快上手。企业开发，新项目或许会用新版本尝试一下，但已有的稳定系统往往不会用到最新版本的 DPDK，因此对于新版本的 DPDK 做到基本了解、基本上手即可，很多原理性的东西差别不是很大。笔者的风格一贯是稍新的版本和最新的版本都进行介绍，这样无论以后维护已有项目还是用最新版本开发新项目都能心中有数。本节首先介绍 DPDK19.11.7，这是个 LTS 版本（长期支持版）。在搭建 DPDK19 开发环境前，可以把当前虚拟机的状态做个快照，因为后面还会用脚本方式来建立 DPDK19 开发环境，如果要用脚本方式来建立 DPDK 环境，那么需要将虚拟机状态恢复到没有建立 DPDK 环境之前。

1. 下载和解压 DPDK19.11

可以到 DPDK 官方网站（http://core.dpdk.org/download/）上去下载最新版的 DPDK，本节下载的版本是 19.11.7，下载下来的文件是 dpdk-19.11.7.tar.xz，这是个压缩文件。如果不想下载，也可以在本书配套的下载资源中的源码目录下的 somesofts 文件夹中找到。

把这个压缩文件上传到虚拟机 Ubuntu 中，然后在命令行下解压：

```
tar xJf dpdk-19.11.7.tar.xz
```

得到一个文件夹 dpdk-stable-19.11.7，可以进入该文件夹查看下面的子文件夹和文件：

```
    root@tom-virtual-machine:~/soft/dpdk-stable-19.11.7# ls
    ABI_VERSION  app  buildtools  config  devtools  doc  drivers  examples
GNUmakefile  kernel  lib  license  MAINTAINERS  Makefile  meson.build
meson_options.txt  mk  README  usertools  VERSION
    root@tom-virtual-machine:~/soft/dpdk-stable-19.11.7#
```

2. 安装依赖库

编译 DPDK19.11 前需要在线安装依赖库，确保虚拟机 Ubuntu 能连上互联网，然后在命令行下输入如下命令：

```
apt-get install libnuma-dev
```

如果出现“无法获得锁 /var/lib/dpkg/lock-frontend。”之类的错误提示，则可以强制删除下面的文件：

```
rm /var/lib/dpkg/lock-frontend
rm /var/lib/dpkg/lock
```

然后重启，重启后再安装另外一个软件：

```
apt-get install libpcap-dev
```

这两个库都是安装 DPDK19 所需要的。

3. 配置 Python 3

DPDK19 需要 Python 程序来解释一些 py 脚本，而 Ubuntu 20.04 自带 Python 3，因此可以做个软链接，过程如下：

```
root@tom-virtual-machine:~/soft/dpdk-20.11# python3 --version
root@tom-virtual-machine:~# which python3
/usr/bin/python3
root@tom-virtual-machine:~# ln -s /usr/bin/python3 /usr/bin/python
```

首先查看 Python 3 版本，然后找到 Python 3 的位置，最后用 ln 命令做软链接，这样/usr/bin/下就有 Python 了，以后 DPDK19 都会到这个路径上去找 Python。

4. 配置 DPDK 的平台环境

在 DPDK 源码根目录下执行如下命令：

```
make config T=x86_64-native-linux-gcc O=mybuild
```

如果成功则提示 Configuration done using x86_64-native-linux-gcc。其中“T=”指定配置模板 RTE_CONFIG_TEMPLATE，O=指定编译输出目录，若不指定，则默认为./build 目录。

5. 启用 PCAP

如果以后需要用到 PCAP 库，则还需执行 PCAP 启用命令：

```
sed -ri 's,(PMD_PCAP=).*,\1y,' mybuild/.config
```

6. 编译 DPDK19.11

在命令行进入 DPDK 源码目录，然后输入：

```
make -j4 O=mybuild
```

其中，-j 表示充分利用本机计算资源。make 命令执行后，将会在指定的输出目录（这里是在源码根目录下的 mybuild 目录）生成 SDK 自带的测试程序、库文件及内核模块。该过程有点长。

7. 安装 DPDK19.11

编译结束后，开始安装，命令如下：

```
make install O=mybuild DESTDIR=/root/mydpdk prefix=
```

/root/mydpdk 是安装目标路径，注意“prefix=”不能少。稍等片刻，就会在/root/mydpdk/下看到安装后的内容了：

```
make install O=mybuild DESTDIR=/root/mydpdk prefix=
make[1]: 对“pre_install”无须做任何事
================== Installing /root/mydpdk/
Installation in /root/mydpdk/ complete
root@tom-virtual-machine:~/soft/dpdk-stable-19.11.7# ls /root/mydpdk/
bin  include  lib  sbin  share
root@tom-virtual-machine:~/soft/dpdk-stable-19.11.7#
```

如果不想指定安装目录，也可以直接用 make install，此时 DPDK 的目标文件主要安装在 4 个大目录下：/usr/local/bin、/usr/local/lib、/usr/local/sbin 和/usr/local/share 目录。

8. 设置安装目录

以后编译 DPDK 应用程序时，需要用到一些系统变量，这里可以预先设置好，比如 RTE_SDK，该环境变量指向 DPDK 的安装目录。在命令行下输入如下命令：

```
export RTE_SDK=/root/mydpdk/share/dpdk
```

9. 设置大页内存

这里设置 16 个大页内存，每个大页内存为 2MB，即将 16 写入下面这个文件中：

```
echo 16 > /sys/kernel/mm/hugepages/hugepages-2048kB/nr_hugepages
```

也可以这样写：

```
echo 16 > /proc/sys/vm/nr_hugepages
```

10. 绑定网卡

这里也通过绑定网卡到 UIO 驱动。进入目录/root/soft/dpdk-stable-19.11.7/usertools/，然后执行命令./dpdk-devbind.py -s 查看网卡状态，如果前面执行过安装步骤，那么也可以到/root/mydpdk/sbin/下执行./dpdk-devbind.py。为了方便，我们把/root/mydpdk/sbin 加入系统 PATH 变量中，这样在任意目录下都可以执行 dpdk-devbind 了，命令如下：

```
export PATH=$PATH:/root/mydpdk/sbin
```

此时在/root 或其他任意目录下，只要输入 dpdk-devbind，就可以执行该脚本了。后续步骤和 8.2.10 节一样，这里不再赘述，照着 8.2.10 节的步骤做即可。注意，有一个不同的地方是，绑定网卡的时候，-b 后面是空格，而不是=。

8.4　虚拟机下脚本方式建立 DPDK19 环境

除了上一节用命令的方式来搭建 DPDK 开发环境外，官方也提供了一个 bash 脚本文件，路径位于/root/soft/dpdk-stable-19.11.7/usertools/dpdk-setup.sh，这个脚本文件相当于一个向导，跟着它的提示我们也可以一步一步搭建起 DPDK 开发环境。如果前面已经做过命令行方式建立 DPDK 环境，那么可以将虚拟机恢复到没有建立 DPDK 环境之前的状态。

由于默认情况下，VMware 只给系统配置一块网卡，因此我们自己先要添加好一块网卡。这样，原来的网卡用于远程连接，新添加的网卡用于 DPDK 实验。如果预先忘记添加，那么在后续运行 DPDK 安装脚本程序时，在绑定网卡之前也可以添加，注意新添加的网卡要 down 后才能给 DPDK 使用。

1. 下载和解压 DPDK19、安装依赖库、配置 Python 3

在使用 DPDK 安装脚本之前，依旧要做 3 步和命令方式相同的步骤，即下载和解压 DPDK19、安装依赖库、配置 Python 3，上一节已经阐述过了，这里不再赘述。笔者的 dpdk-19.11.7.tar.xz 的路径是/root/soft/下，解压命令如下：

```
tar xJf dpdk-19.11.7.tar.xz
```

2. 设置安装路径

设置安装路径的命令如下：

```
export DESTDIR=/root/mydpdk
```

设置完毕后用 echo 查看一下：

```
# echo $DESTDIR
/root/mydpdk
```

目录如果不存在，则 DPDK 会自动帮我们建立。为了不每次都进行环境变量的设置，可以一次性永久设定。执行以下命令：

```
vim /etc/profile
```

在文件末尾增加下面两行内容：

```
    export RTE_SDK=/root/mydpdk/share/dpdk
    export RTE_TARGET=x86_64-native-linuxapp-gcc
```

RTE_SDK 指向安装脚本文件夹 mk 所在的目录，RTE_TARGET 指向 DPDK 的目标环境。保存文件并退出，然后执行下面的命令使设置生效：

```
source /etc/profile
```

3. 配置 DPDK 平台环境

在命令行下进入源码根目录的子目录 usertools 下，运行脚本程序：

```
cd usertools
./dpdk-setup.sh
```

此时会出来很多选项：

```
root@tom-virtual-machine:~/soft/dpdk-stable-19.11.7/usertools# ./dpdk-setup
.sh
------------------------------------------------------------------------
 RTE_SDK exported as /root/soft/dpdk-stable-19.11.7
------------------------------------------------------------------------
----------------------------------------------------------
 Step 1: 选择要搭建的 DPDK 环境
----------------------------------------------------------
[1] arm64-armada-linuxapp-gcc
[2] arm64-armada-linux-gcc
[3] arm64-armv8a-linuxapp-clang
...
[40] x86_64-native-linuxapp-clang
[41] x86_64-native-linuxapp-gcc
[42] x86_64-native-linuxapp-icc
```

```
[43] x86_64-native-linux-clang
[44] x86_64-native-linux-gcc
```

这里让我们选择 DPDK 运行平台，因为笔者的是 x86-64 虚拟机，所以这里选择是“[41] x86_64-native-linuxapp-gcc”。

4. 编译 DPDK19.11

在终端窗口的“Option:”后面输入 41：

```
Option: 41
```

按 Enter 键后就开始编译了，稍等片刻，编译完成，如图 8-19 所示。

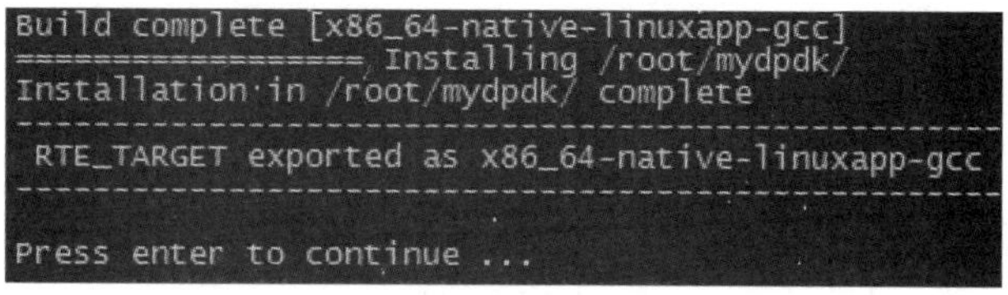

```
Build complete [x86_64-native-linuxapp-gcc]
================== Installing /root/mydpdk/
Installation in /root/mydpdk/ complete
------------------------------------------------------------
 RTE_TARGET exported as x86_64-native-linuxapp-gcc
------------------------------------------------------------

Press enter to continue ...
```

图 8-19

如果结尾出现 Installation cannot run with T defined and DESTDIR undefined，说明我们忘记设置 DESTDIR 环境变量了。编译完成后到/root/mydpdk/目录下去看，能看到不少子文件夹，如图 8-20 所示。

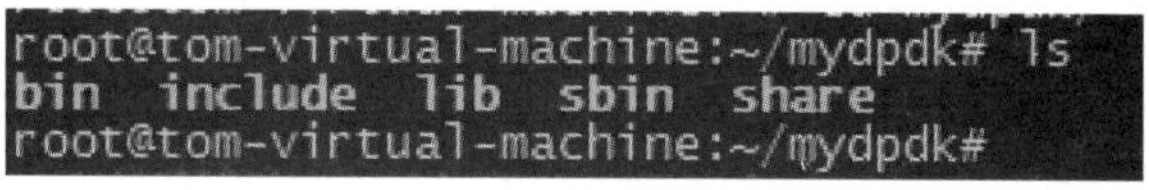

```
root@tom-virtual-machine:~/mydpdk# ls
bin  include  lib  sbin  share
root@tom-virtual-machine:~/mydpdk#
```

图 8-20

这些文件夹中的内容都用来开发 DPDK 应用程序。

5. 安装 Linux 环境

下面按 Enter 键继续安装 Linux 环境：

```
----------------------------------------------------------
 Step 2: 安装 Linux 环境
----------------------------------------------------------
[48] Insert IGB UIO module
[49] Insert VFIO module
[50] Insert KNI module
[51] Setup hugepage mappings for non-NUMA systems
[52] Setup hugepage mappings for NUMA systems
[53] Display current Ethernet/Baseband/Crypto device settings
[54] Bind Ethernet/Baseband/Crypto device to IGB UIO module
[55] Bind Ethernet/Baseband/Crypto device to VFIO module
[56] Setup VFIO permissions
```

我们将使用 igb_uio 这个用户态驱动程序，因此选择 48，此时会卸载已经存在的 UIO 模块，并重新加载，过程如下：

```
Option: 48

Unloading any existing DPDK UIO module
Loading DPDK UIO module
```

现在重新打开一个会话窗口并用命令 lsmod 查看模块，可以发现 igb_uio 模块已经加载了，如下所示：

```
root@tom-virtual-machine:~# lsmod
Module                  Size  Used by
igb_uio                20480  0
uio                   20480  1 igb_uio
...
```

6. 设置大页内存映射

下面准备设置大页内存映射，此时有两种情况，一种是针对非 NUMA 系统，另外一种是针对 NUMA 系统。另外开启一个终端窗口，用命令“dmesg | grep -i numa”查看主机是否有 NUMA，比如笔者的虚拟机 Linux，输出如下：

```
# dmesg | grep -i numa
[    0.011918] NUMA: Node 0 [mem 0x00000000-0x0009ffff] + [mem 
0x00100000-0x7fffffff] -> [mem 0x00000000-0x7fffffff]
```

说明有一个 NUMA 节点，那么回到先前的终端窗口，在“Option:”后面输入 52，此时提示输入为每个 NUMA 节点所设置的大页数量：

```
Input the number of 2048kB hugepages for each node
Example: to have 128MB of hugepages available per node in a 2MB huge page system,
enter '64' to reserve 64 * 2MB pages on each node
Number of pages for node0:
```

输入 64，这样我们可以得到 128MB 的大页内存，每页是 2MB。稍等片刻，创建完成，提示如下：

```
Input the number of 2048kB hugepages for each node
Example: to have 128MB of hugepages available per node in a 2MB huge page system,
enter '64' to reserve 64 * 2MB pages on each node
Number of pages for node0: 64
Reserving hugepages
Creating /mnt/huge and mounting as hugetlbfs
```

当然，根据实际物理内存情况，大页内存设置多一点也没关系。

7. 绑定网卡

再次按 Enter 键，然后在终端窗口中的“Option:”后面输入 53，显示网卡状态，如图 8-21 所示。

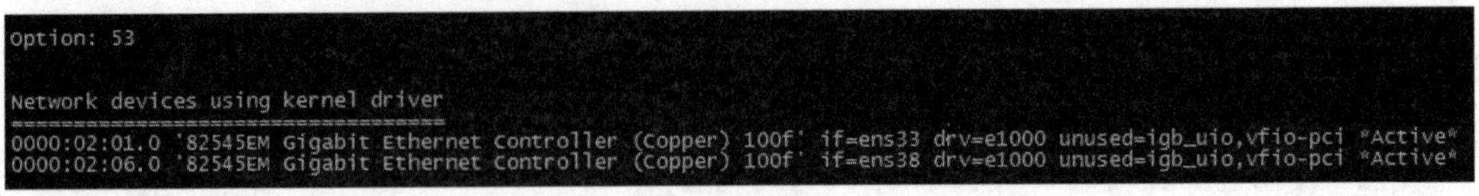

```
Option: 53

Network devices using kernel driver
===================================
0000:02:01.0 '82545EM Gigabit Ethernet Controller (Copper) 100f' if=ens33 drv=e1000 unused=igb_uio,vfio-pci *Active*
0000:02:06.0 '82545EM Gigabit Ethernet Controller (Copper) 100f' if=ens38 drv=e1000 unused=igb_uio,vfio-pci *Active*
```

图 8-21

可以看到，当前系统有两块网卡，一块名为ens33，另外一块是ens38，0000:02:01.0和0000:02:06.0分别是这两块网卡的 PCI 地址。这两块网卡当前所使用的网卡驱动程序都是 e1000，这是内核自带的网卡驱动，所以网卡收到的数据包都会经过内核（因为驱动程序在内核）。现在要让其中一块网卡不用内核驱动程序 e1000，而是要用用户态驱动程序 igb_uio（现在处于 unused 状态，也就是说系统已经有这个驱动模块，但没有使用）。现在把 IP 地址不是 192.168.11.129 的那块网卡绑定到用户态驱动程序 igb_uio 上，因为笔者在 Windows 下通过 SecureCRT 和 192.168.11.129 连着呢，所以这块网卡不能动。在绑定之前，需要先停掉该网卡（哪个网卡用于 DPDK，就要先停掉那个网卡；哪个网卡用于与主机相连执行操作命令，那就不要用于 DPDK 绑定）。这里笔者把 ens38 用于 DPDK 绑定，另外打开一个终端窗口，输入如下命令：

```
root@tom-virtual-machine:~# ifconfig ens38 down
```

再回到 DPDK 配置的终端窗口，在“Option：”后面输入 54，此时提示我们输入即将要绑定的网卡的 PCI 地址。输入 ens38 的 PCI 地址 0000:02:01.0，如下所示：

```
Enter PCI address of device to bind to IGB UIO driver: 0000:02:06.0
OK

Press enter to continue ...
```

提示 OK，表示绑定成功。此时再在“Option：”后面输入 53，可以发现有变化了，如图 8-22 所示。

```
Option: 53

Network devices using DPDK-compatible driver
============================================
0000:02:06.0 '82545EM Gigabit Ethernet Controller (Copper) 100f' drv=igb_uio unused=e1000,vfio-pci

Network devices using kernel driver
===================================
0000:02:01.0 '82545EM Gigabit Ethernet Controller (Copper) 100f' if=ens33 drv=e1000 unused=igb_uio,vfio-pci *Active*
```

图 8-22

可以看到 PCI 地址为 0000:02:06.0 的网卡的驱动（drv）已经等于 igb_uio 了，而网卡内核驱动 e1000 到 unused（未用）后面去了。这样，操作系统就不知道系统中还有一个 PCI 地址为 0000:02:06.0 的网卡了，该网卡收到的数据包也就不会经过操作系统内核了。现在只有 DPDK 知道有这样一块网卡，它可以被 DPDK 程序独享了，该网卡收到的数据包都会被用户态的 DPDK 应用程序收到，而且不经过操作系统内核，大大缩短了途径，也提高了效率。

8. 测试程序

我们在“Option：”后面输入 57 来测试 test 程序，可以发现运行成功了，如图 8-23 所示。

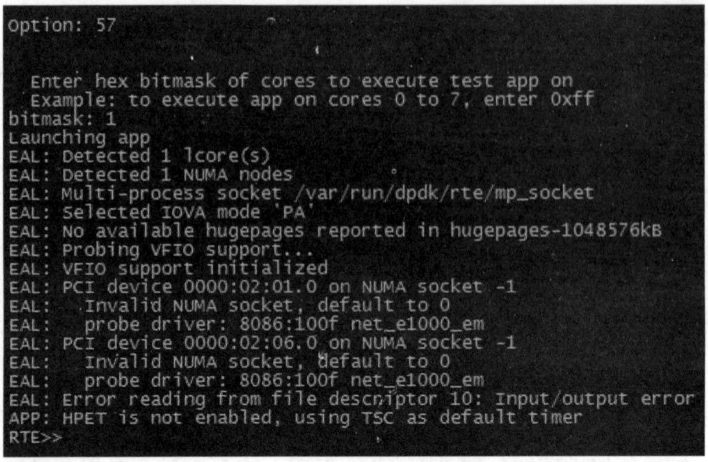

```
Option: 57

  Enter hex bitmask of cores to execute test app on
  Example: to execute app on cores 0 to 7, enter 0xff
bitmask: 1
Launching app
EAL: Detected 1 lcore(s)
EAL: Detected 1 NUMA nodes
EAL: Multi-process socket /var/run/dpdk/rte/mp_socket
EAL: Selected IOVA mode 'PA'
EAL: No available hugepages reported in hugepages-1048576kB
EAL: Probing VFIO support...
EAL: VFIO support initialized
EAL: PCI device 0000:02:01.0 on NUMA socket -1
EAL:   Invalid NUMA socket, default to 0
EAL:   probe driver: 8086:100f net_e1000_em
EAL: PCI device 0000:02:06.0 on NUMA socket -1
EAL:   Invalid NUMA socket, default to 0
EAL:   probe driver: 8086:100f net_e1000_em
EAL: Error reading from file descriptor 10: Input/output error
APP: HPET is not enabled, using TSC as default timer
RTE>>
```

图 8-23

其中，提示 EAL: Error reading from file descriptor 10: Input/output error 是因为在虚拟机运行的缘故，不用去管。至此，脚本方式建立 DPDK19 环境成功了。或许有些爱专研的读者对此错误想深究，下面就来简单讲解一下。

这个错误是在 DPDK 内部报出的，在 eal_interrupts.c 中的 eal_intr_process_interrupts 函数中，有这样一段代码：

```
    bytes_read = read(events[n].data.fd, &buf, bytes_read);
    if (bytes_read < 0) {
            if (errno == EINTR || errno == EWOULDBLOCK)
                    continue;
            RTE_LOG(ERR, EAL, "Error reading from file "
                            "descriptor %d: %s\n",
                            events[n].data.fd,
                            strerror(errno));
```

strerror 打印的结果为 Input/output error。查询 Linux 系统错误码对照表，比如 CentOS 7.6 通常可以在/usr/include/asm-generic/errno-base.h 下找到：

```
    #define EIO             5       /* I/O error */
```

即对应的错误码是 5，这表明问题为从 uio 文件读取时返回了 EIO 错误值。那么问题来了：EIO 这个返回值是从哪里返回的呢？uio 模块中对 uio 文件注册的 read 回调函数部分代码如下：

```
    static ssize_t uio_read(struct file *filep, char __user *buf, size_t count,
loff_t *ppos)
    {
        struct uio_listener *listener = filep->private_data;
        struct uio_device *idev = listener->dev;
        DECLARE_WAITQUEUE(wait, current);
        ssize_t retval;
        s32 event_count;

        if (!idev->info->irq)
            return -EIO;
```

```
...
```

上述代码中的 uio_read 就是读取/dev/uioX 文件时内核中最终调用到的函数。从上面的函数逻辑可以看出，当 idev->info->irq 的值为 0 时就会返回-EIO 错误。那么 idev->info->irq 是在哪里初始化的呢？通过研究确定它在 igb_uio.c 中被初始化。我们来看一下 igb_uio.c 中初始化 uio_info 结构中 irq 字段的位置，相关代码如下：

```
switch (igbuio_intr_mode_preferred) {
        case RTE_INTR_MODE_MSIX:
                /* Only 1 msi-x vector needed */
                msix_entry.entry = 0;
                if (pci_enable_msix(dev, &msix_entry, 1) == 0) {
                        dev_dbg(&dev->dev, "using MSI-X");
                        udev->info.irq = msix_entry.vector;
                        udev->mode = RTE_INTR_MODE_MSIX;
                        break;
                }
                /* fall back to INTX */
        case RTE_INTR_MODE_LEGACY:
                if (pci_intx_mask_supported(dev)) {
                        dev_dbg(&dev->dev, "using INTX");
                        udev->info.irq_flags = IRQF_SHARED;
                        udev->info.irq = dev->irq;
                        udev->mode = RTE_INTR_MODE_LEGACY;
                        break;
                }
                dev_notice(&dev->dev, "PCI INTX mask not supported\n");
                /* fall back to no IRQ */
        case RTE_INTR_MODE_NONE:
                udev->mode = RTE_INTR_MODE_NONE;
                udev->info.irq = 0;
                break;

        default:
                dev_err(&dev->dev, "invalid IRQ mode %u",
                        igbuio_intr_mode_preferred);
                err = -EINVAL;
                goto fail_release_iomem;
        }
```

上述流程首先根据 igb_uio 模块加载时设置的中断模式进行匹配，默认值为 RTE_INTR_MODE_MSIX，由于 VMWARE 环境下，82545EM 网卡不支持 msic 与 intx 中断，因此流程执行到 RTE_INTR_MODE_NONE case 中，irq 的值被设置为 0，这就导致 DPDK 通过 read 读取 uio 文件时一直报错。尽管 VMWARE 环境下 82545EM 虚拟网卡不支持 msix、intx 中断，但是 DPDK 程序仍然能够正常运行，这在一定程度上说明没有使用到中断部分的功能。基于这样的事实，修改 igb_uio 代码，若判断出网卡型号为 82545EM，则执行 RTE_INTR_MODE_LEGACY 中的流程。另外一种可选的修改方案是在 DPDK PMD 驱动中针对 82545EM 网卡不注册监听 uio 中断的事件，即在 eth_em_dev_init 中判断网卡型号，如果为 82545EM，则将接口 pci_dev 中 intr_handle 的 fd 字段设置为-1。目前我们只需了解这个情况，不需要立刻去修改，笔者只是提供一个思路。

8.5 在 CentOS 7.6 下建立 DPDK19 环境

相信很多读者安装的操作系统是经典的 CentOS 7.6，而不想用比较新的 DPDK20，因此，笔者将在本节开启在真实 PC CentOS 7.6 下建立 DPDK19 环境之旅。

由于虚拟机下的网卡通常不被 DPDK 支持，为了让读者能看到 DPDK 网络程序的演示，因此笔者特意买了一块支持 DPDK 的物理网卡，然后把它插在装有 CentOS 7.6 的 PC 上，这样笔者的 PC 就有两块网卡。值得注意的是，CentOS 7.6 的版本比较低，因此建议不要在该系统上建立 DPDK20，笔者就是忽视了这点，浪费了很多时间。另外，在真实 PC 上做实验，需要支持 DPDK 的物理网卡，笔者后面会开发一个测试程序，来测试网卡是否被 DPDK 支持。下面我们开始在真实 PC 上建立 DPDK19 环境，步骤和在虚拟机上类似，这里就简述了。

1）下载、编译、安装 Python 3

目前 Python 最新版是 3.9，我们就下载该版本。下载网址是 https://www.python.org/downloads/release/python-397/，下载下来的文件是 Python-3.9.7.tar.xz。当然，笔者在本书配套的下载资源中的源码目录下的“somesofts”子目录中也放置了一份，读者可以直接使用。我们首先把 Python-3.9.7.tar.xz 放到 Linux 下，然后解压：

```
tar -xvJf Python-3.9.7.tar.xz
```

然后创建编译安装目录：

```
mkdir /usr/local/python3
```

接着进入目录 Python-3.9.7 进行配置：

```
cd Python-3.9.7/
./configure --prefix=/usr/local/python3 --with-ssl
```

再编译并安装：

```
make && make install
```

稍等片刻，编译并安装成功，如图 8-24 所示。

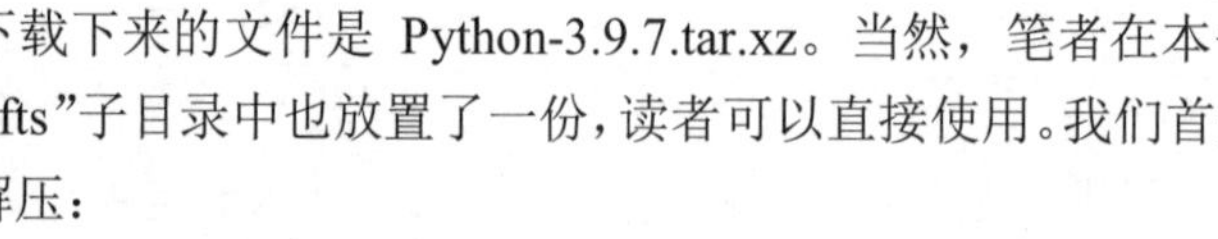

图 8-24

最后创建软链接：

```
ln -s /usr/local/python3/bin/python3 /usr/local/bin/python3
ln -s /usr/local/python3/bin/pip3 /usr/local/bin/pip3
```

现在可以验证是否安装成功：

```
[root@localhost Python-3.9.7]# python3 -V
Python 3.9.7
[root@localhost Python-3.9.7]# pip3 -V
pip 21.2.3 from /usr/local/python3/lib/python3.9/site-packages/pip (python
3.9)
[root@localhost Python-3.9.7]#
```

2）安装 DPDK19

到官方网站 http://core.dpdk.org/download/上去下载 DPDK，这里下载的版本是 19.11.7，下载下来的文件是 dpdk-19.11.7.tar.xz，这是个压缩文件。当然，也可以在本书配套的下载资源中的 somesofts 子目录下找到。首先把这个压缩文件上传到虚拟机 Ubuntu 中，然后在命令行下解压：

```
tar xJf dpdk-19.11.7.tar.xz
```

这样就可以得到一个文件夹 dpdk-stable-19.11.7。

再设置安装路径，命令如下：

```
export DESTDIR=/root/mydpdk
```

设置完毕后用 echo 命令查看一下：

```
echo $DESTDIR
/root/mydpdk
```

这里 DPDK 会自动帮我们建立目录。此外，我们还要建立两个路径的环境变量，为了不每次都进行环境变量的设置，可以写在配置文件中，这样下次登录也依旧存在：打开配置文件/etc/profile，执行以下命令：

```
vim /etc/profile
```

在文件末尾增加下面两行内容：

```
    export DESTDIR=/root/mydpdk
 export RTE_SDK=/root/mydpdk/share/dpdk
    export RTE_TARGET=x86_64-native-linuxapp-gcc
```

RTE_SDK 指向安装脚本文件夹 mk 所在的目录，RTE_TARGET 指向 DPDK 的目标环境。然后执行下面的命令使设置生效：

```
source /etc/profile
```

3）配置 DPDK 平台环境

下面在命令行下进入 DPDK 源码根目录（即 dpdk-stable-19.11.7）的子目录 usertools，运行脚本程序：

```
./dpdk-setup.sh
```

然后会出来很多选项，我们先后在“Option：”后面输入 41 和 48。

4）设置大页内存映射

下面准备设置大页内存映射，此时有两种情况，一种是针对非 NUMA 系统，另外一种是针对

NUMA 系统。重新开启一个终端窗口，用命令“dmesg | grep -i numa”查看主机是否有 NUMA：

```
[root@localhost ~]# dmesg | grep -i numa
[    0.000000] No NUMA configuration found
```

说明当前 PC 是非 NUMA 系统。回到先前的终端窗口，在“Option：”后面输入 51。

如果出现类似下面的提示：

```
[root@localhost ~]# dmesg | grep -i numa
[    0.000000] NUMA: Node 0 [mem 0x00000000-0x0009ffff] + [mem 
0x00100000-0x7fffffff] -> [mem 0x00000000-0x7fffffff]
```

则说明当前 PC 支持 NUMA，因此要在“Option：”后面输入 52。笔者这里的是后者的提示，因此输入 52，此时出现下列提示：

```
  Input the number of 2048kB hugepages for each node
  Example: to have 128MB of hugepages available per node in a 2MB huge page system,
  enter '64' to reserve 64 * 2MB pages on each node
Number of pages for node0:
```

也就是要求输入希望得到的大页的数量，这里输入 64，这样我们就得到 128MB 的大页内存，每页是 2MB。稍等片刻，创建完成，提示如下：

```
Number of pages for node0: 64
Reserving hugepages
Creating /mnt/huge and mounting as hugetlbfs
```

当然，根据实际物理内存情况，大页内存设置多一点也没关系。

5）绑定网卡

按 Enter 键，然后在“Option：”后面输入 53，显示网卡状态，如下所示：

```
Option: 53

Network devices using kernel driver
===================================
0000:01:00.0 '82574L Gigabit Network Connection 10d3' if=enp1s0 drv=e1000e 
unused=igb_uio
0000:03:00.0 'RTL8111/8168/8411 PCI Express Gigabit Ethernet Controller 8168' 
if=enp3s0 drv=r8169 unused=igb_uio *Active*
```

其中，82574L 是笔者新买的网卡，支持 DPDK，这里笔者把它用于 DPDK 绑定。另外开启一个终端窗口，输入如下命令：

```
ifconfig enp1s0 down
```

再回到先前的终端窗口，在“Option：”后面输入 54，此时提示我们输入即将要绑定的网卡的 PCI 地址。输入 ens38 的 PCI 地址 0000:01:00.0，如下所示：

```
Enter PCI address of device to bind to IGB UIO driver: 0000:01:00.0
OK
```

提示 OK，表示绑定成功。最后，我们在“Option：”后面输入 57 来测试 test 程序，可以发现运行成功，如图 8-25 所示。

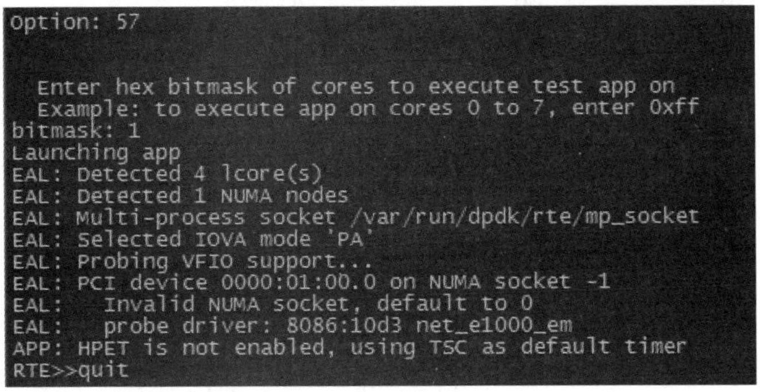

```
Option: 57

  Enter hex bitmask of cores to execute test app on
  Example: to execute app on cores 0 to 7, enter 0xff
bitmask: 1
Launching app
EAL: Detected 4 lcore(s)
EAL: Detected 1 NUMA nodes
EAL: Multi-process socket /var/run/dpdk/rte/mp_socket
EAL: Selected IOVA mode 'PA'
EAL: Probing VFIO support...
EAL: PCI device 0000:01:00.0 on NUMA socket -1
EAL:   Invalid NUMA socket, default to 0
EAL:   probe driver: 8086:10d3 net_e1000_em
APP: HPET is not enabled, using TSC as default timer
RTE>>quit
```

图 8-25

至此，在真机 PC 上以脚本方式建立 DPDK19 环境成功了。在/root/mydpdk/目录下可以看到有很多子文件夹了。下面按老规矩，启动 helloworld 工程。

【例 8.4】单步调试第一个真实 PC 机上的 DPDK19 程序

（1）打开 VC2017，新建一个控制台工程，工程名是 test。在 VC 中设置远程主机 IP 地址。

（2）在 VC 中打开 main.cpp，输入如下代码：

```
#include <stdio.h>
#include <string.h>
#include <stdint.h>
#include <errno.h>
#include <sys/queue.h>
#include <rte_memory.h>
#include <rte_launch.h>
#include <rte_eal.h>
#include <rte_per_lcore.h>
#include <rte_lcore.h>
#include <rte_debug.h>

static int lcore_hello(__attribute__((unused)) void *arg)
{
    unsigned lcore_id;
    lcore_id = rte_lcore_id();
    printf("hello from core %u\n", lcore_id);
    return 0;
}

int main(int argc, char **argv)
{
    int ret;
    unsigned lcore_id;

    ret = rte_eal_init(argc, argv);
    if (ret < 0)
        rte_panic("Cannot init EAL\n");
```

```
    /* call lcore_hello() on every slave lcore */
    RTE_LCORE_FOREACH_SLAVE(lcore_id) {
        rte_eal_remote_launch(lcore_hello, NULL, lcore_id); //每个核创建并执行
一个线程
    }

    /* call it on master lcore too */
    lcore_hello(NULL);

    rte_eal_mp_wait_lcore();  //等待所有线程执行结束
    return 0;
}
```

代码中，rte_eal_init 可以是一系列很长很复杂的初始化设置，这些初始化工作包括内存初始化、内存池初始化、队列初始化、告警初始化、中断初始化、PCI 初始化、定时器初始化、检测内存本地化（NUMA）、插件初始化、主线程初始化、轮询设备初始化、建立主从线程通道、将从线程设置为等待模式、PCI 设备的探测和初始化等。

然后宏 RTE_LCORE_FOREACH_SLAVE 遍历 EAL 指定的可用逻辑核（lcore），并在每个逻辑核上执行被指定的线程，通过 rte_eal_remote_launch 启动指定的线程。需要注意的是 lcore_id 是一个 unsigned 变量，其实际作用就相当于循环变量 i，因为在宏 RTE_LCORE_FOREACH_SLAVE 里会启动 for 循环来遍历所有可用的核：

```
#define RTE_LCORE_FOREACH_SLAVE(i)                      \
    for (i = rte_get_next_lcore(-1, 1, 0);              \
        i<RTE_MAX_LCORE;                                \
        i = rte_get_next_lcore(i, 1, 0))
```

在函数 rte_eal_remote_launch(int (f)(void), void *arg, unsigned slave_id))中，第一个参数是从线程要调用的函数，第二个参数是调用的函数的参数，第三个参数是指定的逻辑核。详细的函数执行过程如下：

```
int rte_eal_remote_launch(int  (*f)(void *), void *arg, unsigned slave_id)
{
    int n;
    char c = 0;
    int m2s = lcore_config[slave_id].pipe_master2slave[1]; //主线程对从线程的管
道，管道是一个大小为 2 的 int 数组
    int s2m = lcore_config[slave_id].pipe_slave2master[0]; //从线程对主线程的管
道

    if (lcore_config[slave_id].state != WAIT)
        return -EBUSY;

    lcore_config[slave_id].f = f;
    lcore_config[slave_id].arg = arg;

    /* send message */
    n = 0;
```

```
    while (n == 0 || (n < 0 && errno == EINTR))
        n = write(m2s, &c, 1);      //此处调用的是 Linux 库函数
    if (n < 0)
        rte_panic("cannot write on configuration pipe\n");

    /* wait ack */
    do {
        n = read(s2m, &c, 1);
    } while (n < 0 && errno == EINTR);

    if (n <= 0)
        rte_panic("cannot read on configuration pipe\n");

    return 0;
}
```

lcore_config 中的 pipe_master2slave[2]和 pipe_slave2master[2]分别是主线程到从线程核和从线程到主线程的管道，与 Linux 中的管道一样，是一个大小为 2 的数组，数组的第一个元素为读打开，第二个元素为写打开。这里调用了 Linux 库函数 read 和 write，把 c 作为消息传递。这样，每个从线程通过 rte_eal_remote_launch 函数运行了自定义函数 lcore_hello，就打印出了“hello from core #”的输出。rte_eal_remote_launch 函数是内部库函数，读者只要了解即可，目前不必深入研究。

（3）添加头文件所在目录：打开工程属性对话框，选中“配置属性”→“VC++目录”，然后在右边“包含目录”文本框中输入 3 个路径：/root/mydpdk/include/dpdk;/usr/include;/usr/local/include，其中第 1 个路径是 DPDK 头文件（比如 rte_eal.h）所在的目录，接着单击对话框下方的“应用”按钮，如图 8-26 所示。

图 8-26

添加库路径：在工程属性对话框左边选择“配置属性”→“链接器”→“常规”，并在右边“附加库目录”文本框中输入“/root/mydpdk/lib;”，注意有分号，如图 8-27 所示。

附加库目录　　/root/mydpdk/lib;%(Link.AdditionalLibraryDirectories)

图 8-27

添加依赖的库：在工程属性对话框左边选择“配置属性”→“链接器”→“输入”，并在右边“库依赖性”文本框中输入需要链接的库：rte_eal;pthread;dl;numa;rte_kvargs，如图 8-28 所示。

库依赖项　　rte_eal;pthread;dl;numa;rte_kvargs

图 8-28

最后单击“确定”按钮。

（4）按 F5 键生成解决方案，如果没错，那么可以在主菜单栏中选择“调试”→“Linux 控制台”来打开“Linux 控制台窗口”，然后按 F5 键启动调试运行，就能看到最终结果了，如图 8-29 所示。

```
Linux 控制台窗口
&"warning: GDB: Failed to set controlling terminal: \344\
EAL: Detected 4 lcore(s)
EAL: Detected 1 NUMA nodes
EAL: Multi-process socket /var/run/dpdk/rte/mp_socket
EAL: Selected IOVA mode 'PA'
EAL: Probing VFIO support...
hello from core 1
hello from core 3
hello from core 0
hello from core 2
```

图 8-29

如果想单步调试，那么可以在某一行设置断点，然后按 F5 键，此时程序将会运行到断点处，如图 8-30 所示。

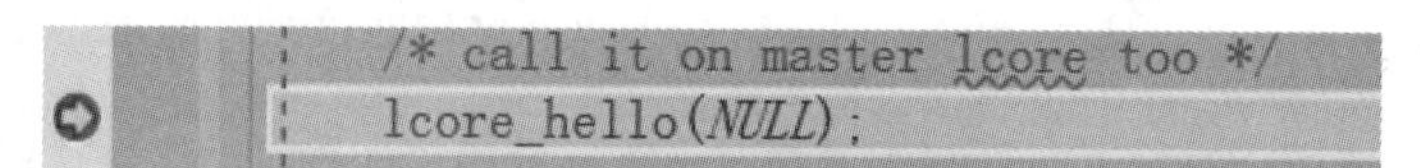

图 8-30

如果要单步执行，可以按 F10 键。至此，在真实 PC 上的 DPDK19 应用程序单步调试成功。下面再来看一个通过 make 命令编译的 DPDK19 应用程序。

【例 8.5】make 方式编译 DPDK19 的 helloworld 程序

（1）在 Windows 本地某个路径下新建一个目录，该目录用于存放源码。这里使用 E:\ex\test\。

（2）打开 VSCode，按组合键 Ctrl+Shift+P 后进入 VSCode 的命令输入模式，输入 sftp:config 命令，在当前文件夹（这里是 E:\ex\test\）中生成一个.vscode 文件夹，里面有一个 sftp.json 文件，在这个文件中配置远程服务器地址（VSCode 会自动打开这个文件），输入内容如下：

```
{
    "name": "My DPDK19 Server",
    "host": "192.168.11.108",
    "protocol": "sftp",
    "port": 22,
    "username": "root",
    "password": "123456",
    "remotePath": "/root/ex/test/",
    "uploadOnSave": true
}
```

其中，192.168.11.108 是笔者的装有 DPDK19 的真实物理 PC 的 IP 地址，读者可以根据自己的情况来设置。username 和 password 也是该 PC 的 CentOS 账号。remotePath 是把源码文件上传后存放的路径。

输入完毕，按组合键 Alt+F+S 进行保存，此时 E:\ex\test\.vscode 下有一个 sftp.json 文件，该文件其实就是这个远程主机的配置文件，用来告诉 VSCode 关于远程主机的信息。

（3）在 VSCode 中新建一个 main.c 文件，内容和例 8.4 的 main.cpp 相同，这里不再演示和解释了。再新建一个 Makefile 文件，并输入如下代码：

```
# binary name，即二进制程序名称
APP = helloworld

# 所有资源文件名称都存储在 SRCS-y 中
SRCS-y := main.c

# 如果可能，使用 pkg 配置变量进行构建
ifeq ($(shell pkg-config --exists libdpdk && echo 0),0)

all: shared
.PHONY: shared static
shared: build/$(APP)-shared
	ln -sf $(APP)-shared build/$(APP)
static: build/$(APP)-static
	ln -sf $(APP)-static build/$(APP)

PKGCONF ?= pkg-config

PC_FILE := $(shell $(PKGCONF) --path libdpdk 2>/dev/null)
CFLAGS += -O3 $(shell $(PKGCONF) --cflags libdpdk)
LDFLAGS_SHARED = $(shell $(PKGCONF) --libs libdpdk)
LDFLAGS_STATIC = $(shell $(PKGCONF) --static --libs libdpdk)

build/$(APP)-shared: $(SRCS-y) Makefile $(PC_FILE) | build
	$(CC) $(CFLAGS) $(SRCS-y) -o $@ $(LDFLAGS) $(LDFLAGS_SHARED)

build/$(APP)-static: $(SRCS-y) Makefile $(PC_FILE) | build
	$(CC) $(CFLAGS) $(SRCS-y) -o $@ $(LDFLAGS) $(LDFLAGS_STATIC)

build:
	@mkdir -p $@

.PHONY: clean
clean:
	rm -f build/$(APP) build/$(APP)-static build/$(APP)-shared
	test -d build && rmdir -p build || true

else

ifeq ($(RTE_SDK),)
$(error "Please define RTE_SDK environment variable")
endif
```

```
    # 默认目标，通过查找带有.comfig 的路径来检测构建目录
    RTE_TARGET ?= $(notdir $(abspath $(dir $(firstword $(wildcard
$(RTE_SDK)/*/.config)))))

    include $(RTE_SDK)/mk/rte.vars.mk

    CFLAGS += -O3
    CFLAGS += $(WERROR_FLAGS)

    include $(RTE_SDK)/mk/rte.extapp.mk

    endif
```

可以看到，all 后面是 shared，说明程序连接的是共享库，如果需要链接静态库，改为 static 即可。注意，Makefile 里用了 pkg-config，就不需要人工去制定库文件了，非常方便。

（4）在 VSCode 中分别右击上述两个文件，然后在快捷菜单上选择 Upload 来上传这两个文件到 CentOS 中。上传成功后，可以到 CentOS 的/root/ex/test 下执行 make 命令，执行后的结果如下：

```
    [root@localhost test]# ls
    main.c  Makefile
    [root@localhost test]# make
      CC main.o
      LD helloworld
      INSTALL-APP helloworld
      INSTALL-MAP helloworld.map
```

此时在/root/ex/test/下可以看到多了一个 build 文件夹，build 目录下生成的是可执行文件。进入 build 目录，执行可执行文件 helloworld，执行结果如下：

```
    [root@localhost build]# ls
    app  helloworld  helloworld.map  _install  main.o  _postbuild  _postinstall
_preinstall
    [root@localhost build]# ./helloworld
    EAL: Detected 4 lcore(s)
    EAL: Detected 1 NUMA nodes
    EAL: Multi-process socket /var/run/dpdk/rte/mp_socket
    EAL: Selected IOVA mode 'PA'
    EAL: Probing VFIO support...
    EAL: PCI device 0000:01:00.0 on NUMA socket -1
    EAL:   Invalid NUMA socket, default to 0
    EAL:   probe driver: 8086:10d3 net_e1000_em
    hello from core 1
    hello from core 2
    hello from core 3
    hello from core 0
```

注意：因为前面运行 dpdk-setup.sh 时已经设置过大页内存了，所以这里直接运行 helloworld 就成功了，如果下一次计算机重启，则要在设置大页内存后再运行 helloworld。当然也可以在生产环境中永久设置好大页内存。但开发的时候，一般还是临时设置比较灵活。

至此，make 方式开发 DPDK19 应用程序成功了，看起来还是蛮顺利的。下面演示一个带点网络功能的程序，检测支持 DPDK 的网卡数量。

【例 8.6】检测支持 DPDK 的网卡数量

（1）打开 VSCode，打开目录 E:\ex\test，JSON 文件可以继续用例 8.5 的。

（2）在 VSCode 中打开 main.c，输入如下代码：

```
#include <stdio.h>
#include <stdlib.h>

#include <rte_common.h>
#include <rte_spinlock.h>
#include <rte_eal.h>
#include <rte_ethdev.h>
#include <rte_ether.h>
#include <rte_ip.h>
#include <rte_memory.h>
#include <rte_mempool.h>
#include <rte_mbuf.h>

#define MAX_PORTS RTE_MAX_ETHPORTS

int main(int argc, char **argv)
{
        int cnt_args_parsed;
        uint32_t cnt_ports;

        /* Init runtime environment */
        cnt_args_parsed = rte_eal_init(argc, argv);
        if (cnt_args_parsed < 0)
            rte_exit(EXIT_FAILURE, "rte_eal_init(): Failed");

        cnt_ports = rte_eth_dev_count_avail();
        printf("Number of NICs: %i\n", cnt_ports);
        if (cnt_ports == 0)
            rte_exit(EXIT_FAILURE, "No available NIC ports!\n");
        if (cnt_ports > MAX_PORTS) {
            printf("Info: Using only %i of %i ports\n",
                cnt_ports, MAX_PORTS
                );
            cnt_ports = MAX_PORTS;
        }
        return 0;
}
```

代码中，首先调用函数 rte_eal_init 进行初始化，然后调用库函数 rte_eth_dev_count_avail 来统计当前可用于 DPDK 的网卡数量，最后打印出来。

（3）新建一个名为 Makefile 的文件，输入如下代码：

```
ifeq ($(RTE_SDK),)
$(error "Please define RTE_SDK environment variable")
endif

# 默认目标，通过查找带有.config 的路径来检测生成的目录
RTE_TARGET ?= $(notdir $(abspath $(dir $(firstword $(wildcard
$(RTE_SDK)/*/.config)))))

include $(RTE_SDK)/mk/rte.vars.mk

# 二进制程序名称
APP = countEthDev

# 所有资源存储在 SRCS-y 中
SRCS-y := main.c

CFLAGS += -O3 -pthread -I$(SRCDIR)/../lib
CFLAGS += $(WERROR_FLAGS)
EXTRA_CFLAGS=-w -Wno-address-of-packed-member

ifeq ($(CONFIG_RTE_BUILD_SHARED_LIB),y)
ifeq ($(CONFIG_RTE_LIBRTE_IXGBE_PMD),y)
LDLIBS += -lrte_pmd_ixgbe
endif
endif

include $(RTE_SDK)/mk/rte.extapp.mk
```

生成的可执行文件名是 countEthDev。用 Wno-address-of-packed-member 的作用是取消编译器检测地址的非对齐。

（4）在 VSCode 中把这两个文件上传到 Linux，然后进入/root/ex/test 进行编译：

```
[root@localhost test]# make
  CC main.o
  LD countEthDev
  INSTALL-APP countEthDev
  INSTALL-MAP countEthDev.map
```

没有错误的话，会在当前目录下生成一个 build 文件夹，进入该文件夹，运行 countEthDev：

```
[root@localhost build]# ls
app  countEthDev  countEthDev.map  _install  main.o  _postbuild  _postinstall
_preinstall
[root@localhost build]# ./countEthDev
EAL: Detected 4 lcore(s)
EAL: Detected 1 NUMA nodes
EAL: Multi-process socket /var/run/dpdk/rte/mp_socket
EAL: Selected IOVA mode 'PA'
EAL: Probing VFIO support...
EAL: PCI device 0000:01:00.0 on NUMA socket -1
```

```
EAL:   Invalid NUMA socket, default to 0
EAL:   probe driver: 8086:10d3 net_e1000_em
Number of NICs: 1
```

结果非常完美，探测到一个网卡了（PCI device 0000:01:00.0），这个网卡就是刚才运行安装脚本（dpdk-setup.sh）时和 DPDK 绑定的网卡。

8.6 在 CentOS 8.2 下建立 DPDK20 环境

上一节在 CentOS 7.6 下建立了 DPDK19 环境，本节要在 CentOS 8.2 下建立 DPDK20 开发环境。同样需要准备两块网卡。笔者喜欢用一台 Windows 主机通过网线来远程操作 Linux，因此其中一块网卡要用于和 Windows 主机相连，另外一块网卡则用于 DPDK。

8.6.1 搭建 Meson+Ninja 环境

DPDK20.11 要求使用 Meson+Ninja 的编译环境。在 CentOS 8.2 下搭建 Meson+Ninja 编译环境，主要依赖三个软件包：Python 3、ninja-build 和 meson。

1）下载、编译、安装 Python 3

此处与 8.5 节中的下载、编译、安装 Python 3 的操作完全一致，按照 8.5 节中的操作即可，不再赘述。

2）安装 Ninja

下载 ninja-build RPM 包的网址是 https://cbs.centos.org/koji/buildinfo?buildID=24453，下载下来的文件是 ninja-build-1.7.2-3.el7.x86_64.rpm，在本书配套资源中的源码目录中的“配套软件”下也可以找到。我们把它放到 Linux 下，然后使用如下命令安装：

```
rpm -ivh ninja-build-1.7.2-3.el7.x86_64.rpm
```

稍等片刻，安装完成，查看下版本号：

```
ninja-build --version
1.7.2
```

3）安装 Meson

下载 Meson 的网址是 https://cbs.centos.org/koji/buildinfo?buildID=27917，下载下来的文件是 meson-0.47.2-2.el7.noarch.rpm，在本书配套资源中的源码目录中的“配套软件”下也可以找到。将它放到 Linux 下，然后使用如下命令安装：

```
rpm -ivh meson-0.47.2-2.el7.noarch.rpm
```

稍等片刻，安装完成，查看其版本号：

```
meson -v
0.47.2
```

下面我们编写一个小程序来测试一下。

【例 8.7】使用 Meson 构建 Linux 程序

（1）在 Window 下用记事本编写一个 C 程序，代码如下：

```
#include <stdio.h>
int main()
{
  printf("Hello world from meson!\n");
  return 0;
}
```

保存文件为 test.c，并将它上传到 Linux 的某个路径下（比如/root/ex，ex 是自己建立的文件夹）。

（2）再在 Windows 下用记事本编写一个编译配置文件，内容如下：

```
project('test','c')
executable('demo','test.c')
```

demo 是最终生成的可执行文件名称。然后保存文件为 meson.build，并将它上传到 Linux 下，注意要和 test.c 在同一目录。

（3）相关文件已经准备好，现在可以用 Meson 来构建了。注意 Meson 不是用来编译（编译要用 ninja 命令），而是用来制作构建系统。在命令行下输入命令 meson build：

```
[root@localhost 1]# meson build
The Meson build system
Version: 0.47.2
Source dir: /root/ex/1
Build dir: /root/ex/1/build
Build type: native build
Project name: test
Project version: undefined
Native C compiler: cc (gcc 4.8.5 "cc (GCC) 4.8.5 20150623 (Red Hat 4.8.5-36)")
Build machine cpu family: x86_64
Build machine cpu: x86_64
Build targets in project: 1
Found ninja-1.7.2 at /usr/bin/ninja-build
[root@localhost 1]#
```

没有提示错误，说明构建系统制作成功，并且在同路径下生成了一个 build 文件夹。meson 后面的 build 只是一个目录名称，该目录用来存放构建出来的文件，我们也可以用其他名字作为目录名称，而且该目录会自动创建。

（4）进入 build 目录，输入 ninja 命令进行编译（真正的编译才刚刚开始）：

```
[root@localhost build]# ninja-build
[2/2] Linking target demo.
```

ninja-build 相当于 make，因此会编译代码，生成可执行文件 demo，此时可以看到 build 目录下有一个可执行文件 demo，我们运行它：

```
[root@localhost build]# ./demo
Hello world from meson!
```

如果要清理，可以执行如下命令：

```
[root@localhost build]# ninja-build clean
[1/1] Cleaning.
Cleaning... 2 files.
```

这样可执行文件 demo 就会被删除。至此，我们在 CentOS 下的 Meson+Ninja 环境建立起来了。

8.6.2 基于 Meson 建立 DPDK20 环境

先要配置构建系统，首先解压下载下来的 dpdk-20.11.tar.xz 文件：

```
tar xJf dpdk-20.11.tar.xz
```

然后在命令行下进入 dpdk-20.11 目录，输入如下命令：

```
[root@localhost dpdk-20.11]# meson mybuild
```

mybuild 的意思是构建出来的文件都存放在 mybuild 目录中，mybuild 目录会自动创建。很快构建完毕，出现如下提示：

```
Build targets in project: 1035
Found ninja-1.7.2 at /usr/bin/ninja-build
```

此时我们可以在 dpdk-20.11 主目录下发现一个 mybuild 文件夹，这个文件夹最终将存放编译后的各类文件，比如动态库文件、应用程序的可执行文件等，目前只是建立了一些文件夹和符号链接文件（可以去 lib 子目录下查看）。

现在可以进行编译了，在命令行下进入源码主目录 dpdk-20.11，再输入 ninja-build-C mybuild。稍等一会儿，编译完成，如下所示：

```
[root@localhost dpdk-20.11]# ninja-build -C mybuild
ninja: Entering directory `mybuild'
[2405/2405] Linking target app/test/dpdk-test.
```

其中-C 的意思是在做任何其他事情之前，先切换到 DIR，-C 后面加要切换的目录名称，这里是名为 mybuild 的目录，也就是先进入 mybuild 目录再编译。当然也可以手动进入 mybuild 目录，然后直接输入 ninja 即可。

编译完毕后，mybuild 就变得沉甸甸了，里面存放了大量编译后的 DPDK 库文件和可执行文件，比如进入 lib 子目录可以看到很多.so 和.a 文件。这些库文件只是存放在这里也是不行的，必须让需要它们的各个应用程序知道，怎么办呢？通常是将它们放到系统路径上去，这个工作是安装要做的，安装不但会复制库到系统路径，还会复制头文件、命令程序到系统路径。

准备开始安装了，在命令行下进入 dpdk-20.11/mybuild 目录，然后输入如下命令：

```
[root@localhost mybuild]# ninja-build install
```

安装很快完成。此时我们在/usr/local/bin/下可以看到很多与 DPDK 相关的应用程序文件了，如图 8-31 所示。

```
[root@localhost mybuild]# cd /usr/local/bin/
[root@localhost bin]# ls
dpdk-devbind.py     dpdk-pdump         dpdk-proc-info      dpdk-test
dpdk-hugepages.py   dpdk-pmdinfo.py    dpdk-telemetry.py   dpdk-test-acl
[root@localhost bin]#
```

图 8-31

在/usr/local/include 下可以看到头文件，如图 8-32 所示。

```
[root@localhost bin]# cd /usr/local/include
[root@localhost include]# ls
bpf_def.h                     rte_class.h
cmdline_cirbuf.h              rte_common.h
cmdline.h                     rte_compat.h
cmdline_parse_etheraddr.h     rte_compatibility_defines.h
```

图 8-32

注意：截图中只显示了部分头文件。另外，静态库、一些共享库和共享库链接会存放到/usr/local/lib64/下，其中共享库链接会指向/usr/local/lib64/dpdk/pmds-21.0/下的共享库，因为有一些共享库是在/usr/local/lib64/dpdk/pmds-21.0/下。到/usr/local/lib64/下用 ll 命令查看就可以一目了然，例如：

```
    [root@localhost lib64]# ll
    总用量 31412
    drwxr-xr-x. 3 root root      23 9月   8 08:31 dpdk
    -rw-r--r--. 1 root root  112196 9月   8 08:24 librte_acl.a
    lrwxrwxrwx. 1 root root      16 9月   8 08:31 librte_acl.so -> librte_acl.so.21
    lrwxrwxrwx. 1 root root      18 9月   8 08:31 librte_acl.so.21 ->
librte_acl.so.21.0
    -rwxr-xr-x. 1 root root   99128 9月   8 08:31 librte_acl.so.21.0
    -rw-r--r--. 1 root root   63574 9月   8 08:26 librte_baseband_acc100.a
    lrwxrwxrwx. 1 root root      40 9月   8 08:31 librte_baseband_acc100.so ->
dpdk/pmds-21.0/librte_baseband_acc100.so
    lrwxrwxrwx. 1 root root      43 9月   8 08:31 librte_baseband_acc100.so.21 ->
dpdk/pmds-21.0/librte_baseband_acc100.so.21
    lrwxrwxrwx. 1 root root      45 9月   8 08:31 librte_baseband_acc100.so.21.0 ->
dpdk/pmds-21.0/librte_baseband_acc100.so.21.0
    ...
```

为了让以后编写的应用程序在链接时能找到库，我们还需要把库路径（/usr/local/lib64/）添加到文件/etc/ld.so.conf 中。添加后的结果如下：

```
# cat /etc/ld.so.conf
/usr/local/lib64/
```

保存文件并关闭，再执行命令 ldconfig 来更新系统动态库缓存。该命令是一个动态链接库管理命令，其目的是让动态链接库为系统所共享。这个方法是修改配置文件的方法，另外也可以采用临时法，即修改环境变量：

```
#export LD_LIBRARY_PATH=/usr/local/lib64/
```

不过重启后，该设置就会丢失，建议使用修改配置文件的方法。

下面绑定大页内存：

```
echo 16 > /proc/sys/vm/nr_hugepages
```

查看绑定后的情况：

```
[root@localhost ~]# grep Huge /proc/meminfo
AnonHugePages:    200704 kB
HugePages_Total:      16
HugePages_Free:       16
HugePages_Rsvd:        0
HugePages_Surp:        0
Hugepagesize:       2048 kB
```

最后绑定网卡，步骤如下：

步骤 01 加载 igb_uio 驱动模块。

DPDK 提供了 igb_uio.ko 驱动的源码，需要到官网上去下载，也可在本书配套的下载资源的源码根目录下找到，只要将它复制到 Linux 系统中，使用 make 命令即可生成 igb_uio.ko 文件，注意，因为是驱动，所以一定要先 make：

```
# make
```

如果提示 Cannot generate ORC metadata...，则在线安装 elfutils-libelf-devel 库：

```
yum install elfutils-libelf-devel
```

make 后就可以在 igb_uio 所在的目录下加载 igb_uio 驱动模块了：

```
modprobe uio
insmod igb_uio.ko
```

modprobe 是 Linux 的一个命令，可以载入指定的个别模块，或是载入一组相依的模块，这一步也是必不可少的；然后再用 insmod 命令加载驱动模块。8.2.10 节介绍了 dpdk_drivers 数组定义了 3 种用户态驱动，现在我们加载了 igb_uio 驱动模块，这样支持 VFIO 驱动的网卡就可以在用户态下直接使用了，否则网卡使用的驱动是内核态下的，导致每次使用网卡还要经过内核态，浪费时间。

步骤 02 查看下当前主机上的网卡状态：

```
    [root@localhost igb_uio]# dpdk-devbind.py -s

    Network devices using kernel driver
    ===================================
    0000:00:19.0 'Ethernet Connection I217-LM 153a' if=em1 drv=e1000e
unused=igb_uio *Active*
    0000:03:02.0 '82541PI Gigabit Ethernet Controller 107c' if=p4p1 drv=e1000
unused=igb_uio *Active*
    No 'Baseband' devices detected
    ...
```

可以看到有两块网卡，一块是 em1，型号是 I217-LM 153a，目前使用的驱动是 e1000e；另一块网卡是 p4p1，型号是 82541PI，目前使用的驱动是 e1000。这是笔者主机上的情况。让哪一块网卡给 DPDK 使用呢？这个时候，我们就要看哪一块网卡是 DPDK 支持的。8.2.4 节列出了 Intel 公司支持的网卡，比如：

```
    e1000 (82540, 82545, 82546)
    e1000e (82571, 82572, 82573, 82574, 82583, ICH8, ICH9, ICH10, PCH, PCH2, I217,
I218, I219)
```

可以看出，82541 型号是不支持的，I217 是支持的。因此，我们让 I217-LM 153a 给 DPDK 使用，也就是让该网卡的“drv=”后面出现“igb_uio”。

步骤 03 停止网卡。执行命令：

```
    ifconfig em1 down
```

em1 是要停掉的网卡的名称；down 表示停止网卡。这一步是必须的。

注意： 如果是通过网络远程操作 Linux，则停止网卡前，应确保当前操作系统至少有两块网卡，不停止的那块网卡依旧用于和 Windows 主机相连。

步骤 04 通过 uio 绑定网卡。

在命令行下输入如下命令：

```
    dpdk-devbind.py -b=igb_uio 0000:00:19.0
```

步骤 05 再次确认状态。

此时再次检查状态：

```
    [root@localhost igb_uio]# dpdk-devbind.py -s

    Network devices using DPDK-compatible driver
    ============================================
    0000:00:19.0 'Ethernet Connection I217-LM 153a' drv=igb_uio unused=e1000e

    Network devices using kernel driver
    ===================================
    0000:03:02.0 '82541PI Gigabit Ethernet Controller 107c' if=p4p1 drv=e1000
unused=igb_uio *Active*
    ...
```

可以看到网卡 I217-LM 153a 使用的驱动是 igb_uio 了，至此，绑定网卡到 UIO 驱动成功！下面我们编写一个小程序来热身。

8.6.3 单步调试 DPDK20 程序

在 Windows 下用 VC2017 这个集成开发工具开发远程 Linux 下的 DPDK 程序，有时也是比较方便的，尤其对于 Windows 程序员来说，如果突然需要开发 Linux 项目，一时半会儿没时间学 vi 编辑器、Makefile 文件的语法格式、Linux 命令等，此时可以通过自己熟悉的开发环境（比如 VC2017）来快速实现 Linux 的开发。对于如何用 VC2017 开发普通 Linux C/C++程序，在 3.3 节已经介绍过了，本小节介绍如何在 VC2017 下开发远程 Linux 的 DPDK 程序，基本过程类似，主要是一些头文件路径和库路径的区别。

【例 8.8】单步调试的第一个 DPDK20 程序

（1）打开 VC2017，新建一个 Linux 控制台工程，工程名是 test。

注意： 运行所有 DPDK 例子之前，不要忘记先设置大页内存，再绑定网卡。

（2）在工程中打开 main.cpp 并输入代码，代码同例 8.7，这里不再赘述，详见源码工程。

（3）添加头文件所在目录。打开工程属性对话框，在对话框左边选中“配置属性”→“VC++目录”，然后在右边“包含目录”文本框中输入两个路径：/usr/include;/usr/local/include。其中，第一个路径是标准 C 头文件（比如 stdio.h）所在的目录，第二个路径是 DPDK 头文件（比如 rte_eal.h）所在的目录，然后单击对话框下方的“应用”按钮。如图 8-33 所示。

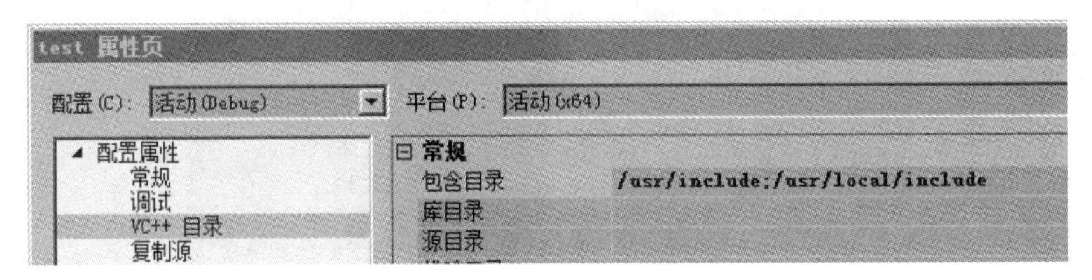

图 8-33

（4）接着要让链接器知道程序中的库函数是在哪个库中，本例都在 librte_eal.so 中，因此要在工程中加入库依赖性。在工程属性对话框中，在左边选择“配置属性”→“链接器”→“输入”，在右边的“库依赖项”文本框中输入 rte_eal，如图 8-34 所示。

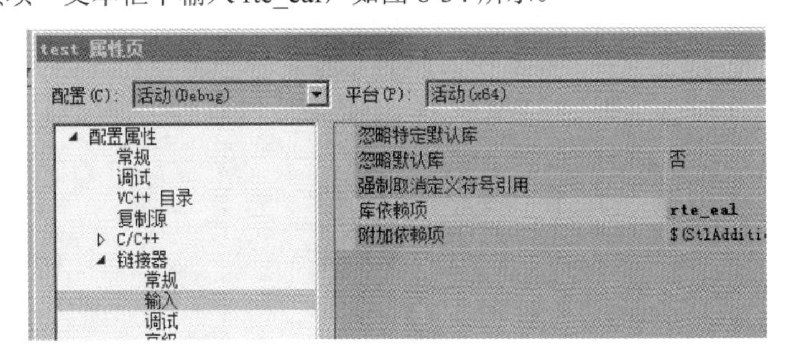

图 8-34

然后单击“确定”按钮，关闭属性对话框。目前，文件 librte_eal.so 在/usr/local/lib64/下，我们已经把这个路径放到 ld.so.conf 中，所以链接器能自动找到这个库了。注意，添加到 ld.so.conf 中后，别忘记运行命令 ldconfig。

（5）下面开始编译和连接，按 F7 键即可。如果没有报错，那么我们开始单步调试，先在代码中某行左边灰白处单击，此时出现红圈，这个红圈就是断点，程序调试运行到这里就会暂停，然后按 F5 键开始调试运行，可以发现在红圈处暂停了，如图 8-35 所示。

```
/* call it on master lcore too */
lcore_hello(NULL);

rte_eal_mp_wait_lcore();
return 0;
```

图 8-35

这里主要是为了证明 VC2017 可以单步调试 DPDK 程序。按 F10 键单步执行到最后一行，运行结果如图 8-36 所示。

```
Linux 控制台窗口
&"warning: GDB: Failed to set controlling terminal: \344\270
EAL: Detected 4 lcore(s)
EAL: Detected 1 NUMA nodes
EAL: Multi-process socket /var/run/dpdk/rte/mp_socket
EAL: Selected IOVA mode 'PA'
EAL: No available hugepages reported in hugepages-1048576kB
EAL: Probing VFIO support...
EAL: No legacy callbacks, legacy socket not created
hello from core 1
hello from core 2
hello from core 3
hello from core 0

Linux 控制台窗口  调用堆栈  断点  异常设置  命令窗口  即时窗口  输出
```

图 8-36

可以看到，CPU 的四个核分别对我们喊了一声“hello”。CPU 的信息可以在终端下用命令 lscpu 显示，笔者的情况如下：

```
[root@localhost ~]# lscpu
Architecture:          x86_64
CPU op-mode(s):        32-bit, 64-bit
Byte Order:            Little Endian
CPU(s):                4
On-line CPU(s) list:   0-3
Thread(s) per core:    1
Core(s) per socket:    4
座：                   1
NUMA 节点：            1
厂商 ID：              GenuineIntel
CPU 系列：             6
型号：                 60
型号名称：             Intel(R) Core(TM) i5-4590 CPU @ 3.30GHz
```

其中，座就是主板上插 CPU 的槽的数目，也就是可以插入的物理 CPU 的个数，这里是 1（见“座：1”），说明只能插入 1 个物理 CPU，也就是目前主板有一个物理 CPU；Core(s)per socket 就是每个 CPU 多少核，这里是 4 核；Thread(s)per core 就是每个核几个超线程。core 就是我们平时说的“核”，每个物理 CPU 可以是双核、四核，等等。thread 就是每个 core 的硬件线程数，即超线程。

至此，真机上第一个 DPDK20 程序运行成功了。

8.6.4　make 命令开发 DPDK20 程序

上一小节我们在 VC2017 上开发了一个 Linux 程序，这一点对于 Linux 爱好者来讲是不可接受的，我玩 Linux 就喜欢在 Linux 下，居然还要我安装一个巨大无比的 VC2017。笔者知道广大的 Linux 老玩家喜欢用 vi 或 sourcesight 写代码，然后写一个 Makefile 文件，最后用 make 命令进行编译。这一节我们将通过传统方式来开发 DPDK 程序，以此来满足资深 Linux 玩家。

要想用 make 命令，一般需要写 Makefile 文件，但通过 pkg-config 以及 libdpdk.pc 的帮助，不必在 Makefile 文件里费心思写 CFLAGS 和 LDFLAGS 等，而是让 pkg-config 自动生成。DPDK 应用程序的 Makefile 文件内容一般都类似下面这样：

```
PKGCONF = pkg-config
CFLAGS += -O3 $(shell $(PKGCONF) --cflags libdpdk)
LDFLAGS += $(shell $(PKGCONF) --libs libdpdk)
$(APP): $(SRCS-y) Makefile
	$(CC) $(CFLAGS) $(SRCS-y) -o $@ $(LDFLAGS)
```

可以看到 CFLAGS、LDFLAGS 是推断出来的。接下来的例子所对应的 Makefile 文件将会用到 pkg-config，即使用 pkg-config 来寻找 DPDK 库，而 DPDK 安装后会把对应的 libdpdk.pc 安装在某个目录，比如 Ubuntu 系统下是/usr/local/lib/x86_64-linux-gnu/pkgconfig/libdpdk.pc，我们需要确保这个路径能被 pkg-config 找到。首先用命令 pkg-config--variable pc_path pkg-config 来查看 CentOS 8 平台上的 pkg-config 的默认搜索路径：

```
[root@localhost ~]# pkg-config --variable pc_path pkg-config
/usr/lib64/pkgconfig:/usr/share/pkgconfig
```

可以看到是两个路径/usr/lib64/pkgconfig 和/usr/share/pkgconfig。而 libdpdk.pc 在 CentOS 上，路径是/usr/local/lib64/pkgconfig/libdpdk.pc，并不在默认搜索路径中，因此需要使用 export 命令添加：

```
export PKG_CONFIG_PATH=/usr/local/lib64/pkgconfig
```

然后，可以通过以下命令检查 pkg-config 设置是否正确，如果正确会显示版本号：

```
[root@localhost ~]# pkg-config --modversion libdpdk
20.11.0
```

看来添加成功了。如果失败则会显示以下类似信息：

```
#pkg-config --modversion libdpdk
Package libdpdk was not found in the pkg-config search path.
Perhaps you should add the directory containing `libdpdk.pc'
to the PKG_CONFIG_PATH environment variable
No package 'libdpdk' found
```

为了不每次都进行环境变量的设置，可以执行以下命令一次性设定：

```
vim /etc/profile
```

在文件末尾增加下面一行内容：

```
export PKG_CONFIG_PATH=/usr/local/lib64/pkgconfig
```

保存文件并退出，然后执行下面的命令使设置生效：

```
source /etc/profile
```

顺便提一句，在 Meson 中使用此路径时，可以直接通过选项进行设置，例如：

```
meson --pkg-config-path=/usr/local/lib64/pkgconfig
```

好了，准备工作差不多了，下面可以进入实战了。

【例 8.9】make 命令编译 helloworld 程序

笔者多年来一直没学会 Linux 下的 vi 编辑器，比较钟爱的是 Windows 下的 VSCode 这个编辑器，它支持语法高亮、函数跳转定义、上传文件等，反正功能强大。当然不强求，读者也一定要使用 VSCode，总之一句话，选用自己喜爱的编辑器。

（1）在 Windows 本地某个路径下新建一个目录，该目录用于存放源码。这里使用 E:\ex\test\。

（2）打开 VSCode，按组合键 Ctrl+Shift+P 后会进入 VSCode 的命令输入模式，然后我们可以输入 sftp:config 命令，在当前文件夹（这里是 E:\ex\test\）中生成一个.vscode 文件夹，里面有一个 sftp.json 文件，我们需要在这个文件中配置远程服务器地址（VSCode 会自动打开这个文件），输入内容如下：

```
{
    "name": "My DPDK Server",
    "host": "192.168.11.128",
    "protocol": "sftp",
    "port": 22,
    "username": "root",
    "password": "123456",
    "remotePath": "/root/ex/test/",
    "uploadOnSave": true
}
```

其中，192.168.11.128 是笔者的装有 DPDK 的真实物理 PC 的 IP 地址，读者可以根据自己的情况来设置。username 和 password 也是该 PC 的 CentOS 账号。remotePath 是把源码文件上传后存放的路径。输入完毕，按组合键 alt+f+s 进行保存，此时 E:\ex\test\.vscode 下有一个 sftp.json 文件，该文件其实就是个远程主机的配置文件，用来告诉 VSCode 关于远程主机的信息。然后，我们在 VSCode 中新建一个 main.c（在左边 Explorer 视图下右击 New File），内容和上例的 main.cpp 相同，这里演示和解释了。再新建一个 Makefile 文件，并输入如下代码：

```
# 二进制程序名称
APP = helloworld

# 所有源文件名称都存储在 SRCS-y 中
SRCS-y := main.c

# 如果可能，请使用 pkg 配置变量进行构建
ifeq ($(shell pkg-config --exists libdpdk && echo 0),0)

all: shared
```

```
.PHONY: shared static
shared: build/$(APP)-shared
    ln -sf $(APP)-shared build/$(APP)
static: build/$(APP)-static
    ln -sf $(APP)-static build/$(APP)

PKGCONF ?= pkg-config

PC_FILE := $(shell $(PKGCONF) --path libdpdk 2>/dev/null)
CFLAGS += -O3 $(shell $(PKGCONF) --cflags libdpdk)
LDFLAGS_SHARED = $(shell $(PKGCONF) --libs libdpdk)
LDFLAGS_STATIC = $(shell $(PKGCONF) --static --libs libdpdk)

build/$(APP)-shared: $(SRCS-y) Makefile $(PC_FILE) | build
    $(CC) $(CFLAGS) $(SRCS-y) -o $@ $(LDFLAGS) $(LDFLAGS_SHARED)

build/$(APP)-static: $(SRCS-y) Makefile $(PC_FILE) | build
    $(CC) $(CFLAGS) $(SRCS-y) -o $@ $(LDFLAGS) $(LDFLAGS_STATIC)

build:
    @mkdir -p $@

.PHONY: clean
clean:
    rm -f build/$(APP) build/$(APP)-static build/$(APP)-shared
    test -d build && rmdir -p build || true

else

ifeq ($(RTE_SDK),)
$(error "Please define RTE_SDK environment variable")
endif

# 默认目标，通过查找带有.comfig的路径来检测构建目录
RTE_TARGET ?= $(notdir $(abspath $(dir $(firstword $(wildcard
$(RTE_SDK)/*/.config)))))

include $(RTE_SDK)/mk/rte.vars.mk

CFLAGS += -O3
CFLAGS += $(WERROR_FLAGS)

include $(RTE_SDK)/mk/rte.extapp.mk

endif
```

可以看到，all 后面是 shared。

然后在 VSCode 中分别右击选中这两个文件，然后在右键菜单上选择 Upload 来上传这 2 个文件到 CentOS 中。上传成功后，我们可以到 CentOS 下的/root/ex/test 下，执行 make 命令，执行后结果

如图 8-37 所示。

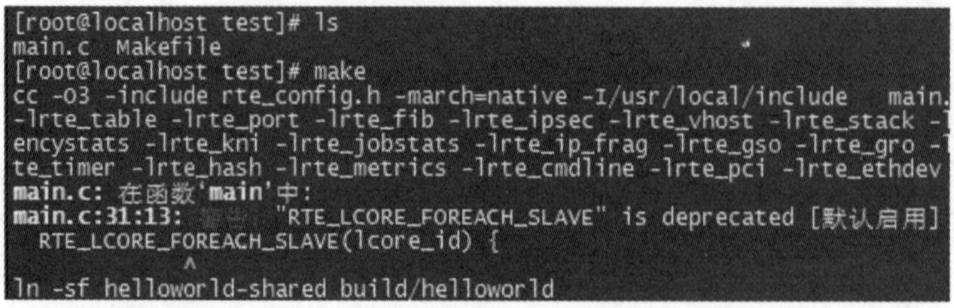

```
[root@localhost test]# ls
main.c  Makefile
[root@localhost test]# make
cc -O3 -include rte_config.h -march=native -I/usr/local/include   main.
-lrte_table -lrte_port -lrte_fib -lrte_ipsec -lrte_vhost -lrte_stack -l
encystats -lrte_kni -lrte_jobstats -lrte_ip_frag -lrte_gso -lrte_gro -l
te_timer -lrte_hash -lrte_metrics -lrte_cmdline -lrte_pci -lrte_ethdev
main.c: 在函数'main'中:
main.c:31:13:      "RTE_LCORE_FOREACH_SLAVE" is deprecated [默认启用]
  RTE_LCORE_FOREACH_SLAVE(lcore_id) {
            ^
ln -sf helloworld-shared build/helloworld
```

图 8-37

此时在/root/ex/test/下可以看到多了一个 build 文件夹，build 目录下生成的可执行文件。我们进入 build 目录，然后执行可执行文件 helloworld，但要注意的是，大页内存别忘记设置哦，比如：echo 16 > /proc/sys/vm/nr_hugepages。执行 helloworld 结果如下：

```
[root@localhost build]# ./helloworld
EAL: Detected 4 lcore(s)
EAL: Detected 1 NUMA nodes
EAL: Multi-process socket /var/run/dpdk/rte/mp_socket
EAL: Selected IOVA mode 'PA'
EAL: No available hugepages reported in hugepages-1048576kB
EAL: Probing VFIO support...
EAL: No legacy callbacks, legacy socket not created
hello from core 1
hello from core 2
hello from core 3
hello from core 0
```

运行结果和例 8.8 在 VC++下的运行结果一样，至此 make 方式编译 DPDK 程序成功了。这个时候 Linux 老玩家应该有点开心了，因为看到了熟悉的 make 方式，但他们是不会仅满足于一个 helloworld 程序的。DPDK 的强大功能在于网络，应该做一个网络程序。现在我们就来演练一个最基本的和网络有点关系的小程序——统计支持 DPDK 的网卡。千里网络，始于网卡，如果网卡都不支持 DPDK 了，那还怎么做网络程序。注意，在做这个示例之前，别忘记绑定网卡。笔者的 DPDK 主机上绑定了一块网卡，下面让我们的示例程序把它检测出来，如果能检测到，说明它是支持 DPDK 的，反之就是不支持。另外，能绑定成功不能代表就是支持 DPDK，一定要通过 DPDK 的库函数检测成功，才算支持。

【例 8.10】检测支持 DPDK 的网卡数量

（1）在 Windows 下新建目录，然后打开 VSCode，新建 sftp.json 和 Makefile 文件，不同示例的这两个文件基本都类似，这里不再赘述，可直接参考源码工程。新建一个 main.c 文件，输入代码同例 8.6，这里不再赘述。

（2）在 VSC 中编辑 JSON 文件和 Makefile 文件，JSON 文件不列出，Makefile 文件的代码如下：

```
# 二进制程序名称
APP = countEthDev

# 所有源文件名称都存储在 SRCS-y 中
```

```
SRCS-y := main.c

# 如果可能，请使用 pkg 配置变量进行构建
ifeq ($(shell pkg-config --exists libdpdk && echo 0),0)

all: static
.PHONY: shared static
shared: build/$(APP)-shared
    ln -sf $(APP)-shared build/$(APP)
static: build/$(APP)-static
    ln -sf $(APP)-static build/$(APP)

PKGCONF ?= pkg-config

PC_FILE := $(shell $(PKGCONF) --path libdpdk 2>/dev/null)
CFLAGS += -O3 $(shell $(PKGCONF) --cflags libdpdk)
LDLIBS += -lrte_net_ixgbe

LDFLAGS_SHARED = $(shell $(PKGCONF) --libs libdpdk)
LDFLAGS_STATIC = $(shell $(PKGCONF) --static --libs libdpdk)

build/$(APP)-shared: $(SRCS-y) Makefile $(PC_FILE) | build
    $(CC) $(CFLAGS) $(SRCS-y) -o $@ $(LDFLAGS) $(LDFLAGS_SHARED)

build/$(APP)-static: $(SRCS-y) Makefile $(PC_FILE) | build
    $(CC) $(CFLAGS) $(SRCS-y) -o $@ $(LDFLAGS) $(LDFLAGS_STATIC)

build:
    @mkdir -p $@

.PHONY: clean
clean:
    rm -f build/$(APP) build/$(APP)-static build/$(APP)-shared
    test -d build && rmdir -p build || true

else

ifeq ($(RTE_SDK),)
$(error "Please define RTE_SDK environment variable")
endif

# 默认目标，通过查找带有.comfig 的路径来检测构建目录
RTE_TARGET ?= $(notdir $(abspath $(dir $(firstword $(wildcard
$(RTE_SDK)/*/.config)))))

include $(RTE_SDK)/mk/rte.vars.mk

CFLAGS += -O3
CFLAGS += $(WERROR_FLAGS)
```

```
include $(RTE_SDK)/mk/rte.extapp.mk

endif
```

最终生成的可执行文件名是 countEthDev。这里我们改为了静态编译，所以“all:”后面为 static。

把 main.c 和 Makefile 文件上传到 Linux，然后到 Linux 下进入/root/ex/test，输入 make 命令，如果编译没有错误则会生成一个 build 目录，进入该目录，运行可执行文件 countEthDev：

```
[root@localhost build]# ./countEthDev
EAL: Detected 4 lcore(s)
EAL: Detected 1 NUMA nodes
EAL: Multi-process socket /var/run/dpdk/rte/mp_socket
EAL: Selected IOVA mode 'PA'
EAL: No available hugepages reported in hugepages-1048576kB
EAL: Probing VFIO support...
EAL:   Invalid NUMA socket, default to 0
EAL: Probe PCI driver: net_e1000_em (8086:153a) device: 0000:00:19.0 (socket
0)
EAL:   Invalid NUMA socket, default to 0
EAL: No legacy callbacks, legacy socket not created
Number of NICs: 1
```

Number of NICs（网卡的数量）为 1，说明检测成功。

8.7 在国产操作系统下搭建基于万兆网卡的 DPDK20 环境

前面我们在虚拟机、普通 PC（千兆网卡）、非国产操作系统（Ubuntu 和 CentOS）下建立了 DPDK 环境，讲解这些内容是为了照顾资金不够充裕的学生读者。一线开发中，DPDK 是不会在这些系统上运行的。下面我们面向企业一线开发，分别把万兆网卡（商用软件中，DPDK 都是和万兆网卡一起用）插在 PC、国产服务器（兆芯和飞腾）上，然后安装国产操作系统并建立 DPDK 环境，这些内容应该会受到工程师的喜欢。学生读者虽然不一定有这样的环境，但可以先了解，以后参加工作再回头看本书这部分内容，就可以做到心里有数。

自主可控是信息安全界的永恒主题。工作中，DPDK 开发基本都是在国产操作系统下，比如银河麒麟。为了预先学习起来，我们可以下载一个 x86 的银河麒麟操作系统安装在 PC 上，并建立 DPDK20 环境。银河麒麟系统可以到官网（https://www.kylinos.cn）上下载试用版。原本不想在 PC 上建立万兆网卡的国产化 DPDK 环境，但考虑到工程师在家操作时，不一定有国产服务器平台（比较贵），而万兆网卡还是可以承受的，因此还是先在 PC 上搭建国产化环境。其实这也是一种学习思路，新环境、新硬件应该一步一步来，不要一下子软件和硬件都变成新的，这样万一出现问题就不知道是谁的问题了。现在先利用成熟的 CentOS 8 来测试新买的万兆网卡，然后再用到国产系统中去。

8.7.1　CentOS 8 验证万兆网卡

我们将通过程序来验证新买的万兆网卡。首先把万兆网卡插在 PCIE 插槽上，开机进入 CentOS 8，然后设置好大页内存（比如 echo 16>/proc/sys/vm/nr_hugepages），并加载 igb_uio 驱动。用 dpdk-devbind.py-s 查看万兆网卡状态：

```
    0000:05:00.0 '82599ES 10-Gigabit SFI/SFP+ Network Connection 10fb' if=enp5s0f0
drv=ixgbe unused=igb_uio
    0000:05:00.1 '82599ES 10-Gigabit SFI/SFP+ Network Connection 10fb' if=enp5s0f1
drv=ixgbe unused=igb_uio
```

万兆网卡上有两个网口，目前都识别出来了，所用的驱动是 ixgbe。我们把这两个网口都停掉输入命令如下：

```
ifconfig enp5s0f0 down
ifconfig enp5s0f1 down
```

然后绑定这两个网口：

```
[root@localhost igb_uio]# dpdk-devbind.py -b=igb_uio 05:00.0
[root@localhost igb_uio]# dpdk-devbind.py -b=igb_uio 05:00.1
```

下面准备网卡检测程序。前面已经用 make 命令开发了 DPDK20 程序，因此这里不用 make 命令，用 Meson 来编译。

【例 8.11】Meson 生成网卡检测程序

（1）在 Windows 下打开 VSCode，准备好 stfp.json、main.c 文件，这些都和前面示例中的内容一致，不再赘述。

（2）在 VSCode 中新建一个名为 meson.build 的文件，并输入如下内容：

```
project('countEthDev', 'c')

dpdk_dep = declare_dependency(
    dependencies: dependency('libdpdk'),
    link_args: [
        '-Wl,--no-as-needed',
        '-L/usr/local/lib64',
        '-lrte_net_ixgbe',
    ],
)

sources = files(
    'main.c'
)

executable('countEthDev',sources,
    dependencies: dpdk_dep
)
```

这里要注意的是，要显式写出链接 ixgbe 驱动（见“'-lrte_net_ixgbe'”），并写明库所在路径

（/usr/local/lib64）。

（3）上传这 3 个文件到 Linux，并在 Linux 下用 meson 来进行编译：

```
[root@localhost test]# meson mybuild
The Meson build system
Version: 0.47.2
Source dir: /root/ex/test
Build dir: /root/ex/test/mybuild
Build type: native build
Project name: countEthDev
Project version: undefined
Native C compiler: cc (gcc 8.3.1 "cc (GCC) 8.3.1 20191121 (Red Hat 8.3.1-5)")
Build machine cpu family: x86_64
Build machine cpu: x86_64
Found pkg-config: /usr/bin/pkg-config (1.4.2)
Native dependency libdpdk found: YES 20.11.0
Build targets in project: 1
Found ninja-1.7.2 at /usr/bin/ninja-build
```

此时会生成 mybuild 文件夹，进入该文件夹运行 ninja-build：

```
[root@localhost mybuild]# ninja-build
[2/2] Linking target countEthDev.
```

运行可执行程序 countEthDev：

```
[root@localhost mybuild]# ./countEthDev
EAL: Detected 4 lcore(s)
EAL: Detected 1 NUMA nodes
EAL: Multi-process socket /var/run/dpdk/rte/mp_socket
EAL: Selected IOVA mode 'PA'
EAL: No available hugepages reported in hugepages-1048576kB
EAL: Probing VFIO support...
EAL:   Invalid NUMA socket, default to 0
EAL: Probe PCI driver: net_ixgbe (8086:10fb) device: 0000:05:00.0 (socket 0)
EAL:   Invalid NUMA socket, default to 0
EAL: Probe PCI driver: net_ixgbe (8086:10fb) device: 0000:05:00.1 (socket 0)
EAL: No legacy callbacks, legacy socket not created
Number of NICs: 2
```

结果非常完美，两个万兆网卡都检测出来了。另外，我们可以用 ldd 命令查看 countEthDev，如图 8-38 所示。

```
[root@localhost mybuild]# ldd countEthDev
        linux-vdso.so.1 (0x00007fff949a8000)
        librte_net_ixgbe.so.21 => /usr/local/lib64/librte_net_ixgbe.so.21 (0x00007ff37e390000)
        librte_ethdev.so.21 => /usr/local/lib64/librte_ethdev.so.21 (0x00007ff37e0eb000)
        librte_eal.so.21 => /usr/local/lib64/librte_eal.so.21 (0x00007ff37ddfc000)
        libc.so.6 => /lib64/libc.so.6 (0x00007ff37da3a000)
        libm.so.6 => /lib64/libm.so.6 (0x00007ff37d6b8000)
        libdl.so.2 => /lib64/libdl.so.2 (0x00007ff37d4b4000)
        librte_kvargs.so.21 => /usr/local/lib64/librte_kvargs.so.21 (0x00007ff37d2b1000)
        librte_telemetry.so.21 => /usr/local/lib64/librte_telemetry.so.21 (0x00007ff37d0a8000)
        librte_net.so.21 => /usr/local/lib64/librte_net.so.21 (0x00007ff37cea1000)
        librte_mbuf.so.21 => /usr/local/lib64/librte_mbuf.so.21 (0x00007ff37cc96000)
        librte_mempool.so.21 => /usr/local/lib64/librte_mempool.so.21 (0x00007ff37ca8c000)
        librte_ring.so.21 => /usr/local/lib64/librte_ring.so.21 (0x00007ff37c889000)
        librte_meter.so.21 => /usr/local/lib64/librte_meter.so.21 (0x00007ff37c686000)
        librte_bus_pci.so.21 => /usr/local/lib64/librte_bus_pci.so.21 (0x00007ff37c47a000)
        librte_pci.so.21 => /usr/local/lib64/librte_pci.so.21 (0x00007ff37c278000)
        librte_bus_vdev.so.21 => /usr/local/lib64/librte_bus_vdev.so.21 (0x00007ff37c073000)
        librte_hash.so.21 => /usr/local/lib64/librte_hash.so.21 (0x00007ff37be5a000)
        librte_rcu.so.21 => /usr/local/lib64/librte_rcu.so.21 (0x00007ff37bc55000)
        librte_security.so.21 => /usr/local/lib64/librte_security.so.21 (0x00007ff37ba52000)
        librte_cryptodev.so.21 => /usr/local/lib64/librte_cryptodev.so.21 (0x00007ff37b843000)
        libpthread.so.0 => /lib64/libpthread.so.0 (0x00007ff37b623000)
        /lib64/ld-linux-x86-64.so.2 (0x00007ff37e5fd000)
```

图 8-38

可以发现 countEthDev 是链接到 DPDK 共享库的。对于动态链接到共享库的情况，需要显式指定链接网卡驱动库，比如本例的'-lrte_net_ixgbe'。如果实在不知道所需的网卡驱动库，那么只能通过 pkg-config 静态编译了。

现在可以知道，笔者买的万兆网卡是支持 DPDK 的，下面就让万兆网卡到国产操作系统中去使用了。

8.7.2　DPDK 适配 PC 国产系统

PC 通常是 x86 架构的，所以下载银河麒麟时也要下载 x86 的版本。笔者下载的是银河麒麟桌面操作系统 V10 Intel 版，下载下来的文件是 Kylin-Desktop-V10-SP1-RC5-Build01-hwe-210521-x86_64。把它安装在 PC 上，这个过程就不再赘述，相信读者都是装机高手。

DPDK20.11 要求使用 Meson+Ninja 编译环境，因此我们在银河麒麟下搭建 Meson+Ninja 编译环境。和前面不同，这里不准备采用 RPM 包的安装方式，因为 RPM 包所对应的版本不一定是最新的，直接从官方网站下载最新版。

1）下载并测试 Ninja

（1）打开 Ninja 官方网站（https://ninja-build.org/），找到并单击“download the Ninja binary”文字链接，或者直接打开网址 https://github.com/ninja-build/ninja/releases，然后单击“ninja-linux.zip”文字链接进行下载。这个压缩包中包含了当前最新版的 Ninja，下载后解压。如果不想下载，笔者也把 Ninja 程序软件放到本书配套的下载资源中源码目录的“配套软件”下了，并且已经解压好了。注意，这个 Ninja 程序适用于 x86 架构，不能用于 ARM 架构（比如飞腾服务器）。

（2）把里面的二进制文件（ninja）上传到银河麒麟的某个路径（比如/root/soft/）下。然后我们到银河麒麟下做个软链接：

```
ln -s /root/soft/ninja /usr/bin/ninja
```

这样，在任何路径下都可以使用 Ninja 了。可以查看一下 Ninja 版本：

```
[root@localhost ~]# ninja --version
1.10.2
```

显示出版本号说明 Ninja 工作正常。下面准备下载 Meson。

2）下载并测试 Meson

打开 Meson 官方网站 https://mesonbuild.com，在网页左边找到并单击“Getting Meson”选项，然后在网页中间找到并单击“GitHub release page”文字链接，或者直接打开网址 https://github.com/mesonbuild/meson/releases，然后单击当前的最新版 meson-0.59.1.tar.gz，当然该版本只是笔者当前下载的最新版本，读者可能会看到更新的版本。如果不想下载，笔者也把 Messon 程序软件放到源码目录的“配套软件”下了。下载后把 meson-0.59.1.tar.gz 上传到银河麒麟的某个路径（比如/root/soft/）下。然后到银河麒麟的该路径下解压：

```
tar zxvf meson-0.59.1.tar.gz
```

再做个软链接：

```
ln -s /root/soft/meson-0.59.1/meson.py /usr/bin/meson
```

此时就可以在任意路径下使用 Meson 了。我们来查看一下 Meson 的版本：

```
[root@localhost ~]# meson -v
0.59.1
```

显示出版本号说明 Meson 工作正常。

现在两个软件都可以显示版本，说明它们单独工作是正常的，那它们联合工作是否正常呢？这就需要编写一个小程序来测试了。

【例 8.12】银河麒麟系统下 Meson 和 Ninja 的第一次联合作战

（1）打开 VSCode，新建 stfp.json、main.c 和 meson.build 文件，前两个文件内容可参考对应源码，meson.build 文件内容如下：

```
project('test','c')
executable('test','main.c')
```

生成的可执行文件名是 test。在 VSCode 中把这 3 个文件上传到银河麒麟的某个路径。

（2）到银河麒麟的路径（meson.build 所在的目录）下进行编译：

```
[root@localhost test]# meson build
The Meson build system
Version: 0.59.1
...
Build targets in project: 1

Found ninja-1.10.2 at /usr/bin/ninja
```

如果没有错误，就会生成一个 build 文件夹，进入该文件夹，运行 ninja 命令：

```
[root@localhost build]# ninja
[2/2] Linking target demo
```

然后运行可执行程序 demo：

```
[root@localhost build]# ./demo
Hello world from meson!
```

OK，Meson 和 Ninja 联合作战成功。其实我们做这个小程序主要是来测试版本匹配问题，因为高版本的 Meson 是不能和低版本的 Ninja 一起工作的。

下面开始编译 DPDK20，分别运行如下命令：

```
tar xJf dpdk-20.11.tar.xz
cd dpdk-20.11/
meson mybuild
ninja -C mybuild
cd mybuild/
ninja install
```

安装完毕后，为了找到 libdpdk.pc 文件，可以把它所在的路径加入配置文件中。执行以下命令：

```
vim /etc/profile
```

在文件末尾增加下面一行内容：

```
export PKG_CONFIG_PATH=/usr/local/lib64/pkgconfig
```

保存文件并退出，然后执行下面的命令使设置生效：

```
source /etc/profile
```

为了让我们的可执行程序能找到库路径，可以把 DPDK 的库路径/usr/local/lib64/加到/etc/ld.so.conf 中，添加后再执行一下 ldconfig 命令。

下面再绑定大页内存，比如 echo 16 > /proc/sys/vm/nr_hugepages，然后编译 igb_uio 驱动并加载，接着查看万兆网卡的状态：

```
dpdk-devbind.py -s
0000:01:00.0 '82599ES 10-Gigabit SFI/SFP+ Network Connection 10fb' if=em1
drv=ixgbe unused=igb_uio
0000:01:00.1 '82599ES 10-Gigabit SFI/SFP+ Network Connection 10fb' if=em2
drv=ixgbe unused=igb_uio
```

再绑定万兆网卡：

```
[root@localhost igb_uio]# dpdk-devbind.py -b=igb_uio 01:00.0
[root@localhost igb_uio]# dpdk-devbind.py -b=igb_uio 01:00.1
[root@localhost igb_uio]# dpdk-devbind.py -s

Network devices using DPDK-compatible driver
============================================
0000:01:00.0 '82599ES 10-Gigabit SFI/SFP+ Network Connection 10fb' drv=igb_uio
unused=ixgbe
0000:01:00.1 '82599ES 10-Gigabit SFI/SFP+ Network Connection 10fb' drv=igb_uio
unused=ixgbe
```

绑定成功。看来在国产操作系统上也十分顺利。向国产操作系统开发者致敬！下面我们再通过程序来检测万兆网卡。

【例 8.13】银河麒麟下用 Meson 生成网卡检测程序

（1）在 Windows 下打开 VSCode，准备好 stfp.json、main.c 和 meson.build 文件，这些都和例

8.11 内容类似，最多就是银河麒麟 PC 的 IP 地址不同，这里不再赘述。上传这 3 个文件到银河麒麟。

（2）在银河麒麟下进行编译和链接：

```
meson build
cd build
ninja
```

运行结果如下：

```
[root@localhost build]# ./countEthDev
EAL: Detected 4 lcore(s)
EAL: Detected 1 NUMA nodes
EAL: Multi-process socket /var/run/dpdk/rte/mp_socket
EAL: Selected IOVA mode 'PA'
EAL: Probing VFIO support...
EAL:   Invalid NUMA socket, default to 0
EAL: Probe PCI driver: net_ixgbe (8086:10fb) device: 0000:01:00.0 (socket 0)
EAL:   Invalid NUMA socket, default to 0
EAL: Probe PCI driver: net_ixgbe (8086:10fb) device: 0000:01:00.1 (socket 0)
EAL: No legacy callbacks, legacy socket not created
Number of NICs: 2
```

两个网卡都探测到了。现在是时候告别 PC，全面进军服务器了。

8.7.3 DPDK 适配兆芯服务器

贴近企业一线实战的大幕终于拉开了，现在是企业界的工程师观看的时候了。最近笔者又买了一块万兆网卡，把它插在兆芯服务器上。从官网下载兆芯服务器版的银河麒麟系统 Kylin-Server-10-SP1-Release-Build20-20210518-x86_64.iso，然后装机。

把 ninja、meson-0.59.1.tar 和 dpdk-20.11.tar.xz 上传到银河麒麟的/root/soft/下（也可以自定义路径），然后分别执行下列命令：

```
cd /root/soft/
ln -s /root/soft/ninja /usr/bin/ninja
chmod +x ninja
ninja --version
1.10.2
tar zxvf meson-0.59.1.tar.gz
ln -s /root/soft/meson-0.59.1/meson.py /usr/bin/meson
meson -v
0.59.1
tar xJf dpdk-20.11.tar.xz
cd dpdk-20.11/
meson mybuild
ninja -C mybuild
cd mybuild/
ninja install
```

安装完毕后，为了找到 libdpdk.pc 文件，可以把它所在的路径加入配置文件中。执行以下命令：

```
vim /etc/profile
```

在文件末尾增加下面一行内容：

```
export PKG_CONFIG_PATH=/usr/local/lib64/pkgconfig
```

保存文件并退出，然后执行下面的命令使设置生效：

```
source /etc/profile
```

为了让我们的可执行程序能找到库路径，可以把 DPDK 的库路径/usr/local/lib64/加入/etc/ld.so.conf 中，添加后再执行一下 ldconfig 命令。

下面再绑定大页内存，比如 echo 16 > /proc/sys/vm/nr_hugepages，然后编译 igb_uio 驱动并加载，接着查看万兆网卡的状态：

```
dpdk-devbind.py -s
...
0000:0b:00.0 '82599ES 10-Gigabit SFI/SFP+ Network Connection 10fb' if=em2
drv=ixgbe unused=igb_uio
0000:0b:00.1 '82599ES 10-Gigabit SFI/SFP+ Network Connection 10fb' if=em3
drv=ixgbe unused=igb_uio
```

再绑定万兆网卡：

```
[root@localhost igb_uio]# dpdk-devbind.py -b=igb_uio 0b:00.0
[root@localhost igb_uio]# dpdk-devbind.py -b=igb_uio 0b:00.1
[root@localhost igb_uio]# dpdk-devbind.py -s


Network devices using DPDK-compatible driver
============================================
0000:0b:00.0 '82599ES 10-Gigabit SFI/SFP+ Network Connection 10fb' drv=igb_uio
unused=ixgbe
0000:0b:00.1 '82599ES 10-Gigabit SFI/SFP+ Network Connection 10fb' drv=igb_uio
unused=ixgbe
```

绑定成功，看来在兆芯服务器平台上也十分顺利。向兆芯开发者致敬！下面我们再通过程序来检测万兆网卡。

【例 8.14】银河麒麟下用 Meson 生成网卡检测程序

（1）在 Windows 下打开 VSCode，准备好 stfp.json、main.c 和 meson.build 文件，这些都和例 8.11 内容类似，最多就是 IP 地址不同，这里不再赘述。上传这 3 个文件到银河麒麟。

（2）在银河麒麟下进行编译和链接：

```
meson build
cd build
ninja
```

运行结果如下：

```
[2/2] Linking target countEthDev
[root@localhost build]# ./countEthDev
```

```
EAL: Detected 8 lcore(s)
EAL: Detected 1 NUMA nodes
EAL: Multi-process socket /var/run/dpdk/rte/mp_socket
EAL: Selected IOVA mode 'PA'
EAL: No available hugepages reported in hugepages-1048576kB
EAL: Probing VFIO support...
EAL:   Invalid NUMA socket, default to 0
EAL: Probe PCI driver: net_ixgbe (8086:10fb) device: 0000:0b:00.0 (socket 0)
EAL:   Invalid NUMA socket, default to 0
EAL: Probe PCI driver: net_ixgbe (8086:10fb) device: 0000:0b:00.1 (socket 0)
EAL: No legacy callbacks, legacy socket not created
Number of NICs: 2
```

两个网卡探测到了。现在，是时候告别兆芯，全面进军飞腾服务器了，只剩最后一个关卡了，我们的 DPDK 国产化适配任务即将成功！

8.7.4 DPDK 适配飞腾服务器

从官网下载飞腾服务器版的银河麒麟系统 Kylin-Server-10-SP1-Release-Build20-20210518-aarch64.iso，然后装机。

由于飞腾服务器是 ARM 架构，因此先前的 x86 架构的 Ninja 程序不能用了，必须下载源码，编译出 ARM 版本的 Ninja，可以到网站 https://github.com/ninja-build/ninja/releases 下载源码压缩包，这里下载的是 ninja-1.10.2.zip，把它上传到银河麒麟的/root/soft/下。构造 Ninja 可使用 CMake 或 Python 两种方式，不过都需要先安装词法分析器 re2c。re2c 的下载地址是 http://re2c.org/，这里下载的是 re2c-2.2.zip，把它上传到银河麒麟的/root/soft/下。再把 meson-0.59.1.tar 和 dpdk-20.11.tar.xz 也上传到银河麒麟的/root/soft/下（也可以自定义路径）。

然后编译安装 re2c，命令如下：

```
cd /root/soft
unzip re2c-2.2.zip
cd re2c-2.2/
autoreconf -i -W all
./configure
make
make install
```

再编译安装 Ninja（在本书配套资源中的“配套软件”下也可以找到飞腾版的 Ninja，不需要编译），命令如下：

```
unzip ninja-1.10.2.zip
cd ninja-1.10.2/
./configure.py --bootstrap
cp ninja /usr/bin/
ninja --version
1.10.2
```

接着分别执行下列命令：

```
tar zxvf meson-0.59.1.tar.gz
```

```
ln -s /root/soft/meson-0.59.1/meson.py /usr/bin/meson
meson -v
0.59.1
tar xJf dpdk-20.11.tar.xz
cd dpdk-20.11/
meson mybuild
ninja -C mybuild
cd mybuild/
ninja install
```

安装完毕后，为了找到 libdpdk.pc 文件，可以把它所在的路径加入配置文件中。执行以下命令：

```
vim /etc/profile
```

在文件末尾增加下面一行内容：

```
export PKG_CONFIG_PATH=/usr/local/lib64/pkgconfig
```

保存文件并退出，然后执行下面的命令使设置生效：

```
source /etc/profile
```

为了让我们的可执行程序能找到库路径，可以把 DPDK 的库路径/usr/local/lib64/加入/etc/ld.so.conf 中，添加后再执行一下 ldconfig 命令。

下面再绑定大页内存，比如 echo 16 > /proc/sys/vm/nr_hugepages，然后编译 igb_uio 驱动并加载，接着查看万兆网卡状态：

```
[root@localhost soft]# dpdk-devbind.py -s

Network devices using kernel driver
===================================
0000:0e:00.0 '82599ES 10-Gigabit SFI/SFP+ Network Connection 10fb' if=enp14s0f0
drv=ixgbe unused=igb_uio
0000:0e:00.1 '82599ES 10-Gigabit SFI/SFP+ Network Connection 10fb' if=enp14s0f1
drv=ixgbe unused=igb_uio
```

再绑定万兆网卡：

```
[root@localhost soft]#dpdk-devbind.py -b=igb_uio 0e:00.0
[root@localhost soft]#dpdk-devbind.py -b=igb_uio 0e:00.1
[root@localhost soft]# dpdk-devbind.py -s

Network devices using DPDK-compatible driver
============================================
0000:0e:00.0 '82599ES 10-Gigabit SFI/SFP+ Network Connection 10fb' drv=igb_uio
unused=ixgbe
0000:0e:00.1 '82599ES 10-Gigabit SFI/SFP+ Network Connection 10fb' drv=igb_uio
unused=ixgbe
```

绑定成功。看来在飞腾服务器平台上也十分顺利。向飞腾开发者致敬！下面我们再通过程序来检测万兆网卡。

【例 8.15】银河麒麟下用 Meson 生成网卡检测程序

（1）在 Windows 下打开 VSCode，准备好 stfp.json、main.c 和 meson.build 文件，这些都和例 8.11 内容类似，最多就是 IP 地址不同，这里不再赘述。 上传这 3 个文件到银河麒麟。

（2）在银河麒麟下进行编译和链接：

```
meson build
cd build
ninja
```

运行结果如下：

```
[root@localhost build]# ./countEthDev
EAL: Detected 64 lcore(s)
EAL: Detected 4 NUMA nodes
EAL: Multi-process socket /var/run/dpdk/rte/mp_socket
EAL: Selected IOVA mode 'PA'
EAL: No available hugepages reported in hugepages-2048kB
EAL: No free hugepages reported in hugepages-524288kB
EAL: Probing VFIO support...
EAL: DPDK is running on a NUMA system, but is compiled without NUMA support.
EAL: This will have adverse consequences for performance and usability.
EAL: Please use --legacy-mem option, or recompile with NUMA support.
EAL: Probe PCI driver: net_ixgbe (8086:10fb) device: 0000:0e:00.0 (socket 0)
EAL: Probe PCI driver: net_ixgbe (8086:10fb) device: 0000:0e:00.1 (socket 0)
EAL: No legacy callbacks, legacy socket not created
Number of NICs: 2
```

两个网卡探测到了。现在，是时候告别本章了，因为我们的 DPDK 国产化适配任务全部成功！

再次强调，适配工作很重要，这是一切网络应用程序的基础。本章我们从投资最小的虚拟机开始，到高端的飞腾服务器为止，可以说，本书讲解得十分细致、周到，同时兼顾了资金不充裕的学生读者和工程师读者。

第 9 章

DPDK 应用案例实战

本节介绍两个 DPDK 应用的案例实战，提升读者的 DPDK 的实际应用能力。

9.1 实战 1：测试两个网口之间的收发

前面我们洋洋洒洒地讲解了 DPDK 开发环境的搭建，现在就要利用 DPDK 做一些有实际用途的事情了。当然，考虑到初学者，本节的案例不会很复杂，从而保证读者学习曲线的平缓。我们的第一个实战将测试两个网口之间的收发，并统计出结果。

9.1.1 搞清楚网卡、网口和端口

对于初学者而言，经常会搞混网卡和网口，而这两个词汇在 DPDK 领域内经常出现，并且非常重要。

网卡就是一块被设计用来允许计算机在计算机网络上进行通信的计算机硬件，它可以插在计算机主板的 PCI 插槽上或集成在主板中，前者也称 PCI 网卡，如图 9-1 所示。

图 9-1

相信大家对网卡应该不会陌生。在图 9-1 中，圈出来的类似矩形的口就是网卡，它是用来插网

线的，相信大家都插过网线吧。网卡上这个用来插网线的口就是网口。但要注意的是，网卡上可能不止一个网口，比如双网口网卡，如图 9-2 所示。

图 9-2

相信大家现在已经清楚网卡和网口的概念了。那什么是端口呢？学过套接字网络编程的读者，可能第一反应就是套接字地址中的端口号，在套接字网络编程中，端口是逻辑连接的端点，用来区分不同的网络进程。如果一个软件应用程序或服务需要与其他人进行 socket 通信，它就会暴露一个端口，由 Internet 协议套件的传输层协议使用，例如用户数据报协议(UDP)和传输控制协议(TCP)。但这里的端口严格地讲是一个软件端口（也称逻辑端口）。

计算机“端口”是英文 port 的译义，可以认为是计算机与外界通信交流的出口。在计算机中，端口分为硬件端口和软件端口，其中硬件领域的端口又称接口，如网卡端口（简称网口）、USB 端口、串行端口等。软件领域的端口一般指网络中面向连接服务和无连接服务的通信协议端口。

因此，在 DPDK 中，经常所说的 port 就是网口。现在应该清楚了吧。

9.1.2 testpmd 简介

testpmd 是一个使用 DPDK 软件包分发的应用程序，其主要目的是在以太网端口之间转发数据包。此外，用户还可以用 testpmd 尝试一些不同驱动程序的功能，例如 RSS、过滤器和英特尔以太网流量控制器（Intel Ethernet Flow Director）。

testpmd 是 DPDK 自带的网卡测试工具，当运行 testpmd 时，可以展示和验证网卡支持的各种 PMD（Poll Mode Drive，基于用户态轮询机制的驱动）相关功能。同时对于基于 DPDK 的上层开发者来说，testpmd 也是一个进行代码开发的很好的参考，熟悉 testpmd 对开发工作往往能够起到事半功倍的效果。

这里，我们使用 DPDK 自带的 testpmd 程序来测试统计我们的网口的收发包。

9.1.3 testpmd 的转发模式

testpmd 可以使用 3 种不同的转发模式：输入/输出模式、收包模式和发包模式。

（1）输入/输出模式（Input/Output mode）：此模式通常称为 I/O 模式，是最常用的转发模式，也是 testpmd 启动时的默认模式。在 I/O 模式下，CPU 核心（core）从一个端口接收数据包（Rx），并将它发送到另一个端口（Tx）。 如果需要的话，一个端口可同时用于接收和发送。

（2）收包模式（Rx-only mode）：在此模式下，应用程序会轮询 Rx 端口的数据包，然后直接释放而不发送。它以这种方式充当数据包接收器。

（3）发包模式（Tx-only mode）：在此模式下，应用程序生成 64B 的 IP 数据包，并从 Tx 端口发送出去。它不接收数据包，仅作为数据包源。

后两种模式（收包模式和发包模式）对于单独检查收包或者发包非常有用。

9.1.4 案例中的使用场景

为了照顾学生读者，我们就在一个虚拟机中运行 testpmd 程序，不需要额外投资。此时，testpmd 应用程序把两个以太网端口连成环回模式，这样用户就可以在没有外部流量发生器的情况下检查网络设备的接收和传输功能。拓扑结构如图 9-3 所示。

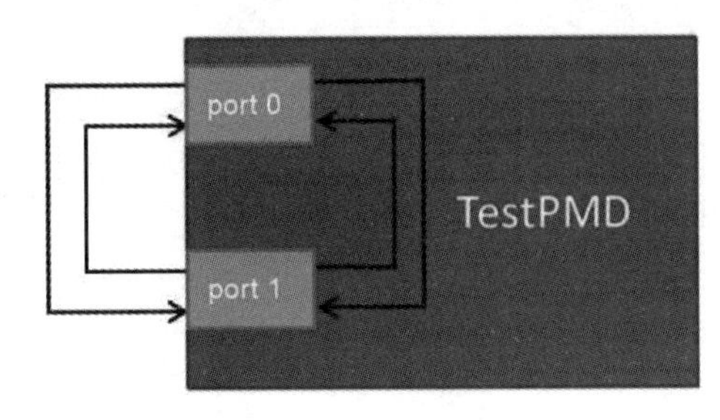

图 9-3

为了拥有 port0 和 port1，我们为虚拟机添加两个网卡，这两个网卡绑定到 DPDK 中。

9.1.5 搭建 DPDK 案例环境

在进行DPDK实验前搭建好环境太重要了，否则要么DPDK程序跑不通，要么运行了但没结果，到时候一头雾水。虽然上一章已经详细讲解过 DPDK 环境的搭建，但那是通用的情况，针对特定案例，笔者还是觉得有必要说一下环境搭建，但也不会说得非常详细，主要是把要点和注意点讲清楚。另外，说实话，DPDK 实验最好是在高性能服务器上运行，这样才能展现出 DPDK 的高性能特点。但笔者也知道，看本书的人有不少是在校学生，不一定有企业级服务器环境，因此，笔者还是决定在虚拟机上做实验，这样可以让（大家跟着做，具有实操性。其实过程和原理都是类似的，在虚拟机上学会后，以后入职了，有了高性能服务器，那么这些案例也是可以用的，无非就是设置（比如 CPU 核数、大页内存的数量可以设置大一些）和最终结果有所不同。

具体步骤如下：

步骤01 安装虚拟机 Linux。

在 Win7 或 Win10 的物理 PC 上用 VMWare 软件安装虚拟机 CentOS 7.6。安装后，CentOS 中有一个网卡，这个网卡用来和宿主机通过 NAT 方式进行连接，这样在宿主机上就可以用终端工具（比如 SecureCRT、MobaXTerm 等）连接到虚拟机 CentOS。也就是说，这个网卡不给 DPDK 程序用。有人或许奇怪：虚拟机直接在本地，为什么还要用终端工具，直接在图形界面的虚拟机中操作不就得了？其实，笔者这样做也是有目的的，是为了尽可能模拟企业中的使用场景。企业中，高性能服务器肯定都是在机房里，我们在办公桌上肯定是通过终端工具远程操作机房里的服务器。笔者也是用心良苦。

步骤 02 添加网卡。

我们要测试两个网口，可以在 VMWare 的“虚拟机设置”对话框中添加两块新的网卡，它们的网络连接模式都是“仅主机模式”，如图 9-4 所示。

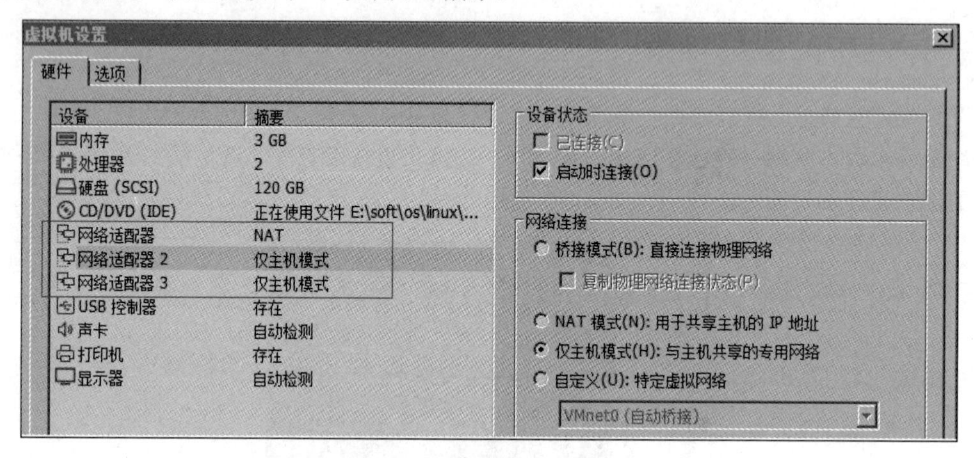

图 9-4

这样，我们的虚拟机 Linux 中可以看到有 3 块网卡了，如下所示：

```
# ifconfig
eno16777736: flags=4163<UP,BROADCAST,RUNNING,MULTICAST>  mtu 1500
        inet 192.168.100.135  netmask 255.255.255.0  broadcast 192.168.100.255
        ...
eno33554984: flags=4163<UP,BROADCAST,RUNNING,MULTICAST>  mtu 1500
        inet 192.168.48.130  netmask 255.255.255.0  broadcast 192.168.48.255
        ...
eno50332208: flags=4163<UP,BROADCAST,RUNNING,MULTICAST>  mtu 1500
        inet 192.168.48.128  netmask 255.255.255.0  broadcast 192.168.48.255
        ...
```

其中，网卡 eno16777736 用于和宿主机网络连接，其余两块用于 DPDK。另外，把 Linux 的防火墙关闭：

```
systemctl disable firewalld.service
```

步骤 03 增加 CPU 核心。

默认情况下，刚装好的虚拟机只有一个 CPU，我们要用到两个网口，每个网口由一个 CPU 来处理，那么就需要两个 CPU，在 VMWare 的“虚拟机设置”对话框中选择处理器数量为 2，如图 9-5 所示。

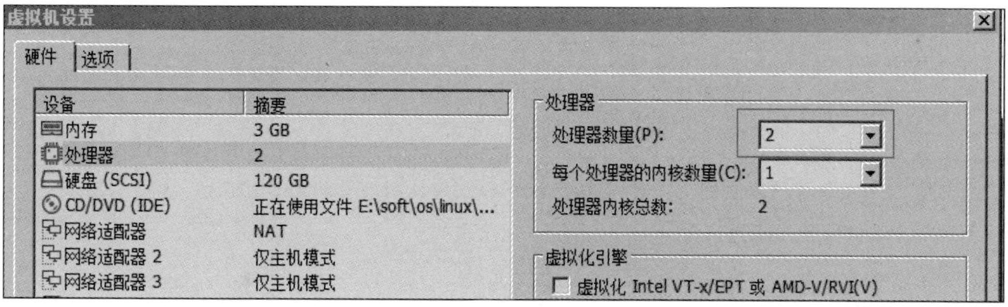

图 9-5

步骤 04 增加内存。

DPDK 程序通常需要分配较多的大页内存，所以物理内存最好是多一些，笔者这里分配 3GB，如图 9-6 所示。

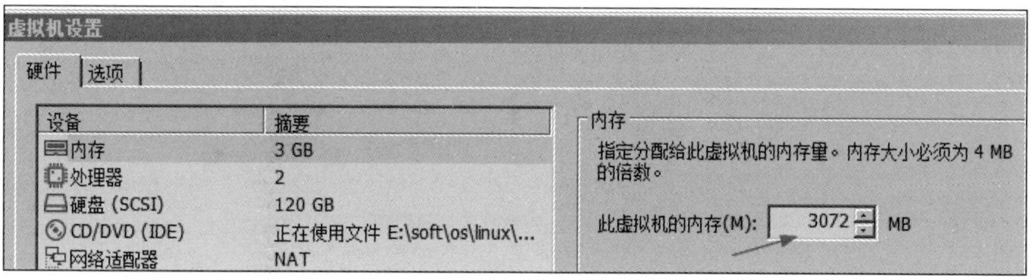

图 9-6

如果读者没有这么大的内存，也可以试试 2GB。

步骤 05 解压编译 DPDK。

把 dpdk-19.11.7.tar.xz 文件上传到虚拟机 Linux 的某目录（比如/root/soft/）下，解压：

```
tar xJf dpdk-19.11.7.tar.xz
```

然后设置环境变量，执行以下命令：

```
vim /etc/profile
```

在文件末尾增加下面 3 行内容：

```
export DESTDIR=/root/mydpdk
export RTE_SDK=/root/mydpdk/share/dpdk
export RTE_TARGET=x86_64-native-linuxapp-gcc
```

保存文件并退出，最后执行下面的命令进行生效：

```
source /etc/profile
```

下面我们在命令行下进入源码根目录的子目录 usertools 下，运行脚本程序：

```
cd usertools
./dpdk-setup.sh
```

出现提示后，输入 41 开始编译，稍等片刻编译完成，提示信息如下所示：

```
...
Build complete [x86_64-native-linuxapp-gcc]
================== Installing /root/mydpdk/
Installation in /root/mydpdk/ complete
------------------------------------------------------------------------------
 RTE_TARGET exported as x86_64-native-linuxapp-gcc
------------------------------------------------------------------------------

Press enter to continue ...
```

接下来，我们将使用 IGB UIO 这个用户态驱动程序，所以选择 48；下一步输入 52，准备设置大页内存数量，这个数量要设置大一点，如果设置小了，那 testpmd 根本运行不起来，这里设置 512，如下所示：

```
...
Option: 52

Removing currently reserved hugepages
Unmounting /mnt/huge and removing directory

  Input the number of 2048kB hugepages for each node
  Example: to have 128MB of hugepages available per node in a 2MB huge page system,
  enter '64' to reserve 64 * 2MB pages on each node
Number of pages for node0: 512
```

下面绑定两块网卡，在终端上重新开一个会话窗口，然后让它们失效：

```
[root@localhost ~]# ifconfig eno33554984 down
[root@localhost ~]# ifconfig eno50332208 down
```

再回到原来的会话窗口，输入 53：

```
Network devices using kernel driver
===================================
0000:02:01.0 '82545EM Gigabit Ethernet Controller (Copper) 100f' if=eno16777736
drv=e1000 unused=igb_uio *Active*
0000:02:05.0 '82545EM Gigabit Ethernet Controller (Copper) 100f' if=eno33554984
drv=e1000 unused=igb_uio
0000:02:06.0 '82545EM Gigabit Ethernet Controller (Copper) 100f' if=eno50332208
drv=e1000 unused=igb_uio
```

把要绑定的两块网卡的硬件 ID 记录下来，这里是 0000:02:05.0 和 0000:02:06.0。输入 54，然后输入 0000:02:05.0，再输入 54，然后输入 0000:02:06.0。如果只提示 OK，就表示成功了，如下所示：

```
Enter PCI address of device to bind to IGB UIO driver: 0000:02:06.0
OK
```

9.1.6 运行测试工具

万事俱备，开始运行。进入/root/mydpdk/bin/（/root/mydpdk/是笔者编译 DPDK 后的目标目录），然后运行 testpmd，命令如下：

```
./testpmd -l 0,1 -n 4 -- -i
```

参数说明：

- “--”之前的参数为 EAL 参数，也就是把 DPDK 环境抽象层（EAL）命令参数与 TestPMD 应用程序命令参数分开。
- -l 就是明确指定使用哪些 CPU 逻辑核，用列表的形式指定，0,1 表示有两个逻辑核，逻辑核 0 用于 testpmd 程序本身，逻辑核 1 用于转发，也就是把处理对应收发队列的线程绑定到对应的核上。其实，更好的方式是有 3 个核，一个用于 testpmd 本身，另外两个分别用于两个网口转发，这比较合理。但笔者的虚拟机只能设置两个核，读者可以试一下指定 3 个核。
- -n 表示 EAL 的内存通道数，一般为 4。
- -i 表示启用交互模式，也就是运行成功后，会出现“testpmd>”这样的提示符，允许用户输入命令。

稍等片刻，出现如下信息表示运行成功了：

```
[root@localhost bin]# ./testpmd -l 0,1 -n 4 -- -i
EAL: Detected 2 lcore(s)
EAL: Detected 1 NUMA nodes
EAL: Multi-process socket /var/run/dpdk/rte/mp_socket
EAL: Selected IOVA mode 'PA'
EAL: No available hugepages reported in hugepages-1048576kB
EAL: Probing VFIO support...
EAL: PCI device 0000:02:01.0 on NUMA socket -1
EAL:   Invalid NUMA socket, default to 0
EAL:   probe driver: 8086:100f net_e1000_em
EAL: PCI device 0000:02:05.0 on NUMA socket -1
EAL:   Invalid NUMA socket, default to 0
EAL:   probe driver: 8086:100f net_e1000_em
EAL: PCI device 0000:02:06.0 on NUMA socket -1
EAL:   Invalid NUMA socket, default to 0
EAL:   probe driver: 8086:100f net_e1000_em
EAL: Error reading from file descriptor 19: Input/output error
Interactive-mode selected
EAL: Error reading from file descriptor 22: Input/output error
testpmd: create a new mbuf pool <mbuf_pool_socket_0>: n=155456, size=2176,
socket=0
testpmd: preferred mempool ops selected: ring_mp_mc
Configuring Port 0 (socket 0)
EAL: Error enabling interrupts for fd 19 (Input/output error)
Port 0: 00:0C:29:AB:F3:FF
Configuring Port 1 (socket 0)
EAL: Error enabling interrupts for fd 22 (Input/output error)
Port 1: 00:0C:29:AB:F3:09
Checking link statuses...
Done
testpmd>
```

下面我们检查转发配置，输入 show config fwd：

```
    testpmd> show config fwd
    io packet forwarding - ports=2 - cores=1 - streams=2 - NUMA support enabled,
MP allocation mode: native
    Logical Core 1 (socket 0) forwards packets on 2 streams:
      RX P=0/Q=0 (socket 0) -> TX P=1/Q=0 (socket 0) peer=02:00:00:00:00:01
      RX P=1/Q=0 (socket 0) -> TX P=0/Q=0 (socket 0) peer=02:00:00:00:00:00
```

这表明 testpmd 正在使用默认的 I/O 转发模式。它还显示 CPU 核 1 将从端口 0 轮询数据包，将它们转发到端口 1，反之亦然。命令行上的第一个核心 0 用于处理运行时命令行本身。可以看到包转发（packet forwarding）用了两个网口（ports=2），用了一个 CPU 核（cores=1），数据流也是两个（streams=2）。

下面开始转发，只需输入 start：

```
    testpmd> start
    io packet forwarding - ports=2 - cores=1 - streams=2 - NUMA support enabled,
MP allocation mode: native
    Logical Core 1 (socket 0) forwards packets on 2 streams:
      RX P=0/Q=0 (socket 0) -> TX P=1/Q=0 (socket 0) peer=02:00:00:00:00:01
      RX P=1/Q=0 (socket 0) -> TX P=0/Q=0 (socket 0) peer=02:00:00:00:00:00

      io packet forwarding packets/burst=32
      nb forwarding cores=1 - nb forwarding ports=2
      port 0: RX queue number: 1 Tx queue number: 1
        Rx offloads=0x0 Tx offloads=0x0
        RX queue: 0
          RX desc=256 - RX free threshold=0
          RX threshold registers: pthresh=0 hthresh=0  wthresh=0
          RX Offloads=0x0
        TX queue: 0
          TX desc=256 - TX free threshold=32
          TX threshold registers: pthresh=0 hthresh=0  wthresh=0
          TX offloads=0x0 - TX RS bit threshold=32
      port 1: RX queue number: 1 Tx queue number: 1
        Rx offloads=0x0 Tx offloads=0x0
        RX queue: 0
          RX desc=256 - RX free threshold=0
          RX threshold registers: pthresh=0 hthresh=0  wthresh=0
          RX Offloads=0x0
        TX queue: 0
          TX desc=256 - TX free threshold=32
          TX threshold registers: pthresh=0 hthresh=0  wthresh=0
          TX offloads=0x0 - TX RS bit threshold=32
```

稍等片刻，若要检查是否正在端口之间转发流量，可以执行命令 show port stats all 以显示应用程序正在使用的所有端口的统计信息：

```
    testpmd> show port stats all
```

```
  ######################## NIC statistics for port 0  ########################
  RX-packets: 160273791  RX-missed: 0          RX-bytes:  27176720510
  RX-errors: 0
  RX-nombuf:  0
  TX-packets: 159344026  TX-errors: 0          TX-bytes:  26399416331

  Throughput (since last show)
  Rx-pps:          52783       Rx-bps:      71601456
  Tx-pps:          52477       Tx-bps:      69553536
############################################################################

  ######################## NIC statistics for port 1  ########################
  RX-packets: 159344216  RX-missed: 0          RX-bytes:  27036818962
  RX-errors: 0
  RX-nombuf:  0
  TX-packets: 160273601  TX-errors: 0          TX-bytes:  26535599579

  Throughput (since last show)
  Rx-pps:          52477       Rx-bps:      71232848
  Tx-pps:          52783       Tx-bps:      69912312
############################################################################
```

此输出显示自数据包转发开始以来应用程序处理的数据包总数，以及两个端口接收和传输的数据包数。流量速率以每秒数据包数（pps）显示。在此案例中，在端口接收的所有流量都以 5 万多的 pps 的理论线速转发。线速是给定数据包大小和网络接口的最大速度。要停止转发，只需输入 stop 命令即可：

```
testpmd> stop
Telling cores to stop...
Waiting for lcores to finish...

  ---------------------- Forward statistics for port 0  ----------------------
  RX-packets: 160273641      RX-dropped: 0             RX-total: 160273641
  TX-packets: 159344026      TX-dropped: 0             TX-total: 159344026
----------------------------------------------------------------------------

  ---------------------- Forward statistics for port 1  ----------------------
  RX-packets: 159344066      RX-dropped: 0             RX-total: 159344066
  TX-packets: 160273601      TX-dropped: 0             TX-total: 160273601
----------------------------------------------------------------------------

  +++++++++++++++ Accumulated forward statistics for all ports+++++++++++++++
  RX-packets: 319617707      RX-dropped: 0             RX-total: 319617707
  TX-packets: 319617627      TX-dropped: 0             TX-total: 319617627
++++++++++++++++++++++++++++++++++++++++++++++++++++++++++++++++++++++++++++
```

```
Done.
```

现在停止转发并显示两个端口的累积统计信息以及总体摘要。最后，如果要退出 testpmd 命令行，输入 quit 即可。

9.1.7 testpmd 的其他选项

在我们的开发工作中，常用的 testpmd 的启动参数有：

```
-w              绑定网卡
-c              使用哪些核，ff 代表 1111 1111 八个核
-n              内存通道数
-q              每个 CPU 管理的收发队列
-p              使用的端口

--nb-cores=N    设置转发核心数
--rxq=N         将每个端口的 RX 队列数设置为 N
--rxd=N         将 RX 环中的描述符数量设置为 N
--txq=N         将每个端口的 TX 队列数设置为 N
--txd=N         将 TX 环中的描述符数量设置为 N

--burst=N     将每个突发的数据包数设置为 N，默认值为 32
--nb-cores    用于转发的逻辑核数目。注意 testpmd 本身需要一个逻辑核用于交互，所以这个参数
的值应大于 0 且小于或等于总逻辑核数-1
--nb-ports    用于转发的网络接口。如果不指定则使用所有可用的接口；2 表示用前两个接口
```

testpmd 启动后，也可以设置一些属性，常用的有：

```
> set fwd io/txonly/rxonly/txrx      设置模式
> show port stats all                显示所有端口信息
> set txpkts N                       设置包的长度为 N
> set pktc N                         设置报的数量为 N，0XFFFF 代表一直发
> read reg <port_id> <reg_off>       读寄存器的值
```

对于 set fwd，有必要详细说明一下，其完整的语法形式如下：

```
testpmd> set fwd (io|mac|macswap|flowgen| \
rxonly|txonly|csum|icmpecho|noisy|5tswap|shared-rxq) (""|retry)
```

参数说明如下：

- io：按原始 I/O 方式转发报文。这是最快的转发操作，因为它不访问数据包数据。这是默认模式。
- mac：在转发报文之前改变报文的源以太网地址和目的以太网地址。应用程序的默认行为是将源以太网地址设置为发送接口的地址，将目的以太网地址设置为一个虚拟值（在 init 时设置）。用户可以通过命令行选项 eth-peer 或 eth-peers-configfile 指定目的以太网地址。目前还不能指定特定的源以太网地址。
- macswap：MAC 交换转发模式。在转发数据包之前，交换数据包的源和目的以太网地址。

- flowgen：多流生成方式。发起大量流（具有不同的目的 IP 地址），并终止接收流量。
- rxonly：接收报文但不发送。
- txonly：不接收报文，生成并发送报文。
- csum：根据数据包上的卸载标志用硬件或软件方法改变校验和字段。
- icmpecho：接收大量报文，查找 ICMP echo 请求，如果有，则返回 ICMP echo 应答。
- ieee1588：演示 L2 IEEE1588 V2 点对 RX 和 TX 的时间戳。
- noisy：吵闹的邻居模拟。模拟执行虚拟网络功能（VNF）接收和发送数据包的客户机的真实行为。
- 5tswap：交换 L2、L3、L4 的源和目标（如果存在）。
- shared-rxq：只接收共享的 Rx 队列。从 mbuf 解析数据包的源端口，并相应地更新流统计信息。

9.2　实战 2：接收来自 Windows 的网络包并统计

DPDK 程序针对的应用场景非常多，大家以后在工作中可以体会到这一点。但现在考虑到初学者，不宜搞得非常复杂和费用高昂，一定要最大程度地利用大家的现有条件来学会 DPDK 程序的用法。

前面的实战案例中，我们仅仅利用了一台 Linux 虚拟机就做出了可操作性的实验。现在，笔者设计了这样一个案例，利用宿主机 Windows 的网络发包工具向虚拟机 Linux 中的 DPDK 程序发包，然后这个 DPDK 程序统计收到的包。这个案例充分利用了大家现有的条件，不用投资购买其他设备。

9.2.1　什么是二层转发

二层转发对应 OSI 模型中的数据链路层，该层以 MAC 帧进行传输，运行在二层的比较有代表性的设备就是交换机了。当交换机收到数据时，它会检查它的目的 MAC 地址，然后把数据从目的主机所在的接口转发出去。

交换机之所以能实现这一功能，是因为其内部有一个 MAC 地址表，MAC 地址表记录了网络中所有 MAC 地址与该交换机各端口的对应信息。某一数据帧需要转发时，交换机根据该数据帧的目的 MAC 地址来查找 MAC 地址表，从而得到该地址对应的端口，即知道具有该 MAC 地址的设备是连接在交换机的哪个端口上，然后交换机把数据帧从该端口转发出去。内部原理如下：

（1）交换机根据收到的数据帧中的源 MAC 地址建立该地址同交换机端口的映射，并将它写入 MAC 地址表中。

（2）交换机将数据帧中的目的 MAC 地址同已建立的 MAC 地址表进行比较，以决定由哪个端口进行转发。

（3）如果数据帧中的目的 MAC 地址不在 MAC 地址表中，则向所有端口转发。这一过程称为泛洪（flood）。

（4）接到广播帧或组播帧的时候，立即转发到除接收端口之外的所有其他端口。

下面我们就准备写一个二层转发程序，来接收 Windows 中发来的网络包。

9.2.2 程序的主要流程

程序的主要流程如图 9-7 所示。

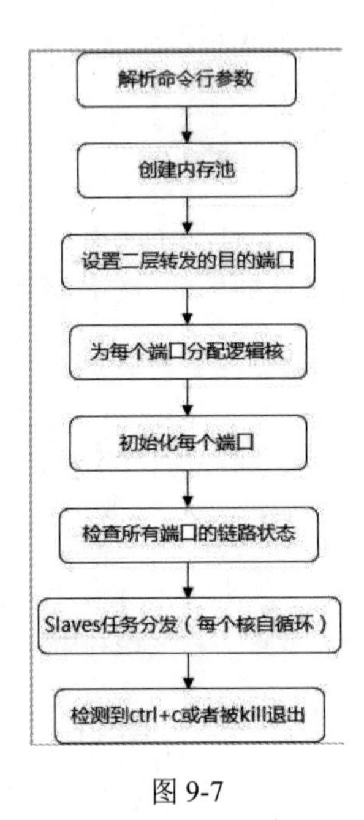

图 9-7

9.2.3 主函数实现

因为程序代码较多，我们不可能全部粘贴出来，所以只能挑重要的函数拿出来分析。主函数肯定是第一个出场，代码如下：

```
/* 命令行解析
 * 参数输入 ./l2fwd -c 0x3 -n 4 -- -p 3 -q 1
 * -c 为十六进制的分配的逻辑内核数量
 * -n 为十进制的内存通道数量，EAL 参数和程序参数用--分开
 * -q 为分配给每个核心的收发队列数量（端口数量）
 * -p 为十六进制的分配的端口数
 * -t 为可选的打印时间间隔参数，默认 10s
*/
int main(int argc, char **argv)
{
    struct lcore_queue_conf *qconf;
    int ret;
    uint16_t nb_ports;
    uint16_t nb_ports_available = 0;
    uint16_t portid, last_port;
    unsigned lcore_id, rx_lcore_id;
    unsigned nb_ports_in_mask = 0;
    unsigned int nb_lcores = 0;
```

```
unsigned int nb_mbufs;

/* init EAL */
/* 初始化 EAL 参数并解析参数，系统函数 getopt 以及 getopt_long
 * 这两个是用来处理命令行参数的函数
 */
ret = rte_eal_init(argc, argv);
if (ret < 0)
    rte_exit(EXIT_FAILURE, "Invalid EAL arguments\n");
//argc 减去 EAL 参数的同时，argv 加上 EAL 参数，保证在解析程序参数的时候已经跳过了 EAL
参数
argc -= ret;
argv += ret;

force_quit = false;
signal(SIGINT, signal_handler);
signal(SIGTERM, signal_handler);

/* parse application arguments (after the EAL ones) */
//解析 l2fwd 程序参数
ret = l2fwd_parse_args(argc, argv);
if (ret < 0)
    rte_exit(EXIT_FAILURE, "Invalid L2FWD arguments\n");

printf("MAC updating %s\n", mac_updating ? "enabled" : "disabled");

/* convert to number of cycles */
//-t 参数，打印时间间隔
timer_period *= rte_get_timer_hz();

nb_ports = rte_eth_dev_count_avail();
if (nb_ports == 0)
    rte_exit(EXIT_FAILURE, "No Ethernet ports - bye\n");

/* check port mask to possible port mask */
/*
 * 在 DPDK 运行时创建的大页内存中创建报文内存池，
 * 其中 socket 不是套接字，是 numa 框架中的 socket，
 * 每个 socket 都有数个 node，每个 node 又包括数个 core。
 * 每个 socket 都有自己的内存，每个 socket 里的处理器访问自己内存的速度最快，
 * 访问其他 socket 的内存则较慢。
*/
if (l2fwd_enabled_port_mask & ~((1 << nb_ports) - 1))
    rte_exit(EXIT_FAILURE, "Invalid portmask; possible (0x%x)\n",
        (1 << nb_ports) - 1);

/* reset l2fwd_dst_ports */
//设置二层转发目的端口
for (portid = 0; portid < RTE_MAX_ETHPORTS; portid++)
    l2fwd_dst_ports[portid] = 0;
```

```
    //初始化所有的目的端口为 0
    last_port = 0;

    /*
     * Each logical core is assigned a dedicated TX queue on each port.
     */
    RTE_ETH_FOREACH_DEV(portid) {
        /* skip ports that are not enabled */
        /* l2fwd_enabled_port_mask 可用端口位掩码
         * 跳过未分配或是不可用端口。
         * 可用端口位掩码表示，左数第 n 位如果为 1，则表示端口 n 可用，如果为 0，则表示端口 n
不可用。
         * 要得到第 x 位为 1 还是 0，我们的方法是将 1 左移 x 位，得到一个只在 x 位为 1 其他位都
为 0 的数，再与位掩码相与。
         * 若结果为 1，则第 x 位为 1；若结果位 0，则第 x 位为 0。
        */
        if ((l2fwd_enabled_port_mask & (1 << portid)) == 0)
            continue;
        //此处，当输入端口数即 nb_ports 为 1 时，dst_port[0] = 0
        //此处，当输入端口数即 nb_ports 为 2 时，dst_port[0] = 0，dst_port[2] = 1，
dst_port[1] = 2
        //此处，当输入端口数即 nb_ports 为 3 时，dst_port[0] = 0，dst_port[2] =
1,dst_port[1] = 2;
        //此处，当输入端口数即 nb_ports 为 4 时，dst_port[4] = 3，dst_port[3] = 4

        if (nb_ports_in_mask % 2) {
            l2fwd_dst_ports[portid] = last_port;
            l2fwd_dst_ports[last_port] = portid;
        }
        else
            last_port = portid;

        nb_ports_in_mask++;
    }
    if (nb_ports_in_mask % 2) {
        printf("Notice: odd number of ports in portmask.\n");
        l2fwd_dst_ports[last_port] = last_port;
    }

    rx_lcore_id = 0;
    qconf = NULL;

    /* Initialize the port/queue configuration of each logical core */
    RTE_ETH_FOREACH_DEV(portid) {
        /* skip ports that are not enabled */
        if ((l2fwd_enabled_port_mask & (1 << portid)) == 0)
            continue;

        /* get the lcore_id for this port */
        //l2fwd_rx_queue_per_lcore 即参数-q
```

```
    while (rte_lcore_is_enabled(rx_lcore_id) == 0 ||
          lcore_queue_conf[rx_lcore_id].n_rx_port ==
          l2fwd_rx_queue_per_lcore) {
        rx_lcore_id++;
        if (rx_lcore_id >= RTE_MAX_LCORE)
            rte_exit(EXIT_FAILURE, "Not enough cores\n");
    }

    if (qconf != &lcore_queue_conf[rx_lcore_id]) {
        /* Assigned a new logical core in the loop above. */
        qconf = &lcore_queue_conf[rx_lcore_id];
        nb_lcores++;
    }

    qconf->rx_port_list[qconf->n_rx_port] = portid;
    qconf->n_rx_port++;
    printf("Lcore %u: RX port %u\n", rx_lcore_id, portid);
}

nb_mbufs = RTE_MAX(nb_ports * (nb_rxd + nb_txd + MAX_PKT_BURST +
    nb_lcores * MEMPOOL_CACHE_SIZE), 8192U);

/* create the mbuf pool */
l2fwd_pktmbuf_pool = rte_pktmbuf_pool_create("mbuf_pool", nb_mbufs,
    MEMPOOL_CACHE_SIZE, 0, RTE_MBUF_DEFAULT_BUF_SIZE,
    rte_socket_id());
if (l2fwd_pktmbuf_pool == NULL)
    rte_exit(EXIT_FAILURE, "Cannot init mbuf pool\n");

/* Initialise each port */
RTE_ETH_FOREACH_DEV(portid) {
    struct rte_eth_rxconf rxq_conf;
    struct rte_eth_txconf txq_conf;
    struct rte_eth_conf local_port_conf = port_conf;
    struct rte_eth_dev_info dev_info;

    /* skip ports that are not enabled */
    if ((l2fwd_enabled_port_mask & (1 << portid)) == 0) {
        printf("Skipping disabled port %u\n", portid);
        continue;
    }
    nb_ports_available++;

    /* init port */
    printf("Initializing port %u... ", portid);
    //清除读写缓冲区
    fflush(stdout);

    //配置端口，将一些配置写进设备 dev 的一些字段，以及检查设备支持什么类型的中断、支持
的包大小
```

```
    ret = rte_eth_dev_info_get(portid, &dev_info);
    if (ret != 0)
        rte_exit(EXIT_FAILURE,
            "Error during getting device (port %u) info: %s\n",
            portid, strerror(-ret));

    if (dev_info.tx_offload_capa & DEV_TX_OFFLOAD_MBUF_FAST_FREE)
        local_port_conf.txmode.offloads |=
            DEV_TX_OFFLOAD_MBUF_FAST_FREE;
    ret = rte_eth_dev_configure(portid, 1, 1, &local_port_conf);
    if (ret < 0)
        rte_exit(EXIT_FAILURE, "Cannot configure device: err=%d, port=%u\n",
            ret, portid);

    ret = rte_eth_dev_adjust_nb_rx_tx_desc(portid, &nb_rxd,
                    &nb_txd);
    if (ret < 0)
        rte_exit(EXIT_FAILURE,
            "Cannot adjust number of descriptors: err=%d, port=%u\n",
            ret, portid);

    //获取设备的 MAC 地址，存入 l2fwd_ports_eth_addr[]数组，后续打印 MAC 地址
    ret = rte_eth_macaddr_get(portid,
            &l2fwd_ports_eth_addr[portid]);
    if (ret < 0)
        rte_exit(EXIT_FAILURE,
            "Cannot get MAC address: err=%d, port=%u\n",
            ret, portid);

    /* init one RX queue */
    //清除读写缓冲区
    fflush(stdout);
    rxq_conf = dev_info.default_rxconf;
    rxq_conf.offloads = local_port_conf.rxmode.offloads;
    //设置接收队列，nb_rxd 指收取队列的大小，最大能够存储 mbuf 的数量
    ret = rte_eth_rx_queue_setup(portid, 0, nb_rxd,
                rte_eth_dev_socket_id(portid),
                &rxq_conf,
                l2fwd_pktmbuf_pool);
    if (ret < 0)
        rte_exit(EXIT_FAILURE, "rte_eth_rx_queue_setup:err=%d, port=%u\n",
            ret, portid);

    /* init one TX queue on each port */
    fflush(stdout);
    txq_conf = dev_info.default_txconf;
    txq_conf.offloads = local_port_conf.txmode.offloads;
    //初始化一个发送队列，nb_txd 指发送队列的大小，最大能够存储 mbuf 的数量
    ret = rte_eth_tx_queue_setup(portid, 0, nb_txd,
            rte_eth_dev_socket_id(portid),
```

```
                &txq_conf);
        if (ret < 0)
            rte_exit(EXIT_FAILURE, "rte_eth_tx_queue_setup:err=%d, port=%u\n",
ret, portid);

        /* Initialize TX buffers */
        //为每个端口分配接收缓冲区，根据 numa 架构的 socket 就近分配
        tx_buffer[portid] = rte_zmalloc_socket("tx_buffer",
                RTE_ETH_TX_BUFFER_SIZE(MAX_PKT_BURST), 0,
                rte_eth_dev_socket_id(portid));
        if (tx_buffer[portid] == NULL)
            rte_exit(EXIT_FAILURE, "Cannot allocate buffer for tx on port %u\n",
    portid);

        rte_eth_tx_buffer_init(tx_buffer[portid], MAX_PKT_BURST);

        ret = rte_eth_tx_buffer_set_err_callback(tx_buffer[portid],
                rte_eth_tx_buffer_count_callback,
                &port_statistics[portid].dropped);
        if (ret < 0)
            rte_exit(EXIT_FAILURE,
            "Cannot set error callback for tx buffer on port %u\n",
                 portid);

        ret = rte_eth_dev_set_ptypes(portid, RTE_PTYPE_UNKNOWN, NULL,
                        0);
        if (ret < 0)
            printf("Port %u, Failed to disable Ptype parsing\n",
                    portid);
        /* Start device */
        //启动端口
        ret = rte_eth_dev_start(portid);
        if (ret < 0)
            rte_exit(EXIT_FAILURE, "rte_eth_dev_start:err=%d, port=%u\n",
                  ret, portid);

        printf("done: \n");

        ret = rte_eth_promiscuous_enable(portid);
        if (ret != 0)
            rte_exit(EXIT_FAILURE,
                 "rte_eth_promiscuous_enable:err=%s, port=%u\n",
                 rte_strerror(-ret), portid);

        printf("Port %u, MAC address: %02X:%02X:%02X:%02X:%02X:%02X\n\n",
                portid,
                l2fwd_ports_eth_addr[portid].addr_bytes[0],
                l2fwd_ports_eth_addr[portid].addr_bytes[1],
                l2fwd_ports_eth_addr[portid].addr_bytes[2],
                l2fwd_ports_eth_addr[portid].addr_bytes[3],
```

```
                l2fwd_ports_eth_addr[portid].addr_bytes[4],
                l2fwd_ports_eth_addr[portid].addr_bytes[5]);

        /* initialize port stats */
        //初始化端口数据，就是后面要打印的接收、发送、drop 的包数
        memset(&port_statistics, 0, sizeof(port_statistics));
    }

    if (!nb_ports_available) {
        rte_exit(EXIT_FAILURE,
            "All available ports are disabled. Please set portmask.\n");
    }

    //检查每个端口的连接状态
    check_all_ports_link_status(l2fwd_enabled_port_mask);

    ret = 0;
    /* launch per-lcore init on every lcore */
    //在每个逻辑内核上启动线程，开始转发，l2fwd_launch_one_lcore 实际上运行的是
l2fwd_main_loop
    rte_eal_mp_remote_launch(l2fwd_launch_one_lcore, NULL, CALL_MASTER);
    RTE_LCORE_FOREACH_SLAVE(lcore_id) {
        if (rte_eal_wait_lcore(lcore_id) < 0) {
            ret = -1;
            break;
        }
    }
    RTE_ETH_FOREACH_DEV(portid) {
        if ((l2fwd_enabled_port_mask & (1 << portid)) == 0)
            continue;
        printf("Closing port %d...", portid);
        rte_eth_dev_stop(portid);
        rte_eth_dev_close(portid);
        printf(" Done\n");
    }
    printf("Bye...\n");
    return ret;
}
```

9.2.4 任务分发的实现

注意 main 函数中的这段代码：

```
/* launch per-lcore init on every lcore */
rte_eal_mp_remote_launch(l2fwd_launch_one_lcore, NULL, CALL_MASTER);
RTE_LCORE_FOREACH_SLAVE(lcore_id) {
    if (rte_eal_wait_lcore(lcore_id) < 0) {
        ret = -1;
        break;
    }
```

```
}
```

每个逻辑核在任务分发后会执行如下循环，直到退出。l2fwd_launch_one_lcore 的代码如下：

```
static int
l2fwd_launch_one_lcore(__attribute__((unused)) void *dummy)
{
    l2fwd_main_loop();
    return 0;
}
```

这是一个包装函数，具体工作由 l2fwd_main_loop 函数来完成，其代码如下：

```
/* main processing loop */
static void
l2fwd_main_loop(void)
{
    struct rte_mbuf *pkts_burst[MAX_PKT_BURST];
    struct rte_mbuf *m;
    int sent;
    unsigned lcore_id;
    uint64_t prev_tsc, diff_tsc, cur_tsc, timer_tsc;
    unsigned i, j, portid, nb_rx;
    struct lcore_queue_conf *qconf;
    const uint64_t drain_tsc = (rte_get_tsc_hz() + US_PER_S - 1) / US_PER_S *
BURST_TX_DRAIN_US;
    struct rte_eth_dev_tx_buffer *buffer;

    prev_tsc = 0;
    timer_tsc = 0;

    //获取自己的 lcore_id
    lcore_id = rte_lcore_id();
    qconf = &lcore_queue_conf[lcore_id];

    //分配后多余的 lcore 无事可做，orz
    if (qconf->n_rx_port == 0) {
        RTE_LOG(INFO, L2FWD, "lcore %u has nothing to do\n", lcore_id);
        return;
    }

    //有事做的核很开心地进入了主循环
    RTE_LOG(INFO, L2FWD, "entering main loop on lcore %u\n", lcore_id);
    for (i = 0; i < qconf->n_rx_port; i++) {

        portid = qconf->rx_port_list[i];
        RTE_LOG(INFO, L2FWD, " -- lcoreid=%u portid=%u\n", lcore_id,
            portid);

    }
    //直到发生了强制退出，在这里就是 Ctrl+C 或者 kill 了这个进程
    while (!force_quit) {
```

```
cur_tsc = rte_rdtsc();

/*
 * TX burst queue drain
 */
//计算时间片
diff_tsc = cur_tsc - prev_tsc;
//过了 100us，把发送 buffer 里的报文发出去
if (unlikely(diff_tsc > drain_tsc)) {
    for (i = 0; i < qconf->n_rx_port; i++) {
        portid = l2fwd_dst_ports[qconf->rx_port_list[i]];
        buffer = tx_buffer[portid];

        sent = rte_eth_tx_buffer_flush(portid, 0, buffer);
        if (sent)
            port_statistics[portid].tx += sent;
    }
    /* if timer is enabled */
     //到了时间片了打印各端口的数据
    if (timer_period > 0) {
        /* advance the timer */
        timer_tsc += diff_tsc;

        /* if timer has reached its timeout */
        if (unlikely(timer_tsc >= timer_period)) {

            /* do this only on master core */
            if (lcore_id == rte_get_master_lcore()) {
                //打印让 master 主线程来做
                print_stats();
                /* reset the timer */
                timer_tsc = 0;
            }
        }
    }
    prev_tsc = cur_tsc;
}

/*
 * Read packet from RX queues
 */
//没有到发送时间片的话，就读取接收队列里的报文
for (i = 0; i < qconf->n_rx_port; i++) {
    portid = qconf->rx_port_list[i];
    nb_rx = rte_eth_rx_burst(portid, 0,
                 pkts_burst, MAX_PKT_BURST);

    //计数，收到的报文数
    port_statistics[portid].rx += nb_rx;
```

```
                for (j = 0; j < nb_rx; j++) {
                    m = pkts_burst[j];
                    rte_prefetch0(rte_pktmbuf_mtod(m, void *));
                    //更新 MAC 地址以及目的端口发送 buffer 满了的话，就尝试发送
                    l2fwd_simple_forward(m, portid)
                }
            }
        }
    }
```

9.2.5 程序参数的解析实现

我们的程序是一个命令行程序，可以接收不同的参数实现不同的功能，解析参数的函数是 l2fwd_parse_args，代码如下：

```
    /* Parse the argument given in the command line of the application */
    static int
    l2fwd_parse_args(int argc, char **argv)
    {
        int opt, ret, timer_secs;
        char **argvopt;
        int option_index;
        char *prgname = argv[0]; // l2fwd
        argvopt = argv;
        // Linux 下解析命令行参数的函数支持由两个横杠开头的长选项
        while ((opt = getopt_long(argc, argvopt, short_options,
                    lgopts, &option_index)) != EOF) {
            // 关于这个函数可以 man getopt_long
            switch (opt) { // 解析成功时返回字符
            /* portmask */
            case 'p': // 端口掩码
                l2fwd_enabled_port_mask = l2fwd_parse_portmask(optarg); // 解析成
功时，将字符后面的参数放到 optarg 里
                if (l2fwd_enabled_port_mask == 0) {
                    printf("invalid portmask\n");
                    l2fwd_usage(prgname);
                    return -1;
                }
                break;
            /* nqueue */
            case 'q': // A number of queues (=ports) per lcore (default is 1)
            // q 后面跟着的数字是每个逻辑核心上要绑定的队列（端口）数量
            // 例如 -q 4 意味着该应用使用一个 lcore 轮询 4 个端口。如果共有 16 个端口，则只需
要 4 个 lcore
                l2fwd_rx_queue_per_lcore = l2fwd_parse_nqueue(optarg);
                if (l2fwd_rx_queue_per_lcore == 0) {
                    printf("invalid queue number\n");
                    l2fwd_usage(prgname);
                    return -1;
                }
```

```
            break;
        /* timer period */
        case 'T':
            timer_secs = l2fwd_parse_timer_period(optarg);
            if (timer_secs < 0) {
                printf("invalid timer period\n");
                l2fwd_usage(prgname);
                return -1;
            }
            timer_period = timer_secs;
            break;
        /* long options */
        case 0: // 解析到了长选项 会返回 0，长选项形如 --arg=param or --arg param
            break;
        default:
            l2fwd_usage(prgname);
            return -1;
        }
    }
    if (optind >= 0) // optind 是 argv 中下一个要被处理的参数的索引
        argv[optind-1] = prgname;
    ret = optind-1;
    optind = 1; /* reset getopt lib */ // 解析完所有的参数要让 optind 重新指向 1
    return ret;
}
```

9.2.6 转发的实现

实现转发的函数是 l2fwd_simple_forward，代码如下：

```
static void
l2fwd_simple_forward(struct rte_mbuf *m, unsigned portid)
{
    unsigned dst_port;
    int sent;
    struct rte_eth_dev_tx_buffer *buffer;
    dst_port = l2fwd_dst_ports[portid]; // 与之配对的端口

    if (mac_updating) // 如果开启了 mac updating 模式
        l2fwd_mac_updating(m, dst_port); // 调整 MAC 地址

    buffer = tx_buffer[dst_port]; // 该端口的 tx_buffer
    sent = rte_eth_tx_buffer(dst_port, 0, buffer, m); // 将收到的包缓存在
tx_buffer 里，用于未来的发送
    // 如果返回值为 0，则表示 pkt 已经被缓存
    // 如果返回值 N>0，则表示由于缓冲区被 flush 导致 N 个 pkt 被发送

    if (sent)
        port_statistics[dst_port].tx += sent;
}
```

9.2.7　信号的处理

为了提供程序的健壮性，需要对一些信号进行处理，代码如下：

```
static void
signal_handler(int signum)
{
    if (signum == SIGINT || signum == SIGTERM) {
        printf("\n\nSignal %d received, preparing to exit...\n",
                signum);
        force_quit = true;  }
}
```

其中，force_quit = true;表示当我们退出时是使用 Ctrl+C 快捷键让程序自然退出，不是直接将进程杀死，这样程序就来得及完成最后退出之前的操作。

9.2.8　搭建 DPDK 案例环境

这一节的内容和 9.1 节的一样，不再赘述。

9.2.9　编写 Makefile 并编译

我们把所有的代码放在一个 main.c 中，二进制程序名是 l2fwd，意思是二层转发程序。Makefile 代码如下：

```
# 二进制名
APP = l2fwd

# 所有资源都存储在 SRCS-y 中
SRCS-y := main.c

# 如果可能，使用 pkg 配置变量进行构建
ifeq ($(shell pkg-config --exists libdpdk && echo 0),0)

all: shared
.PHONY: shared static
shared: build/$(APP)-shared
    ln -sf $(APP)-shared build/$(APP)
static: build/$(APP)-static
    ln -sf $(APP)-static build/$(APP)

PKGCONF ?= pkg-config

PC_FILE := $(shell $(PKGCONF) --path libdpdk 2>/dev/null)
CFLAGS += -O3 $(shell $(PKGCONF) --cflags libdpdk)
# 添加标志以允许实验性的 API，因为 l2fwd 使用了 rte_ethdev_set_ptype API
CFLAGS += -DALLOW_EXPERIMENTAL_API
LDFLAGS_SHARED = $(shell $(PKGCONF) --libs libdpdk)
LDFLAGS_STATIC = $(shell $(PKGCONF) --static --libs libdpdk)
```

```
build/$(APP)-shared: $(SRCS-y) Makefile $(PC_FILE) | build
    $(CC) $(CFLAGS) $(SRCS-y) -o $@ $(LDFLAGS) $(LDFLAGS_SHARED)

build/$(APP)-static: $(SRCS-y) Makefile $(PC_FILE) | build
    $(CC) $(CFLAGS) $(SRCS-y) -o $@ $(LDFLAGS) $(LDFLAGS_STATIC)

build:
    @mkdir -p $@

.PHONY: clean
clean:
    rm -f build/$(APP) build/$(APP)-static build/$(APP)-shared
    test -d build && rmdir -p build || true

else # 使用传统构建系统进行构建

ifeq ($(RTE_SDK),)
$(error "Please define RTE_SDK environment variable")
endif

# 默认目标，通过查找带有.comfig的路径来检测构建目录
RTE_TARGET ?= $(notdir $(abspath $(dir $(firstword $(wildcard
$(RTE_SDK)/*/.config))))

include $(RTE_SDK)/mk/rte.vars.mk

CFLAGS += -O3
CFLAGS += $(WERROR_FLAGS)
# 添加标志以允许实验性的API，因为l2fwd使用了 rte_ethdev_set_ptype API
CFLAGS += -DALLOW_EXPERIMENTAL_API

include $(RTE_SDK)/mk/rte.extapp.mk
endif
```

接下来把main.c和Makefile放到读者在Linux上的某个工作目录下。然后在命令行下定位到这个目录，并输入make命令进行编译：

```
# make
```

如果没有问题，则会生成一个build子目录，这个子目录下就有一个二进制程序l2fwd了。该程序的参数形式如下：

```
l2fwd [EAL options] -- -p PORTMASK [-q NQ -T t]
```

l2fwd的命令行参数分两部分：EAL和程序本身的参数，中间以--分隔开。EAL options表示DPDK EAL的默认参数，必须的参数为-c、COREMASK、-n、NUM。参数说明如下：

- -c：分配逻辑内核数量。
- COREMASK：一个十六进制位掩码，表示分配的逻辑内核数量。

- -n：分配内存通道数量。
- NUM：一个十进制整数，表示内存通道数量。
- -p PORTMASK：指定端口数量。
- PORTMASK：一个十六进制位掩码表示的端口数量。目标端口是启用的端口掩码的相邻端口，即如果启用前 4 个端口（端口掩码 0xf，每个端口用一个比特位表示），则启动 4 个就是 4 个比特位置 1。
- -q NQ：指定分配给每个逻辑内核的收发队列数量。
- NQ：表示分配给每个逻辑内核的收发队列数量。
- -T t：设置打印统计数据到屏幕上的时间间隔，默认为 10 秒。

9.2.10 在 Windows 上部署环境

现在我们需要到 Windows 上去发点数据包给 DPDK 程序 l2fwd，但需要做一些准备工作。这里我们将使用“网络调试助手”这个工具（这个工具可以在本书配套资源的 somesofts 文件夹下找到），它需要指定对方 IP 地址才能发送数据包，而且想要 DPDK 网卡收到数据，就必须在本地绑定一条静态路由（管理员权限）。我们使用 netsh 程序来配置这个静态路由，netsh 是一个由 Windows 系统本身提供的功能强大的网络配置命令行工具。

首先打开 Windows 的命令行窗口，运行 netsh i i show in 命令查看本地网卡对应的 Idx 值，这个 Idx 值接下来会使用到，该命令运行结果如下：

```
C:\Users\Administrator>netsh i i show in

Idx     Met         MTU          状态                名称
---  ----------  ----------  ------------  ---------------------------
  1          50  4294967295  connected     Loopback Pseudo-Interface 1
 11          10        1500  connected     本地连接
 13          20        1500  connected     VMware Network Adapter VMnet1
 15          20        1500  connected     VMware Network Adapter VMnet8
```

我们的 DPDK 网卡都是连接在 VMnet1 这个虚拟网络中，因此要记住第 1 列的 13 这个数字。然后开始绑定一条静态路由，命令如下：

```
netsh -c "i i" add neighbors 13 "192.168.48.5" "00-0c-29-ab-f3-ff"
```

其中，192.168.48.5 是假设的一个对方 IP 地址，供“网络调试助手”使用，这个 IP 地址要和 VMnet1 在同一个网段，笔者的 VMnet1 虚拟机交换机的地址是 192.168.48.1，如图 9-8 所示。

子网 192.168.48.0 可以在 VMWare 的“虚拟网络编辑器”中设定（单击菜单栏中的“编辑”→“虚拟网络编辑器”），如图 9-9 所示。

命令行中的 MAC 地址 00-0c-29-ab-f3-ff 是 DPDK 网卡 port0 的 MAC 地址。这样我们就把 IP 地址（192.168.48.5）和 MAC 地址绑定起来了，这相当于一条路由。发给这个 IP 地址的数据都将由 MAC 地址为 00-0c-29-ab-f3-ff 的网卡 port0 接收。

好了，Windows 下的准备工作完毕了，接下来激动人心的时刻到了，要开始运行程序了。

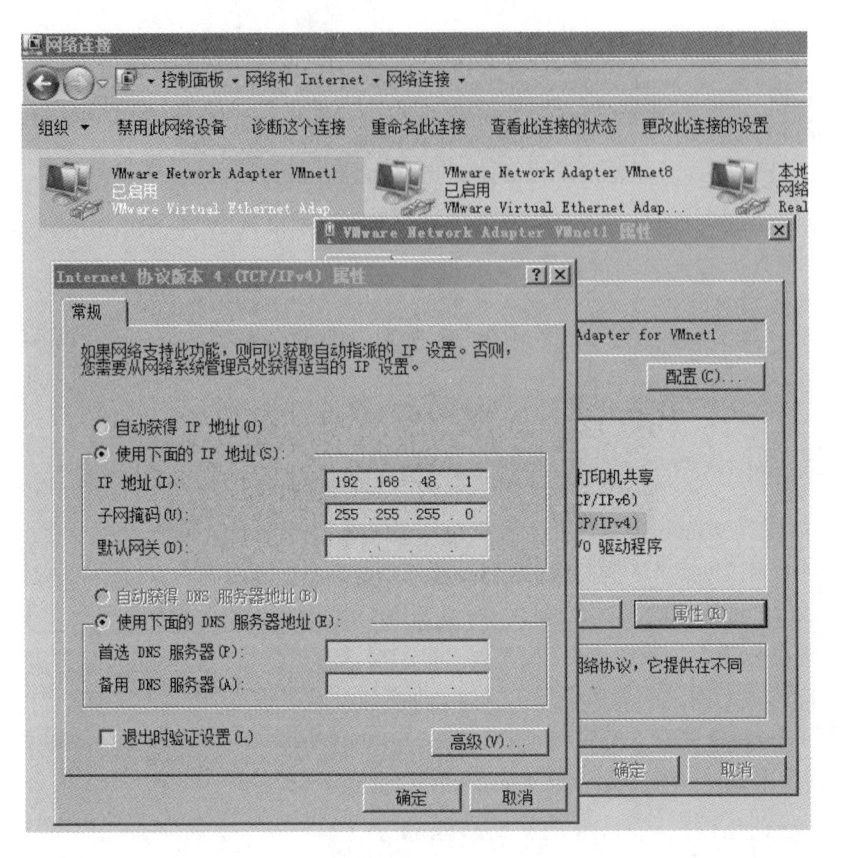

图 9-8

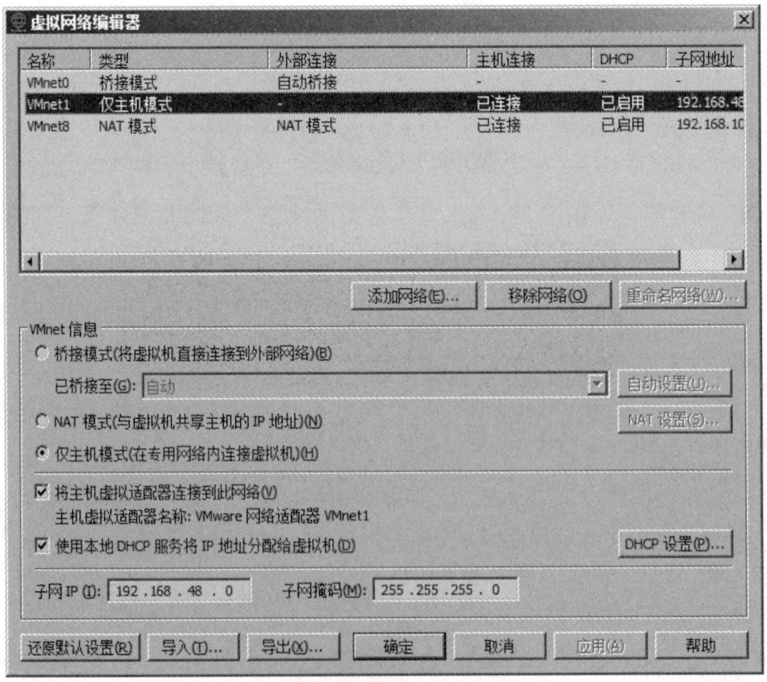

虚拟网络编辑器

名称	类型	外部连接	主机连接	DHCP	子网地址
VMnet0	桥接模式	自动桥接	-	-	-
VMnet1	仅主机模式	-	已连接	已启用	192.168.4[illegible]
VMnet8	NAT 模式	NAT 模式	已连接	已启用	192.168.1[illegible]

添加网络(E)... 移除网络(O) 重命名网络(W)...

VMnet 信息

桥接模式(将虚拟机直接连接到外部网络)(B)

已桥接至(G): 自动 自动设置(U)...

NAT 模式(与虚拟机共享主机的 IP 地址)(N) NAT 设置(S)...

仅主机模式(在专用网络内连接虚拟机)(H)

将主机虚拟适配器连接到此网络(V)

主机虚拟适配器名称: VMware 网络适配器 VMnet1

使用本地 DHCP 服务将 IP 地址分配给虚拟机(D) DHCP 设置(P)...

子网 IP (I): 192 . 168 . 48 . 0 子网掩码(M): 255 . 255 . 255 . 0

还原默认设置(R) 导入(T)... 导出(X)... 确定 取消 应用(A) 帮助

图 9-9

9.2.11　运行程序

先到虚拟机 Linux 中定位到 l2fwd 程序所在的目录，然后运行命令：

```
# ./l2fwd -c 0x1 -n 2 -- -p 0x1 -q 10 -T 1
```

-p 指定端口数量为 0x1，也就是启用一个端口，即 port0，我们准备在 port0 上等待数据的接收；-q 指定分配给每个逻辑内核的收发队列数量，这里是 10；-T 指定打印统计数据到屏幕上的时间间隔，这里是间隔 1 秒。

运行成功后，可以看到收到的包是 0，如图 9-10 所示。

```
Port statistics ====================================
Statistics for port 0 ------------------------------
Packets sent:                        0
Packets received:                    0
Packets dropped:                     0
Aggregate statistics ===============================
Total packets sent:                  0
Total packets received:              0
Total packets dropped:               0
====================================================
```

图 9-10

然后到 Windows 下打开“网络调试助手”，选择协议类型为“UDP”，本地本机地址为“192.168.48.1”，本地本机端口为“8080”，然后单击“打开”按钮，此时按钮标题会变为“关闭”，然后我们在下方的“远程主机”旁选择“192.168.48.5:8080”，并在“发送”按钮左边的窗口中输入字符 a，如图 9-11 所示。

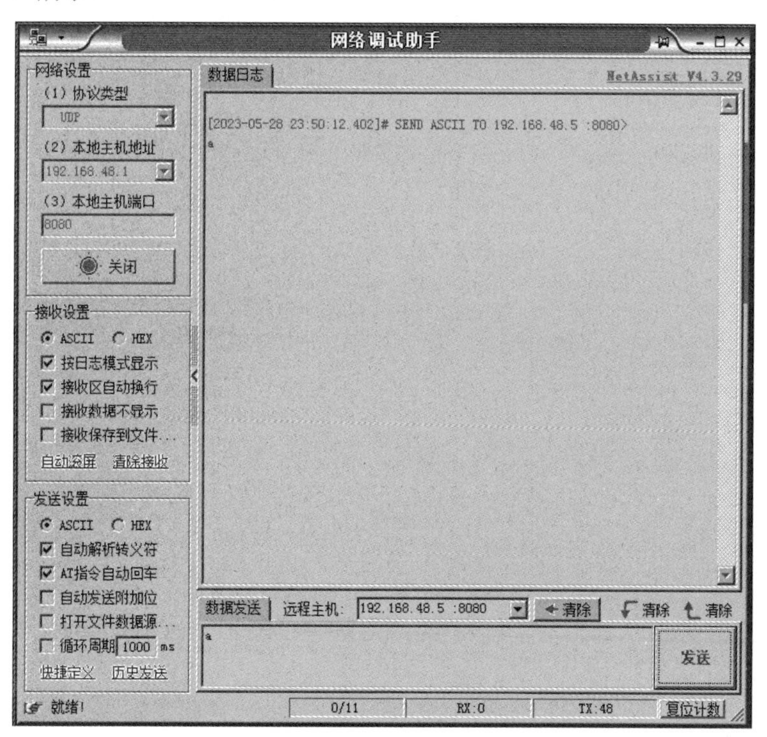

图 9-11

单击“发送”按钮，此时 Linux 一端的 DPDK 程序发生了变化，也就是统计到收到的一个数据包了，如图 9-12 所示。

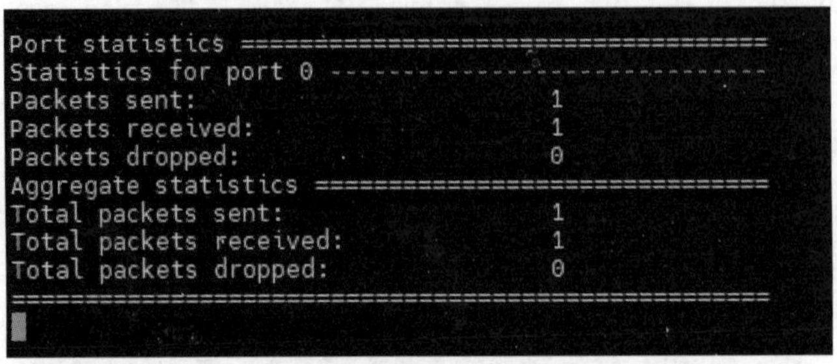

```
Port statistics ====================================
Statistics for port 0 ------------------------------
Packets sent:                                  1
Packets received:                              1
Packets dropped:                               0
Aggregate statistics ===============================
Total packets sent:                            1
Total packets received:                        1
Total packets dropped:                         0
====================================================
```

图 9-12

至此，我们的 DPDK 程序能正确地接收来自 Windows 的网络包并做统计了。这个案例其实非常简单，本来想再设计一个稍微复杂的案例，但需要两台虚拟机 Linux，笔者的计算机实在运行不了两个虚拟机，只能等笔者计算机升级后，在本书的下一版中给读者展示了。另外，这个案例的完整代码可在本书配套资源中本章的代码目录下找到。

第10章 基于P2P架构的高性能游戏服务器

网络游戏又称“在线游戏”，简称网游，是必须依托于互联网进行的、可以多人同时参与的游戏，通过人与人之间的互动达到交流、娱乐和休闲的目的。根据现有网络游戏的类型及其特点，可以将网络游戏分为大型多人在线游戏（Massive Multiplayer Online Game，MMOG）、多人在线游戏（Multiplayer Online Game，MOG）、平台游戏、网页游戏（Web Game）以及手机网络游戏。网络游戏具有传统游戏所不具备的优势。一方面，它充分利用了网络不受时间和空间限制的特点，大大增强了游戏的交互性，使两个分布在不同地理位置的玩家可以在同一空间内进行游戏和交互；另一方面，网络游戏的运行模式避免了传统的单机游戏的盗版问题。网络游戏作为一种新的娱乐方式，将动人的故事情节、丰富的视听效果、高度的可参与性，以及冒险、刺激等诸多娱乐元素融合在一起，为玩家提供了一个虚拟而又近乎真实的世界，随着计算机硬件技术的不断发展，网络质量的不断提高，以及软件编程水平的不断提高，网络游戏视觉效果更加逼真，游戏复杂度和规模越来越高，为玩家带来了更好的游戏体验。

由于具有上述性质，网络游戏随着技术、生活水平的提高以及网络的普及而有了显著的发展。据统计，选择上网进行娱乐、游戏的人群在互联网人群中的比例超过30%，在一些发达国家甚至超过了60%。因此，网络游戏有着良好的发展空间。根据《2022年度中国游戏产业报告》数据，到2022年，中国游戏市场实际销售收入为 2658.84 亿元。细分市场中，移动游戏市场实际销售收入占总收入的72.61%。移动游戏在中国游戏市场收入中仍是主力。2022年在收入排名前100的移动游戏产品中，角色扮演、卡牌和策略类分别占了24%、12%和11%，其中角色扮演类在总收入中占比最高，为18.17%。综上，角色扮演类的市场份额最高。但是，目前国内的网络游戏引擎还没有成熟的产品，大多使用国外的引擎，这无疑降低了游戏开发商的利润收入。因此，为了增加游戏带来的经济效益，同时也为了发展国内的游戏自主开发技术，愈来愈多的研究人员开始关注并从事网络游戏相关技术研究。

网络游戏服务器是整个网络游戏的承载和支柱，随着网络游戏服务器技术的不断升级，网络游戏也在不断地进行着重大的变革。网络游戏服务器技术的演变和变革伴随了网络游戏发展的整个过程。在网络游戏的虚拟世界里，大量并发的在线玩家在时刻改变着整个虚拟世界的状态，因此网络游戏服务器对整个游戏世界一致性的维护、对服务器的负载进行有效的均衡，以及客户端之间的实时同步都是衡量一个网络游戏服务器性能的技术指标，相应地也是网络服务器技术的关键技术之一。

10.1 网络游戏服务器发展现状

服务器是网络游戏的核心，随着游戏内容复杂性的增加，游戏规模的扩大，游戏服务器的负载将会越来越大，服务器的设计也会越来越难，因此，解决网络游戏服务器的设计开发难题成为网络游戏发展的首要任务。

目前国内的网络游戏服务器引擎还没有成熟的产品，大多采用国外的服务器引擎，其架构主要分为两种：C/S 架构和 P2P（Peer to Peer 对等网络或对等连接）架构。

目前的大多数网络游戏都采用以 C/S 架构为主的网络游戏架构，客户端与服务器直接进行通信，客户端之间的通信通过服务器中继来实现，代表性的网络游戏有《完美世界》《剑侠情缘三》《天下贰》《传奇世界》等。C/S 架构中服务器端由一个包含多个服务器的服务器集群组成，游戏状态由多台服务器共同维护管理，各服务器之间功能划分明确，便于管理，编程也比较容易实现。但是随着服务器数量的增多，服务器之间的维护变得复杂，而且玩家之间的通信也会引起服务器之间的通信，从而增加了消息在网络传输上的延迟。此外，对服务器间的负载均衡也比较困难，假如负载都集中在某几台服务器上而其他服务器的负载很少，就会由于少数服务器的过载而造成整个系统运行缓慢，甚至无法正常运行。在 C/S 架构中，由于游戏同步、兴趣管理等都需要服务器集中控制，因此可伸缩性低以及单点失败是 C/S 模式固有的问题。

基于 P2P 架构的网络游戏解决了 C/S 架构网络游戏的低资源利用率问题。P2P 作为一种分布式计算模式，可以提供很好的伸缩性、减少信息传输延迟，并且能消除服务器瓶颈，但其开放特性也加重了安全隐患。在这种架构中，P2P 技术使用很少的资源消耗，却能提供可靠性的服务。基于 P2P 模式的网络游戏将游戏逻辑放在游戏客户端执行，游戏服务器只帮助游戏客户端建立必要的 P2P 连接，本身很少处理游戏逻辑。对于网络游戏运营商来说，服务器的部分功能转移到了玩家的机器上，有效利用了玩家的计算机及带宽资源，从而节省了运营商在服务器及带宽上的投资。但是，由于网络游戏的逻辑和状态维护基本上都是由一个超级客户端来进行维护，因此欺骗行为很容易发生。欺骗不仅降低了游戏的可玩性，也威胁到了游戏经济。怎样维护游戏的公平性，防止欺骗在游戏中发生是 P2P 模式网络游戏需要重点考虑的。

尽管两种架构的优缺点不尽相同，但是架构设计中需要考虑的同步机制、网络传输延迟以及负载均衡等网络游戏热点问题都是相同的。网络游戏是分布式虚拟技术的重要应用，因此分布式虚拟现实中的很多技术都能够运用于网络游戏服务器的研究中。相对于状态同步问题，可以通过分布式虚拟现实中的兴趣过滤与拥塞控制技术来控制网络中信息的传输量，进而减少网络延迟，通过分布式仿真中的时间同步算法来对整个网络游戏的逻辑时间进行同步；相对于负载均衡，网络游戏服务器将整个虚拟环境划分成多个区域，由不同的服务器来负责不同的区域，通过采用一种局部负载均衡的算法来动态调整过载服务器的负载。

本章设计了一种结合 C/S 架构和 P2P 架构的网络游戏架构模型，并且基于该模型实现了一个网络五子棋游戏。其实模型只要设计得好，换成任何其他游戏内容都是很轻松的，无非就是游戏逻辑算法和游戏界面展示不同而已，因此良好的游戏服务器架构是关键。该模型来自于笔者以前在游戏公司参与开发的一个大型游戏项目，作为教学产品，必须对它进行简化，但是总体架构是类似的。客户端和服务器之间的通信采用了 C/S 架构，而客户端之间的通信采用 P2P 架构，结合了 C/S 架构易于编程和 P2P 架构伸缩性好的优点。这种可行的服务器架构方案提供了一个可靠的游戏服务器平台，同时能够降低网络游戏的开发难度，减少重复开发，让开发者更专注于游戏具体功能的开发。为了让读者能了解得更全面，在理论阶段依旧是按照大型网游来阐述，只是最后实现时，考虑到读者的学习环境，删除了一些对于教学来讲不必要的功能，比如日志服务器、负载均衡服务器等。

10.2　现有网络游戏服务器架构

网络游戏服务器是网络游戏的承载和支柱，几乎每一次网络游戏的重大变革都离不开游戏服务器在其中发挥的作用。随着游戏内容复杂性的增加，游戏规模的扩大，游戏服务器的负载将会越来越大，服务器的设计也会越来越难，它既要保证网络游戏数据的一致性，还要处理大量在线用户的状态的同步和信息的传输，同时还要兼顾整个游戏系统运行管理的便捷性、安全性、玩家的反作弊行为。因此，网络游戏发展的首要任务是解决网络游戏服务器的设计开发难题。

根据使用的网络协议，包括网络游戏在内的通过互联网交换数据的应用程序编程模型架构可以分为三大类，即客户端/服务器模型架构、P2P 模型架构，以及 C/S 架构和 P2P 架构相结合的游戏大厅代理架构。

10.2.1　Client/Server 架构

传统的大型网络游戏均采用 Client/Server 架构，客户端与服务器直接进行通信，客户端之间的通信通过服务器中继来实现。在 C/S 架构的网络游戏中，服务器保存了网络游戏世界中的各种数据，客户端则保存了玩家在虚拟世界里的一个视图，客户端和服务器的频繁交互改变着虚拟世界的各种状态。服务器接收到来自某一客户端的信息之后，必须及时地通过广播或多播的方式将该客户端的状态的改变发送给其他客户端，从而保证整个游戏状态的一致性。当客户端数量比较多的时候，服务器对客户端信息的转发就会产生延迟，此时可以通过为每个客户端设定一个 AOI（Area Of Interest）来减少信息的传输量，当客户端的状态发生改变后，由服务器把改变之后的客户端状态广播给在其 AOI 区域之内的其他客户端。C/S 架构一般的网络架构如图 10-1 所示。

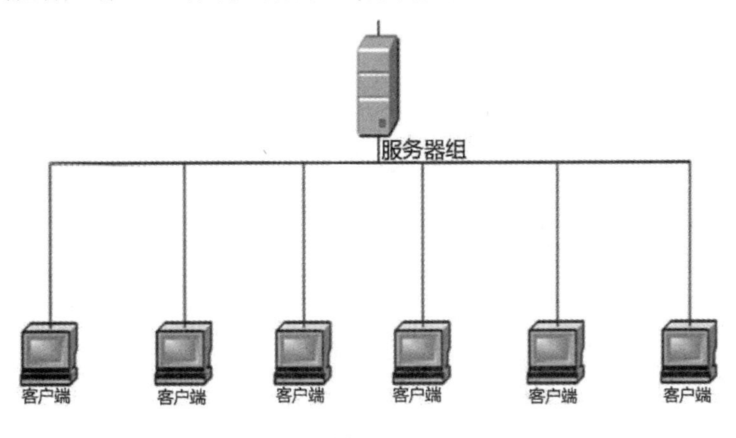

图 10-1

C/S 架构中游戏世界由服务器统一控制，便于管理，编程也比较容易实现，这种架构的通信流量中上行报文和下行报文是不对称的。C/S 架构的功能划分明确，服务器主要负责整个游戏的大部分逻辑和后台数据的处理，客户端则负责用户的交互、游戏画面的实时渲染以及处理一些基本的逻辑数据，在一定程度上减轻了服务器的负担。但是服务器之间的维护比较复杂，再加上网络游戏本身的实时性和玩家状态的不确定性，必然会造成服务器负载过重，服务器和网络租用费成本过高，任意一台服务器的宕机都会给游戏的完整进行带来毁灭性的影响，很容易造成单点失败。单点失败指的是当位于系统架构中的某个资源（可以是硬件、软件、组件）出现故障时，系统不能正常工作的情形。要预防单点失败，通常使用的方法是冗余机制（硬件冗余等）和备份机制（数据备份、系统备份等）。

10.2.2 游戏大厅代理架构

棋牌类和竞技类游戏多采用游戏大厅代理架构。游戏大厅就是存放棋牌类、休闲类小游戏的一个客户端容器，其目的就是极大容量地包容多种游戏服务，让玩家有多种选择。游戏大厅的主要任务是安排角色会面和安排游戏。该模式中，玩家不直接进入游戏，而是进入游戏大厅，然后选择游戏类型，之后与游戏伙伴共同进入游戏。进入游戏后，玩家和玩家之间的通信结构与 P2P 类似，每一台游戏服务器是创建该游戏的客户端，可以称之为超级客户端。游戏大厅代理架构如图 10-2 所示。

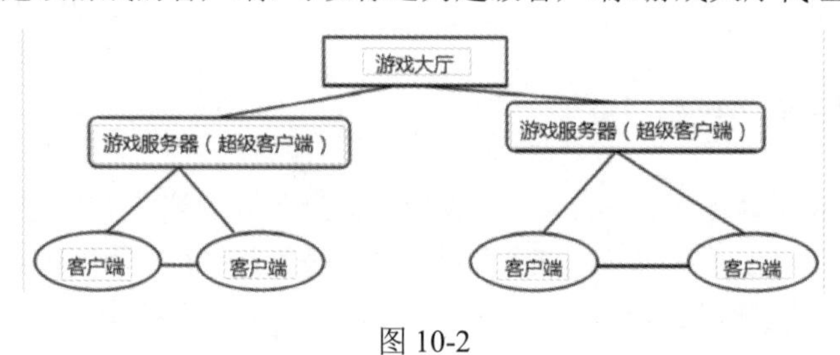

图 10-2

在游戏大厅代理架构中，进行游戏的时候，其网络模型是由一个服务器和 N 个客户端组成的全网状的模型，并且每局游戏中的各个客户端和服务器之间是相互可达的。游戏的逻辑由游戏服务器控制，然后通过游戏服务器将玩家的状态传输给中心服务器。

10.2.3 P2P 架构

当一个游戏的玩家数量不是很多时，多采用 P2P 对等通信架构模型，如图 10-3 所示。

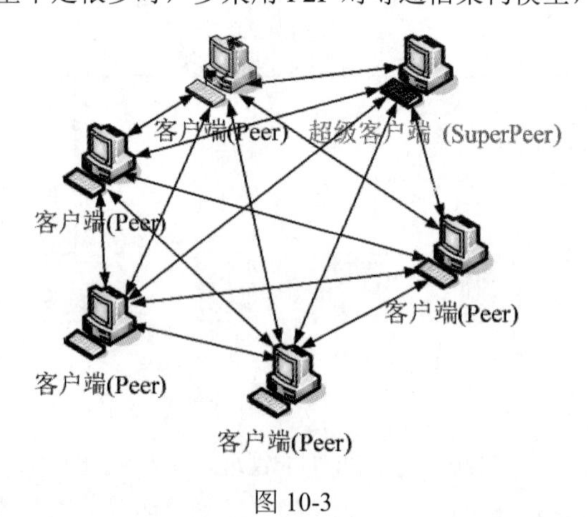

图 10-3

P2P模型与所有数据交换都要通过服务器的C/S模型不同，它是通过实际玩家之间的相互连接来交换数据。在P2P模型中，玩家和一起进行游戏的玩家直接交换数据，因此，它比C/S模型有更快的网络反应速度。在网络通信服务的形式上，一般采用浮动服务器的形式，即其中一个玩家的机器既是客户端，又是服务器，一般由创建游戏的客户端担任服务器，很多对战型的RTS、STG等网络游戏多采用这种架构。比起需要更高价的服务器装备和互联网线路租用费的C/S模型来说，P2P模型基于玩家的个人线路和客户端计算机，可以减少运营费用。

P2P模型没有明显的客户端和服务器的区别。每台主机既要充当客户端又要充当服务器来承担一些服务器的运算工作。整个游戏被分布到多台机器上，各个主机之间都要建立起对等连接，通信在各个主机之间直接进行。由于它的计算不是集中在某几台主机上，因此它不会有明显的瓶颈，这种架构本身就要求游戏不会因为某几台主机的加入和退出而发生失败，因此，它具有天生的容错性。一般来说，选择P2P是因为P2P可以解决所有数据都通过服务器传送给各个客户端的C/S模型存在的问题，即传送速度慢的问题。

P2P模型的缺点在于容易作弊、网络编程由于连接数量的增加而变得复杂。由于游戏图形处理再加上网络通信处理的负荷，根据玩家计算机配置的不同，游戏环境会出现很大的差异。另外游戏中负责数据处理的玩家的计算机配置也可能大不相同，从而导致游戏效果出现很大的差异。此外，由于没有可行的商业模式，因此P2P在商业上尚无法得到应用，但是P2P的思想仍然值得借鉴。

10.3 P2P网络游戏技术分析

P2P网络游戏的架构和C/S架构有相似的地方。每个Peer端其实就是服务器和客户端的整合，提供一个网络层用于互联网上的Peer之间传输消息数据报。P2P网络游戏架构不同于一般的文件传输架构所运用到的“纯P2P模式”，把纯P2P模式运用到网络游戏中将存在这样的问题：由于没有中心管理者，网络节点难以发现，而且这样形成的P2P网络很难进行诸如安全管理、身份认证、流量管理、计费等控制，并且安全性较差。因此，我们设计一种C/S和P2P相结合的网络游戏架构模式：文件目录是分布的，但需要架设中间服务器；各节点之间可以直接建立连接，网络的构建需要服务器进行索引、集中认证及其他服务；中间服务器用于辅助对等点之间建立连接，服务器的功能被弱化，节点之间直接进行通信；通过分布式文件系统建立完全开放的可共享文件目录，运用相对的自由来兼顾安全和可管理性。将登录和账户管理服务器从P2P网络中分离出来，它们以C/S网络形式来作为游戏的入口。

P2P技术主要是指通过系统间的直接交换所达成的计算机资源与信息的共享。P2P起源于最初的连网通信方式，具备如下特性：

- 系统依存于边缘化（非中央式服务器）设备的主动协作，每个成员直接从其他成员而不是从服务器的参与中受益，系统中的成员同时扮演服务器与客户端的角色。
- 系统中的用户可以意识到彼此的存在并构成一个虚拟的或实际的群体。
- P2P是一种分布式的网络，网络参与者共享他们所拥有的一部分资源，这些资源都需要由网络提供服务和内容，可以被各个对等节点直接访问而不需要经过中间实体。

P2P应用系统按照其网络体系结构大致可以分为3类：集中式P2P系统、纯分布式P2P系统和混合式 P2P 系统。

集中式 P2P 系统以 Napster 为代表，该系统采用集中式网络架构，像一个典型的 C/S 模式，这种结构要求各对等节点都登录到中心服务器上，通过中心服务器保存并维护所有对等节点的共享文件目录信息。此类 P2P 系统通常有较为固定的 TCP 通信端口，并且由于有中心服务器，因此只要监管节点域内访问中心服务器的地址，其业务流量就比较容易得到检测和控制。这种结构的优点是结构简单，便于管理，资源检索响应速度比较快，管理维护整个网络消耗的网络带宽较低。其缺点是服务器承担的工作比较多，负载过重，不符合 P2P 的原则；服务器上的索引得不到及时的更新，检索结果不精确；服务器发生故障时会对系统造成较大影响，可靠性和安全性较低，容易造成单点故障；随着网络规模的扩大，对中央服务器的维护和更新的费用急剧增加，所需成本过高；中央服务器的存在引起共享资源在版权问题上的纠纷。

纯分布式的P2P系统由所有的对等节点共同负责相互间的通信和搜索，最典型的案例是Gnutella。此时网络中所有的节点都是真正意义上的对等端，无须中心服务器的参与。由于纯分布式的网络架构将网络认为是一个完全随机图，节点之间的链路没有遵循某个预先定义的拓扑结构来构建，因此文件信息的查询结构可能不完全，且查询速度较慢，查询对网络带宽的消耗较大，使得此类系统并没有被大规模地使用。这种结构的优点是所有的节点都参与服务，不存在中央服务器，避免了服务器性能瓶颈和单点失败，部分节点受攻击不影响服务搜索结果，有效性较强。缺点是采用广播方式在网络间传输搜索请求，造成的网络额外开销较大，随着 P2P 网络规模的扩大，网络开销成数量级增长，从而造成完整地获得搜索结果的延迟比较大，防火墙穿透能力较差。

混合式 P2P 系统同时吸取了集中式和纯分布式 P2P 系统的特点，采用了混合式的架构，是现在应用最为广泛的 P2P 架构。该系统选择性能较高的节点作为超级节点，在各个超级节点上存储了系统中其他部分节点的信息，发现算法仅在超级节点之间转发，超级节点再将查询请求转发给适当叶子节点。混合式架构是一个层次式结构，超级节点之间构成一个高速转发层，超级节点和所负责的普通节点构成若干层次。混合式 P2P 的思想是把整个 P2P 网络建成一个二层结构，由普通节点和超级节点组成，一个超级节点管理多个普通节点，即超级节点和其管理的普通节点直接采用集中式拓扑结构，而超级节点之间则采用纯分布式拓扑结构。混合 P2P 系统可以利用纯分布式拓扑结构在节点不多时实现高分散性、鲁棒性和高覆盖率，也可以利用层次模型对大规模网络提供可扩展性。混合式 P2P 的优点是速度快、可扩展性好，较容易管理，但对超级节点的依赖性较大，易受到攻击，容错性也会受到一定的影响。

由于混合式 P2P 的速度快、可扩展性好以及容易管理的优点，本章的 P2P 架构中采用混合式 P2P 的架构方法，同时通过采取一些对超级节点发生故障后的处理策略来提高容错性。

10.4 网络游戏的同步机制

网络游戏研究的一个重要而且疑难的问题就是如何保持各客户端之间的同步，这种同步就是要保证每个玩家在屏幕上看到的东西大体上是一样的，即玩家第一时间发出自己的动作并且可以在第一时间看到其他玩家的动作。如何在网络游戏中进行有效的同步，需要从同步问题产生的根本原因来进行分析。同步问题主要是由网络延迟和带宽限制这两个原因引起的。网络延迟决定了接收方的应用程序何时可以看到这个数据信息，直接影响到游戏的交互性，从而影响游戏的真实性。网络的带宽是指在规定时间内从一端流到另一端的信息量，即数据传输率。

解决同步问题的最简单的方法就是把每个客户端的动作都向其他客户端广播一遍，但是随着客户端数量的急剧增长，如果向所有的客户端都发送信息，那么必然会增加网络中信息的传输量，从而加大网络延迟。目前解决同步问题的措施都是采用一些同步算法来减少网络不同步带来的影响。这些同步算法基本上都来自分布式军事仿真系统的研究。网络游戏中大多采用分布式对象进行通信，采用基于时间的移动，并且移动过程中采用客户端预测和客户端修正的方法来保持客户端与服务器、客户端与客户端之间的同步。

10.4.1　事件一致性

网络游戏系统中各个玩家以及服务器之间没有一个统一的全局物理时钟，并且各个玩家之间的传输存在抖动，表现为延迟不可确定。这些时钟的不同会导致各客户端之间对时间的观测和理解出现不一致，从而影响事件在各客户端上的发生顺序，因此需要保证各个玩家的事件一致性。例如，在系统运行的过程中，某个时刻发生事件 E，由于客户端 A 和客户端 B 都有自己的物理时钟，它们对时间 E 的处理也是以各自的时钟为参考的，因此认为事件 E 的发生时刻分别为 tA 和 tB，对于同一事件 E，由不同的客户端进行处理时就会导致事件的不一致性。这种不一致性的现象是由分布式系统的特点造成的，随着系统规模的增大和网络链路的增长，出现的概率更大。产生这种现象的原因主要有两方面：一方面由于各个玩家分布于不同的地理位置，没有严格统一的物理时钟对他们进行同步；另一方面由于信息传输存在延迟，并且每个客户端计算机的处理能力不同，处理的时间无法预测，从而导致节点之间消息接收的顺序产生了乱序。事件一致性其实是要求事件在客户端上的处理顺序一致，最直接的方法就是使这些客户端进行时间同步，使每个事件都与其产生的时间相关联，然后按照时间的先后顺序进行排序，使事件在各个客户端上按顺序处理而不至于发生乱序。

10.4.2　时间同步

时间同步是事件一致性的关键。常见的时间同步算法大致分为 3 类：基于时间服务器的一致性算法、逻辑时间的一致性算法、仿真时间的一致性算法。本章主要介绍基于时间服务器的一致性算法。

在时间服务器算法中，由系统指定的时间服务器来发布全局的统一时间。各个玩家客户端根据全局的统一时间来校对自己的本地时间，达到各个玩家时间的一致性。这类算法通过使用心跳机制来对玩家的时间进行定期同步，算法本身和事件没有关系，但节点可以依据这个时间进行时间排序以达到一致。

常见的时间同步协议是 SNTP，其流程是客户端向服务器发送消息，请求获取服务器当前的全局时间。服务器将其当前的时间发回给客户端，客户端将接收到的全局时间加上传输过程中所消耗的时间值与本地时间进行比较，若本地时间值小，则加快本地时间频率，反之，则减慢本地时间频率。客户端和服务器之间消息传输所消耗的时间值可以通过对报文中携带的物理时间进行 RTT 计算得到。时间服务器的算法原理简单，易于实现，但是由于网络延迟的不确定性，当对精确度要求比较高时，就没什么作用了。

NTP 协议是在整个网络内发布精确时间的 TCP/IP 协议，是基于 UDP 传输的，提供了全面的机制用以访问标准时间和频率服务器，组成时间同步子网，并校正每一个加入子网的客户端的本地时间。NTP 协议有 3 种工作模式：C/S 模式，客户端周期性地向服务器请求时间信息，然后客户端和服务器同步；主/被动对称模式，与 C/S 模式基本相同，区别在于客户端和服务器双方都可以相互同步；广播模式，没有同步的发起方，每个同步周期内，服务器向整个网络广播带有自己时间戳的消息包，目标节点接收到这些消息包后，根据时间戳来调整自己的时间。

10.5 总体设计

10.5.1 服务器系统架构模型

传统的网络游戏架构都是基于 C/S 架构，把整个游戏世界通过区域划分的方式分成一个个小的区域，每一个区域都由一个服务器来进行维护，这样很容易地把负载分配到由多个服务器组成的服务器集群上，但是这种区域划分的方式会造成负载分配不均，服务器集群中服务器数量的增加必然引起游戏运营商的硬件设施费用增加、跨区域对客户端不透明以及易发生拥挤等问题。针对上述问题，我们提出的服务器架构模型的目标是：

（1）由客户端来充当传统架构中的负责管理某一区域的区域服务器，从而将划分到客户端的负载划分到不同的超级客户端中，避免了由于区域服务器而带来的硬件消费。

（2）给玩家提供一个连续一致的游戏世界，从而给玩家带来很好的游戏体验。

（3）通过二级负载均衡机制避免发生负载过重的问题。

（4）区域间进行兴趣管理，从而降低区域间的信息数据通信量。

（5）区域内部进行兴趣过滤，降低区域内玩家的信息数据通信量，避免客户端因带宽限制而造成延迟过大。

这里所说的区域根据具体的游戏形式，其范围可大可小。比如我们将要设计的棋牌游戏，可以把区域范围定义为棋牌的一桌，比如一桌麻将的 4 个人、一桌五子棋的 2 个人、一桌军旗的 4 个人或 2 个人，等等。

服务器是网络游戏的核心，在设计网络游戏服务器时要考虑游戏本身的特点，因此基本上每个游戏都有一套不同的服务器方案，但常用的一些功能基本类似，一般还包括专门的数据库服务器、注册登录服务器和计费服务器（这个服务器也非常重要，要保护好）。服务器整体架构采用 C/S 与 P2P 相结合的方式。超级客户端与网关服务器的连接方式是基于传统的 C/S 连接，超级客户端与其所在区域中的节点以及超级客户端之间的连接方式是非结构化的 P2P 连接。整个网络拓扑结构如图 10-4 所示。

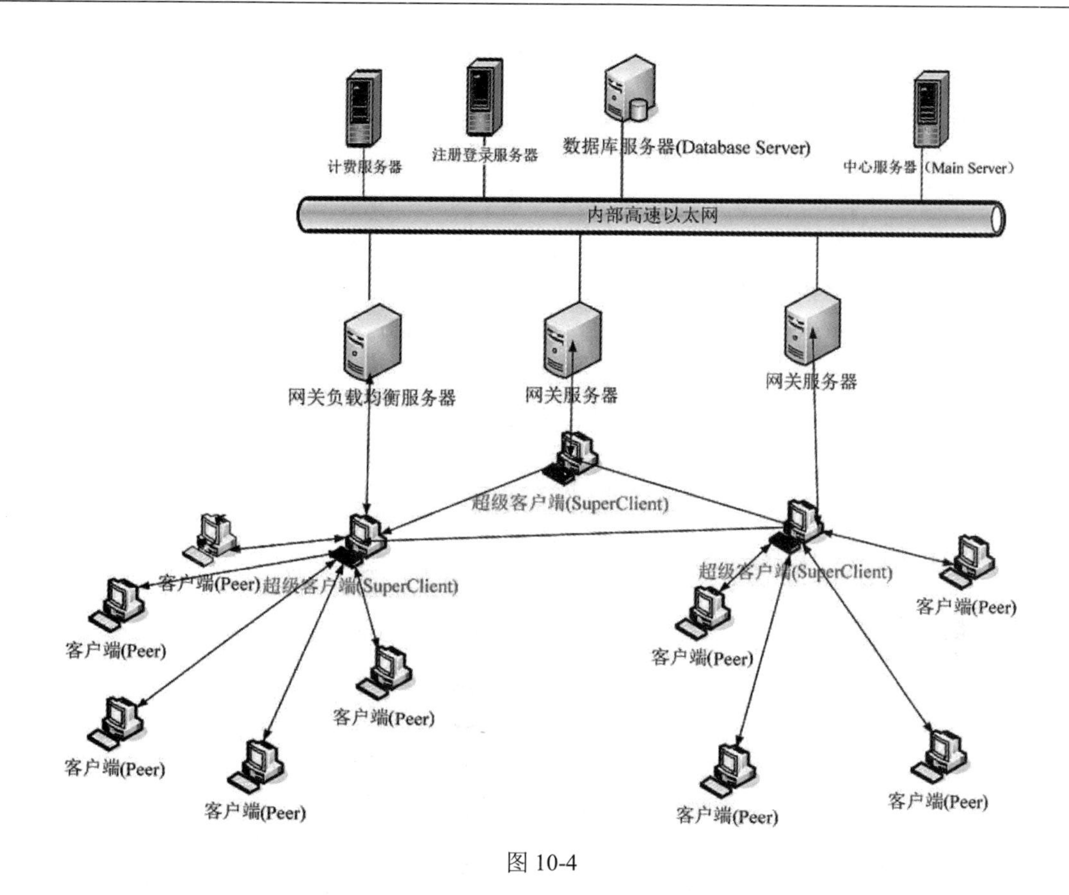

图 10-4

本系统中的服务器按照功能划分为注册登录服务器、数据库服务器、中心服务器、计费服务器、网关负载均衡服务器、网关服务器，各服务器由一台或一组计算机构成。系统内部各服务器之间采用高速以太网互联。系统对外仅暴露网关负载均衡服务器和网关服务器，这样能够最大程度保护系统安全，防范网络攻击。

- 注册登录服务器主要负责新玩家的注册和玩家的登录。玩家进入游戏世界之前必须先通过注册登录服务器的账号验证。同时，游戏角色的选择、创建和维护通常也是在注册登录服务器中进行的。
- 数据库服务器专门利用一台服务器进行数据库的读写操作，负责存储游戏世界中的各种状态信息，同时还要保证数据的安全。
- 中心服务器是整个游戏服务器系统中最重要的服务器，主要负责在游戏的初始阶段将游戏世界的区域静态地划分成若干个区域，由一个超级客户端来负责一块区域，并在游戏过程中对负载过重的区域进行区域迁移，从而实现动态负载均衡。中心服务器还会维护一个列表，该列表保存当前存在的超级客户端的相关信息，包括 IP 地址、端口、该区域当前的玩家数量以及地图区域的 ID。
- 网关负载均衡服务器是客户登录的唯一入口。网关负载均衡服务器维护一个列表，该列表中保存了各个网关服务器的当前客户端连接数，当有新的客户端请求连接时，就通过网关负载均衡服务器的负载分配将该客户端分配到当前连接数最小的网关服务器上，从而避免某台网关服务器上的连接数过载。

- 网关服务器作为网络通信的中转站，将内网与外网隔开，使外部无法直接访问内部服务器，从而保证内网服务器的安全。客户端程序进行游戏时只需要与网关服务器建立一条连接，连接成功之后，玩家数据在不同的服务器之间的流通只是内网交换，玩家无须断开并重新连接新的服务器，保证了客户端游戏的流畅性。如果没有网关服务器，则客户端（玩家）与中心（游戏）服务器之间相连，这样给整个游戏的服务器集群带来了安全隐患，直接暴露了游戏服务器的 IP 地址。网关服务器既要处理与超级客户端的连接，又要处理与中心服务器的连接，是超级客户端和中心服务器之间通信的一个中转。
- 计费服务器等可选服务器根据游戏的需要添加。

在非结构化 P2P 架构中，节点根据进入区域的时间先后顺序的不同又分为 SuperClient 和 Client 两种。其中 SuperClient 是游戏过程中最先进入该区域的节点，负责管理整个区域中的所有 Client；Client 是该区域的普通节点，进入该区域时区域中已经存在 SuperClient。对于大型游戏而言，客户端首先连接到网关负载均衡服务器，网关负载均衡服务器分配一个网关服务器给客户端，客户端建立和中心服务器的连接，然后中心服务器根据该客户端的位置信息来判断它所处的区域中是否已经存在 SuperClient：若不存在，则使该客户端成为 SuperClient，并保存该节点的相关信息；若存在，则将该区域中的 SuperClient 发送给该客户端，该客户端建立和 SuperClient 的连接，之后断开与中心服务器的连接，从而减轻中心服务器的工作量。SuperClient 用来维护它所在地图区域中所有 Client 节点的状态，并且通过心跳线程将这些状态隔时段地传送给 C/S 结构中的服务器，从而更新数据库该 Client 节点所代表的客户端在数据库中的状态，游戏中各个客户端之间的通信以 C/S 连接方式通过 SuperClient 直接传输，而不需要通过主服务器，各超级客户端之间的连接则通过 P2P 的连接方式进行。另外，普通玩家并没有直接与服务器进行通信，而是通过它所在区域的 SuperClient 与服务器进行通信，区域中的普通玩家会把他的游戏状态信息发送给 SuperClient，然后由 SuperClient 隔时段地向服务器发送心跳包，将普通玩家的信息发送给服务器。SuperClient 与中心服务器之间也没有直接进行通信，出于安全性的考虑，将网关服务器作为二者通信的中转。

至于我们的五子棋游戏，可以把区域看作一个棋盘，然后先进来的人作为超级客户端，超级客户端作为下棋的一方，且作为下棋另外一方的服务端，下棋另外一方则作为客户端。如果是其他游戏，则只需要扩展多个客户端即可。由于我们设计的系统是教学产品，因此图 10-4 中的网关负载均衡服务器可以不需要，但如果是商用软件系统，则一般是需要的，因为在线游戏人数会很多，网关负载均衡服务器的存在是为了满足可靠性和负载均衡化的要求。另外，我们的五子棋游戏因为是在局域网中实现的，所以网关服务器其实也是不需要的；客户端也不需要首先连接到网关负载均衡服务器，可以直接连接到中心服务器。图 10-4 中的拓扑架构完全是为了让读者拓宽知识面，了解大型商用游戏服务器的规划设计（其实，还有专门的日志服务器和数据库服务器等，进了游戏开发公司就知道了），现在我们自己在局域网系统中不必面面俱到，只要实现关键的功能即可。我们的注册登录服务器、数据库服务器也和中心服务器合二为一，这样做是为了方便读者进行实验。

10.5.2 传输层协议的选择

传输层处于 OIS 七层网络模型的中间，主要用来处理数据报，负责确保网络中一台主机到另一台主机的无错误连接。传输层的另外一个任务就是将大的数据组分解成较小的单元，这些小的单元通过网络进行传输，在接收端，将接收到的较小的数据单元通过传输层的协议进行重新组装，重新构成报文。传输层监控从一端到另一段的传输和接收活动，以确保数据包被正确地分解和组装。

在数据传输过程中，要特别注意两个任务：第一是数据被分割、组包，并在接收端重组；第二是每个数据包单独在网络上传输，直到完成任务。因此，选择合适的传输层协议将会提高网络游戏的安全性、高效性和稳定性。传输层主要有两种协议：TCP 和 UDP。

- TCP 是可靠的、面向连接的协议，在数据传输之前需要先在要进行传输的两端建立连接；TCP 协议能够保证数据包的传送和有序，为了保证数据的顺序到达，TCP 协议需要等待一些丢失的包来按顺序重组成原来的数据，同时还要检查是否有丢包现象发生，因此需要很多时间。TCP 还可以通过拥塞控制机制避免因快速发送方向低速接收方发送太多的报文而使接收方来不及处理的现象发生，因此 TCP 协议的计算比较复杂，传输速率较慢。
- UDP 是面向数据报的传输协议，是不可靠的、无连接的。UDP 协议把数据发送出去之后，并不能保证它们能到达目的地，也不能保证接收方接收到的顺序和发送的顺序一致，因此 UDP 适合于对通信的快速性要求较高而对数据准确度要求不严格的应用。

在网络游戏中，客户端和服务器以及服务器和服务器之间的信息的传输都是在传输层上进行的，由于传输的信息的数据种类比较多，而且数据量较大，因此通信协议的选择非常重要。一般情况下，协议的选择依赖于游戏的类型和设计重点，如果对于实时性要求不高，允许一点延迟，但是对数据的准确传输要求较高，则应该选择 TCP；相反，如果对实时性要求较高，不允许有延迟，则 UDP 是一个很好的选择。在 UDP 协议中，可以通过在协议包中加入一些验证信息来提高数据的传输准确性。

在本系统中，客户端的游戏状态在数据库中的更新都是通过各区域的 SuperClient 向中心服务器发送相关信息来完成的，而 SuperClient 也由某一客户端来充当，由于它们之间的通信网络的可靠性较差，很容易出现乱序丢包的现象，因此 SuperClient 和服务器之间的通信采用的是 TCP 协议。而某一区域的 SuperClient 与该区域中的普通玩家之间的通信也采用的是 TCP 协议，可以快速地实时更新玩家的游戏信息，从而保证玩家在数据库中的状态是较新的。

10.5.3　协议包设计

在网络游戏中，客户端和服务器之间以及客户端和客户端之间是通过 TCP/IP 协议建立网络连接进行数据交互的。双方在进行数据交互的时候，虽然通信数据在网络传输过程中表现为字节流，但服务器和客户端在发送和接收时需要将数据组装成一条完整的消息，即传输的数据是按照一定的协议格式包装的。相互通信的两台主机之间要设定一种数据通信格式来满足数据传输控制指令的功能。协议包的定义是客户端和服务器通信协议的重要组成部分，协议包设计是否合理直接影响到消息传输和解析的效率，因此，协议包的设计至关重要。

常见的协议包设计格式主要有 3 种：XML、定制的文本格式和定制的二进制格式。

XML 是一种简单的数据存储语言，使用一系列简单的标记来描述数据，有很好的可读性和扩展性。但是由于 XML 中有很多标记语言，增加了消息的长度，因此对消息的分析的开销也会相应地增大。定制的文本格式对服务器和客户端的运行平台没有要求，消息长度比定制的二进制格式长，实现比较简单，可读性较高。协议包格式如下：

命令号 （一个字符）	分隔符 （一个字符）	命令内容 （n 个不定长的字符）	…

其中，命令号用来标记该条命令的作用，分隔符用来把命令号和命令内容分隔开，命令内容长度不定。最后一列的省略号表示可能会有多组分隔符和命令内容。本系统中，我们定义以下命令号：

```
#define CL_CMD_LOGIN 'l'     //登录命令
#define CL_CMD_REG 'r'       //注册命令
#define CL_CMD_CREATE 'c'    //创建（棋盘）游戏命令
#define CL_CMD_GET_TABLE_LIST 'g'  //得到当前空闲的可加入的棋桌的命令
#define CL_CMD_OFFLINE 'o'         //下线通知命令
#define CL_CMD_CREATOR_IS_BUSY 'b' //标记棋盘创建者已经在下棋了的命令
```

关于分隔符，通常选用一个不常用于用户名的字符作为分隔符，比如英文逗号，这里就采用英文逗号来作为分隔符。

关于命令内容，不同的命令对应不同的命令内容，因为不同的命令需要的参数不同。比如创建棋盘命令 CL_CMD_CREATE 需要两个参数，第一个是创建者的名称，第二个是创建者作为游戏服务者的 IP 地址，那么完整的命令形式就是“c,userName,IP"，userName 和 IP 都是参数名，具体实现时会赋予不同的值，比如“c,Tom,192.168.10.90”。

注意，有时候整条命令中不需要分隔符和命令内容，比如获取当前空闲棋桌的列表，如果当前没有空闲棋桌，那么整条命令就是“g”。现在列举几条客户端发送给服务器的完整命令，如表 10-1 所示。

表10-1　客户端发送给服务器的完整命令示例

完整命令形式	说　明	举　例
r,strName	用户注册	“r,Tom”表示 Tom 注册
l,strName	用户登录	“l,Jack”表示 Jack 登录
c,strName,szMyIPAsCreator	用户创建了棋局，参数是创建者的名称和创建者的 IP 地址	“c,Tom,192.168.10.90”表示 Tom 创建棋局，Tom 的计算机 IP 地址是 192.168.10.90，该 IP 地址等待其他玩家的连接
g,	获取当前空闲棋局，空闲棋局就是一个玩家已经创建好了棋局，正在等待其他玩家加入。该命令不需要参数	“g,”
o,strName	向服务器通知用户下线了	“o,Tom”表示 Tom 下线了
b,strName	创建棋局的用户正在下棋，该棋局不能接待其他玩家	“b,Tom”表示 Tom 创建的棋局已经开战

这些命令都是客户端发送给服务器的。对应地服务器也会对这些命令进行响应，即服务器也会发送回复命令给客户端，从而完成交互过程。回复命令的命令号和客户端发给服务器的命令号是一样的，区别就是命令内容不同，这里列举一些服务器发送给客户端的完整命令，如表 10-2 所示。

表10-2　服务器发送给客户端的完整命令示例

完整的回复命令	说　　明
l,hasLogined	用户已经登录
l,ok	用户登录成功
l,noexist	登录失败，原因是用户不存在，即没注册
r,ok	注册成功
r,exist	注册失败，用户名已经存在
c,ok,strName	创建棋局成功，strName 是创建者的用户名
g,strName1(strIP1),strName2(strIP2),…	更新游戏大厅中空闲棋局的列表，参数是创建棋局的用户的名称和 IP 地址，该 IP 地址将作为服务 IP 地址，后续加入棋局的玩家将作为客户端，连接到此 IP 地址。 省略号的意思是可能会有多个棋局，因此有多组 strName(strIP)，并用英文逗号隔开

10.6　数据库设计

对注册的用户名需要存储起来，游戏比分结果，日志信息也需要存储起来。限于篇幅，后两者功能我们目前没有实现，可以作为作业留给读者实现。用户名存储需要数据库，这里使用的数据库是 MySQL。

MySQL 的下载和安装，以及表格的建立在 6.6.2 节中已有介绍，这里就不再赘述了。

10.7　服务器详细设计和实现

服务器程序不需要界面，当然如果在商用环境中使用，通常需要用网页为它设计管理配置功能，这里我们聚焦关键功能，配置功能就省略了，一些配置（比如服务器 IP 地址和端口号）都直接在代码里固定写好，如果要修改，则直接在代码里修改即可。

服务器程序是一个 Linux 下的 C 语言应用程序，编译器是 gcc，运行在 Ubuntu 20.04 上，当然应该也可以运行在其他 Linux 系统上。

服务器程序采用基于 select 的通信模型，如果以后要支持更多用户，则可以改为 epoll 模型或采用线程池。目前在区域网中，select 模型足够了。

我们的游戏逻辑是在客户端上实现，因此服务器程序主要是提供管理功能，管理好用户的注册、认证、下线、查询空闲棋局等。由于要服务多个客户端，因此使用一个链表来存储当前登录到服务器的客户端，链表的节点定义如下：

```
typedef struct link {
    int fd; //当前已经登录的客户端套接字句柄
    char usrName[256]; //在线用户名
    char creatorIP[256]; //该用户创建棋盘后作为服务端的 IP
    int isFree,isCreator;//isFree 表示棋局是否空闲; isCreator 表示该用户是否为创建棋
```

```
盘者
    struct link * next;//代表指针域，指向直接后继元素
}MYLINK;
```

【例 10.1】并发游戏服务器的实现

（1）在 Windows 下用自己喜爱的编辑器新建一个源文件，文件名是 myChatSrv.c，并输入如下代码：

```
#include <stdio.h>
#include <stdlib.h>
#include <string.h>
#include <netinet/in.h>
#include <arpa/inet.h>
#include <sys/select.h>
#include "mylink.h"
#define MAXLINE 80
#define SERV_PORT 8000   //服务器的监听端口
//定义各个命令号
#define CL_CMD_LOGIN 'l'
#define CL_CMD_REG 'r'
#define CL_CMD_CREATE 'c'
#define CL_CMD_GET_TABLE_LIST 'g'
#define CL_CMD_OFFLINE 'o'
#define CL_CMD_CREATE_IS_BUSY 'b'
//得到命令中的用户名
int GetName(char str[],char szName[])
{
    const char * split = ",";   //英文分隔符
    char * p;
    p = strtok (str,split);
    int i=0;
    while(p!=NULL)
    {
        printf ("%s\n",p);
       if(i==1) sprintf(szName,p);
        i++;
        p = strtok(NULL,split);
    }
    return 0;
}
//得到 str 中逗号之间的内容，比如 g,strName,strIP，那么 item1 得到 strName，
//item2 得到 strIP，特别要注意：分隔处理后原字符串 str 会变成第一个子字符串
void GetItem(char str[], char item1[], char item2[])
{
    const char * split = ",";
    char * p;
    p = strtok(str, split);
    int i = 0;
    while (p != NULL)
    {
```

```
            printf("%s\n", p);
            if (i == 1) sprintf(item1, p);
            else if(i==2)   sprintf(item2, p);
            i++;
            p = strtok(NULL, split);
        }
    }
    //查找字符串中某个字符出现的次数，这个函数主要用来判断传来的字符串是否合规
    int countChar(const char *p, const char chr)
    {
        int count = 0,i = 0;
        while(*(p+i))
        {
            if(p[i] == chr)//字符数组存放在一块内存区域中，按索引查找字符，指针本身不变
                ++count;
            ++i;//按数组的索引值查找对应指针变量的值
        }
        //printf("字符串中 w 出现的次数：%d",count);
        return count;
    }

    MYLINK myhead ;     //在线用户列表的头指针，该节点不存储具体内容

    int main(int argc, char *argv[])  //主函数入口
    {
        int i, maxi, maxfd,ret;
        int listenfd, connfd, sockfd;
        int nready, client[FD_SETSIZE];
        ssize_t n;
        char *p,szName[255]="",szPwd[128]="",repBuf[512]="",szCreatorIP[64]="";
        fd_set rset, allset; //两个集合
        char buf[MAXLINE];
        char str[INET_ADDRSTRLEN]; /* #define INET_ADDRSTRLEN 16 */
        socklen_t cliaddr_len;
        struct sockaddr_in cliaddr, servaddr;
        listenfd = socket(AF_INET, SOCK_STREAM, 0); //创建套接字
        //为了套接字马上能复用
        int val = 1;
        ret = setsockopt(listenfd,SOL_SOCKET,SO_REUSEADDR,(void
*)&val,sizeof(int));
        //绑定
        bzero(&servaddr, sizeof(servaddr));
        servaddr.sin_family = AF_INET;
        servaddr.sin_addr.s_addr = htonl(INADDR_ANY);
        servaddr.sin_port = htons(SERV_PORT);
        bind(listenfd, (struct sockaddr *)&servaddr, sizeof(servaddr));
        //监听
        listen(listenfd, 20); //默认最大值为 128
        maxfd = listenfd; //需要接收最大文件描述符
```

```
    //数组初始化为-1
    maxi = -1;
    for (i = 0; i < FD_SETSIZE; i++)
        client[i] = -1;
    //集合清零
    FD_ZERO(&allset);
    //将 listenfd 加入 allset 集合
    FD_SET(listenfd, &allset);
    puts("Game server is running...");
    for (; ;)
    {
        rset = allset; /* 每次循环时都重新设置 select 监控信号集 */

        //select 返回 rest 集合中发生读事件的总数  参数 1 为最大文件描述符+1
        nready = select(maxfd + 1, &rset, NULL, NULL, NULL);
        if (nready < 0)
            puts("select error");
        //listenfd 是否在 rset 集合中
        if (FD_ISSET(listenfd, &rset))
        {
            //accept 接收
            cliaddr_len = sizeof(cliaddr);
            //accept 返回通信套接字，当前非阻塞，因为 select 已经发生读写事件
            connfd = accept(listenfd, (struct sockaddr *)&cliaddr,
&cliaddr_len);

            printf("received from %s at PORT %d\n",
                inet_ntop(AF_INET, &cliaddr.sin_addr, str, sizeof(str)),
                ntohs(cliaddr.sin_port))
            for (i = 0; i < FD_SETSIZE; i++)
                if (client[i] < 0)
                {
                    //accept 返回的通信套接字 connfd 保存到 client[]里
                    client[i] = connfd;
                    break;
                }

            //是否达到 select 能监控的文件个数上限 1024
            if (i == FD_SETSIZE) {
                fputs("too many clients\n", stderr);
                exit(1);
            }
            FD_SET(connfd, &allset); //添加一个新的文件描述符到监控信号集里
            //更新最大文件描述符数
            if (connfd > maxfd)
                maxfd = connfd; //select 第一个参数需要
            if (i > maxi)
                maxi = i;  //更新 client[]最大下标值
            /* 如果没有更多的就绪文件描述符，就继续回到上面的 select 阻塞监听，处理未处理
完的就绪文件描述符 */
```

```
        if (--nready == 0)
            continue;
    }
    for (i = 0; i <= maxi; i++)
    {
        //检测哪个 client 有数据就绪
        if ((sockfd = client[i]) < 0)
            continue;
        //sockfd（connd）是否在 rset 集合中
        if (FD_ISSET(sockfd, &rset))
        {
            //进行读数据，不用阻塞立即读取（select 已经帮忙处理阻塞环节）
            if ((n = read(sockfd, buf, MAXLINE)) == 0)
            {
              /* 无数据情况下客户端关闭链接，服务器也关闭对应链接 */
                close(sockfd);
                FD_CLR(sockfd, &allset); /*解除 select 监控此文件描述符 */
                client[i] = -1;
            }
            else
            {
                char code= buf[0];
                switch(code)
                {
                case CL_CMD_REG:  //注册命令处理
                    if(1!=countChar(buf,','))
                    {
                        puts("invalid protocal!");
                        break;
                    }
                    GetName(buf,szName);
                    //判断名字是否重复
                    if(IsExist(szName))
                    {
                        sprintf(repBuf,"r,exist");
                    }
                    else
                    {
                        insert(szName);
                        showTable();
                        sprintf(repBuf,"r,ok");
                        printf("reg ok,%s\n",szName);
                    }
                    write(sockfd, repBuf, strlen(repBuf));//回复客户端
                    break;
                case CL_CMD_LOGIN: //登录命令处理
                    if(1!=countChar(buf,','))
                    {
                        puts("invalid protocal!");
                        break;
```

```
            }
            GetName(buf,szName);
            //判断数据库中是否注册过，即是否存在
            if(IsExist(szName))
            {
                //再判断是否已经登录了
                MYLINK *p = &myhead;
                p=p->next;
                while(p)
                {
                    //判断是否同名，同名说明已经登录
                    if(strcmp(p->usrName,szName)==0)
                    {
                        sprintf(repBuf,"l,hasLogined");
                        break;
                    }
                    p=p->next;
                }
                if(!p)
                {
                    AppendNode(&myhead,connfd,szName,"");
                    sprintf(repBuf,"l,ok");
                }
            }
            else sprintf(repBuf,"l,noexist");
            write(sockfd, repBuf, strlen(repBuf));//回复客户端
            break;
        case CL_CMD_CREATE: //create game
            printf("%s create game.",buf);
            p = buf;
            //得到游戏创建者的 IP 地址
            GetItem(p,szName,szCreatorIP);
            //修改创建者标记
            MYLINK *p = &myhead;
            p=p->next;
            while(p)
            {
                if(strcmp(p->usrName,szName)==0)
                {
                    p->isCreator=1;
                    p->isFree=1;
                    strcpy(p->creatorIP,szCreatorIP);
                    break;
                }
                p=p->next;
            }
            sprintf(repBuf,"c,ok,%s",buf+2);
            //群发
            p = &myhead;
            p=p->next;
```

```
                while(p)
                {
                    write(p->fd, repBuf, strlen(repBuf));
                    p=p->next;
                }
                break;
            case CL_CMD_GET_TABLE_LIST:
                sprintf(repBuf,"%c",CL_CMD_GET_TABLE_LIST);
                //得到所有空闲创建者列表
                GetAllFreeCreators(&myhead,repBuf+1);
                write(sockfd, repBuf, strlen(repBuf));//回复客户端
                break;
            case CL_CMD_CREATE_IS_BUSY:
                GetName(buf,szName);
                p = &myhead;
                p=p->next;
                while(p)
                {
                    if(strcmp(szName,p->usrName)==0)
                    {
                        p->isFree=0;
                        break;
                    }
                    p=p->next;
                }
    //更新空闲棋局列表，通知到大厅，让所有客户端玩家知道当前的空闲棋局
                sprintf(repBuf,"%c",CL_CMD_GET_TABLE_LIST);
                GetAllFreeCreators(&myhead,repBuf+1);

                //群发
                p = &myhead;
                p=p->next;
                while(p)
                {
                    write(p->fd, repBuf, strlen(repBuf));
                    p=p->next;
                }
                break;
            case CL_CMD_OFFLINE:
                DelNode(&myhead,buf+2); //在链表中删除该节点
//更新空闲棋局列表，通知到大厅，让所有客户端玩家知道当前的空闲棋局
                sprintf(repBuf,"%c",CL_CMD_GET_TABLE_LIST);
                GetAllFreeCreators(&myhead,repBuf+1);
                //群发
                p = &myhead;
                p=p->next;
                while(p)
                {
                    write(p->fd, repBuf, strlen(repBuf));
                    p=p->next;
```

```
                        }
                        break;
                    }//switch
                }
                if (--nready == 0)
                    break;
            }
        }
    }
    close(listenfd);
    return 0;
}
```

在 select 通信模型建立起来后，就可以用一个 switch 结构来处理各个命令。这样类似的架构在服务器程序中很通用，一套通信模型，一个业务命令处理模型，以后要换其他业务了，只需要在 switch 中更换不同的命令和处理即可。

（2）再新建一个源文件，文件名是 mydb.c，该文件主要封装对数据库的一些操作，比如函数 showTable 用来显示表中的所有记录，函数 IsExist 用来判断用户名是否已经注册过了。mydb.c 的内容和 6.7.2 节中的 mydb.c 一样，这里就不再列举展开了，详细内容可参考本书的配套下载资源中的源码目录。

（3）实现链表。建立头文件，内容如下：

```
typedef struct link {
    int fd;//代表套接字句柄
    char usrName[256]; //在线用户名
    char creatorIP[256]; //该用户创建棋盘所在客户端的 IP 地址
    int isFree,isCreator;//是否空闲没对手；是否为创建棋盘者
    struct link * next;//代表指针域，指向直接后继元素
}MYLINK;
```

再新建一个源文件，文件名是 mylink.c，该文件主要用来封装自定义链表的一些功能，比如向链表中添加一个节点、删除一个节点、清空释放链表等，代码如下：

```
#include "stdio.h"
#include "mylink.h"

void AppendNode(struct link *head,int fd,char szName[],char ip[]){  //声明创建
节点函数
    //创建 p 指针，初始化为 NULL；创建 pr 指针，通过 pr 指针来给指针域赋值
    struct link *p = NULL,*pr = head;
     //为指针 p 申请内存空间，必须操作，因为 p 是新创建的节点
    p = (struct link *)malloc(sizeof(struct link)) ;
    if(p == NULL){            //如果申请内存失败，则退出程序
        printf("NO enough momery to allocate!\n");
        exit(0);
    }
    if(head == NULL){         //如果头指针为 NULL，说明现在的链表是空表
        head = p;   //使 head 指针指向 p 的地址(p 已经通过 malloc 申请了内存,所以有地址)
    }else{  //此时链表已经有头节点 ，再一次执行了 AppendNode 函数
```

```
        //注：假如这是第二次添加节点
        //因为第一次添加头节点时，pr = head，和头指针一样指向头节点的地址
        while(pr->next!= NULL){
            pr = pr->next;  //使pr指向头节点的指针域
        }
        pr->next = p;   //使pr的指针域指向新键节点的地址，此时的next指针域是头节点的
指针域
    }

    p->fd = fd;                //给p的数据域赋值
    sprintf(p->usrName,"%s",szName);
    sprintf(p->creatorIP,"%s",ip);
    p->isFree=1;
    p->isCreator=0;
    p->next = NULL;            //新添加的节点位于表尾，因此它的指针域为NULL
}

//搜索链表，当找到用户名为szName时，删除该节点
void DelNode(struct link *head, char szName[]){
    struct link *p = NULL,*pre=head,*pr = head;
    while(pr->next!= NULL){
        pre=pr;
        pr = pr->next;  //使pr指向头节点的指针域
        if(strcmp(pr->usrName,szName)==0)
        {
            pre->next=pr->next;
            free(pr);
            break;
        }
    }
}

//输出函数，打印链表
void DisplayNode(struct link *head){
    struct link *p = head->next;                //定义p指针，使它指向头节点
    int j = 1;                                       //定义j记录这是第几个数值
    while(p != NULL){          //因为p = p->next，所以直到尾节点打印结束
        printf("%5d%10d\n",j,p->fd);
        p = p->next;           //因为节点已经创建成功，所以p由头节点指向下一个节点(每一
个节点的指针域都指向了下一个节点)
        j++;
    }
}
//得到空闲棋局的信息
void GetAllFreeCreators(struct link *head,char *buf){
    struct link *p = head->next;                //定义p指针，使它指向头节点

    while(p != NULL)
    {
        if(p->isCreator && p->isFree)
```

```
            {
                strcat(buf,",");//所有在线用户名之间用逗号隔开
                strcat(buf,p->usrName);
                strcat(buf,"(");
                strcat(buf,p->creatorIP);
                strcat(buf,")");
            }
            p = p->next;
        }
}

//释放链表资源
void DeleteMemory(struct link *head){
    struct link *p = head->next,*pr = NULL;              //定义 p 指针指向头节点
    while(p != NULL){                          //当 p 的指针域不为 NULL
        pr = p;                      //将每一个节点的地址赋值给 pr 指针
        p = p->next;                             //使 p 指向下一个节点
        free(pr);                                      //释放此时 pr 指向节点的内存
    }
}
```

上述代码都是一些常见的链表操作函数，相信了解数据结构的读者应该很容易看懂。

（4）至此，所有源码文件实现完毕，下面将它们上传到 Linux 进行编译。为了编译方便，准备了一个 Makefile 文件，该文件和 6.6.3 节的 Makefile 文件的内容相同，因此这里不再赘述。在 Linux 下进入 myGameSrv.c 所在地目录，然后在命令行下直接执行 make 命令，此时将在同目录下生成可执行文件 gameSrv，直接运行它：

```
root@tom-virtual-machine:~/ex/net/12/12.1/myChatSrvcmd# ./gameSrv
Game server is running...
```

运行成功，服务器已实现完成，下面就可以实现客户端了。

10.8 客户端详细设计和实现

笔者一直比较矛盾，因为这是一本介绍 Linux 下的服务器编程的书，但由于本章涉及游戏，而游戏客户端肯定需要良好的图形界面，因此游戏客户端基本都是在 Windows 下或安卓下实现。这就导致要实现一个完整的游戏系统，在 Windows 下实现客户端将是必须做的工作。但限于篇幅，并不能用太多的笔墨讲解很多 Windows 下的编程知识，这里只能要求读者有一定的 VC 编程知识，如果没有，可以参考清华大学出版社出版的《Visual C++2017 从入门到精通》。当然，笔者也会尽量使用最少的 VC 界面编程知识，不去绘制复杂漂亮的图形界面，掌握思想和原理即可。其实，在游戏编程公司，服务器开发、客户端开发和界面美工开发都是不同的岗位。

用户使用客户端的基本过程如下：

（1）用户注册。

（2）用户登录，登录成功后进入游戏大厅。

（3）在游戏大厅里，可以创建棋局（也可以说是创建棋桌）等待玩家加入，也可以选择一个空闲的棋局来加入。

（4）一旦加入某个空闲的棋局，就可以开始玩游戏了，游戏是在两个玩家之间展开。一旦游戏结束，棋局创建者将把游戏结果上传到服务器，以统计比分（这个功能留给读者实现）。

（5）同一个棋局之间的玩家可以聊天。

根据这个使用过程，我们这样设计客户端：注册、登录、创建棋局这三大功能都由客户端和服务器通过 TCP 协议交互，并且把创建游戏的客户端作为超级客户端，一旦创建游戏成功，则超级客户端将作为另一个玩家的服务端而等待其他玩家的加入，加入过程就是其他客户端通过 TCP 协议连接到超级客户端，一旦连接成功，就可以开始玩游戏。这个思路其实就是把 C/S 和 P2P 联合起来，这样做的好处是大大减轻了游戏服务器的压力，并增强了它的稳定性。毕竟，对服务器来讲，稳定性是第一位的。游戏逻辑则完全可以放到客户端上实现，服务器只要做好管理和关键数据保存工作（比如日志数据、比分数据、用户信息等）。另外，由于一个棋局之间的两个玩家已经通过 TCP 相互连接，因此他们之间的聊天信息没必要再经过服务器来转发，这样也减轻了服务器的压力。

在客户端实现过程中，流程实现其实不是最复杂的环节，最复杂的环节是游戏逻辑的实现。这里为了照顾初学者，选用最简单的五子棋游戏。相信读者都会下五子棋，但要用程序来实现，其实也是不容易的，因此也要阐述一下。另外，为了在断线状态下也能玩游戏，我们实现了人机对弈。

10.8.1　棋盘类 CTable

该类是整个游戏的核心部分，类名为 CTable，封装了棋盘的各种可能用到的功能，如保存棋盘数据、初始化、判断胜负等。用户通过在主界面与 CTable 进行交互来完成对游戏的操作。

1. 主要成员变量

主要成员变量如下：

1）网络连接标志——m_bConnected

用来表示当前网络连接的情况。在网络对弈模式下，当客户端连接服务器时用来判断是否连接成功。事实上，它也是区分当前游戏模式的唯一标志。

2）棋盘等待标志——m_bWait 与 m_bOldWait

由于在玩家落子后需要等待对方落子，因此 m_bWait 标志就用来标识棋盘的等待状态。当 m_bWait 为 TRUE 时，是不允许玩家落子的。

在网络对弈模式下，玩家之间需要互相发送诸如悔棋、和棋这一类的请求消息，在发送请求后等待对方回应时，也是不允许落子的，因此需要将 m_bWait 标志置为 TRUE。在收到对方回应后，需要恢复原有的棋盘等待状态，因此需要另外一个变量在发送请求之前保存棋盘的等待状态以做恢复之用，这就是 m_bOldWait。

等待标志的设置由成员函数 SetWait 和 RestoreWait 完成。

3）网络套接字——m_sock 和 m_conn

在网络对弈模式下，需要用到这两个套接字对象。其中 m_sock 对象用于服务器的监听，m_conn 用于网络连接的传输。

4）棋盘数据——m_data

这是一个 15×15 的二位数组，用来保存当前棋盘的落子数据。对于每个成员来说，0 表示落黑子，1 表示落白子，-1 表示无子。

5）游戏模式指针——m_pGame

这是 CGame 类的对象指针，是 CTable 类的核心内容。它所指向的对象实体决定了 CTable 在执行一件事情时的不同行为。

2. 主要成员函数

主要成员函数如下：

1）套接字的回调处理——Accept、Connect、Receive

本程序的套接字派生自 MFC 的 CAsyncSocket 类，CTable 的这 3 个成员函数就分别提供了对套接字回调事件 OnAccept、OnConnect、OnReceive 的实际处理，其中 Receive 成员函数最为重要，它包含了对所有网络消息的分发处理。

2）清空棋盘——Clear

在每一局游戏开始的时候都需要调用这个函数将棋盘清空，也就是初始化棋盘。在这个函数中，主要发生了以下几件事情：

- 将 m_data 中每一个落子位都置为无子状态（-1）。
- 按照传入的参数设置棋盘等待标志 m_bWait，以供先、后手的不同情况之用。
- 使用 delete 将 m_pGame 指针所指向的原有游戏模式对象从堆上删除。

3）绘制棋子——Draw

这无疑是很重要的一个函数，它根据参数给定的坐标和颜色绘制棋子。绘制的详细过程如下：

- 将给定的棋盘坐标换算为绘图的像素坐标。
- 根据坐标绘制棋子位图。
- 如果先前曾下过棋子，则利用 R2_NOTXORPEN 将上一个绘制棋子的最后落子指示矩形擦除。
- 在刚绘制完成的棋子四周绘制最后落子指示矩形。

4）左键消息——OnLButtonUp

作为棋盘唯一响应的左键消息，也需要做不少的工作：

- 如果棋盘等待标志 m_bWait 为 TRUE，则直接发出警告声音并返回，即禁止落子。
- 如果单击时的鼠标坐标在合法坐标(0, 0) ~ (14, 14)之外，亦禁止落子。
- 走的步数大于 1 步，方才允许悔棋。

- 进行胜利判断，如胜利则修改 UI 状态并增加胜利数的统计。
- 如未胜利，则向对方发送已经落子的消息。
- 落子完毕，将 m_bWait 标志置为 TRUE，开始等待对方回应。

5）绘制棋盘——OnPaint

每当 WM_PAINT 消息触发时，都需要对棋盘进行重绘。OnPaint 作为响应绘制消息的消息处理函数，使用了双缓冲技术，减少了多次绘图可能导致的图像闪烁问题。这个函数主要完成了以下工作：

- 装载棋盘位图并进行绘制。
- 根据棋盘数据绘制棋子。
- 绘制最后落子指示矩形。

6）对方落子完毕——Over

在对方落子之后，仍然需要做一些判断工作，这些工作与 OnLButtonUp 中的类似，在此不再赘述。

7）设置游戏模式——SetGameMode

这个函数通过传入的游戏模式参数对 m_pGame 指针进行初始化，代码如下：

```
void CTable::SetGameMode( int nGameMode )
{
    if ( 1 == nGameMode )
        m_pGame = new COneGame( this );
    else
        m_pGame = new CTwoGame( this );
    m_pGame->Init();
}
```

这之后，就可以利用面向对象的继承和多态的特点让 m_pGame 指针使用相同的调用来完成不同的工作。事实上，COneGame::Init 和 CTwoGame::Init 都是不同的。

8）胜负的判断——Win

这是游戏中一个极其重要的算法，用来判断当前棋局是哪一方获胜。

10.8.2　游戏模式类 CGame

该类用来管理游戏模式（目前只有网络双人对战模式，以后还可以扩展更多的模式，比如人机对战模式、多人对战模式等），类名为 CGame。CGame 是一个抽象类，经由它派生出一人游戏类 COneGame 和网络游戏类 CTwoGame，如图 10-5 所示。

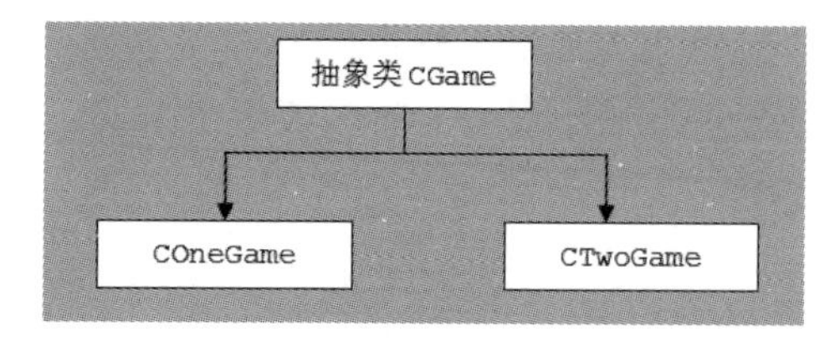

图 10-5

CTable 类可以通过一个 CGame 类的指针，在游戏初始化的时候根据具体游戏模式的要求实例化 COneGame 或 CTwoGame 类的对象；然后利用多态性，使用 CGame 类提供的公有接口完成不同游戏模式下的不同功能。

CGame 类负责对游戏模式进行管理，以及在不同的游戏模式下对不同的用户行为进行不同的响应。由于并不需要 CGame 本身进行响应，因此将它设计为了一个纯虚类，它的定义如下：

```
class CGame
{
protected:
    CTable *m_pTable;
public:
    //落子步骤
    list< STEP > m_StepList;
public:
    //构造函数
    CGame( CTable *pTable ) : m_pTable( pTable ) {}
    //析构函数
    virtual ~CGame();
    //初始化工作，不同的游戏方式初始化也不一样
    virtual void Init() = 0;
    //处理胜利后的情况，CTwoGame 需要改写此函数完成善后工作
    virtual void Win( const STEP& stepSend );
    //发送己方落子
    virtual void SendStep( const STEP& stepSend ) = 0;
    //接收对方消息
    virtual void ReceiveMsg( MSGSTRUCT *pMsg ) = 0;
    //发送悔棋请求
    virtual void Back() = 0;
};
```

1. 主要成员变量

CGame 类的主要成员变量说明如下：

1）棋盘指针——m_pTable

由于在游戏中需要对棋盘和棋盘的父窗口——主对话框进行操作及 UI 状态设置，故为 CGame 类设置了这个成员。当对主对话框进行操作时，可以使用 m_pTable->GetParent()得到它的窗口指针。

2）落子步骤——m_StepList

一个好的棋类程序必须考虑到的功能就是它的悔棋功能，所以需要为游戏类设置一个落子步骤的列表。由于人机对弈和网络对弈中都需要这个功能，故将这个成员直接设置到基类 CGame 中。另外，考虑到使用的简便性，这个成员使用了 C++标准模板库（Standard Template Library，STL）中的 std::list，而不是 MFC 的 CList。

2. 主要成员函数

CGame 类主要成员函数说明如下：

1）悔棋操作

在不同的游戏模式下，悔棋的行为是不一样的。

人机对弈模式下，计算机是完全允许玩家悔棋的，但是出于对程序负荷的考虑，只允许玩家悔当前的两步棋（计算机一步，玩家一步）。

双人网络对弈模式下，悔棋的过程为：首先由玩家向对方发送悔棋请求（悔棋消息），然后由对方决定是否允许玩家悔棋，在玩家得到对方的响应消息（允许或者拒绝）之后，才进行悔棋与否的操作。

2）初始化操作——Init

不同的游戏模式有不同的初始化方式。对于人机对弈模式而言，初始化操作包括以下几个步骤：

- 设置网络连接状态 m_bConnected 为 FALSE。
- 设置主界面计算机玩家的姓名。
- 初始化所有的获胜组合。
- 如果是计算机先走，则占据天元（棋盘正中央）的位置。

网络对弈的初始化工作暂为空，以供以后扩展之用。

3）接收来自对方的消息——ReceiveMsg

这个成员函数由 CTable 棋盘类的 Receive 成员函数调用，用于接收来自对方的消息。对于人机对弈模式来说，所能接收到的就仅仅是本地模拟的落子消息 MSG_PUTSTEP；对于网络对弈模式来说，这个成员函数则负责从套接字读取对方发过来的数据，然后将这些数据解释为自定义的消息结构，并回到 CTable::Receive 来进行处理。

4）发送落子消息——SendStep

在玩家落子结束后，要向对方发送自己落子的消息。不同的游戏模式，发送的目标也不同：

人机对弈模式下，将直接把落子的信息（坐标、颜色）发送给 COneGame 类相应的计算函数。

网络对弈模式下，将把落子消息发送给套接字，并由套接字转发给对方。

5）胜利后的处理——Win

这个成员函数主要针对 CTwoGame 网络对弈模式。在玩家赢得棋局后，这个函数仍然会调用 SendStep 将玩家所下的制胜落子步骤发送给对方，然后对方的游戏端经由 CTable::Win 来判定自己失败。

10.8.3　消息机制

Windows 系统拥有自己的消息机制，在不同事件发生的时候，系统也可以提供不同的响应方式。五子棋程序模仿 Windows 系统实现了自己的消息机制，主要为网络对弈服务，以响应多种多样的网络消息。

当继承自 CAsyncSocket 的套接字类 CFiveSocket 收到消息时，会触发 CFiveSocket::OnReceive 事件，在这个事件中调用 CTable::Receive，CTable::Receive 开始按照自定义的消息格式接收套接字发送的数据，并对不同的消息类型进行分发处理，如图 10-6 所示。

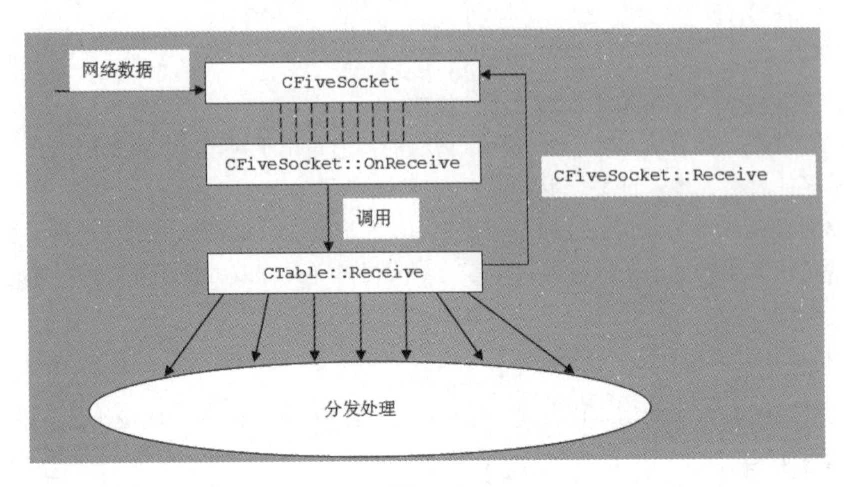

图 10-6

当 CTable 获得了来自网络的消息之后，就可以使用一个 switch 结构来进行消息的分发了。网络间传递的消息都遵循以下结构体的形式：

```
//摘自 Messages.h
typedef struct _tagMsgStruct {
    //消息 ID
    UINT uMsg;
    //落子信息
    int x;
    int y;
    int color;
    //消息内容
    TCHAR szMsg[128];
} MSGSTRUCT;
```

其中，uMsg 表示消息 ID，x、y 表示落子的坐标，color 表示落子的颜色，szMsg 随着 uMsg 的不同而有不同的含义。

1）落子消息——MSG_PUTSTEP

表明对方落下了一个棋子，其中 x、y 和 color 成员有效，szMsg 成员无效。在人机对弈模式下，亦会模拟发送此消息以达到程序模块一般化的效果。

2）悔棋消息——MSG_BACK

表明对方请求悔棋，除 uMsg 成员外其余成员皆无效。接收到这个消息后，会弹出 MessageBox 询问是否接受对方的请求，并根据玩家的选择回返 MSG_AGREEBACK 或 MSG_REFUSEBACK 消息，如图 10-7 所示。另外，在发送这个消息之后，主界面上的某些元素将不再响应用户的操作。

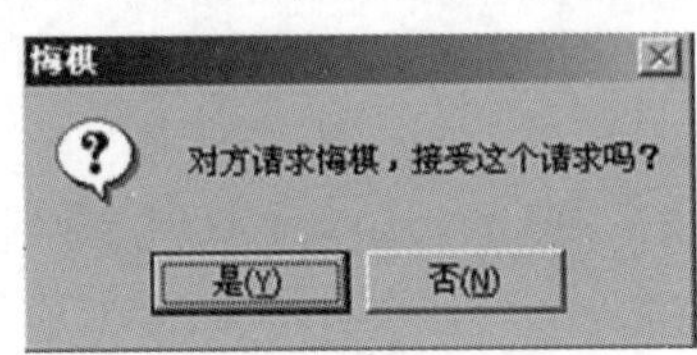

图 10-7

3）同意悔棋消息——MSG_AGREEBACK

表明对方接受了玩家的悔棋请求，除 uMsg 成员外其余成员皆无效。接收到这个消息后，将进行正常的悔棋操作。

4）拒绝悔棋消息——MSG_REFUSEBACK

表明对方拒绝了玩家的悔棋请求（见图 10-8），除 uMsg 成员外其余成员皆无效。接收到这个消息后，整个界面将恢复为发送悔棋请求前的状态。

图 10-8

5）和棋消息——MSG_DRAW

表明对方请求和棋，除 uMsg 成员外其余成员皆无效。接收到这个消息后，会弹出 MessageBox 询问是否接受对方的请求，并根据玩家的选择回返 MSG_AGREEDRAW 或 MSG_REFUSEDRAW 消息，如图 10-9 所示。另外，在发送这个消息之后，主界面上的某些元素将不再响应用户的操作。

图 10-9

6）同意和棋消息——MSG_AGREEDRAW

表明对方接受了玩家的和棋请求，除 uMsg 成员外其余成员皆无效。接到这个消息后，双方和棋，如图 10-10 所示。

图 10-10

7）拒绝和棋消息——MSG_REFUSEDRAW

表明对方拒绝了玩家的和棋请求（见图 10-11），除 uMsg 成员外其余成员皆无效。接到这个消息后，整个界面将恢复为发送和棋请求前的状态。

图 10-11

8）认输消息——MSG_GIVEUP

表明对方已经投子认输，除 uMsg 成员外其余成员皆无效。接到这个消息后，整个界面将转换为胜利后的状态，如图 10-12 所示。

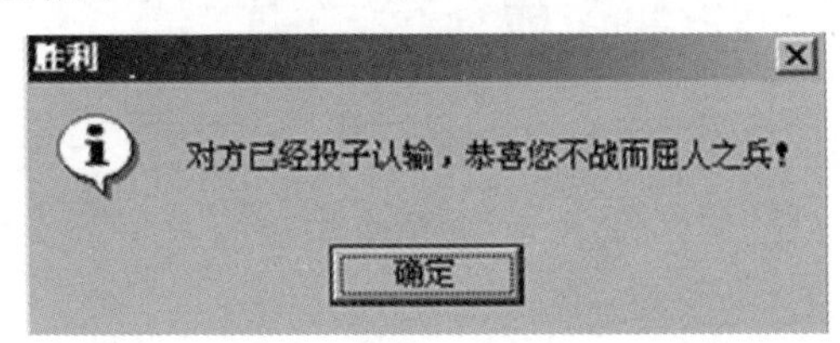

图 10-12

9）聊天消息——MSG_CHAT

表明对方发送了一条聊天信息，szMsg 表示对方的信息。接收到这个信息后，会将对方聊天的内容显示在主对话框的聊天记录窗口内。

10）对方信息消息——MSG_INFORMATION

用来获取对方玩家的姓名，szMsg 表示对方的姓名。在开始游戏的时候，由客户端向服务器发送这条消息，服务器接收到后设置对方的姓名，并将自己的姓名同样用这条消息回发给客户端。

11）再次开局消息——MSG_PLAYAGAIN

表明对方希望开始一局新的棋局，除 uMsg 成员外其余成员皆无效。接收到这个消息后，会弹出 MessageBox 询问是否接受对方的请求，并根据玩家的选择回返 MSG_AGREEAGAIN 消息或直接断开网络，如图 10-13 所示。

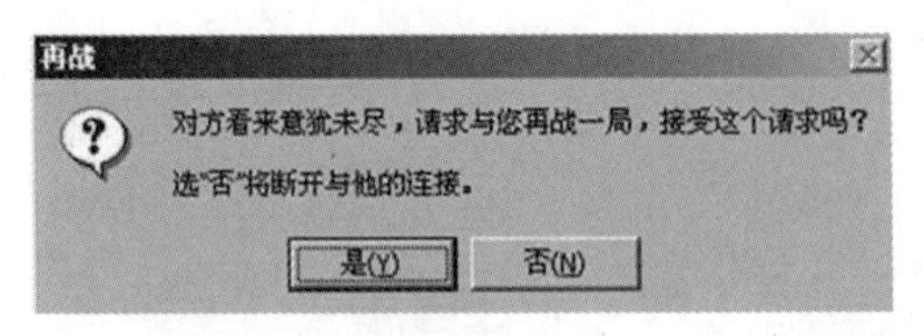

图 10-13

12）同意再次开局消息——MSG_AGREEAGAIN

表明对方同意了再次开局的请求，除 uMsg 成员外其余成员皆无效。接收到这个消息后，将开启一局新游戏。

10.8.4 游戏算法

五子棋游戏中，有相当的篇幅是算法的部分，即如何判断胜负。五子棋的胜负判断在于棋盘上是否有一个点，这个点的右、下、右下、左下四个方向是否有连续的五个同色棋子出现，如图 10-14 所示。

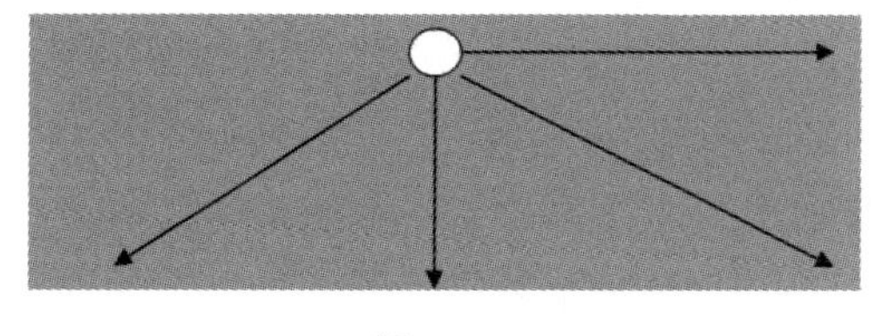

图 10-14

这个算法也就是 CTable 的 Win 成员函数。从设计的思想上来看，需要它接收一个棋子颜色的参数，然后返回一个布尔值，这个布尔值来指示是否胜利，代码如下：

```
BOOL CTable::Win( int color ) const
{
    int x, y;
    //判断横向
    for ( y = 0; y < 15; y++ )
    {
        for ( x = 0; x < 11; x++ )
        {
            if ( color == m_data[x][y] &&
color == m_data[x + 1][y] &&
                color == m_data[x + 2][y] &&
color == m_data[x + 3][y] &&
                color == m_data[x + 4][y] )
            {
                return TRUE;
            }
        }
    }
    //判断纵向
    for ( y = 0; y < 11; y++ )
    {
        for ( x = 0; x < 15; x++ )
        {
            if ( color == m_data[x][y] &&
color == m_data[x][y + 1] &&
                color == m_data[x][y + 2] &&
color == m_data[x][y + 3] &&
                  color == m_data[x][y + 4] )
            {
                return TRUE;
            }
        }
    }
    //判断“\”方向
    for ( y = 0; y < 11; y++ )
    {
        for ( x = 0; x < 11; x++ )
```

```
        {
            if ( color == m_data[x][y] &&
color == m_data[x + 1][y + 1] &&
                color == m_data[x + 2][y + 2] &&
color == m_data[x + 3][y + 3] &&
                color == m_data[x + 4][y + 4] )
            {
                return TRUE;
            }
        }
    }
    //判断“/”方向
    for ( y = 0; y < 11; y++ )
    {
        for ( x = 4; x < 15; x++ )
        {
            if ( color == m_data[x][y] &&
color == m_data[x - 1][y + 1] &&
                color == m_data[x - 2][y + 2] &&
color == m_data[x - 3][y + 3] &&
                color == m_data[x - 4][y + 4] )
            {
                return TRUE;
            }
        }
    }
    //不满足胜利条件
    return FALSE;
}
```

需要说明是，由于这个算法所遵循的搜索顺序是从左到右、自上而下，因此在每次循环的时候，都有一些坐标无须纳入考虑范围。例如对于横向判断而言，由于右边界限制，所有横坐标大于或等于 11 的点都构不成达到五子连的条件，因此横坐标的循环上界也就定为 11，这样也就提高了搜索的速度。

【例 10.2】游戏客户端的实现

（1）打开 VC2017，新建一个对话框工程，工程名是 Five。

（2）实现“登录游戏服务器”对话框，在资源管理器中添加一个对话框资源，界面设计如图 10-15 所示。

分别实现“注册”和“登录服务器”两个按钮，限于篇幅，代码不再列出，可以参考配套源码中的本例工程。

（3）实现“游戏大厅”对话框，在资源管理器中添加一个对话框资源，界面设计如图 10-16 所示。

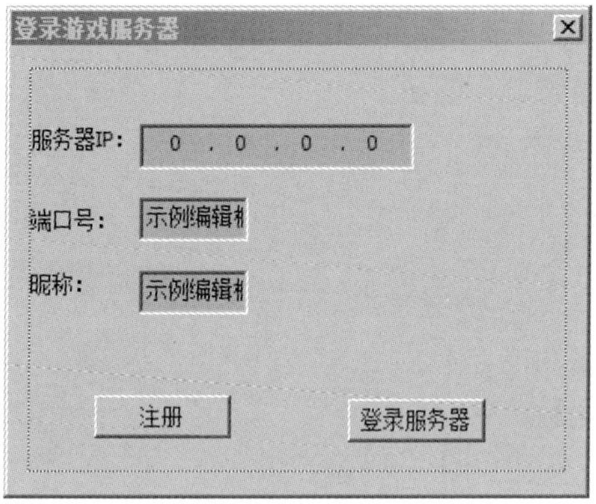

图 10-15

图 10-16

其中，列表框中用来存放已经创建的空闲棋局，当棋局有玩家加入时，就会自动在列表中消失。分别实现“加入棋局”和“创建棋盘”两个按钮，限于篇幅，代码不再列出，可以参考配套源码中的本例工程。当用户单击这两个按钮之中的一个时，该对话框将自动关闭，从而显示棋盘对话框。

（4）实现棋盘对话框，在资源管理器中添加一个对话框资源，界面设计如图 10-17 所示。

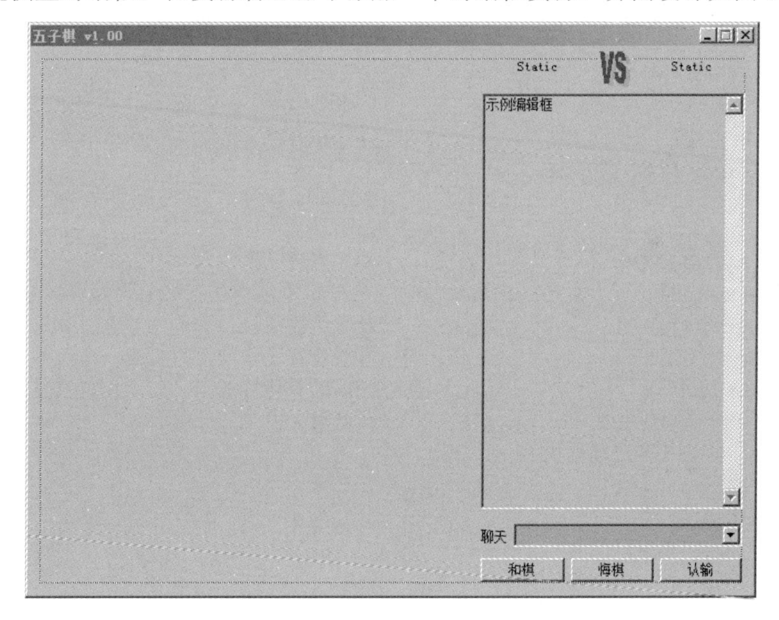

图 10-17

在右下角放置了一个组合框用于实现聊天功能，运行时，只需要输入聊天内容，然后按 Enter 键，就会把聊天内容发送给对方玩家，并显示在编辑框上。在对话框设计界面上单击“和棋”按钮，为该按钮添加事件处理函数，代码如下：

```
void CFiveDlg::OnBtnHq()
{
    m_Table.DrawGame();
}
```

直接调用类 CTable 的成员函数 DrawGame 实现了和棋功能。

再单击“悔棋”按钮，为该按钮添加事件处理函数，代码如下：

```
void CFiveDlg::OnBtnBack()
{
    m_Table.Back();
}
```

直接调用类 CTable 的成员函数 Back 实现了悔棋功能。

再单击“认输”按钮，为该按钮添加事件处理函数，代码如下：

```
void CFiveDlg::OnBtnLost()
{
    //TODO: Add your control notification handler code here
    m_Table.GiveUp();
}
```

直接调用类 CTable 的成员函数 GiveUp 实现了认输功能。看得出，类 CTable 比较重要，用来实现棋盘功能，该类声明如下：

```
class CTable : public CWnd
{
    CImageList m_iml;                    //棋子图像
    int m_color;                         //玩家颜色
    BOOL m_bWait;                        //等待标志
    void Draw(int x, int y, int color);
    CGame *m_pGame;                      //游戏模式指针
public:
    void PlayAgain();                    //发送再玩一次请求
    void SetMenuState( BOOL bEnable );  //设置菜单状态（主要为网络对战准备）
    void GiveUp();                       //发送认输消息
    void RestoreWait();                  //重新设置先前的等待标志
    BOOL m_bOldWait;                     //先前的等待标志
    void Chat( LPCTSTR lpszMsg );       //发送聊天消息
    //是否连接网络（客户端使用）
    BOOL m_bConnected;
    //我方名字
    CString m_strMe;
    //对方名字
    CString m_strAgainst;
    //传输用套接字
    CFiveSocket m_conn;
    CFiveSocket m_sock;
    int m_data[15][15];                       //棋盘数据
    CTable();
    ~CTable();
    void Clear( BOOL bWait );                 //清空棋盘
    void SetColor(int color);                 //设置玩家颜色
    int GetColor() const;                     //获取玩家颜色
    BOOL SetWait( BOOL bWait );               //设置等待标志，返回先前的等待标志
    void SetData( int x, int y, int color );    //设置棋盘数据，并绘制棋子
```

```
    BOOL Win(int color) const;          //判断指定颜色是否胜利
    void DrawGame();                    //发送和棋请求
    void SetGameMode( int nGameMode );  //设置游戏模式
    void Back();                        //悔棋
    void Over();                        //处理对方落子后的工作
    void Accept( int nGameMode );       //接收连接
    void Connect( int nGameMode );      //主动连接
    void Receive();                     //接收来自对方的数据
protected:
    afx_msg void OnPaint();
    afx_msg void OnLButtonUp( UINT nFlags, CPoint point );
    DECLARE_MESSAGE_MAP()
};
```

限于篇幅，这些函数的具体实现代码就不列举了，具体可以参考配套的源码工程，笔者对其中的代码进行了详细的注释。除了棋盘类，还有一个重要的类就是游戏实现的类 CGame，该类声明如下：

```
#ifndef CLASS_GAME
#define CLASS_GAME
#ifndef _LIST_
#include <list>
using std::list;
#endif
#include "Messages.h"
class CTable;
typedef struct _tagStep {
    int x;
    int y;
    int color;
} STEP;
//游戏基类
class CGame
{
protected:
    CTable *m_pTable;
public:
    //落子步骤
    list< STEP > m_StepList;
public:
    //构造函数
    CGame( CTable *pTable ) : m_pTable( pTable ) {}
    //析构函数
    virtual ~CGame();
    //初始化工作，不同的游戏方式初始化也不一样
    virtual void Init() = 0;
    //处理胜利后的情况，CTwoGame 需要改写此函数完成善后工作
    virtual void Win( const STEP& stepSend );
    //发送己方落子
    virtual void SendStep( const STEP& stepSend ) = 0;
```

```
    //接收对方消息
    virtual void ReceiveMsg( MSGSTRUCT *pMsg ) = 0;
    //发送悔棋请求
    virtual void Back() = 0;
};

//一人游戏派生类
class COneGame : public CGame
{
    bool m_Computer[15][15][572];        //计算机获胜组合
    bool m_Player[15][15][572];          //玩家获胜组合
    int m_Win[2][572];                   //各个获胜组合中填入的棋子数
    bool m_bStart;                       //游戏是否刚刚开始
    STEP m_step;                         //保存落子结果
    //以下三个成员做悔棋之用
    bool m_bOldPlayer[572];
    bool m_bOldComputer[572];
    int m_nOldWin[2][572];
public:
    COneGame( CTable *pTable ) : CGame( pTable ) {}
    virtual ~COneGame();
    virtual void Init();
    virtual void SendStep( const STEP& stepSend );
    virtual void ReceiveMsg( MSGSTRUCT *pMsg );
    virtual void Back();
private:
    //给出下了一个子后的分数
    int GiveScore( const STEP& stepPut );
    void GetTable( int tempTable[][15], int nowTable[][15] );
    bool SearchBlank( int &i, int &j, int nowTable[][15] );
};

//二人游戏派生类
class CTwoGame : public CGame
{
public:
    CTwoGame( CTable *pTable ) : CGame( pTable ) {}
    virtual ~CTwoGame();
    virtual void Init();
    virtual void Win( const STEP& stepSend );
    virtual void SendStep( const STEP& stepSend );
    virtual void ReceiveMsg( MSGSTRUCT *pMsg );
    virtual void Back();
};
#endif //CLASS_GAME
```

同样，限于篇幅，该类各成员函数的实现代码这里不再列出，具体可以参考源码工程，笔者对它们进行了详细注释。其实整个系统如果想换个游戏也是很轻松的事情，只需要把棋盘类和游戏类换掉，即可实现其他游戏。

（5）为了让超级客户端（作为游戏服务的一方）能知道当前状态，我们需要添加一个状态对话框。在 VC 资源管理器中添加“建立游戏”的提示对话框，界面设计如图 10-18 所示。

一旦用户在游戏大厅里单击“创建棋盘”按钮，就会开始监听端口，等待其他客户端（对方玩家）来连接。一旦游戏服务监听成功，棋盘初始化也成功，该对话框就会自动显示出来，这样可以提示用户当前状态一切顺利，只需要等着玩家连接过来就可以了。一旦有玩家连接过来，这个对话框就会自动消失，从而开始游戏。

同样，为了让作为普通客户端的玩家知道是否成功连接到超级客户端，也需要一个状态对话框，在 VC 资源管理器中添加“加入游戏”的提示对话框，界面设计如图 10-19 所示。

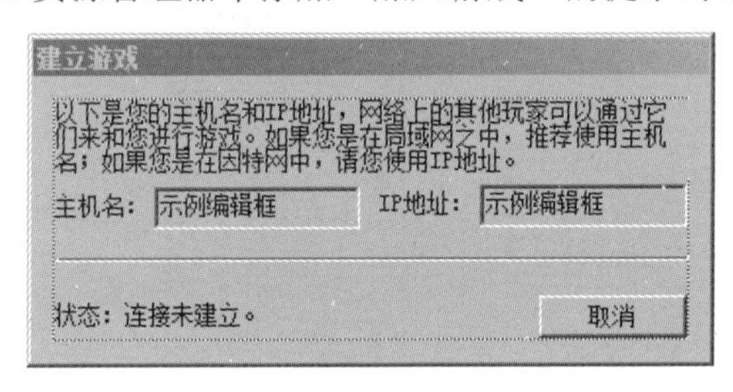

图 10-18

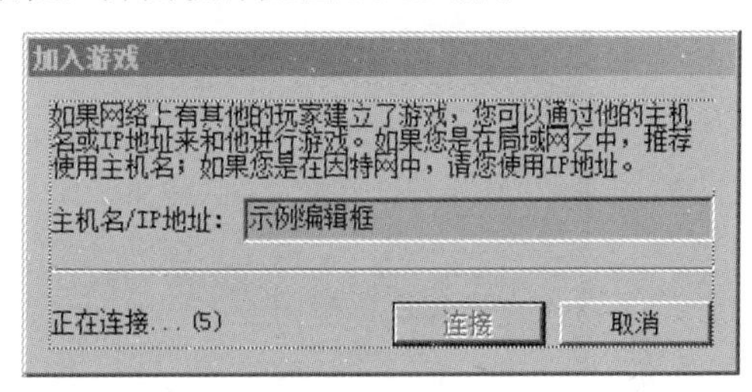

图 10-19

如果超级客户端准备就绪，网络畅通，则这个对话框显示的时间很短，一旦成功连接到超级客户端，则该对话框自动消失。至此，界面设计全部完成。为了照顾没有 VC 功底的读者，笔者用了最简单的界面元素，正式商用的时候，是不可能使用如此“简陋”的界面的，至少要像腾讯棋盘游戏那样，在每个界面元素上都贴图，当然那是美工要干的事，我们现在的主要目的是掌握程序的实现逻辑和原理。

（6）保存工程并按组合键 Ctrl+F5 运行这个 VC 工程（注意，服务端程序要运行着）。第一个界面出来的是登录对话框，如图 10-20 所示。

笔者已经注册过 Tom 了，因此直接单击“登录服务器”按钮，出现登录成功的提示对话框，如图 10-21 所示。

在提示对话框中单击“确定”按钮，进入游戏大厅，目前游戏大厅是空的，如图 10-22 所示。

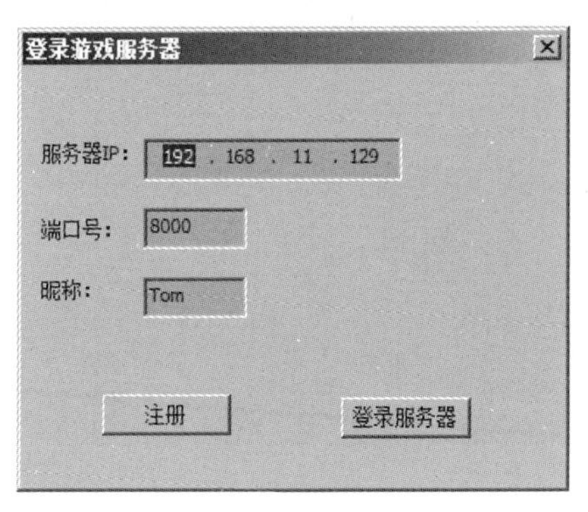

图 10-20

图 10-21

图 10-22

单击“创建棋盘”按钮，如果创建成功，则出现棋盘对话框，同时弹出“建立游戏”对话框，“建立游戏”对话框会提示当前状态为“等待其他玩家加入...”，如图 10-23 所示。

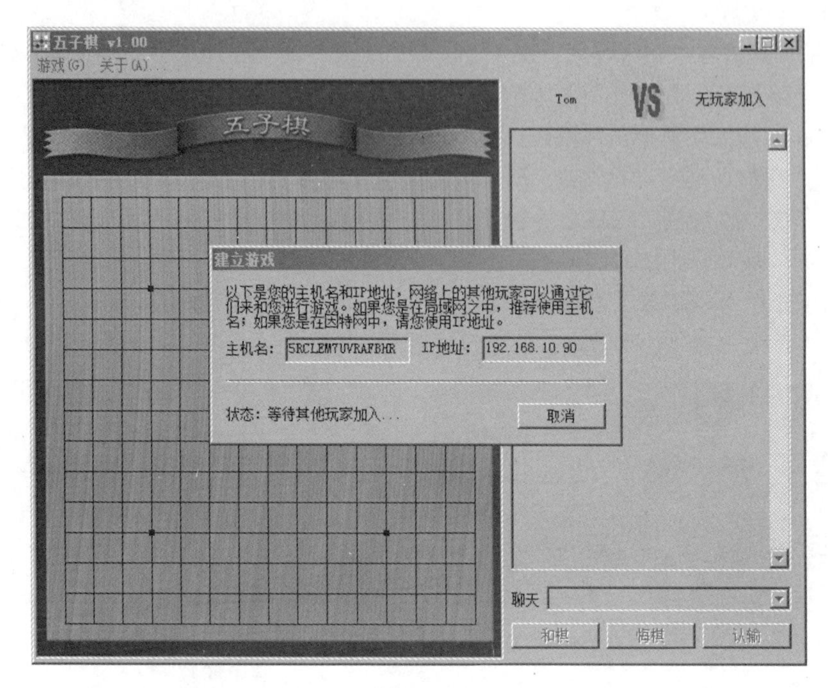

图 10-23

现在第一个玩家的操作就完成了。接下来运行第二个玩家，第二个玩家是加入游戏的一方。回到 VC 界面，切换到“解决方案资源管理器”页面，然后右击解决方案名称“Five”，在弹出的快捷菜单上选择“调试”→“启动新实例”命令，此时将启动另外一个进程，该进程的第一个界面依旧是登录框，如图 10-24 所示。

我们把昵称改为 Jack，Jack 是笔者前面已经注册好的用户名，读者也可以注册一个新的用户名。单击“登录服务器”按钮，弹出提示登录成功的对话框，在该对话框中单击“确认”按钮，进入“游戏大厅”，如图 10-25 所示。

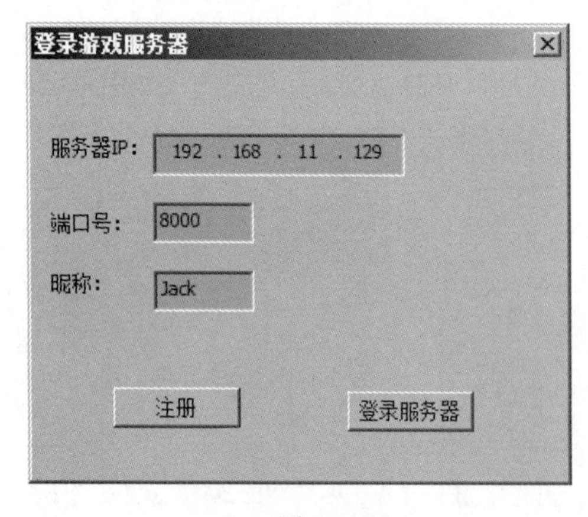

图 10-24

图 10-25

可以看到，游戏大厅里有一个名为 Tom 的玩家在等着读者加入棋局呢！选中“Tom(192.168.10.90)”，然后单击“加入棋局”按钮，此时就和连接到 Tom，一旦连接成功，则会显示 Jack 的棋盘，如图 10-26 所示。

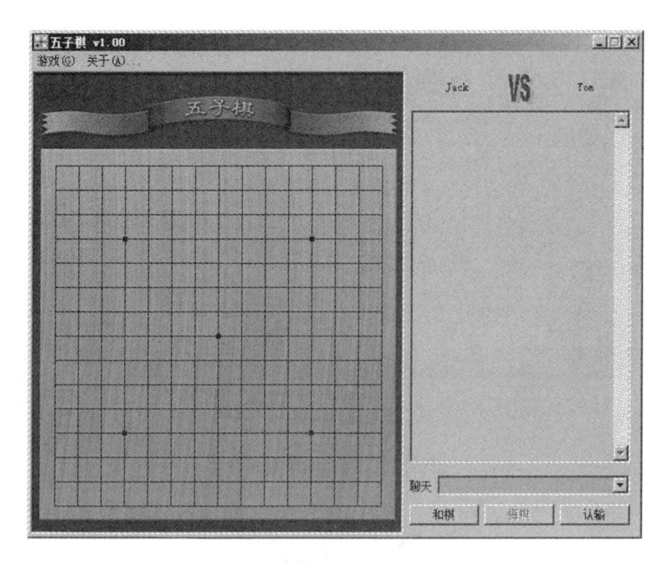

图 10-26

此时如果 Tom 一方在棋盘上用鼠标单击某个位置进行落子，则双方都能看到有个棋子落子了，然后 Jack 可以接着落子，这样游戏就展开了，如图 10-27、图 10-28 所示。

另外，下棋的同时，也可以相互聊天，如图 10-29 所示。

此时如果再有一个用户登录到游戏大厅，它看到的游戏大厅就是空的了，因为游戏创建者 Tom 已经正在玩，不再等待别的玩家了。我们可以右击解决方案名称“Five”，在弹出的快捷菜单上选择“调试”→“启动新实例”命令，然后用 Alice 登录（Alice 也已经注册过），如图 10-30 所示。提示登录成功后，进入游戏大厅，此时游戏大厅是空的，如图 10-31 所示。

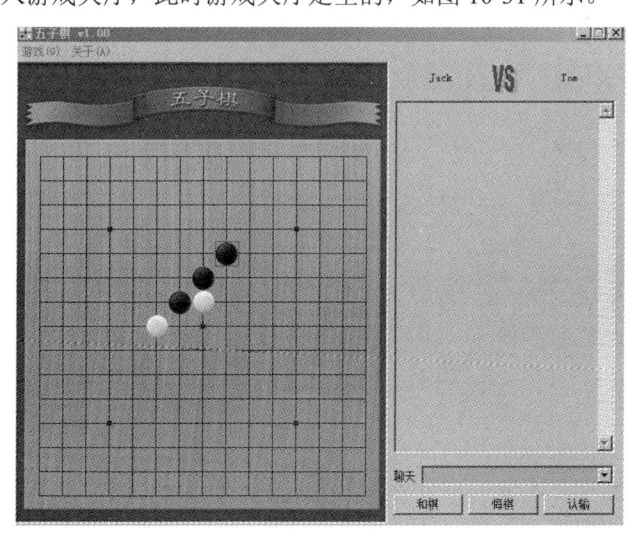

图 10-27

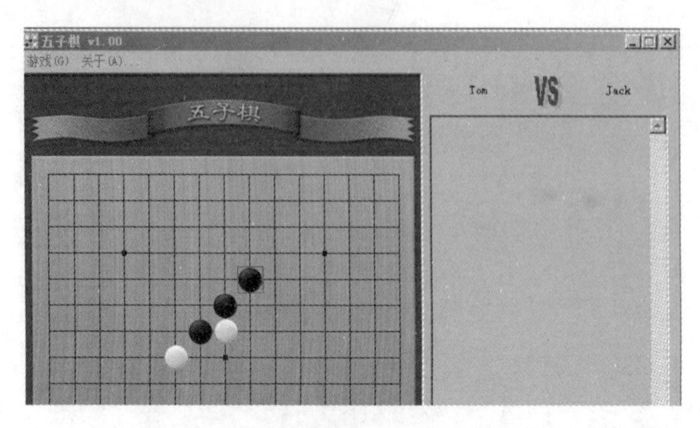

图 10-28

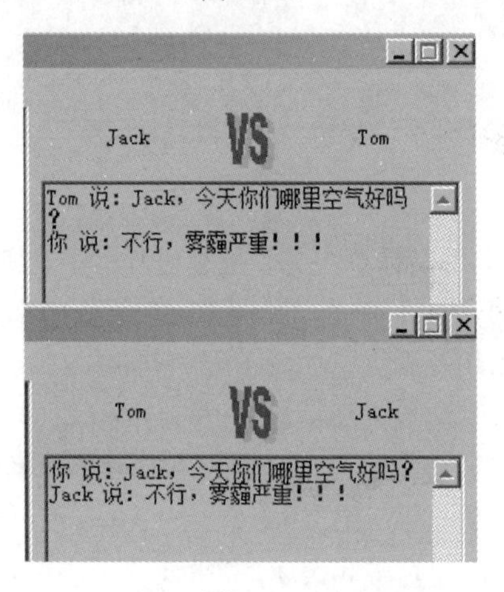

图 10-29

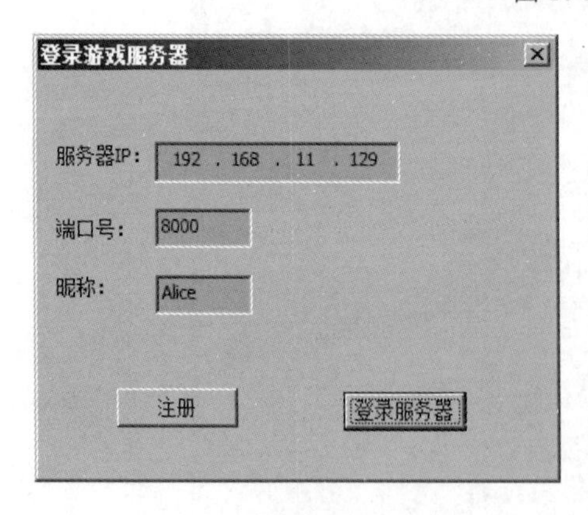

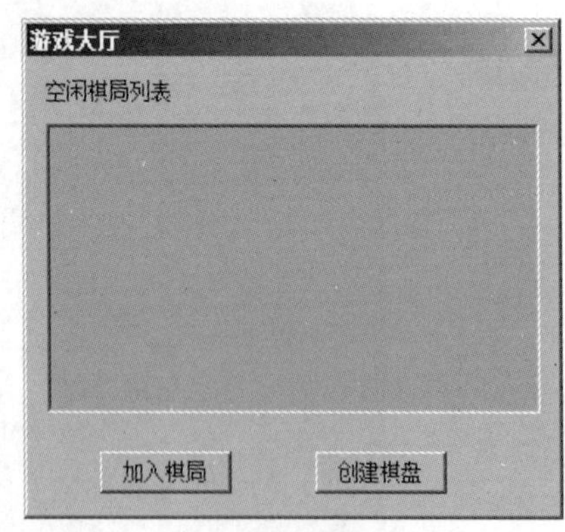

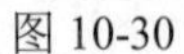

图 10-30　　图 10-31

这就说明我们保持游戏玩家的状态是正确的，Alice 可以继续创建游戏，等待下一个玩家。至此，我们的整个游戏程序实现成功了。